西表島の農耕文化

海上の道の発見

安渓遊地　編著

法政大学出版局

西表島を愛するみなさまへ

私が島の自然と文化の勉強を目的として家族ぐるみで西表島におじゃまするようになって、三〇年以上の時間が流れました。滞在日数は、延べにして三年近くになります。「いったい何を根ほり葉ほり調べているのだろう」と不思議に思われているのかもしれません。

ある島でこんな言葉を聞きました。「人が救われるなら学問で救われる。滅びるならば学問で滅びる。だから正しい学問を子どもたちにはさせなさい」。

なにが「正しい学問」なのか、いつも島の方々に問われてきた気持ちがします。ここに、私たちが西表島で勉強してきたことの一部をまとめてみました。島のみなさまに教えていただいたことばかりなのですが、分厚くて読んでみる気力が湧かないとおっしゃる方もあるでしょう。そこで、ごく簡単に、この本にはどんなことが書いてあって、それぞれどんな意味があることなのかを、目次に沿って順にご説明してみます。

序論には、この本を読むための入口にあたることが書いてあります。ヤマネコだとか、自然保護だとかが強調される西表島ですが、そこには歴史も文化もあり、何よりも、島の方々がその自然をよく知って賢く利用してきたという面も大切ではないか、という見方を示したものです。この本での方言の書き方と、聞かせてくださったお話の内容を論文の中に使わせていただいた方々のお名前も、感謝の気持ちをこめて載せました。

「第Ⅰ部　稲作の世界――人と自然と神々と」は、西表島西部を中心に、八重山全体の稲作が、在来稲の時代から今日までどのような特徴をもっているのか、そのことを知るための勉強（フィールドワーク）の成果です。名護の沖縄県農試に栽培されていた八重山在来稲をもらい受けて、島の高齢者のみなさんに見ていただき、それを手がかりに昔のイネの品種、栽培の方法、新しく蓬莱米が入ってきたときに起こった変化などを調べました。その結果、八重山在来稲のなかには、はるか南の島々から「海上の道」を通って渡ってきたものがあること、そして、その「海上の道」は、縄文時代にはすでに九州まで通じていたらしいことなどがしだいにわかってきたのです。さらに、実際に農作業のお手伝いをしながら、さまざまな祭りや儀式にも参加させていただき、島の方々の深い精神世界にも招き入れていただくことができました。そんな経験から与那国・西表に漂着した朝鮮・済州島民の古記録を読み直してみると、小さな笛で稲に宿る神をお起こしするといった習慣が、五〇〇年以上も続いてきたことに驚かされます。そして、豊作を祈願し、みのりに感謝するさまざまな祭りと、それにともなう古謡の豊かさにも気づきました。ここでは、一九七一年に廃村となった網取村に残っていた伝承や古式ゆかしい祭りと古謡で、山田武男さんや鹿川・崎山・網取出身者の「うるち会」のみなさんとの共同作業で記録したものを抜粋しておきました。一九四八年に廃村となった崎山村の稲作とかかわる暮らしについても、川平永美さんにお願いして書いていただいた貴重な記事を載せました。

「第Ⅱ部　畑作——南からの道、北からの道」は、日本人が穀物を作りはじめる前は、サトイモやヤマイモの仲間を主食にしていた時期があるのではないか、さらに万葉集でサトイモを指す「ウモ（宇毛）」ということばは、共通語の「イモ」や沖縄の「ウム」の語源で、これは南島（オーストロネシア）語でヤマイモを指す「ウビ」ということばにつながるのではないか、という有名な仮説への挑戦から始めました。その結果、サトイモ（タイモもこれに含みます）の仲間には南方系と北方系（というか中国大陸系）とがあって、西表島には南方系が多いことがわかりました。私の妻の安渓貴子が、その後トカラ列島や屋久島まで足を延ばして調べたところ、この南方系のサトイモが優勢な地域は屋久島の南半分までで、屋久島の北半分では北方系が優勢だということがわかったのです。そして、ヤマノイモ類については、八重山でよく作られる二種類とも熱帯系で、とくに西表島では焼畑に作って主食とすることがあったこともわかりました。また、名前については網取のように古い慣習をよく残していた村では、サトイモ類は《〜ムチ》とずいき主体の言い方が主で、ヤマノイモ類だけが《かッツァンム》のように《〜ンム》系であったことがわかりました。これに基づいて八重山をはじめとする南琉球は、北琉球以北の島々とは異なり、ヤマノイモだけをンム／ウビと呼ぶ文化圏に属していた可能性を指摘しました。西表島の焼畑については、ひとつの試みとして島の方々の語りだけをまず収録して、ついでその意味を分析するという二段構えの書き方をしています。その結果、西表では焼畑の中でも作物を収穫したあと、一〇年以上休ませて森に返す《キャンぱテ》が大切だったこと、その休閑の期間が長かったのは、イノシシを防ぐための垣根にする木が生えるまで待つ必要があったためらしいことなどがわかりました。一八世紀の地方文書『慶来慶田城由来記』には、内離・外離の両島からイノシシを追い出したあと、粟が大豊作になったが、すぐに収量が下がってしまったと書いてあります。西表の焼畑ではまさにイノシシが地力を守っていたとも言えるのです。そして、主な古文書にでてくる栽培植物の名前を整理して、それがなんだったのかを推定して西表方言との対応をつけるという報告で第Ⅱ部をしめくくりました。

「第Ⅲ部　橋をかける——島々の交流をめぐって」では、西表島から外に目を向け、他の島との交流を論じた報告を集めてみました。短期間でしたが与那国島に通って、農民の暮らしについてお話を聞きました。なかでも西表島の網取村に長く暮らした経験がある泊祖良さんのお話は貴重で、西表島と与那国の違いを印象的に描くことができました。与那国での「正しい盗み方と正しい盗まれ方」という記事を補足としてつけています。その次は、私たちがアフリカの森と大河の村々を訪ねて人と自然の関係や物々交換経済の研究をしたあと、初めて気づいたテーマの論文です。西表島西部の祖納・干立の人たちと、海路四〇キロを隔てた黒島の人たちが、稲束と灰の物々交換をしていた、という記録です。大正時代のことなので、黒島の灰が何の灰でいったい何に使ったのかもはじめはわかりませんでしたが、実際にその現場に立ち会った方々のお話によって、黒島のソテツの葉の灰を西表島の田の肥料としていたことがわかりました。そして、稲束が一種の貨幣になっていたことを、アフリカとの比較で論証します。そのあとの三つの短い報告は、堅い学問の話ではなくて、島の方々が無農薬米の産直を始めるお手伝いをするという「ヤマネコ印西表安心米」についての報告です。それまでほとんどなかった水田の農薬散布が西表島にとってどのような影響を与えるか、全国で読まれている雑誌で警告しました。続いては、一九八八年一一月に石垣金星さんの「西表をほりおこす会」が主催したシンポジウムで、西表島の地元の方々二〇〇人にお集まりいただいてお話しした「自然利用の歴史――西表をみなおすために」という講演の記録です。沖縄だけでなく全国の消費者のみなさんにもヤマネコ印西表安心米の産直の絆を広げるために手紙形式で書いたのが、最後の「無農薬米の産直が始まった」です。

あとがきである「地域が学校、地元が先生」では、西表の方々の、地域研究や調査はこんなふうにしてほしい、という厳しい指摘の声を、自戒の気持ちをこめて掲載させていただきました。そして、最後に、私に西表島での地域研究を勧めてくださった恩師・伊谷純一郎先生の教えと、それを出発点とする私たちの西表地域研究の歩みを簡単にまとめておきました。

最後にある引用文献は、この本を書くために引用した文献を著者名順に並べたもので、本文中では（伊谷　一九六〇）などと簡単に記しているものです。索引は、事項・人名索引を準備しました。

みなさまに教えていただいたことから、こんなにいろいろな大切なことがわかってきたことを本当にありがたく思っています。《シカイトゥ　ミーハイユー！》。

二〇〇六年一〇月　わが家の稲の脱穀の日に

安渓遊地

西表島の農耕文化——海上の道の発見／目次

序論

一　本書のなりたち

イリオモテヤマネコで有名になった西表島は、どの季節に訪れても緑あふれる島である。「秘境・原始の島」ともてはやされることも多い。しかし、そこには独自の文化と言語を育んできた人々の生活がある。山の幸、海の幸、川の幸を生かし、その自然の恵みに生かされてきた島びとの長い歴史がある。その歴史から、神々に捧げる歌と踊りのある多くの祭りが生まれた。何度も通うほどに、人と自然と神々の共存が如実に感じられる不思議な魅力を持つ島である。

私がはじめて西表島を訪れたのは、一九七四年のことだった。京都大学大学院一年生。専攻は自然人類学だった。伊谷純一郎先生には三度にわたって西表島で指導を受け、妻の貴子とともに始めた島西部での「人と自然」の関係をめぐる研究は、その後のアフリカ研究をはさんで継続してきた。本書は、これまで発表してきたもののうち、どちらかと言えば学術的な論文や資料をまとめたものである。

稲作文化についての論考を第Ⅰ部とし、畑作文化についてを第Ⅱ部にした。そして、西表島だけにとどまらない視点に立った研究や活動の報告を第Ⅲ部に収録した。参考のため、安渓貴子のサトイモに関する論文一編を第Ⅱ部に収めた。また、西表島の生活と自然とのかかわりの全体像がイメージできるような短いエッセーをいくつか、この章の後半に置いた。さらに、西表島の話者が筆を執って書いてくださった生活誌の抜粋を第Ⅰ部に載せている。あとがきである「地域が学校、地元が先生」では、地域と研究者のかかわりはどのようにあるべきかを考える。

もともと個別の論文として書いたものなので、現在の時点での補足が必要と考えられる場合には、「後記」を付け加えた。

二　お世話になった方々

西表島をはじめとする八重山諸島での研究全般にわたって伊谷純一郎・渡部忠世・國分直一・多和田真淳・石垣博孝・加治工真市の諸先生の教えと励ましを受けた。論文へのコメントなどのかたちで佐々木高明・堀田満・大林太良・小川徹先生の助言もいただいた。

聞きとり調査にあたっては、じつに多くの方々が時間を割き、胸襟を開いてさまざまなお話をしてくださった。お世話になった方々のうち、本書に直接かかわる話者の方々のお名前を、心からの感謝の気持ちをこめて島あるいは集落ごとに以下に掲載させていただく。とくに◎印を付けた方には、長時間にわたってお話をうかがった。ここにお名前を挙げていない方々にも有形無形のご援助を受けていることはいうまでもない。なお、三〇年という時の流れのなかすでに故人となられた多くの方々のご冥福をお祈りする次第である。

西表島鹿川：前底マナビ・◎屋良部亀のみなさま。

崎山：赤嶺ナシキ・◎川平永美・川平永光のみなさま。

網取：東若久和利・東若クヤマ・東若力三・粟野トク・伊泊文雄・石田正一・大山長考・大山八重・山田鐵之助・◎山田武男・山田シズ・◎山田（入伊泊）雪子のみなさま。

舟浮：池田稔・池田英・井上文吉・清水カメ・◎仲立孫次のみなさま。

祖納：東浜孫助・粟野実・石垣昭子・◎石垣金星・西表全星・西表貞子・◎西表全彦・大浜孫慶・大浜長貞・◎古見用美・古見タケノ・古見与志人・古見用全・下田正夫・新盛行雄・◎新盛浪・玉代勢秀文・玉代勢クヤ・田盛インツ・◎田盛雪・那根亨・那根武・那根弘・那良伊茂・那良伊正伸・那良伊孫一・那良伊宇子・那良伊孝・波照間マエツ・花城政子・◎星勲・星千恵・星洋光・前大用安・前底正一・前津克子・前泊ツヤ子・松山忠夫・◎宮良全作・宮良里・宮良孫勇・宮良用茂・宮良チエ・宮良用範・本原勉・山城孫勇のみなさま。

干立：新城寛好・新城トヨ・新城節子・石垣長有・稲福伊勢戸・稲福峯・宇保泰金・大浜正演・加藤廣一郎・小底貫一・◎宜間正二郎・宜間照子・◎黒島英輝・◎黒島寛松・黒島シズ・慶田盛富士・慶田盛ミツ・崎枝泰明・崎枝政子・西銘二郎・西銘スミ・平得石三・真謝永暉・真謝光・前鹿川武吉・美佐志義一・与那国美津・匿名のAさんのみなさま。

浦内／干立：黒島ナサ・◎与那国茂一のみなさま。

上原／鳩間島：慶田城勇さん。

中野：津嘉山彦さん。

古見：安里正一・新本ウナリ・次呂久弘起のみなさま。

大原：新珍健・西大舛高一のみなさま。
大富：高江州元徳・三浦三郎のみなさま。
南風見／豊原：大底功さん。
竹富島：上勢頭英元・◎上勢頭亨・大山功《おおさんこう》・加治工要佐・島仲長正・高那真牛・仲盛長扶のみなさま。
黒島：高那真牛・竹越堅一・竹越トミ・東盛ヲナリのみなさま。
小浜島：大嵩秀雄・大久《だいく》保久利・仲盛長扶のみなさま。
波照間島：後底阿良加・仲本信幸のみなさま。
与那国島：東浜永成・池間苗・入仲誠吉・浦崎栄昇・大新垣小枝子・我那覇尚・久部良勇吉・崎枝英好・東迎仁太郎・泊千代・泊祖良・外間守之・前粟蔵ウナリ・前粟蔵加禰・与那覇仁一のみなさま。
石垣島四箇：平良太郎・石川正芳・仲本賢尚のみなさま。
石垣島川平：大底シゲ・仲野金雄・仲間正位のみなさま。
本部町伊豆味：又吉ヒロ子さん。
今帰仁村与那嶺：仲宗根小五郎・仲宗根亨・湧川義雄のみなさま。
国頭村安田：大城ヨシさん。
国頭村奥：宮城久元・宮城親昌のみなさま。
加計呂間島西阿室：祷臣雄・祷正己・祷ミカのみなさま。
屋久島：大石浩・中島キヨ・本溜ケサ・牧ハルエのみなさま。
種子島西之：日高留哉さん。
ある南の島：匿名のP夫さん・P子さんのみなさま。

なお、本文中では、話者のお名前はプライバシーに配慮して原則として記号化して示した。その一覧は、西表島については表14（第6章）、与那国島については表23（第12章）に、黒島については、表25（第13章）に示した。ただし、「話者が筆を執る」という取り組みを通して、聞き書きや原稿の公表に同意してくださった方々については、表14に記号とともにお名前も掲載させていただいた。

原稿の整理にあたっては、伊東尚美さん、蛯原一平さん、岩崎貴子さんのお世話になった。編集の段階で法政大学出版局編集部のみなさんの手をわずらわせた。

三　方言の表記

本文中の方言の表記にあたっては、原則として《　》にくくって示す。現代の東京方言での会話で普通に聞かれる音については、カタカナで示し、ＴＩ・ＴＵやＤＩ・ＤＵなどの音は、《ティ・トゥ、ディ・ドゥ》などと表記した。同様にＴＳＡ《ツァ》などの音もある。長音はすべて《ー》で示すが、同じ西表島西部でも、集落によって、また話者によって音節の長短が微妙に違うことがあった。とくに注意を要する方言独特の発音については、煩雑になるのを避けるために発音記号などは極力使わず、その音節だけを《ひらがな》を使って示すことにした。その結果、方言が異なれば、同じひらがなで表記してあっても、同じ発音とは限らないので注意を要する。

たとえば、西表島西部方言などでよく聞かれる強い呼気をともなう無声化した（のどに手をあてても振動が感じられない）母音は、最近出版された前大用安氏の『西表方言集』（二〇〇三）では、猪を指す《カハマイ》のように、ハ行の小さなカタカナを添えて示しているが、この本ではそれは《かマイ》と表記している。また、語末の母音（ほとんどの場合はァの音）が、鼻母音になることがある。これは、小さいものを表す指小辞であるが、本書では、「子ども」を意味する《フぁー》などのように、小さなひらがなで示した。

石垣島、小浜島、新城方言で多く聞かれる中舌母音《なかじたぼいん》については、たとえばウの音を発音する形にして、唇だけをイの発音のときのように横に広げた音は、現地では宮良当壮（一九三〇）の『八重山語彙』の方式に従って《イィ》と書かれる場合が多かったが、新たに編まれた大冊の『石垣方言辞典』（宮城、二〇〇四）にならって、本書では《イゥ》のように示している。さらに、これらの音声が、kとsの子音あるいはgとzの子音を同時に出す子音をともなう場合があるので、それらについては、《キしゥ》などのように示した。

与那国島の方言についても、独特の発音はひらがなを使って表記したが、詳しくは第12章に注記した。

四　島の暮らし

西表島の人たちは、どんな暮らしをしているのだろうか。ここでは、一九八一年一二月末に西表島西部の大字西表に属する祖納《そない》（行政文書には租納という字も見える）・干立《ほしたて》（星立という字をあてた時代もある）両村を訪れたときの様子を紹介しよう。ちょうど苗代に籾を播きはじめたところで、田植えまではまだ間があるため、農閑期にあたっていた。農閑期には祭りや行事があるが、正月直前のこの時期にはそれもない。

集落の四つ辻に立っていると、村人がさまざまな目的であちこちへ出かけて行くのがよくわかる。オートバイに乗って苗代の整地に行く男性。農具は田の近くに建てた小屋に置いてあるため、山刀だけを携えている。山刀は島西部方言で《ヤンガラシ》といい、山仕事にはもちろん、農作業にも、道具づくりにも、海での仕事にも欠かせないものである。また、自転車に乗った奥さんが通る。荷台に魚を突く《イグム》銛《モリ》をくりつけて《ガサン》というカニ（ノコギリガサミ）を獲りに行くという。干潮になる時間帯にあわせて、マングローブ林のなかを歩きまわるのである。銛といっしょにくりつけてある、二本の竹のとってがついた網は、《サイマー》という小エビをすくうためのものだという。干潮のリーフの上を歩いて、タコ獲りに行くという老人に出会う。持ちものは網目の袋だけだが、タコを獲るための先の曲がった銛《ティーイグム》は浜にある舟に置いてあるのだろう。別の老人は、朝早く舟に乗って浦内川の上流まで出かけ、《ふちピ》と呼ばれる食用のシダ（オオタニワタリ）の新芽をつんできた。水温が低い冬場には、刺網漁もさかんである。魚の鮮度がおちにくいからである。一九七七年の五号台風のあと山が荒れ、すっかり減ってしまった《かマイ》（リュウキュウイノシシ）を獲るためのワイヤー罠をかけて、見廻るという仕事をしている人もいる。

集落に残っている人々も、正月をひかえて家の修理や屋敷内外の草刈りなどに余念がない。干立のある屋敷では、五号台風のあとにできたコンクリート造りの家と昔からのカヤぶきの家が建っている。後者は、正月に来る親戚たちが泊まるためにも必要だ。ふき換えて五年になるため雨漏りがひどいというのでカヤぶき屋根の修理をしている。すぐ近くのチガヤの草原から刈ってきた束を差し込んでいく。ところが腐った《ガヤ》（チガヤ）を取り除いてみると、《ガヤ》を押える竹も腐っている。集落のなかに《イガダイ》（ホウライチク）の株があるので、そこから数本の竹を山刀で伐ってくる。竹とチガヤをくりあわせる蔓《クーち》（トウツルモドキ）は、前もって山から採ってきてある。

このように、一二月末は、じつにさまざまな土地利用の様式が見られる時季である。これは、田植え、稲刈といった農繁期や、解禁日が決まっている海藻とりなどの時季と対照的である。

ある男性（仮にAさんと呼んでおこう）の一日の過ごし方を、いっしょに仕事を手伝わせていただきながら記録してみた。すると、ただ漫然と村人にインタビューしたときとは違って、一日がいかにさまざまな仕事から成り立っているかを思い知らされたのであった。

オンドリが鳴いて三〇分ほどすると、Aさんは起きて着換える。すぐオートバイに乗って、約二キロ離れた自分の水田へ向かい、畦道にオートバイを停める。Aさんの水田は、水田地帯のなかの畔《あぜ》《アブし》を二〇〇メートルほど歩いて、さらに山すそ《ヤマッツァ》につけられた農道を二〇〇メートルほど行ったところにある。苗代も同じところにある。畔道には、最近の雨のために水没しそうになっている場所がある。畔が崩れるのを防ぎ、歩きやすくするため、腕ぐらいの太さの丸太が二、三本ずつ畔に埋めこまれている。こういう丸太は《ビダ》といい、田小屋の柱や桁《けた》とともに、農用林から伐り出されるのである。谷間《たにあい》に広がるAさんの水田の最上流部の一枚が苗代《ナッス》になっている。ここに六日前に籾を播きつけた。この苗代から下の方へ三段おいて四段めからまた苗代が作られている。これは昨日播いた糯米《もちごめ》苗代《ムちマイナッス》であるという。この《ムちマイナッス》の下手《しもて》三枚分の田は、粳米《うるち》の苗代にするつもりだそうだ。今年の苗代はうるち種の台中六五号が四枚、もち種の台中糯四六号が一枚の合計五枚である。Aさんの水田は一か所に集まっていて合計約三〇枚である。空中写真で見ると、この水田地帯では苗代の面積は水田の総面積の六、七パーセントである。

Aさんは、苗代の下手の水口《みなくち》《ミドゥチ》に埋めこんである石を取って、夜のうちに苗代にたまった水を落とそうとする。しかし、空を見ると大きな雨が来そうなのでやめる。水深が浅いと、雨に打たれてせっかく播いた籾がひところに集まってしまう。昔は《ナンカミチ》(七日水の意味)といって、種籾を播いて一週間は苗代に水を深くたたえて、鳥やネズミの害を防いだものだという。

Aさんは、苗代のまわりをひとまわりして、異常がないか点検する。苗代のまわりには竹を立てて、ナイロン製の網がめぐらせてある。害鳥をよけるためである。ハトぐらいのバン《くピス》という鳥がよく苗代を踏み荒らす。今朝もバンが網をくぐって入り歩きまわった足跡がつけられている。ネズミ《オイザー》が籾を食ったところには白い根が散らばって浮いている。害鳥よけの網に手のひらほどのカニがからまっている。モクズガニ《チンガニ》である。カメの仲間のミナミイシガメ《ミジンガミ》とスッポンの小さいものがかかっている。これらは苗代を歩きまわって苗や籾をひっくりかえすやっかいなものたちだが、モクズガニは、おつゆにするとおいしいのでAさんは手を折って捨て、甲だけを持ち帰る。ミナミイシガメとスッポンは、食べるには小さすぎるが、小学生の末娘の遊び相手として持ち帰る。

田小屋《シコヤ》のまわりは野菜畑になっている。サツマイモ《ンム》やニンニク《ぴル》、ハクサイなどの畑がある。田小屋の下の畔には、ヨウサイ《ウンツァイ》が植えられ、その下の水田の一画にはミズイモ《ターンム》が二坪ぐらい作られている。また、農道と水田の間の急斜面の草を刈り、焼き払ったところには、あちらこちらに黒くこげたヤマイモの蔓がのぞいている。Aさんは山刀をシャベルのように使って三株ほど掘りとる。一キログラムほどのヤマイモ三個がとれた。ダイジョウ《かッツァンム》の一品種だ。干立ではイモの赤みを帯びた皮の色と形から《ウシヌフリ》（牛の睾丸《こうがん》）と呼んでいるという。正月には《かッツァンム》の料理がつきものである。Aさんは、掘り取った跡には来年にそなえて直径三センチほどの小さいイモを埋めておく。

干立に帰ったのは八時三〇分であった。朝のわずか三〇分ほどの間に苗代を見まわる仕事をしたわけだが、その間にカニ獲りやヤマイモ掘り、ヤマイモの植え付けといった活動も同時におこなわれていることがわかった。

家に帰ったAさんと、いま掘ってきた《かッツァンム》のとろろなどをおかずに朝ご飯を食べる。食事のあと、新年に向けて、戸外にある便所《フリヤ》の改築にとりかかる。まず丸太を削って柱用の角材をつくる。かつて三〇年間西表の山の木を削って材木にする仕事で生計をたてていたというAさんの腕はみごとなものだ。削りくずは風呂《ユフル》のたきつけになる。

一〇時半、雨が降りはじめ、戸外での作業ができなくなる。そこでAさんは、家のなかに入り一部屋の畳を子どもたちに上げさせる。床下に入れてあった角材で部屋の間仕切りの戸を組み立てるという別の仕事にとりかかる。カンナ《かナー》やノミ《ヌン》を使う作業なので、まず、Aさんは雨の戸外でカンナの刃とぎをする。便所の改築も間仕切り戸の新調も新年に間に合わせるために急がなければならない。

昼食のあと、雨足がひときわ激しくなった一二時四〇分ごろ、Aさんは雨合羽を着てどこかへ出かける。一三時五分に戻ってきたAさんの腕には投網《とあみ》があり、なかには三〇匹ほどの魚が捕えられていた。体長二〇センチばかりのボラ科の魚ヒメメナダ《チクラー》がほとんどで、小さなセッパリサギ《アカバナコーフ》も数匹混っている。もういちど網を打ちに行くAさんを追って浜に出てみると、Aさんが魚の群れを探して干立の前の遠浅の海を歩いていく姿が雨のなかにかすんで見える。二〇分ほどで、先ほどの分とあわせてポリバケツ一杯分の魚が獲れた。

投網ができるのは干潮時に限られている。また雨が激しく降るときは、魚が人影に気づかないので逃げにくいという。私は気づかなかったけれど、家のなかにいるときにもAさんの体の中では潮が満ちたり引いたりしていたのだ。この四〇分ばかりの出来事は、いつ・どこで・なにが獲れるかという西表の自然に関する膨大《ぼうだい》な知識と経験が、すぐ実行に移せる生きた形で島びとのなかにしまいこまれていることを示すエピソードだった。

雨は夕方まで降り止まなかった。Aさんの戸造りは午後いっぱい続けられ、夕食前に完了した。

夜は公民館で忘年会が催され、夜ふけまで三線《サンシン》の音が響いていた。

五　自然の見方

西表島の人々の自然に対する認識・把握のしかたには伝統が脈々と息づいている。その豊かな自然観の一端を、祖納の郷土史家の星勲さんとの対話を通して学んだ。西表島の生活空間の伝統的認知体系としてまとめてみたい（図1）。

集落は《しマ》と呼ばれる。自分の《しマ》を指すときには《バしマ》と呼ぶ。《しマ》のなかには、道（ミチナ）をはさんで家《ヤー》が並んでいる。各《しマ》には拝所《ウガン》がある。

人頭税《にんとうぜい》時代には、公の場所として役人がつめている番所（オイサー）があったが、今日では公民館が造られている。《しマ》の中央付近の十字路は《ミナタ》または《ミバタ》と呼ばれ、《しマ》を東《アーリ》と西《イリ》に区切る地点になっている。

西表島の伝統的な《しマ》は、すべて海《イン》または《すナ》に面している。家々は海の方が正面に、山の方が背面になるように建てられている。《しマ》は浜《ぱマナ》に面している。

《しマ》の背後をとりまく部分は、すべて《しマヌマール》と呼ぶ。「集落のまわり」という意味だろう。墓《ぱカ》はだいたい《しマヌマール》にある。そのほかに、水田《タ》や畑《ぱテ》も分布している。屋根ふきのための

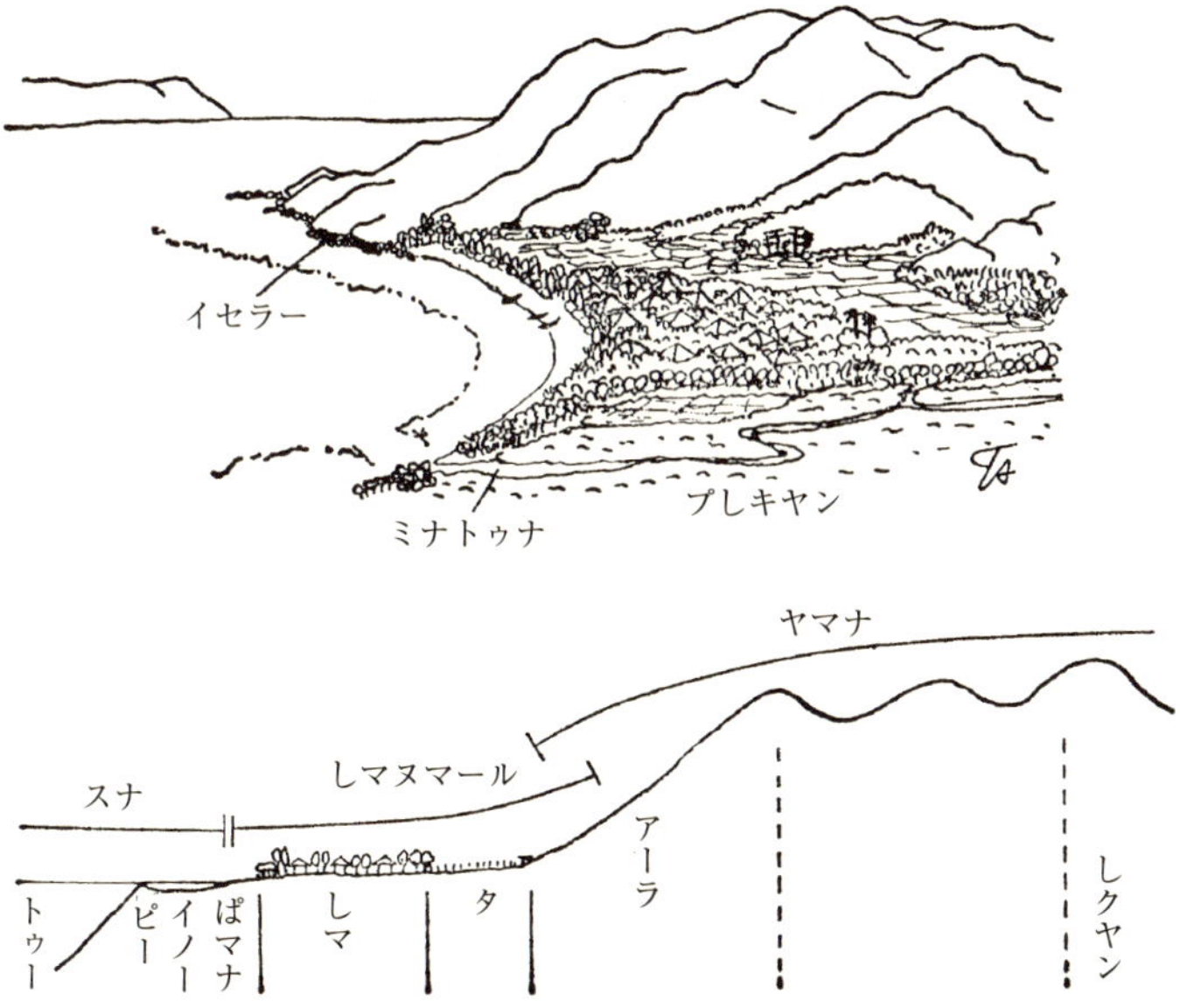

図1　西表島西部の生活環境の民俗分類（模式図）

チガヤ草原《ガヤヌーナー》や、アダンのやぶ《アダヌヤン》、海岸のオオハマボウの林《ユーナキヤン》があったりもする。

《しマヌマール》から奥には山地が広がっている。山地は《ヤマナ》と総称される。《ヤマナ》のうちで、海岸から見えるような山すそは《アーラ》と呼ばれ、ずっと山奥《しクヤン》と区別されている。《アーラ》と《しクヤン》の中間の《ヤマナ》にはとくに呼び名はない。田小屋《シコヤ》の材は《アーラ》の木、台所《アーシャ》の材は中間の《ヤマナ》から、母屋《ウベ》の材は《しクヤン》の木というように利用法に差があったという。《アーラ》の木を倒して焼畑《キャンぱテ》を拓く場合が多かった。たきぎ山《たムヌヤン》も《アーラ》にあった。

今日でも《しマ》の背後の山地には、砂岩やテーブルサンゴを積んだ猪垣《シー》が残っている。猪垣の内側を《シーヌウチ》と呼び、安心して畑作《ぱテチクリ》ができた。外側、つまり猪がいる側は《シーヌふカ》と呼ばれ、猟の舞台となった。

川は一般に《カーラ》と呼ばれている。潮の干満の影響を受ける部分を《ミナトゥナ》という。多くの場合《ミナトゥナ》にはマングローブ《プしキ》が繁茂して《プしキヤン》になっている。どの《しマ》の生活にも少なくともひとつの《ミナトゥナ》があって、さまざまに利用されてきた。《ミナトゥナ》を遡ると渓流《カーラ》になる。《ミナトゥナ》が《カーラ》に変わる地点は《エーラ》と呼ばれ、舟付き場になっている。

砂浜は《ぱマナ》、海岸が岩場になっているところは《イセラー》と呼んでいる。海中にリーフが発達しているところを《ピー》といい、砂地のところを《イノー》という。《ピー》の外側は《トゥー》と呼ばれ急に深くなっている。岸辺を《ピダ》、沖を《ふカ》といっている。

海の向こうには別の《しマ》があり、石垣島（イしナギ）や沖縄島（ウきナー）や九州以北（ヤマトゥ）、さらに福州周辺（トー）、台湾《ぴトゥファイしマ》までも含んだ形で西表島の伝統的空間認識は成り立っていた。

西表島で野外調査をするときにもっとも印象的なのは、「原始の島」「秘境」といったイメージに反して、あの大きな島のすみずみにいたるまで詳しく地名がつけられ、人の手もまた加えられていることである。これまで一度も手が入ったことのない「オノ入らず」の森は、西表には存在しないと言ってよい。西表の島びとは、山も川も海も複雑きわまりない島のすみずみまで詳しく知り、くまなく使ってきた。西表の伝統的土地利用の最大の特徴は、その空間的・時間的多様性にあると思われる。この多様性は、島の自然環境の複雑さ・多様さと深いところで結びついている。

生物界についても、深く自然とかかわって暮らしてきた西表人の認識は奥深い。その一例を祖納の松山忠夫さんとの対話から紹介する。「生き物」を方言で《イキムし》という。これには、牛も、馬も、猪も、犬も、猫も、鶏も、ハブも、虫けらにいたるまでが含まれる。人間は、普通は《イキムし》に入らない。人間が人間らしくない行為をすると、《イキムし　ニサル　ムヌ》つまり「まるで動物みたいな奴」と非難される。また、危機一髪で助かったようなときは、《イヌチ　シティンディ　アリシタ》という。この《イヌチ》をもつことが、《イキムし》と人間《ぴトゥ》の共通点なのだ。

明治時代までは、旧暦の一一月に鍛冶屋《カチヤ》で、ふいご祭《フキヌマチリ》をしたという。これは、鍛冶屋のつくる道具によって、たくさんの《イキムし》の《イヌチ》が奪われる、その《イキムし》たちの魂《たマシ》を慰めるための祭りで、《たマシ》たちがふいごに仕返しをしに来るというので、鍛冶屋に集まって一晩じゅう寝ずにいるという行事だった。

《イキムし》はほぼ「動物」と訳すことができると考えられるが、植物を表すのに《ふサキ》（草木）という言葉がある。「雨が降るおかげで、草木も萌え出てくるよ」というのを、方言では、《アミヌ　トーラリッカラ　ふサキンムイイディ　キュンドー》という。しかし、木のようで《キ》ではないもの、草のようで《ふサ》には入らないものがある。たとえば、バナナは、植物学では木でなくて草の仲間に入るが、西表ではバナナを《バサヌキ》といい、

《キ》の仲間に入れている。《しトゥチ》（ソテツ）も、マンズミ（パパイヤ）も同じく《キ》に入る。《クバ》（ヤシの仲間のビロウ）は《クバ》としか言わず、《クバヌキ》という表現はしない。《マーニ》（和名クロツグ）も《たキ》（竹）の類も《キ》でなく、その他に《バラピ》（シダ類）や、《ぴデ》（コシダやヤブレガサウラボシ）、《カッツア》（蔓）など、《キ》でも《ふサ》でもない植物はいろいろと多い。海に目を移すと、海藻は《すナナ　ムイル　ふサ》（海に生える草）、また、海の動物は、《すナナ　ブー　イキムし》（海にいる生き物）という。そして、《イヌチ》はこうした《ふサキ》にもあり、大きな《キ》などが《たマシ》をもつ場合もあり、時にはそこに《シー》（木の精）や《キヌヌし》（木の主）が宿るとも考えられてきた。

西表の島びとは、島の自然に目をこらし、こまかく名付けながら、人間の力をはるかに超えた大自然あるいは超自然の存在にも働きかける方法を今日まで伝えてきた。それは、すべてのものに《イヌチ》と《たマシ》があり、時には《カン》（神）が宿るという世界観を実践に移す方法であった（安渓　二〇〇四d参照）。

六　裸になる知恵

一九七一年に廃村となった網取村の方々には、とくにこうした人間の力の及ばない世界についての話を多くうかがった。次に挙げるのは、山田武男さんの伝承である。

西表島の南西海岸にウビラ石という巨大な岩がある。このあたりは、夜の潮干狩りに絶好の場所であるが、子、午、酉の日などは《カンピューリ》（神日和）といって、夜一人での行動は慎んだ。それはここが「神々の遊びの場」《カンヌアしピザー》だと言い伝えられるからである。昔、ある人が一人で夜の海に行き、帰り道ウビラ石の近くまで来てみると、これはどうしたことかウビラ石一面に灯篭のような火がともりゆれ動いていた。山を見上げると山の頂きからウビラ石までが火でつながれていた。あまりの恐ろしさに身の毛立ち、その場に立ちすくんだ。ようやく正気に戻り、これが昔の人の言う《カンヌトゥール》（神の灯篭）だとさとり、いろいろと神さまたちに願掛けをしたが聞き入れてもらえず、山とウビラ石の間を通りぬけることが許されない。仕方なく裸になり、脱いだ着物を頭の上にゆわえてウビラ石の外側の真っ暗な海を泳ぎはじめた。すると灯篭が動き、ウビラ石の先にずらりと並び、泳いでいる男を照らしてくれたのである。この男はやっとの思いでウビラ石の向こうに泳ぎ着くと着物を身につけ、後ろ髪をひかれる思いで家路をたどった、と伝えられている。

次は、昭和のはじめごろの実例である。網取は山奥の田が多く、ちょっとした雨でも土砂崩れが激しかった。傾斜の急な田の高い畦が崩れたりすると、とうてい一軒の力では修復できず、《ユイ》でも手間を返しきれないので、村中に無償の助力を頼む。牛一頭を使ったご馳走をつくり、酒をふるまってそれをお礼がわりにする《バフ》（祖納・干立方言では《ボー》）という助け合いに頼った。しかし、そのようにして修理した同じ畦がまた崩れたので、山田武男さんの父君は、その場所で次のように祈った。「私はいたって貧乏でありますから、こんなに畦が崩れて困り果てております。地の神様はどうぞ崩れないようにお守りいただきますよう願いいたします」。その時にすっぱだかになって真剣に祈っていた父君の姿を山田武男さんは子ども心によく覚えていた。祈りが通じて、以後そこが崩れることはなかったという。

竹富島の歌と民俗の伝承の泉であった上勢頭亭《うえせど》さんにうかがったところでは、竹富島の人が西表島に建材を伐りに行くときは、木の前ですっぱだかとなり、のこぎりのかわりにシャコガイ《ギラ》のギザギザの部分を木にあてて、「自分は服を着ることもできない、のこぎりも買えない貧しいものですから、どうぞ山々の神様、この木をいただくことをお許しください」という意味の言葉を称えてから伐るものだった。

また、西表島西部の祖納集落の女性神職《チカ》を半世紀以上続けられた田盛雪さんが、問わず語りに教えてくださったところでは、一九六〇年ごろ、長い旱魃のために村をあげて雨乞いをしたのに、どうしても雨が降ってくれなかった。天候を司る神職である《アマチカ》の責任を果たすため、田盛さんは毎日早朝に村はずれの湧き水の傍らで裸になって禊ぎをして祈った。何日も何日もこうして祈り続けてとうとう慈雨《カンヌミチ》（神の水）に恵まれたときには涙がとまらなかったと語ってくださった（安渓貴子・安渓遊地　二〇〇四参照）。

國分直一先生のご教示によると、西表島の南の波照間島民によるジュゴン猟の際には、ひとりの男が舟の上ですべての衣服を脱いで動かずに横たわっていると成功するという儀礼的な行為がなされていた。これと同じ伝承が、西表島西部では《カンヌイユ》（神の魚）と言われる《グザイユ》（アオブダイ）の漁について語られている。

さらに、網取村の山田武男さんによると、その出来事にであったならば、必ず褌《ふんどし》を外すよう義務づけていた例があった。それは、海辺を歩いていて海亀やタコの産卵に出くわしたときである。そのときは、けっして産卵のじゃまをしないようにし、すべての衣服を脱ぎすてて見守らなければならないという決まりがあった。海亀の卵の孵化に出くわしたときはさらに厳しく、孵ったばかりの子亀たちが少しでも楽になるように、脱いだ褌をひろげて通路とし、その上を子亀が歩いて海に帰るのを見届けるべきとされた。

西表島と周辺の島びとたちは、大いなる自然の不思議の前にすべての衣服を脱ぎ捨てて、《イキムし》（生き物）たちの一員として、自らが貧しく謙虚な存在であることをアピールしつつ、あらぶる神々や人間の尋常の力の及ばない世界に働きかけてきたのであった。「自然保護」という言葉に見られるような人間中心の思い上がりとはまったく異なる土着の知恵の体系があり、これこそが西表島で人々を生き延びさせ、島の自然がまがりなりにも今日まで保たれてきた背景ではないかと私は考えている。

それは心がけという形で行動に表れる。西表の島びとは、野山の木の実や果物を採る前には、《バーヌッティ　ヒリヨー》つまり、「私にいただかせてください」と唱える習慣があったし、洞窟や大木の下で野宿するときには、必ず《イリャーヌヌし》（洞窟の主）、《キヌヌし》（木の主）に挨拶をし、許しを得てから泊まるものであった。

西表島の昔ながらの習慣を守っている人は少なくなったが、それでもなにげない日常的な行動に自然の神々や精霊への挨拶と祈りは含まれているようである。たとえば罠にかかった猪を撲殺する前に、《ミーハイユー！　ボーレー》（ありがとう！　おりこうさん）。来年もかかってくれようとねぎらいの言葉をかけたり、野外で弁当を食べる前には少量をとって《ジーヌカン》（地の神）や船魂様に捧げるといった習慣がいまも見られる。

また、古くからおこなわれてきた稲作をめぐっては、たくさんの儀礼と祭りがあり、それに付随する古謡やさまざまな禁忌があるが、ほとんどの農作業が機械化された今日でも、西表島ではその多くがゆるがせにできない儀式として厳粛にとりおこなわれている。

このように、人と自然と神々の世界が渾然として奥深いところが、西表島のもっとも大きな魅力ではないかと思っている。

初出：安渓遊地　一九八四e、一九九五b、一九九九をもとに改稿

第Ⅰ部　稲作の世界——人と自然と神々と

1　自然・ヒト・イネ
――伝統的生業とその変容

はじめに

本章は、沖縄県八重山地方の伝統的稲作に関する報告である。

従来の沖縄に関する民俗学、民族学の調査報告で、稲作について触れたものはかなりの数にのぼるが、ほとんどが稲作儀礼や神話の研究に終始し、自然環境や栽培植物としてのイネそのものの性質といった重要な背景に充分注意をはらった報告はまことに少ない。一方、沖縄の在来イネの農学的研究は大正時代以来いくつかみられるが、生物としてのイネは扱われていても、イネとそれを栽培してきた人間の集団との有機的な関係については閑却されてきた。

私が八重山での調査を通じて明らかにしようとしたのは、亜熱帯多雨の島嶼《とうしょ》という自然環境で、少なくとも五世紀以上にわたって稲作をしてきた八重山の人々が、イネという作物を介してどのように自然との関係を結んできたかということであり、より広い文脈でいえば、自然とヒトとの関係をとりもつものとして、栽培植物がどのような役割を

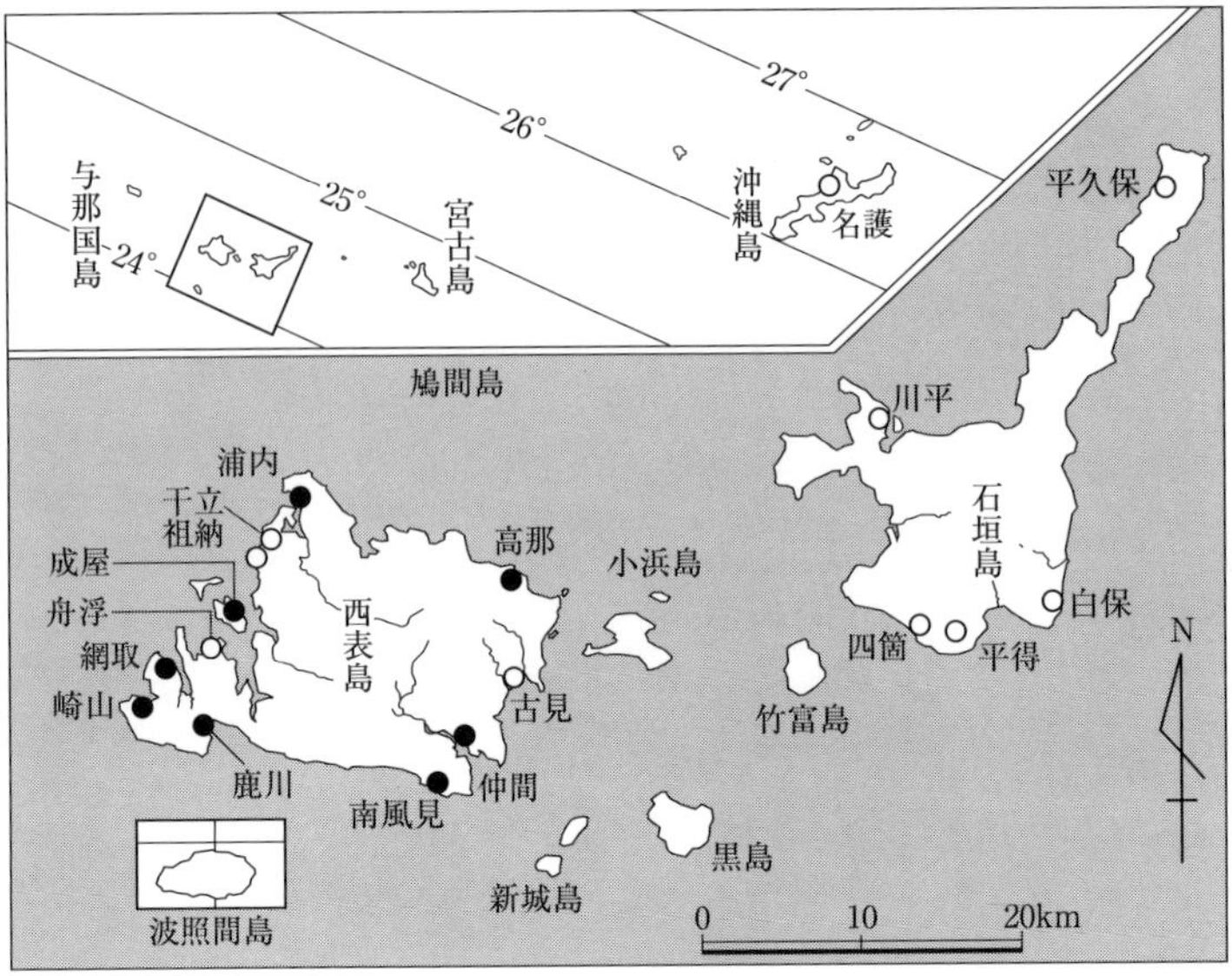

図2　八重山の島々

注：集落は本文中に出てくるものだけを示した．○は現在までとぎれることなく続いている集落，●は廃村を表す．四箇とは現在の石垣市市街部で，登野城，石垣，大川，新川の４つの字《あざ》をまとめた呼称．

果たしてきたかということであった。とくにイネをとりあげた理由は、稲作が八重山の伝統的生業において、中心的な位置を占めてきたからである。

八重山は日本列島の最南端にあり（図2）、日本の稲作を考えるうえでも、また他地域（たとえば東南アジア）との比較においても重要な位置を占めるが、文献資料がとぼしく、研究の手段は限られてくる。自然環境の変化、古い品種の消失、昔のことを知る老人の死亡などによって、右記のようなアプローチそのものが非常に困難になりつつあるなか、現在可能なかぎりデータを収集しておくことの必要性を強く感じたのも、調査をおこなった一つの理由であった。

本章の資料の多くは、一九七七年五～八月と一九七八年二～三月の計約三か月半の干立、祖納における調査で改めて収集したものであるが、近世以来の八重山の生活全般に関する概略の知識は、それまでの一九七四年からの廃村調査で得られていた。

調査にあたっては、現在おこなわれている稲作の活動に参与観察することをおもな手段として、今日成立している自然環境—イネ—ヒトの関係の諸相についての知見を得た。ついで、人頭税時代末期の明治末に焦点をあて、この三者の伝統的なすがたを描きだすべく努めたが、開発の遅れている西表島では水田の基盤整備などもおこなわれておらず、自然環境の復原を必要とする部分は多くなかった。(1) イネについては、さいわい、沖縄県農業試験場名護《なご》支場に、八重山の在来イネ五品種が栽培保存されていたので、そのサンプルをもらいうけて形質を調べるとともに、聞きとりにさいして有力な手がかりとして用いることができた。イネや自然環境に対するヒトの認知と働きかけについては、聞きとりを中心として、現在と異なるさまを明らかにしてゆく方法をとったが、当時の文献資料で援用できるものが二、三あるので利用した。また農具は、今日まで残されているものを記録し、主要なものについては考古学的資料、あるいは他の地域の民族誌的資料と比較できるように、実測図を作成した。

このようにして得られた資料をもとに、明治期の西表島の稲作について記述したあと、考察として、八重山の稲作と沖縄島との違い、同時期の日本の稲作からみた位置づけ、熱帯アジアの稲作と比較するうえで重要と思われる問題点を指摘し、八重山で昭和はじめにあったイネ品種群の全面的交替などについても論じた。

一　自然環境と稲作

A　気　候

八重山群島は年間を通じて温暖多雨な地域である。西表祖納の気候をワルターの気候ダイアグラムにしたがって作

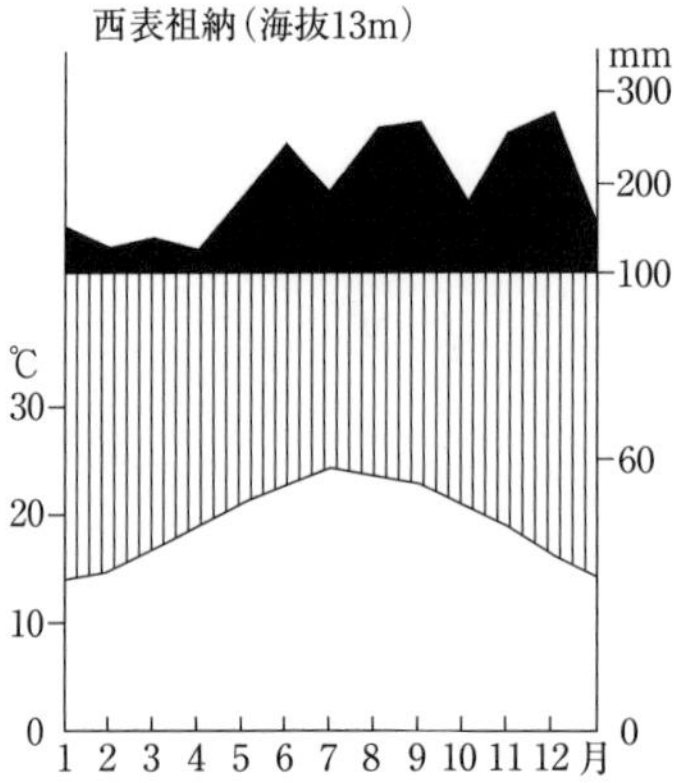

図3　祖納の気候

出典：『石垣島の気候表』［八重山気象台, 1968：pp. 343–344］のデータを, H. Walterの気候ダイアグラムの様式で表現した.

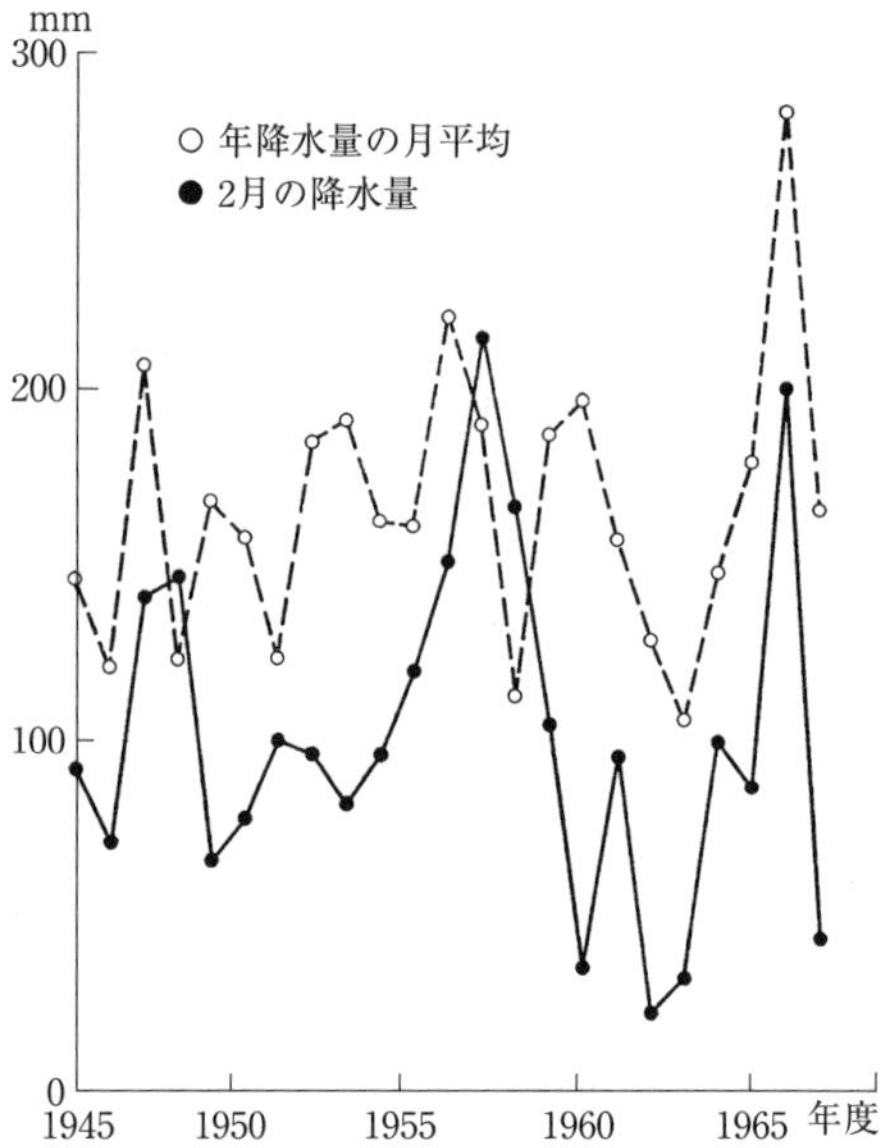

図4　石垣島の降水量の年変動

出典：八重山気象台, 1968：p. 65.

表1　八重山を襲った台風の数

月	1	2	3	4	5	6	7	8	9	10	11	12	
1953–62 年	0	0	0	1	1	2	9	14	13	2	2	0	（回）
1963–72 年	0	0	0	0	0	2	9	8	11	2	2	0	（回）

出典：沖縄気象台の資料による.

成した図3からも、それは明らかである（WALTER *et al.*, 1975, pp. 1–4）。祖納の年平均気温は二三・六度、年平均降水量は二三六四ミリである。もっとも寒い一月の平均でさえ、一五度を下まわることはめったにない。このような気候条件のもとでは、年間を通じて水稲作が可能であるようにみえる。実際、南ベトナムのメコンデルタ中央部のように、一年中米を作り、一定の作季がないに等しい例も報告されている（農林省熱帯農業研究センター・国際協力事業団　一九七五、三二四頁）。しかし、八重山では、あとに述べるように、一定の作季にしたがって稲作がなされてきた。イネの作季を左右する自然条件としては、少なくとも次の二点を明らかにしておく必要がある。それは、台風の襲来と、降水量の年変動・季節変動が大きいことである。

表1は八重山の一九五三年から二〇年間の台風の襲来回数を月別に示す。七~九月の台風はごく普通の出来事である。大きな台風は、イネの倒伏や水没、風送や高潮のための海水による塩害などをはじめ、土砂崩れや鉄砲水による水田の破壊、田小屋や貯蔵してある種籾《もみ》の被害などをもたらし、集落全体を破壊しつくすこともあった。

図3をみると降水量は毎月一〇〇ミリを超えているが、これは平均値である。年降水量と、現在の田植え月で水のもっとも必要とされる二月の降水量をみると(図4)、雨の多い年、たとえば一九六六年(三三七一・二ミリ)には平年の一五三パーセントの降雨があり、旱魃《かんばつ》の年、たとえば一九六三年(一二七一・六ミリ)には、平年の五八パーセントしか降っていない。二月の降水量にいたっては、その変動幅は一〇倍にも達している。灌漑用のため池や給排水路がほとんど発達していない西表では、田植え直前の雨量が少なすぎると、湧き水ないし川の流入口から遠い水田は、たとえば一九七七年一期作のようにほとんど植えつけができなくなる。

そのほか、海岸に近い水田や、マングローブ帯に接している水田では、潮の干満が無視できない環境要因となる。潮位が一年を通じて最大になる六月と一二月の大潮では、海水が水田に流れこみ、イネの潮害をまねき、著しい場合は枯死に至る。オキナワアナジャコ《ちピソーギャ》の開けた穴から海水が入りこむこともある。

B　地形・地質・土壌

地形・地質

西表島西部は、ほとんどの部分が八重山挾炭層と呼ばれる第三紀中新統砂岩層に覆われている。川沿いと河口近くには砂丘砂層がみられる。祖納礫《れき》岩層という第三紀砂岩礫を含む層も点在している(小林　一九六一、一六八頁)。水

表2　西表島の水田立地

略号	位　置	用　　水	土　　壌	日照	風害	西表西部の具　体　例	備　考
a	山の側腹	山からの地表流水	一般に浅く，ときに鉄欠	良	中	浦内，干立タカラ，東祖納，祖納ミダラ	
b	海岸の入江	排水不良	有機質過多	良	中	干立ミナピシ，干立チクララー	大潮，潮風害
c	河川の流域	支流の水や湧水流	有機質に富む湿田	不足	少	浦内川，仲良川，クイラ川流域	
d	丘陵間の凹地	不足～湿田まで多様	肥沃	良	中	ウナリ崎	
e	山間台地	山からの適度の流水	肥沃な半湿田	中	少	鹿川下田原，祖納山田	標　高100m程度
f	複合的立地	—	—	—	—	干立ミナピシ	

出典：『西表島農業調査報告書』より．

田の分布と立地については、『西表島農業調査報告書』（琉球政府一九六〇、九三～九六頁）に次のような分類試案が提出されている。

a　山の側腹に発達した水田
b　海岸の入江に発達した水田
c　河川の流域に発達した水田
d　丘陵間に発達した水田
e　山間台地に発達した水田
f　複合的立地に発達した水田

この分類の内容を、西部地区にかぎって、具体例、用水、土壌、風害、日照の各項目について整理して表2に示す。水田の立地と分布の具体的一例として、おもな調査対象である西表島西部干立地区の人々が伝統的に耕作してきた水田を図5に示す。右記の分類とともに、昔の苗代の位置と一九七八年現在も耕作されているか否かを示した。作図にあたっては、竹富町役場の地籍図・土地台帳を使用し、米軍撮影の空中写真と一九七七年東洋航空撮影の空中写真も参照した。

土　壌

西表島の水田土壌についての報告は、まことにとぼしい。私は、

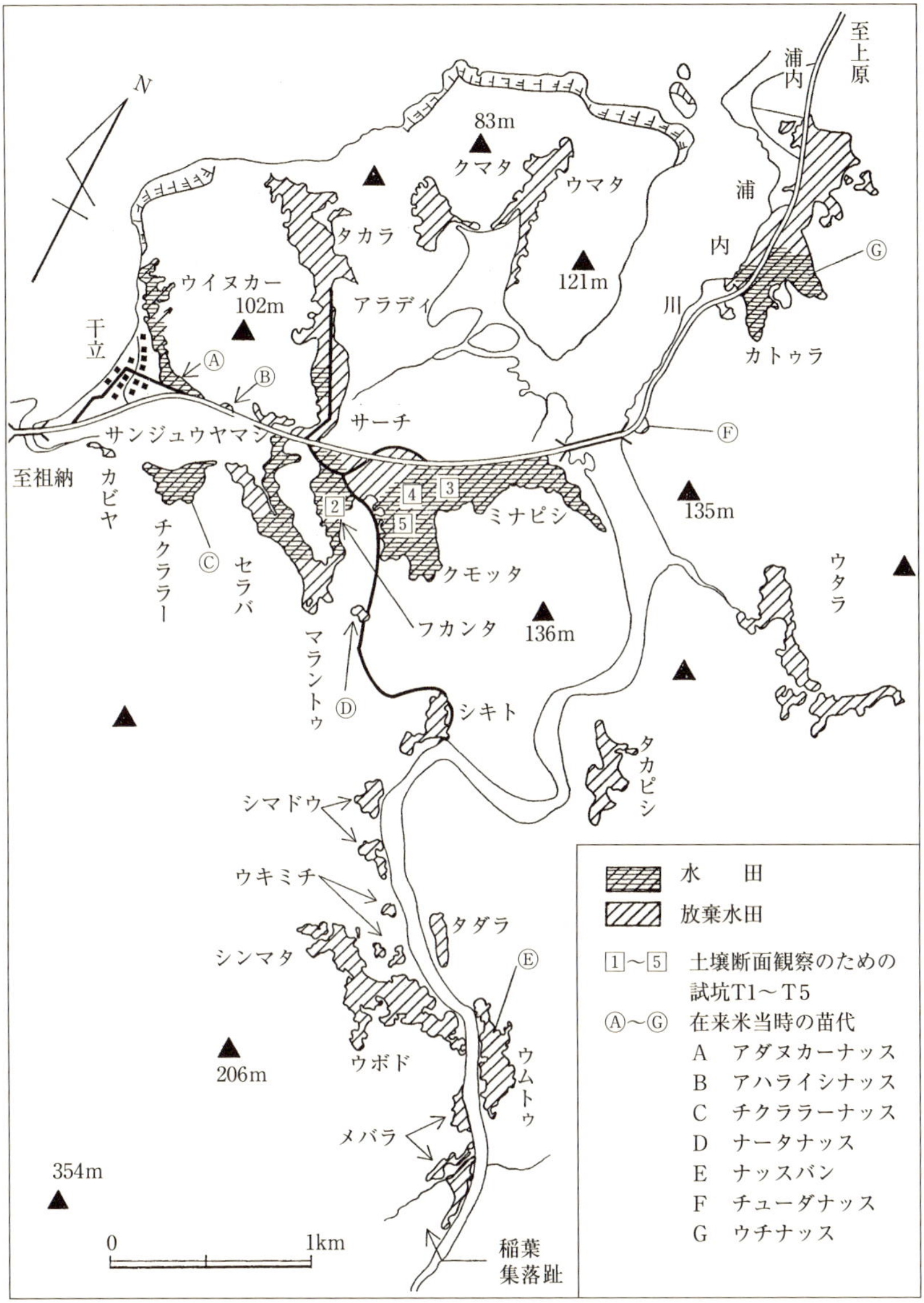

N
至上原
浦内
83m
クマタ
ウマタ
タカラ
121m
ウイヌカー
102m
アラディ
浦
内
川
Ⓖ
カトゥラ
干立
Ⓐ
Ⓑ
サーチ
サンジュウヤマシ
Ⓕ
至祖納
カビヤ
チクララー
Ⓒ
セラバ
ミナピシ
135m
クモッタ
ウタラ
フカンタ
136m
マラントゥ
Ⓓ
シキト
タカピシ
シマドウ
ウキミチ
タダラ
シンマタ
Ⓔ
ウボド
206m
ウムトゥ
メバラ
354m
0
1km
稲葉
集落趾
水　田
放棄水田
1～5 土壌断面観察のための試坑T1～T5
Ⓐ～Ⓖ 在来米当時の苗代
A アダヌカーナッス
B アハライシナッス
C チクララーナッス
D ナータナッス
E ナッスバン
F チューダナッス
G ウチナッス

図5　干立の水田の分布

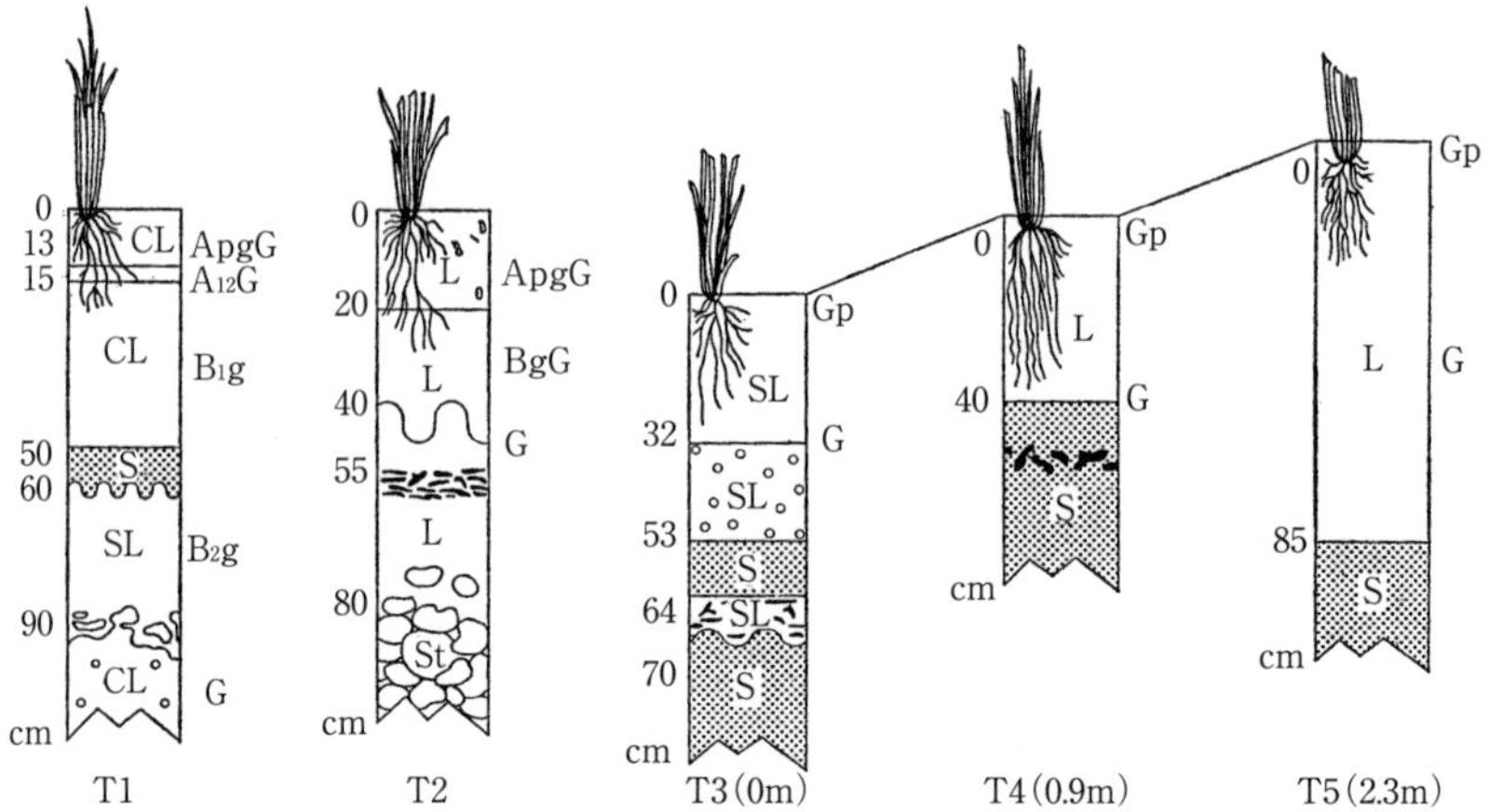

図6　干立の水田の土壌断面

注：T1〜T5は試坑番号：位置は図5参照．土質はSt：砂岩礫，S：砂土，SL：砂壌土，L：壌土，CL：植壌土．水田の層位はG：グライ層，B：酸化的性質をもつ集積層，A_{12}G：すき床層，Ap：作土層．gは斑紋，Pは耕耘を受けたことを示す．なお，マングローブ類の樹皮が未分解のまま堆積しているものをT2〜T4に示した．

水田の民俗分類と土壌との関連についての興味もあって、干立周辺の水田で深さ一メートルの試坑を掘って、土壌断面を観察し、資料を採取した。調査地点は五点である（図6中に、T1〜T5の記号でその位置を示した）。

土壌断面の観察結果が図6である。T1以外はいずれも湿田であり、酸素不足のために還元され、青みをおびた土層（グライ層）が著しく、硫化水素臭が鼻をつく。T2以外は作土層の下部に砂の層がある。T2では、こぶし大のもろい砂岩礫の層が最下層に現れた。植物の遺骸（ことにマングローブ類の樹皮）が未分解のまま堆積している例が、T2、T3、T4にみられた。砂の層は、山手からの砂の流入および沈降によって生じたものと考えられる。また、マングローブ類の遺骸の存在は、河口に発達するマングローブ地帯に水田が拓かれていった歴史を示している。私が刈りとりを手伝った田でも、素足にマングローブの根が触れることがしばしばあった。作土層のpHは四・五〜五・五の幅にあり、やや酸性が強いといえる。

このようなさまざまな環境に位置する水田が、耕作する側によってどのように類別されてきたかを調べると、西表の稲作と自然環境との関係についての理解が深まる。小浜島でも水田の類別名称の調査をおこなったので、随時、比較を試みることにする。

水田を類別するさいに、どこに目をつけるかによって、さまざまな呼び方がある。もっとも重視されたのは、水源との位置関係であった。水源であり、肥料分の供給源でもある川《カーラ》(大小を問わない)から水が直接流れこむ田を《カーラダ》という。深い田を《ふカンタ》、浅い田を《アサダ》というが、《ふカンタ》はほとんどの場合《カーラダ》であった。この反対概念が《かッタ》である。乾田の意であろう。地味については、鉄分の多い田《かネリタ》と鉄分の少ない秋落ち田《ぱギタ》(小浜で《パンキタ》)とがあり、砂地の田は《しニョーダ》(小浜で《ミノーンダ》)という。地理的位置については、固有名詞で呼ぶことが多いためか、あまり体系的でなく、山《ヤマナ》の奥にあるものを《ヤマダ》、河口付近の砂の堆積地《かニョー》にあれば《かニョーダ》、外離《ほとばなれ》島の牧場《マキ》のそばにあれば《ヌーダ》(野原《ヌーナー》の田)、潮《スー》がよく入る田は《スーダ》(小浜で《スンダ》)などがみられる程度であった。タイモ《タームチ》(網取方言)は《ムチダ》(小浜では《トーンタ》)という小さな田をカーラダの上流部に作るのを常とした。なお湧き水《バイナー》のある田を《バイナータ》(小浜で《ワクダ》)といっている。(2)

この水田の類別は、田の性格にあわせてイネの品種を選ぶという伝統的な栽培法を成立させてきた、一つの基盤ともいうべき大切な知識の体系にもとづいていた。

C　動・植物相

動物相

稲作にとって動物による被害は甚大である。イネに害を与える動物について、標準和名、西表島西部の方名、加害

表3　稲作にとっての有害動物相

標準和名	西表西部方名	加害の状況
リュウキュウイノシシ	カマイ	収穫前の稲穂を食害．踏み荒らしの害が大きい．
ネズミ類	オイザー	苗代の籾を食害．出穂したばかりのやわらかい穂を食害．
バン	クピス	籾や苗を食害．自動爆音器にも逃げない．
カルガモ	ガトゥリャー	群れで籾を食害．足でかきまわすので被害大．本田でも穴を掘る．
キジバト	ベンキヌシトゥトゥ	田の畦におりて，収穫時期の稲穂をついばむ．
サギ類*	サヤー，シルサヤー	田植え後の水田を歩きまわって荒らす．
オサハシブトガラス	ガラシ	苗代の籾を食べたり，苗をひきぬいたりする．
ミナミイシガメ	ミジンガメ	夜間，苗代をはいまわり，苗を押し倒す．
オキナワアナジャコ	チピソーギャ，テーチ	巣穴をあけるので，田の水がもれたり，海水が入ったりする．
クロベンケイガニ	アサイ	苗代～田植え期の苗を，はさみ切って倒す．
ミミズ類	ミミンチ	籾が根を出す前の苗代で泥を攪拌するため，根つきを悪くする．

注：*コサギ，チョウサギ，チュウダイサギ，アマサギ，クロサギ，ムラサキサギなどがいる．

の様子などを表3に示す。被害の大きさからいって、リュウキュウイノシシ、カルガモが重要であった。この表には載せていないが、害虫による被害も甚大である。ニカメイチュウ、サンカメイチュウ、コブノメイガは《シンムシ》と総称され、それらによる被害がとくに大きいようである。ミナミアオカメムシ、イネカメムシは《ポー》、ヘリカメムシ類（Coreidae）は《しニタカ》、バッタ類は《かター》と呼ばれる。セジロウンカ、トビイロウンカなど（《ウンカ》と称する）による被害も、雨の多い年に山あいの田においては壊滅的であったという。

農作業をする場合、ヒトに害を与える動物として、サキシマハブ《パブ》、ヒル類《ぴソ》、カ《ガジャー》、ことに悪性の熱帯熱マラリアを媒介する *Anopheles minimus* と *Anopheles ohamai* の存在を指摘しておかなければならない。

植物相

稲作をとりまく植物環境として、水田のなかだけでなく、水田外の植生も考慮の対象にする必要がある。[3]

四手井は、農用林といわれる里山と農家が、肥料（木灰）の持ちだしによってつながっており、長年の働きかけで里山の植生自体が変えられてきたことを指摘している（四手井 一九七三、一三六、一四八頁、一九七四、三四〜三五頁）。

表2からもある程度理解されるように、水田に適量の水が供給されるかどうかは、まわりの丘陵部の植生に支配される面がある。材料供給の面からも里山の存在は重要である。里山は、化学肥料導入以後、緑肥の供給源としてあまり使われなくなったが、昔は腐りやすい葉の樹種を利用していた。列挙すると、オオハマボウ《ユーナキ》（アオイ科）、モンパノキ《メガネキ》（ムラサキ科）、クサトベラ《スーキ》（クサトベラ科）、アカギ《アカンギ》（アカギ科）、オオバイヌビワ《カブリキ》（クワ科）、イヌビワ《ヤマカブリ》（クワ科）などが用いられていた。ソウシジュ、マメ科は戦前、緑肥に用いるため移入したといわれている。ヒルムシロ科のアマモ《スーサヌパー》も利用され、網取では、褐藻類がよく効くと田畑へ入れていた(4)。

水田と水田外の地帯との有機的つながりはしだいに失われつつあるが、イネ刈りの合間にシレナシジミ《キゾ》をマングローブ帯で掘ったり、帰りがけにコタイサンチク《マとぅク》の筍を折りとったりするといった活動は、今日でもよく見られる。

水田をとりまく里山の植生は、鹿川と干立について、その遷移のプロセスを考察したことがある（安渓 一九七七、三五五頁）。

水田にイネがある時期とない時期の植生調査を実施した結果、二〇種近い植物種が見つかった（安渓 一九七七、三五三〜三五四頁）。被度・頻度をともなうデータ（安渓貴子、一九八一）を宮脇のコドラート表（MIYAWAKI, 1960, p. 12）と比較すると、私が安渓貴子と調査した水田の植生は、いずれも宮脇のいう、「マルミスブタ—コナギ」群集に相当する（宮脇 一九六七、一八五、一八八頁）。

水田雑草《ターふサ》取りの対象となる植物種は、私の観察と聞きとりによれば、タイヌビエ《ピー》、ナンゴクデンジソウ《ミチカビル》がもっともやっかいであり、根絶やしにすることが望ましいとされている。田植えのあとには緑藻類《ヌリ》、アカウキクサ《ウキふサ》、スブタ（あるいはマルミスブタか、未同定）《ユノキ》がはびこるので注意しなければならない。ホテイアオイ《ピンキ》はそれ自体が水田雑草として与える害も大きいが、茎の丸いところを食べるためにカモが田を掘りかえすので、イネが倒されてしまうという。一方ではシマツユクサ《イトナ》、オモダカ《ゴイふサ》（肥草の意）やコナギ《ナイふサ》（苗のようにぎっしりはえる草の意）のように、踏みこんでおけば、そのまま腐って緑肥になるものもある。なお、田植え前には、何度も田打ちをして、すべての雑草をくりかえし発芽させては腐らせることが、満足な収穫をあげるための必須条件であるとされてきた。

そのほか、水稲病害については、イモチ病と紋枯病が重要であるが（農林省九州農業試験場　一九七五、三三頁）、伝統的に《マイドゥ　ふサリル》、つまり「イネが腐る」という表現で、多くの病害が一括されてきた。イネバカ苗病にかかった苗は雄苗《ビーナイ》と呼んでいる。

二　稲作をめぐる歴史

八重山地方で稲作が始まった時期は知られていない。稲作の存在を示すはっきりした記録は、一四七七年のものが最古である（後述）。したがって、八重山での稲作は少なくとも五〇〇年間は続けられてきたとわかる。そこで、この五〇〇年以上の稲作の歴史を、八重山地方の生活全般に深い影響を与えた人頭税制度の開始（一六三六年）と廃止（一九〇二年）によって三つの時期に区切り、述べておこう。人頭税制度は、島津藩による琉球征討（一六〇九年）の二七年後に始められ、一九〇一（明治三四）年まで二六五年間続いた。

人頭税以前は、イネはアワとともに八重山での主食作物だったが、人頭税時代には貢納用であり、日常的に食べるものではなくなった。一六九四年にサツマイモが八重山地方にもたらされると（喜舎場　一九五四、一二〇～一二一頁）、急速に主食としての位置を確立していった。人頭税以後もサツマイモ主食の状態は続いたが、イネは主食の地位をとりもどすとともに、しだいに商品経済にくりこまれてゆく。

A　人頭税以前

一四七七年、朝鮮済州島民三人が与那国《よなぐに》島に漂着したさいの記録が、李《り》朝の『成宗大王実録』巻一〇四、一〇五（一四七九年五月、六月）に収録されている（小葉田　一九四二、二四～三八頁）。

それによれば、与那国島では、「鍛冶屋はいるが、耒耜《すき》は造らない。小さい鍤《すき》で畠を剔り、草をとって粟の種をおろす。水田は一二月中に牛に踏ませて種を播く。正月中に秧《なえ》を移すが、草は鋤《す》かない。二月には稲が高さ一尺ばかりに茂って、四月には十分熟する。早稲は四月に刈り取り、晩稲も五月には刈り取る。刈り取ったあとの根荄（刈り株のこと）はまた葉が出て、その盛んなことは、はじめのときよりも甚しい。これは七、八月に収穫される。収穫のまえには、人々は皆謹慎して、大きな声を立てない。草や稲を刈るには、鎌を用いる」などとあり、西表祖納では、「稲と粟とをもちいる。粟は稲の三分の一ある。収穫した稲は、近所の空地に積んでおくがその高さは二丈[5]ばかりである。同部落の人は、一か所にあつめて積んでいる。多いものは一か所で四、五〇余りもあるところがある」と記録されている（末松　一九五八、三三二～三三三頁）。あとに述べる明治末期の稲作技術と比較すると、四〇〇年余を隔ててその技術になお強い連続性があるのをみてとれる。このような稲作の八重山への導入の時期などについては不明な点が多い。

考古学的遺跡からイネの存在を示すものが発掘された例は少なく、石垣市登野城の山原《やまばれー》貝塚から籾の圧痕が発見され（佐藤　一九七一、三三二頁）、同市平得仲本御獄遺跡からは炭化米が炭化麦とともに出土した。この二例は一三世紀以前にはさかのぼらないとされている（当真　一九七六、一三頁）。

イネの伝来について、西表網取では、昔、カラスが稲穂をくわえてきたと伝えているが、石垣では、上古、アンナン、アレシンという国からタルファイ、マルファイという兄弟の神がイネの種子を携えて移住したといい伝えられており（喜舎場　一九五四、三六七頁）、古見でも豊年祭の赤マターの神歌にアンナンからイネが来たというような歌詞があるという（源　一九五八、八二頁）。

B　人頭税時代

一六〇九（慶長一四）年、島津藩は琉球を征伐し、一六三七（寛永一四）年から人頭税制度を開始した。貢租は米二二八〇石であり、そのうち一四七三石分は、反布による代納とされた（喜舎場　一九五四、一二九頁、一三四頁）。水田のない島の住民にも、米の上納が義務づけられ、竹富、鳩間、新城、黒島などから西表島への遠距離通耕がおこなわれるようになった(6)（浮田　一九七四、五一一～五二四頁）。また、水田の面積を広げ、人口稠密《ちゅうみつ》地帯の調節をはかる目的で、首里《しゅり》王府は八重山での強制移民を頻繁におこない、多くの新村を建設した。その結果、悪性のマラリアをおもな原因として幾多の廃村が生まれたのだが、そのプロセスについては以前に述べた（安渓　一九七七、三一三頁）。

一七七一（明和八）年、八重山地方を襲った明和の大津波によって、八重山の全人口は三分の二に激減し、その後くりかえし起こった疫病の大流行とあいまって、ほぼ一世紀にわたる著しい人口減少期が続く（大浜　一九七一、二〇五～二一九頁）。

貢租総額を一定にした定額人頭税の制度は、人口が減るにつれ苛酷さを強めていった（牧野　一九七二、一七七頁）。大津波のあとの人口の減少については図7を参照されたい。

C　人頭税以降

人頭税が廃止されて二年後の一九〇四（明治三七）年から金納制の地租条例が実施され、八重山地方にも徐々に貨幣経済が浸透するようになる。西表西部が、一九四〇年ごろまで非常な繁栄をみせた炭坑の需要に応じ、野菜や坑木などを売る商品経済に入ってゆくのもこのころからである。

一九二六～二七年になって、伝統的稲作に大きな変容が起こった。蓬萊米《ほうらいまい》と総称される新品種群の導入によって、イネ品種が全面的に交替してゆく。

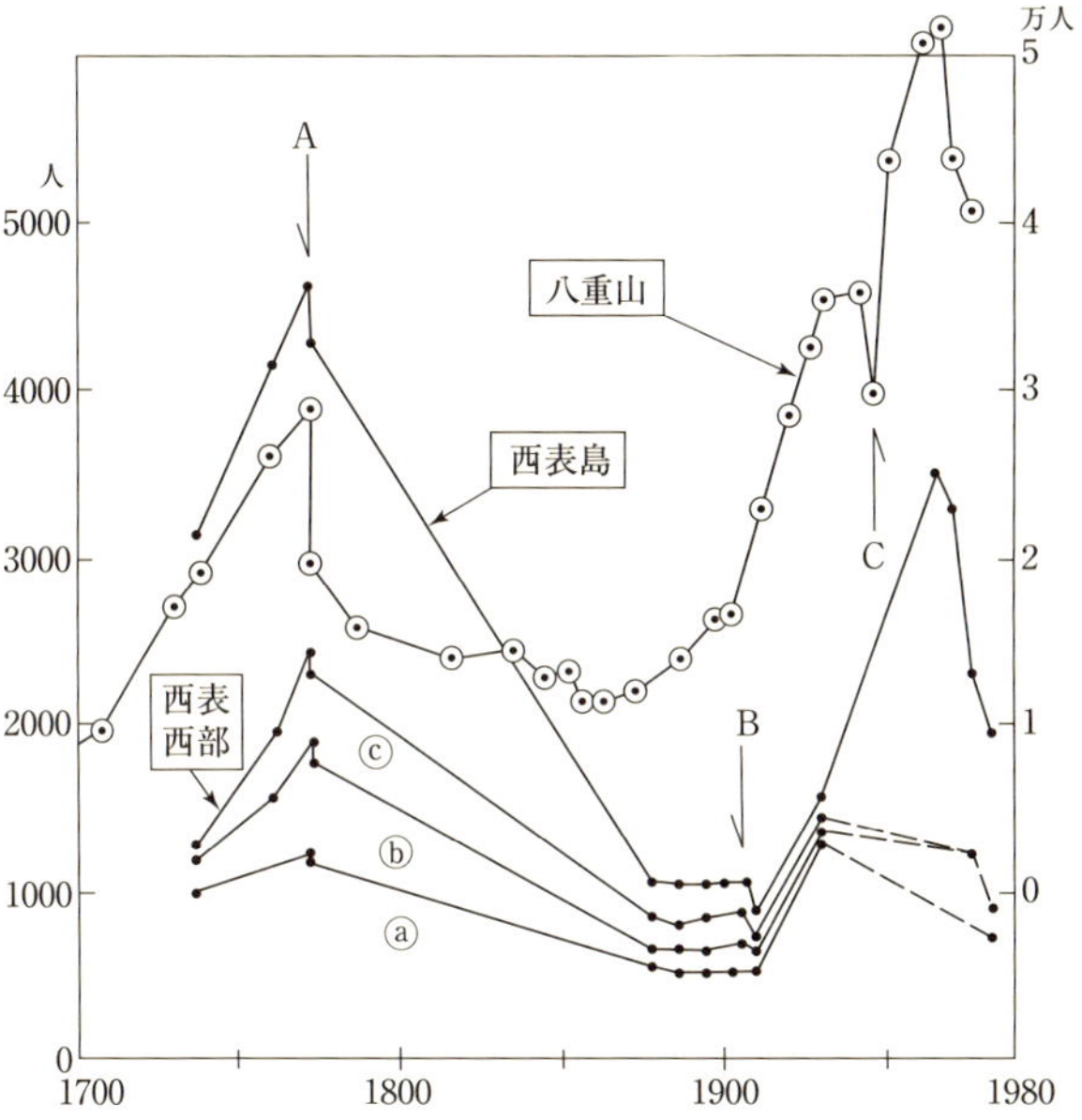

図7　18世紀以降の西表島の人口変遷

注：ⓐ：現在の大字西表にあたる地域，ⓑ：大字上原，ⓒ：大字崎山．人口に大きな変化が認められるA～Cは，A：明和の大津波（1771年），B：人頭税制度廃止（1902年），C：敗戦（1945年）のあった年である．

出典：『沖縄県統計書』などにより作成．八重山全体の人口変遷（右の座標軸）については大浜（1971）pp. 206–207を改編．

戦後、帰郷した人々によって八重山の人口はふくれあがり、水稲の生産も一時期旺盛をきわめたが、一九六五年ころから顕著になった過疎化のために放棄される水田がしだいに多くなり、蓬莱米の導入以後始められた二期作も、現在ではほとんどおこなわれていない。

一八世紀以降の西表および八重山の人口変動を図7に示す。一七七一年の大津波、一九〇二年の人頭税廃止、一九四五年の敗戦の前後で人口の変化が大きく、それぞれの出来事が八重山に及ぼした影響の大きさをみてとることができる。

三　八重山の在来イネ品種

現在では、八重山のイネの在来品種[7]をみることができるのは、沖縄県農業試験場名護支場の五品種（後述）などに限られている。しかし、私の聞きとり調査によれば、かつて在来品種は、西表島西部の一集落だけで二二品種にのぼり、八重山地方全体で人頭税時代末期に栽培されていたものを合わせると、この数をかなり上まわっていたと考えられる。したがって、現在保存されているわずかな系統から、その母集団ともいうべき在来イネの品種群の構成を知ることは至難であるが、代表的品種のあらましを推定することは不可能ではない。

A　在来イネの品種名の通覧

ここでは、これまでに耳にすることのできたイネの品種について、その方名のすべてをとりあげて検討する。私が

表4　八重山の在来イネに関する文献および資料

略号	著者	発表年	地域	品種の数		備考
				名称	性質の説明	
a	沖縄県農試	1919	八重山	6	**6***	盛永ほか（1969）からの引用
b	宮良当荘	1930	〃	10	3	
c	喜舎場永珣	1954	〃	18	3	
d	源武雄	1958	西表島古見 小浜島	5 10	5 10	
e	永松土巳ほか	1960	波照間島	1	**1***	たんに「沖縄在来」とあるもの多し
f	農業技術研究所	1960	八重山	4	**4***	盛永ほか（1969）からの引用
g	琉球政府文化財保護委員会	1970	竹富島 西表島租納	14 10	3 6	
h	宮良賢貞ほか	1971	石垣島川平	6	1	
i	宮城文	1972	石垣島	11	3	
j	琉大社会人類学研	1977	石垣島白保	6	0	
k	石垣博孝	—	鳩間島	5	—	私信
l	沖縄県農試名護支場	—	八重山	5	—	保存されている系統
m	石垣稔	1993	石垣島	13	13	

注：*ゴチックの数字は，農学的記載のある品種数を示す．資料mは原論文発表後に刊行．

直接聞きとった八重山在来イネ品種の呼称は約一〇〇であった。表4の文献や資料から拾いあげた呼称を合わせると、一八〇余にもなる。《イ》～《イゥ》～《ウ》などの母音の微妙な変化や、「米」を意味する接尾辞《マイ》の有無など、同じものを指していることが明らかなものをまとめた結果、四七の品種呼称と四つの品種群呼称とを得た。これらの呼称をアルファベット順に配列して表5に示した。それぞれが採集された地域と出典を略号でそえておく。出典の表記がないものは、私の聞きとり調査によっており、発音の正確を期するため、ローマ字で示した。西表方言の無声音は、kaʼ などとしてアポストロフィ記号で示したが、煩雑になるので品種呼称のかな表記はカタカナに統一した。出典の略号については、表4を参照されたい。

表5をみると、シノニム（違う名前だが同じものを指すと考えられるもの）を一〇以上もつ品種もあれば、文献にただ一度現れるだけといったマイナーな品種もみられた。

表 5　八重山在来イネ品種の呼称一覧

番	代表的呼称	呼称の島ごとの変異	備考
1	アハガラシ	ahagarashi（西ア，西ホ），ahagarashimai（西ホ），fuugamai（西ホ），fuugarashi（西ホ），garashimai（西ア，西ホ，古，竹），garasimai（波，古，新，竹，石），garasumai（西フ），アハガラシ（l），アハガラシマイ（f），ガラシマイ（g・西ソ，g・竹），ガラシィマイ（c・石），ガラス（k・鳩），ガラスマイ（d・古）	赤うるち．赤鳥米．籾が黒く．玄米が赤いための命名．No. 35参照
2	アハムチマイ	agamutimai（与），ahamuchimai（西ア，西ホ，鳩），akamuchi（小）	赤もち．赤糯米．No. 36参照
3	アハウシノー	agausïnoo（波），agautsino（与），ahaushino（西ホ），ahausïno（小），akaushino（古，竹），akausïno（石），haausïnohoo（新），アハウシノー（g・西ソ），アカウシノー（g・竹），アカウシィノー（m・石），赤ウシーノーマイ（d・古），赤ウシノウ米（c・石）	淡赤うるち．赤ウシノー．籾が赤みを帯びる．精白するとほとんど赤みはなくなる．ウシゥノホー（新城）は牛の尾のことだという．
4	アカブザマイ	ahabuzamai（西ア），akabuza（西ア，西フ，新），akabuzamai（西ホ，古，新），アカブザー（i），アカブザーマ（c・石，g・竹），アカブザーマイ（b），アカブジヤー（m・石），アカプジャクマイ（a）	赤うるち．〈ブザ〉は平民．〈アカブザ〉は「真百姓」「文盲」という意味がある．No. 43参照
5	アカイネーマイ	赤イネ一米（c・石），イネーマイ（h・石カ）	赤うるち？ No. 18参照
6	アカマラーマイ	akamaraamai（d・古）	白うるち．No. 9参照
7	アカピジル	アカピジル（k・鳩）	? 赤ピジル．No. 31参照
8	アカピニジュマイ	アカピニジュマイ [aka-pïn'iz'u-mai]（b）	淡赤うるち．貢納用．No. 31参照
9	アカヒン	akahini（竹），akapsïn（小），akamaiyaama（小），アカヒン（d・小）	白うるち．赤芒の意．籾黄色．やせた湿田向き（d）．小浜から竹富へ明治33年導入．
10	アウムチマイ	青糯米（i・石）	白もち? No.2，No. 36参照
11	アヤククムチマイ	アヤリリ糯米（c・石），アヤクク糯米（cの新版）	白もち? 「アヤリリ」は誤植か?
12	ビッチャマイ	bitchamai（西表干立のみ）	白うるち．No. 15から選別
13	ボージャーマイ	boojaa（西ア，西ホ，古，新，小），boojaamai（西ア，西ホ，波，新，小，竹），boozaamai（波），ボージャ（d・古），ハティローン・ボージャーマイ（m・石），波照間坊主（e）	白うるち．無芒なので「坊主」と呼ばれる．

番	代表的呼称	呼称の島ごとの変異	備考
14	ダニャーマイ	danema（古），danemaa（古），daneemai（西フ，小，竹，石），danimai（与），daneemamai（古），danyaamai（西ア，西ホ），ダネー（a），ダネマ（l），ダネーマ（k・鳩），ダネーマイ（b，c，m・石，d・古，g・竹，i・石），ダニャーマイ（f，g・西ソ）	赤うるち．語尾の〈マ〉は指小辞である．No.9，No.19にも同様の語尾〈マ〉をもつ呼称がある
15	ハニジクルー	hanajikuruu（竹），hanejikuroo（与，石），hanejikuruu（石），hanejimai（波），hanijiku（西ア），hanijikuruu（西フ），kuruhigi（西ホ），kuruhijaa（小），yambarumai（西ホ），ハナシグル*1（g・竹），ハネジクルー（j・石シ），ハニジクルー（m・石），ハニヂクルー（c・石），クルヒジャー（d・小）	白うるち．名護の羽地からきた黒芒品種．波照間の品種は．赤米であり．名護農試の「羽地黒穂」と同一の品種かもしれない．
16	ヒジマイ	ヒジマイ（h・石カ）	？ No.31のピジルマイとは別
17	ヒニジュー	hinijuu（竹），ピニジュ（g・竹）	白うるち．芒剛の意．
18	イーニマイ	ineema（小），ineemai（西フ，小），iinimai（与，西ア，西ホ，小），iniimai（与），イネーマイ（c・石），イニマイ（d・古，g・西ソ）	白うるち．No.5アカイネーマイ参照．川平の品種は赤米で．籾が黒かった（h）という．
19	イヤマイ	iyamai（西ア，西ホ）	白うるち．イヤは父（平民語）．
20	カンダマイ	kandamai（西ア，西ソ）	白うるち．神田米?
21	クンムチマイ	古見糯米（i）	白もち．No.42のウブスクムチマイと同じか?
22	クーピショー	クーピショー（g・竹）	白うるち．籾白の意．G2のクピスマイとは別
23	マーヌマイ	maanumai（与）	白うるち．美味．収量少．
24	マルクピス	marukupisu（西ア），kupisumai（西ア，西ホ）	赤うるち．丸クピス．No. 38の高クピス参照
25	ムジウシノー	maruushinoo（西ア），muchiushinoo（西ア），muchiusïnoo（石），mujiushinoo（西ホ），mujiushinumai（西ソ），mutsïusinoo（小），ムジウシノ（g・西ソ），ムッチウシィノー（h・石カ），ムツノーウスノー（j・石シ），ムチウシノー（i・石），ムチウシノーマイ（c・石），ムチィウシィノー（m・石）	白うるち．糯米のように粘りがあるので．糯ウシノーという．玄米の粒が丸いので丸ウシノーともいう．
26	ムニヤラムチィマイ	ムニヤラムチィマイ [mun'ijara-mutsïmai]（b・石），ムニヤラ糯米（c・石）	白もち．「石垣島の東北地方（平久保辺）より産す」（b）．
27	ムトゥルマイ	muturumai（与，小），mutorumai（d·小）	赤うるち．籾少し黒い（d）．
28	ナガムチ	nagamuchi（西ホ）	白もち．玄米の長い糯米．

番	代表的呼称	呼称の島ごとの変異	備考
29	ナゴファカ	nagofuaka（与），ナグアカー（j・石シ）	白うるち．名護穂赤か？
30	ピディリウシノー	hidiruushinoo（竹），pidiriushinoo（西ア，石），piduriushinoo（西ホ），pinshiruusïnoo（小），ピディリウシィノー（h・石カ），ピディリウシノー（i・石），ピィディリウシノ一米（c・石），ピディリウシィノー（m・石），ピディリィウシィノーマイ [pïd'iri-usïno:-mai]（b），ピドゥリウシノー（g・西ソ）	白うるち．ピディリは干ばつのこと．西表西部では地名（ピドゥリ田）に語源を求めている．
31	ピジルマイ	hidiru（竹），hidiro（竹），pijirumai（小），pidurumai（古），pinshirumai（小），pishirumai（小），ヒデロ（g・竹），ピジル（k・鳩），ピジルマイ（l）	白うるち．ピジル．ピドゥルは．日照りの意で．傷痕のてかてかに光るところを指す（b）．
32	ピッツマイ	pittsumai（西ア，西フ）	白うるち．
33	シヌグマイ	シヌグ米（c・石，g・竹，i・石），シヌク（a），シヌクマイ（h・石カ，m・石，b [s'inuku-mai]）	白うるち．籾が赤い．昔からの米という．
34	シソーマイ	ssoomai（西ソ，小，石），sshoomai（竹），シィソーマイ（m・石シ，b [sïso:-mai]），シィソウ米（c・石，g・竹），シッソー（i・石），ソーメー（j・石シ），ヒソーマイ（h・石カ），ヒショーマイ（g・竹）	白うるち．白い米の意．籾が白い．No.46ウフシソーマイ参照．王様への御初米（c）．西表では1度作ったのみという．
35	シスガラシ	ssugarashi（西ア），garashimai（西ア，西ホ）	白うるち．白鳥米．No.1アハガラシ参照
36	シスムチマイ	muchimai（西ア，西ホ，古，竹），mutsïmai（波，小，石），ssumuchimai（西ホ，古，新），suumuchimai（西ア），シィスムチィマイ（c・石），シスムチマイ（l），シィスムツマイ（m・石），シスムナマイ*2（f），ムシメー*3（j・石シ），ムチマイ（d・古，g・西ソ），白糯米（i・石）	白もち．白糯米．No.2赤糯米，No. 10青糯米参照
37	シスウシノー	ssuushinoo（古），ssuusïnohoo（新）	白うるち．白ウシノー．白牛尾．
38	タカクピス	takakupisu（西ア），kupisumai（西ア，西ホ）	赤うるち．高クピス．No. 24丸クピス参照
39	タカウシノー	sakuushinoo（西ホ），ta'kaushinoo（西ア）	白うるち．粳ウシノー．高ウシノー．No. 25丸ウシノー参照
40	トームチマイ	toomuchimai（西ア，西ホ），tuumutimai（与），トウムチマイ（g・西ソ）	赤もち．唐糯米か
41	ツーマイ	tsuumai（与）	白うるち．白い籾の米．No. 34シソーマイと同じか

番	代表的呼称	呼称の島ごとの変異	備考
42	ウブスクムチマイ	ウフスクムチィマイ [ufusuku-mutsï-mai]（b），ウブスクムチマイ（b・古），フークムチマイ（g・竹），フーシクムチマイ（a），フースク・ムチィマイ（m・石）	白もち．大底糯米（b）．籾は黒っぽい（d）．
43	ウフアカブザーマイ	ウフアカブザーマイ [ufu-aka-budza:-mai]（b），大アカブザ米（c・石）	赤うるち?大赤ブザ米．参照4
44	ウフシソーマイ	ウフシィソーマイ [ufu-sso:-mai]（b），ウフシノー*4（a）	白うるち．大白米．No.34シソーマイ参照
45	ウヤヌブザマイ	ウヤヌブジマイ [uja-nu-buz'i-mai]（b），ウヤヌブサ（g・竹），ウヤヌブザ米（c・石）	赤うるち．親のブザ米?No. 4アカブザマイ参照
46	ヤマトゥマイ	yamatumai（古），yamatomai（d・古）	白うるち．大和米．籾黄色（d）．
47	ユノーンムチマイ	kuruhigimuchi（西ホ），mutimai（与），yunoonmuchimai（西ア・西ホ），yunoonmutsïmai（小），与那国糯米（i・石）	白もち．与那国糯米．黒っぽい芒があった．
G1	ガラシマイ	ガラシィ米（c・石），ガラシマイ（g・竹，g・西ソ）	うるち．鳥米．籾が黒い．
G2	クピスマイ	kupisumai（西ア，西ホ），クピスマイ（g・西ソ）	赤うるち．西表島西部では鳥のバンのことをクピスという．
G3	ムチマイ	muchimai（西ア，西ホ），ムチマイ（g・西ソ，d・古）	もち．糯米．
G4	ウシノー	ushinoo（古），ushinomai（西ア，西ホ，西ソ），ushinumai（西ア），usïnoo（波，小），usïnohomai（新），usïnoomai（石），utsinumai（与），ウシィノーマイ（c，h・石カ），ウシィノー（m・石），ウシーノーマイ（d・小，d・古），ウシノー（a，k・鳩），ウシノ一米（i・石，g・竹），ウシノ米（g・西ソ），うしの種（l），ウスノー（j・石シ）	白うるち～淡赤うるち．うしの種は「うしのしゅ」と読み、多様なウシノーの中のひとつの系統を指すものであろう．

注1：a～lは，表4に示した出典の略号．出典の略号がなく，ローマ字書きの呼称は，筆者の聞きとりによる資料．

2：島名，集落名の略しかたはつぎのとおり．与：与那国島，波：波照間島，西：西表島西部，西ア：網取，西フ：舟浮，西ソ：祖納，西ホ：干立・祖納，鳩：鳩間島，古：西表島東部古見，新：新城島，小：小浜島，竹：竹富島，石：石垣島，石カ：川平，石シ：白保．

3：*1～*4は記載のまちがいである可能性の高い呼称．それぞれ，*1ハナジクル，*2シスムチマイ，*3ムツメー，*4ウフシソーの誤植であろうと考えられる．

4：表4に述べたほか，石垣稔（1993）は，「フースク」といううるち米を報告している．草丈も籾の外見も，フースク・ムチィマイ（No.42）にそっくりであったという．表には収録していないが，新城島にあったという，kusukumai（うるち米）という稲もこれと関連がある呼称だったかもしれない．このほか，fuugaushinoo（西表網取．黒ウシノー），paterumamutsimai（新城．波照間糯米，いわゆる香米であったという），の名称も採集されたが，話者がただ1人であることなどからこの表には収録しなかった．石垣島にトゥボシという米があったという伝聞資料もある（國分，1970：pp. 125-126）．また，1978年の初出論文では，与那国島にdairashuおよびkwaamaiという白うるち稲があると報告したが，これはその後の補充調査によって，それぞれ「在来種」「うるち稲」のことであると判明したため，この表からは削除した．

八重山のイネの命名法の特徴をみてみよう。接頭辞が認められるものが多く、籾や玄米の色彩に関するもの、赤《アハ、アカ》、白《ッス》、黒《フーガ》やそのほかさまざまのイネの性質を形容するもの、大《ウフ、ウブ》、糯《もち》《ムチ、ムジ》、粳《うるち》《サク》、また与那国ユノーン、古見クンなどの地名を冠するものがある。接尾辞としては省略可能な米《マイ》をもつものが圧倒的で、糯米は例外なく《ムチ、ムチマイ》の語尾をもつ。《マ》で終わるものは、接頭辞として《ウフ》をもつものと対立していることが多い（《ウフアカブザマイ》と《アカブザーマ》など）。八重山では、語尾に《マ》を付けて指小辞形を作るからである。イネの一部を指すことばとしては、籾の表面《クー》、芒《のぎ》《ぴニ、ヒン》などがあるにすぎない。このような接頭・接尾辞を除いた語根として、《ウシノー》、《イネー》、《ダネー》、《ピジル》など、意味の了解のむずかしいものが現れてくるが、これらのなかに、八重山におけるイネ品種呼称の祖型を求めることができるのではあるまいか。

これらの多数の品種呼称の分布状況を表6に示した。網取、祖納、干立、舟浮（船浮という字を当てることもある）は西表島西部としてまとめ、四つの字（登野城、大川、石垣、新川）、白保、川平などは石垣島として一括した。この表から指摘できることは、汎八重山的に分布する一〇以上のイネ品種呼称（表中Pで示す）があったらしいということにとどまり、一見ごく限られた分布の呼称が、ほかの島の別の呼称と同一の品種を指すかどうかは判断できない。

B　在来イネの性質についての聞きとり

聞きとり結果のまとめ

品種の呼称についての右記の知見からは、実際に各島で作られていた品種群の構成を明らかにすることがむずかしい。そこで、一例として西表島西部地区をとりあげ、作ったことのある在来イネ品種の性質について集中的な聞きととり調査をおこなった。対象者はおよそ四〇名で、聞きとりにあたっては名護農試の在来イネの穂のサンプルを前にして、自由に語っていただくという方法をおもにとった。そのさい表7の各項目についての情報が得られるよう留意した。聞きとりの結果は表7にまとめた。

籾の有芒／無芒、澱粉のもち性／うるち性、玄米表面の赤／白に注目すると、その組み合わせによって、次のようなグループに分かれることがわかる。

有芒・うるち・白――a～jの一〇品種
有芒・うるち・赤――k～pの六品種
有芒・もち・白――q、rの二品種
有芒・もち・赤――s、tの二品種
無芒・うるち・白――uの一品種のみ

在来イネの食味については、おいしい飯《ウヮン》とおいしくない飯は次のような対立表現で形容され、品種に応じてさまざまな変異があった。「やわらかい」↔「かたい」、「ムチムチする」↔「サクサクする（ポロポロする）」、「冷えてもおいしい」↔「冷えたらかたくて食われん」などである。この表現は、いずれもうるち米《サクマイ》についてのものである。精米しても赤みを帯びている米（o、《アハガラシ》など）は、炊けばそのまま赤飯になった。同量の米から普通よりも多くの飯ができる釜殖え《イディミ》する品種は、すべて「サクサクする」米であった。表7で「－」の記号で示したのがそれである。《ムチマイ》のような「ムチムチする」うるち米が好まれており、粘《ねば》い澱粉食に対する強い嗜好（中尾　一九七六、一八五頁）がはっきり認められるといえよう。「サクサクしておいしくない米《まい》だから、ムチマイを混ぜて炊く」のは、現在もみられるところである。

表6　八重山在来イネ品種の分布

No.	代表的呼称	与那国	波照間	西表西	鳩間	古見	新城	小浜	竹富	石垣	不明	分布のタイプ
1	アハガラシ		*	*	*	*	*		*	*		P
2	アハムチマイ	*		*	*			*	*			P
3	アハウシノー	*	*	*	*	*	*	*	*	*		P
4	アカブザマイ			*		*	*		*	*		P
5	アカイネーマイ									*		
6	アカマラーマイ					*						
7	アカピジル				*							
8	アカピニジュマイ										*	
9	アカヒン							*	*			
10	アウムチマイ									*		
11	アヤククムチマイ									*		
12	ビッチャマイ			*								
13	ボージャーマイ		*	*		*	*	*	*			P
14	ダニャーマイ			*	*	*		*	*	*		P
15	ハニジクルー	*	*	*				*		*		N
16	ヒジマイ									*		
17	ヒニジュー								*			
18	イーニマイ	*		*	*	*		*		*		P
19	イヤマイ			*								
20	カンダマイ			*								
21	クンムチマイ									*		
22	クーピショー								*			
23	マーヌマイ	*										
24	マルクピス			*								
25	ムジウシノー			*	*			*		*		
26	ムニヤラムチィマィ									*		
27	ムトゥルマイ	*							*			
28	ナガムチ			*	*							
29	ナゴフアカ	*								*		N
30	ピディリウシノー			*	*			*	*	*		P
31	ピジルマイ				*	*	*	*	*			P
32	ピッツマイ			*								
33	シヌグマイ								*	*		
34	シソーマイ						*	*	*	*		
35	シスガラシ			*								
36	シスムチマイ		*	*	*	*	*	*	*	*		P
37	シスウシノー					*	*					
38	タカクピス			*								

39	タカウシノー			＊	＊							
40	トームチマイ			＊								
41	ツーマイ	＊										
42	ウブスクムチマイ				＊	＊			＊			
43	ウフアカブザーマイ									＊		
44	ウフシソーマイ										＊	
45	ウヤヌブザマイ								＊	＊		
46	ヤマトゥマイ					＊						
47	ユノーンムチマイ	＊		＊				＊		＊		
	品種群呼称											
G1	ガラシマイ			＊								
G2	クピスマイ			＊								
G3	ムチマイ			＊	＊	＊		＊	＊	＊		
G4	ウシノー	★	★	＊	＊	＊	＊	★	★	★		P
	合計	10	6	22	13	12	8	14	17	22	／	／

注：＊：存在したこと，★：ウシノーと呼ばれる在来イネが島に１品種しかなかったこと，Ｐ：汎八重山的に分布するもの，Ｎ：明治40年代（1907～1912年）以降に八重山の外部からもたらされたものであることを示す．

話者の語りから

西表島の島びとにとって、はるか昔に作った経験のある在来イネの実物が目の前に現れることは、大変に心おどることであるらしく、くめどもつきない話がうかがえた。ここでは、一覧表にはもりこめないような、個別の記憶に基づく語りを記録しておきたい。記述の順序は前項のグループ順とし、グループ内ではアイウエオ順とした。記号の下のかっこに入れた番号は、表５の八重山における在来イネの呼称と対応する。

ａ（20）《カンダマイ》……仲良川沿いの水田でよく作られていた。網取では、氾濫防止の祈願がつきものの田は神田《カンダ》と呼ばれ、よく氾濫する《カーラダ》のイネという意味で、神田米《カンダマイ》と称していたという。なお仲良川沿いの《カンダ》という場所でよく作ったからだという人もある。穀粒は大きく、着粒は疎で、イモチ病に抵抗力が高い。

ｂ（39）《タカウシノー》……網取では《マルウシノー》（＝ｇ《ムジウシノー》）と対にして考えられた。《マルウシノー》より草丈が五寸くらい高く、倒伏しやすい。

ｃ（32）《ピッツマイ》……昔からの舟浮のイネ。芒が折れにくく、かつ長いため、イノシシの食害が少ないので、山奥の田に

表7　聞きとりによる西表島西部の在来イネの特性の復原

西表島西部 在来イネ方名	表5の No.	分布 網取	分布 組納	分布 干立	芒	糯梗	玄米色	飯の硬軟	味	香	籾色（芒色）	草丈	適地	収量
a　カンダマイ	20	5	2	2	長	うるち	白	硬い・釜殖え	美味	極高	暗褐，白い筋	高	川	普通
b　タカウシノー	39	3	2	0	長				中間	高	褐	高	？	⑤
c　ピッツマイ	32	5	4	2	最長				不味	有る	暗褐	高	乾，山	⑤以下
d　ハニジクルー	15	2	5	3	長				不味		黄白（黒芒）	最高	やせ	⑤以上
e　ビッチャマイ	12	1	0	5	長				不味		黄白，淡褐筋	最高	川？	⑤以上
f　イーニマイ	18	3	5	5	長			硬い	不味	高	暗橙	普通	川，やせ，乾，砂	③
g　ムジウシノー	25	4	5	4	長			極軟	極美味	高	褐	普通	川	高
h　シスガラシ	35	2	3	3	長				極美味	極高	紫み黒褐	高	川	普通
i　ピドィリウシノー	30	4	5	5	長			軟	美味	高	褐？	普通	全	高
j　イヤマイ	19	3	0	1	長				極美味		暗褐，白い筋	高	乾？	？
k　アカブザマイ	4	2	0	4	長		赤	硬い・釜殖え	不味		暗橙	普通	乾？	？
l　マルクピス	24	4	4	2	長				美味	高	黄白	普通	乾	？
m　タカクピス	38	1	0	0	長				美味	高	黄白	高	乾	？
n　ダニャーマイ	14	5	5	5	短め			硬い	美味	極高	暗褐，白い筋	普通	川，乾，砂，やせ	③～⑤
o　アハガラシ	1	5	5	5	長			極軟	極美味	極高	紫み黒褐	普通	川	低
p　アハウシノー	3	2	5	5	長		淡赤		極美味		赤褐色	普通	川	高
q　シスムチマイ	36	5	5	5	最長	もち	白		美味		黄白	普通	やせ～乾	③以上
r　ユノーンムチマイ	47	2	2	2	短め				美味	高	黄褐（黒芒）	高	乾	⑤
s　トームチマイ	40	1	1	4	最長		赤		美味		暗褐	普通	？	高
t　アハムチマイ	2	0	3	2	短め				不味	高	黄白	高	乾，川	高
u　ボージャーマイ	13	1	1	1	ない	うるち	白	硬い・釜殖え	不味		黄白	低	やせ	低

分布：各集落から65歳以上の男性3人，女性2人，計5人のうち，みたことがあると答えた人の数.
飯の硬軟：軟〈ムチムチ〉する，硬〈サクサク〉する，釜殖え〈イディミ〉する.
草丈：低は4尺，極高で5尺以上という.
適地：川〈カーラダ〉，乾〈カッタ〉，やせ〈パギタ〉，砂〈シニョーダ〉，山〈ヤマダ〉.
収量：③～⑤などは，刈り取ったイネ30束〈1マルシ〉からとれる玄米の量を升で表したもの．3升を普通とする.

よく作られた。大粒の殻粒を多数つけ、玄米にするときれいな米であった。

d（15）ハニジクルー……明治末年に沖縄島の羽地（現在名護市）から導入されたらしい。穂が長く七～八寸もあった。きわめて倒伏しやすいが、それ以前の在来イネに比べて、やせ地においても著しく多収であり、また釡殖え《イディミ》する特性もあったために、田の少ない人や子どもの多い家族はもっぱらこの品種を作るようになった。石垣では、五～六年で自然に消滅したというが（喜舎場 一九五四、三六八頁）、網取では二〇年間以上作りつづけていたという。現在知られている羽地黒穂という品種は赤米であるが（盛永・向井 一九六九、一五頁）、西表島で作られていたものは赤米ではなかった。外見はそっくりだったというから、西表に導入された系統は現在まで残っている品種に近い別の系統であろうと推定される。

e（12）《ビッチャマイ》……干立だけに知られている品種。大正時代に干立の池城氏（屋号ミナカイ）が《クルヒギ》（＝ハニジクルー）から選別したもので、本人が自らのあだ名《ビッチャ》（酔っぱらいの意）を冠して命名したという。《ハニジクルー》よりも粒が大きく多収だったため干立ではこれが《ハニジクルー》を駆逐したが、他の集落にはまったくひろまらなかったという。

f（18）《イーニマイ》……大昔からのイネであるという。胴割れが少ないので上納に最適であった。小浜では、旱魃で種籾が不足したとき、西表東部の高那からもらいうけた籾がはじまりだといわれている。ある老人は、西表のイーニマイにはこのほかに飯のかたくならないおいしい品種もあったと語った。稈が丈夫で倒伏しにくかった。一穂の粒数は少なかった。

g（25）《ムジウシノー》……bの《タカウシノー》と対にして考えられる。《タカウシノー》より背丈が五寸くらい低く、味がよく、玄米の丸みが強いのが特徴であった。

h（35）《シスガラシ》……網取ではoの《アハガラシ》と対にして考えられていたが、その他の集落では白い玄米の《ガラシマイ》はほとんど知られていなかった。草丈が《アハガラシ》と比べて、六〜七寸高かったと証言する話者もあった。

i（30）《ピドゥリウシノー》または《ピディリウシノー》……祖納ではクイラ川の上流の水田地帯ピドゥリ田原《たばる》で発見された突然変異だと考えている人がある（琉球政府文化財保護委員会　一九七〇、三四三頁）。網取の話者によれば、止葉葉鞘につつまれたままの状態で登熟する穂《ピンジリムヌ》（変じ物の意）が混じるイネであった。今日の内地米の味がしたという。舟浮では、炭坑夫が脚気《かっけ》になると、この玄米を炊いて食べさせた。

j（19）《イヤマイ》……昔からのイネ。古くは赤米の系統もあったらしい。たいへんおいしい米で、《ナチヌフクラヌイヤマイヌウヮンメ、サトゥトゥフタリ、ナカクミファイミラバ……》（夏の盛りのイヤマイのご飯を、彼氏と二人で、差し向かいで食べてみたい）といわれたほどだったという。イヤとは、平民の父親に対する呼称である。

k（4）《アカブザマイ》……昔からのイネ。鹿川の下田原でこのイネが作られているのを見たという崎山の人がいる。《アカブザ》には、①真平民、真百姓、②文盲、③《ホーマアカブザ》（＝大浜村の英雄オヤケアカハチ）の略の三つの意味があるという（宮良　一九三〇、四頁）。

l（24）《マルクピス》……《クピスマイ》のひとつ。草丈の低い品種。《クピスマイ》は、旱魃で水の少ない田でもよく稔った。網取のウダラ、祖納のヤマダなどに作られていた。芒が強く、芒折り作業は困難であった。なお《クピスマイ》には、バン《くピス》の卵のように黒い紋の入った玄米のできる病虫害イネを指す意味もある。籾が黄色い点、竹富の《クーピショー》（表5の22）との関連も考えられないではない。

m（38）《タカクピス》……《クピスマイ》のひとつ。草丈が《マルクピス》よりかなり高いほかは、《マルクピス》と性質は同じであった。

n（14）《ダニャーマイ》……大昔からのイネ。網取のウダラ、干立の浦内川沿いのナッスバンという所ではイネ三〇束で玄米が四～五升もとれた。粒がきれいで、おかゆにすると香りがよい。イノシシの害が少なかった。分げつは少ない。チガヤ《ガヤ》がぎっちりかたまって生えているのを、このイネの茎のように細くてきれいだという意味で《ダニャーマイガヤ》といった。

o（1）《アハガラシ》……《ガラシマイ》のひとつ。籾の黒さをカラスにたとえている。網取のウラナー、カサシタ、祖納の仲良田、干立ではイナバによく作った。分げつは多いが粒は小さく、倒伏が激しく穂イモチにかかりやすいという欠点があったものの、精米しても赤飯のような色をしたおいしい飯ができるので、家族の少ない家では喜ばれた。ワラをなうと、しなやかなよい縄ができたという（多和田真淳氏による）。

p（3）《アハウシノー》……《ウシノーマイ》のひとつ。祖納の節祭の牛狂言《リッポー》に、「一マルシ七、八升も搗《つ》く、《アカマヤーマイ》」というせりふがあるが、これは《アハウシノー》を指すのではないかという話者が多かった。

q（36）《シスムチマイ》……昔からのもちイネ。やせ地にも適し、外離島のウタ田原はこのイネばかりを作っていた。芒がかたいので、すこし太陽にあててから芒折りをしたという。

r（47）《ユノーンムチマイ》……比較的あとから導入された糯イネ。内離島の成屋村のイネと考えられているが、与那国でたんに糯米《ムてぃマイ》と呼んでいたイネと形質が一致していた。

s（40）《トームチマイ》……この名称を知らない話者が多かったが、八〇歳くらいの老人にたずねると、tの《アハムチマイ》とは別の品種だったという。餅にしても赤みを帯びていた。餅の粘りは強いが、三日もするとかたくなってしまうという欠点は、表5の44《ウブスクムチマイ》と共通する。

t（2）《アハムチマイ》……昭和になってから西表西部に導入された。草丈が高く、よく倒伏した。沖縄県農試の「アカモチ」（無芒）とは別の品種であった。玄米に赤みを帯びた殻がかぶさったようになっており、精白するのにずいぶん手間がかかった。

糯イネはq～tの四品種のほかに、《ナガムチ》という品種も知られているが、話者に混乱がみられ、はっきりとした由来がつかめなかったので表からは除外した。芒の非常に長い品種（台湾米と称している）と、無芒の品種の二種類があったという。前者は《ヤマトゥムチマイ》とも呼んだというが、大正七年（一九一八）に島尻郡で記録されている大和糯米（盛永・向井　一九六九、一二頁）との関係は不明。後者は台中六五号導入以降の品種で、《ナガムチ》、《マルムチ》と並び称された。

u（13）《ボージャーマイ》……波照間島のイネとして名高い。後述のように、明治初年に台湾からもたらされたという聞きとりがある。西表でもその短い成育期間を生かして二期作しようと計画し、何度か試したが、ほとんど収穫にいたっていない。天水田ばかりで、旱魃に悩まされつづけた波照間島では、早生の品種が切実に求められ、イノシシによる被害もなかったから、きわめて不味で低収穫という点を克服して定着したのであろう（網取の在来イネの伝承については、本書第4章を参照）。

C　在来イネ・サンプルの分析

永松らは、沖縄の在来イネの一七品種について、形態的・生態的特性による分類と、雑種F1の稔性《ねんせい》による分類を試み、三つの形質（フェノールによる籾の着色反応、水酸化カリウムによる胚乳崩壊の難易、芒の有無）の組みあわせによって、日本型とインド型とに大別できると述べている（永松ほか　一九六〇b、一七六～一七七頁）。

これらは、イネ品種の標準的な調査手法であるので、私は永松らの実験と同じ条件で分析してみることにした。沖縄県農試名護支場に保存されている沖縄在来イネ七品種（八重山在来イネ五品種を含む）を用いて、右記の三形質を含

表8　八重山在来イネのサンプルの分布

品種群	標本No.	品種名	対応する表5の呼称	呼称に夜産地推定	玄米* 長さ(mm)	幅(mm)	比	フェノール反応	KOH反応	芒(cm)	芒色	籾色	備考
②	1	名護赤穂	31. ナゴフアカ？	名護	6.15	3.31	1.83	−	−	4–6	赤褐	黄	名護穂赤と別か
	2	羽地黒穂	16. ハニジクルー？	名護	5.55	3.10	1.80	−	+	4–6	黒褐	淡黄	赤米
①	3	ピジルイ	33. ピジルマイ	小浜	5.28	3.12	1.69	+	−	4–6	赤褐	赤褐	
	4	うしの種	G4. ウシノー	八重山	5.32	3.34	1.59	+	+	4–6	赤褐	淡灰褐	
	5	ダネマ	15. ダニャーマイ	古見	5.52	3.05	1.82	+	+	4–6	褐	灰褐	赤米
	6	シスムチマイ	38. シスムチマイ	八重山	5.74	3.26	1.76	−	−	1–3	黄褐	淡褐	モチ
	7	アハガラシ	1. アハガラシ	網取	5.07	3.14	1.62	+	−	5–8	黒褐	黒褐	赤米
③	8	台中65号	—	台中	5.15	3.03	1.70	−	+	−	−	淡黄	蓬莱米
	9	旭	—	—	4.87	3.09	1.58	−	+	−	淡黄	淡黄	有芒の系統
	10	瑞豊	—	—	5.21	2.95	1.77	−	+	−	−	淡黄	

注：玄米の計測はノギスを用い，0.05mmまで10回計って平均.

むいくつかの形質について分析をおこなった（表8）。実験条件は永松らと同じとし、(8)実験方法に間違いがないか対照するために、永松らが用いた旭および瑞豊品種を入手して、さらに参考のために、現在栽培されている台中六五号をあわせて合計三品種を使用した。(9)

分析の結果、①グループ：八重山在来の五品種（標本番号3〜7）、②グループ：沖縄島の在来の二品種（標本番号1、2）、③グループ：対照として用いた日本型の三品種（標本番号8〜10）の三グループには以下のように形質の違いが認められた。

芒については、①グループは、すべて非常に長い。②グループは、二品種とも非常に長い。③グループは、芒がないもの二品種、短い芒一品種（標本番号9）がある。

フェノール（石炭酸）試薬によって籾の表面のある種の酵素の有無を調べるフェノール反応では、①グループは、＋で真っ黒く着色したが、標本番号6（糯イネ）だけは、無着色（－）だった。②グループは、二品種とも「－」で、③グループも、三品種とも「－」であった。

澱粉の溶けやすさを見る水酸化カリウム（KOH）反応は、①②グループは＋と－の両方がみられ、③グループは、すべて＋の溶けやすい米であった。水酸化カリウム反応については、①②グループともに、日本型のイネの米のように澱粉が溶けやすい（柔らかい）米もあれば、逆に溶け出しにくい米もあり、とくにまとまりがないようである。

芒の有無とフェノール反応については、①と②のグループは、①の糯イネ一品種を除いてはよくまとまっているといえる。また、③グループについては、永松らの実験結果とよく一致していたので、ここで得られた結果を永松らが沖縄在来イネおよびアジアの他の品種のイネと比較したデータとも照合できると考えられた。

永松らは沖縄の在来イネとの比較のために、日本型のイネ、ブル（bulu）、アウス（aus）、ボロ（boro）、アマン（aman）、チェレ（tjereh）の六品種群から二品種ずつ選んで分析し、次のように結論した。すなわち、沖縄在来イネは、日本イネおよびブルに類似する第一群と、チェレ、アマン、アウスに類似する第二群に大別されるとした（永松ほか　一九六〇a、一五四～一五五頁）。[10]

一方、盛永らは、「沖縄在来の中には稀に秈型の品種も含まれるが、その主要部分をなす最大多数の品種は日本の普通在来稲と高度の稔性を示す日本型稲であることが明らかである」（盛永・向井　一九六九、一六頁）と述べている。[11]

ところが、私の分析によれば八重山在来とされるイネ五品種のグループ①では、《シスムチマイ》（標本番号6）だけが永松らの第一群に属し、残る四品種は、フェノール反応が＋で、しかも有芒という形質組み合わせをもっていた。これと同じ形質組み合わせの生態型は、永松らが使用した沖縄在来イネの品種群にはなく、対照品種群では「ボロ」のみが相当するように見える。しかし、このグループがボロではありえないことは、次の交配実験の結果からわかる。

盛永らは、私とおなじ品種を交配実験に用いたが、交配実験からは《アハガラシマイ》、《ダニャーマイ》、《シスムチマイ》の三品種は、いずれも、日本の普通イネと九〇パーセント以上の稔度を示す一方、中国籼型イネとは二四パーセント以下の稔度しか示さず、稔性からは日本型と判定された（盛永・向井　一九六九、一六頁）。一方、ボロと日本イネ間の交配実験の結果、その稔度は三〇パーセント未満と低かった（MORINAGA, 1968, p. 3）。つまり、八重山在来イネのうちの三品種の交配実験により日本稲に近いことがわかり、ごくわずかの形質の組み合わせから生態型の候補かと考えたインディカ（インド型）の一種のボロとは血縁が薄いらしいということが、間接的ながら示されたのである。

永松らは沖縄在来イネ一七品種を集めて実験に供した。これらのうち、八重山在来であることがはっきりしているのは「波照間坊主」ただ一品種だけであった。じつはこの品種は、前述（表7のu）の聞きとりでも明らかなように、八重山在来のイネ品種では唯一芒をもたず、収穫までに要する時間が約半分という、かなり特殊な存在であった。結局、私の分析からは、永松らの用いた資料中には、典型的な八重山の在来イネの品種が含まれていなかったと考えざるをえない。そうだとすると、沖縄在来イネの場合は前記の三形質について、どの実験室にもあるような薬品を溶かして籾や玄米にかけ、保温するなどして翌日結果を見るという手軽な実験をするだけで、手間と時間のかかる交配実験を経ることなく、日本型とインド型に大別することが可能だ、という永松らの魅力的な結論は、今回私が扱った八重山在来イネ五品種については該当しない可能性が高くなったわけである。

形質からみれば、現在残されている八重山の在来イネ五品種のうち、糯品種を除く四品種までが有芒で、しかもきわめて長く、フェノール反応は＋という形質をもっていた。これは、これまでに報告されているおもな沖縄在来イネには認められない形質の組み合わせであった。つまり、八重山在来イネは、沖縄の在来イネのなかでも、また、アジアで広く栽培されている多様なイネの品種群でも、主流というよりはむしろ特殊な、まだ専門家によって充分に研究されていない形質をもったイネの品種群だったという可能性が出てきたのである。そして、盛永らの交配実験によれば、その未知の八重山在来イネと日本イネの間には、血縁がありそうだというのである。

例外的に、形質が研究され、交配実験もおこなわれた八重山在来イネとして、日本最南端の波照間島の「波照間坊主」《ボージャーマイ》がある。これは、インド型であると判定された。しかし、一五世紀後半の朝鮮済州島の漂流民たちが、西表島と与那国島には稲作があるが、波照間島には稲作がないと報告していることから、八重山の古くからの在来イネとは考えにくい。他の在来イネよりも後代の導入と考えるのが妥当であろうし、聞きとりによってもこの見解は裏づけられている。[12]

D　分析結果と聞きとりの対応

沖縄県農試名護支場の八重山在来イネ五品種は、すべて汎八重山的に分布する在来イネの呼称に対応する（表6参照）。八重山のどこでも栽培されていた品種であればこそ、消滅する直前に収集を試みると、農学者や技手たちの手にも入ったのであろう。

多くの場所で栽培された品種であれば、聞きとりの結果も厚みが増す。ここで、八重山在来イネの性質に関する聞きとり資料と、イネのサンプルの農学的な分析の結果とをあわせて、八重山で広く栽培された在来イネの性格を述べておこう。

八重山の在来イネの性質をあげておくと、草丈は高く、長い芒をもつ。籾や芒は濃く着色している品種が多い。赤米も多い。籾のフェノール着色性の品種がかなり多い。脱粒性は低く、籾がこぼれにくい。玄米の長幅比は、日本型のイネとあまり変わらない。栄養生長期間が長く、晩生で、種子に休眠性があるため、二期作はむずかしい。ここで、八重山在来イネ五品種の写真を示しておく（写真1）。

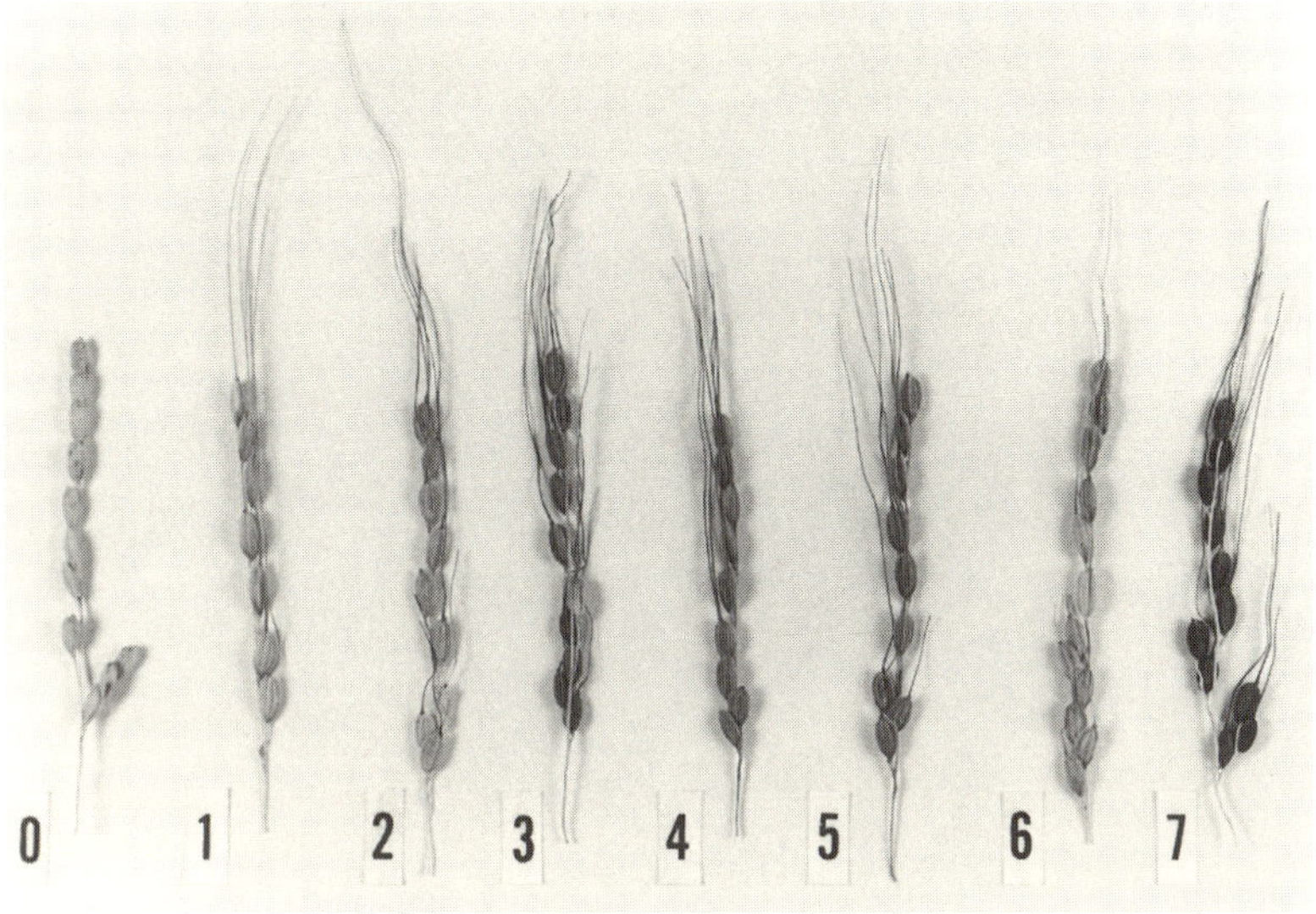

写真１　八重山の在来イネと蓬莱米

０は代表的な蓬莱米．1，２は明治末に沖縄県から導入された品種．３～７の５品種が明治以前からの八重山在来イネ．写真は穂の一部．０．台中65号，１．名護赤穂，２．羽地黒穂，３．ピジルマイ，４．ウシノー，５．ダネマ，６．シスムチマイ，７．アハガラシ．沖縄県農業試験場名護支場提供．

聞きとりと実物の性質が一致しないように思われる点がいくつかあるので触れておく。まず、品種の変化の問題である。八重山の在来イネの穂を八重山の老人たちに見せたさい、「これは○○米（たとえば《ガラシマイ》）だけれど、ずいぶん粒が小さくなっており、退化している」などと指摘する人が多かった。大きい粒、大きい穂を良しとして、播種のたびに入念に選抜を繰り返していた時代のイネと、長年にわたって農業試験場で植えついできたイネの性質の変化は、無視できない要素と言えるかもしれない。

もう一つは、飯にした場合の硬軟の程度についてである。笠原は未熟米や古米を除けば、飯の硬軟度と水酸化カリウムによる白米の崩壊度は比例すると述べた（笠原　一九四二、九六～九七頁）。ところが、私の実験では、《ダネマ》と《アハガラシ》に関して、聞きとりでは飯が軟らかいとされている《アハガラシ》の切断玄米の水酸化カリウムによる崩壊は軽度で、硬いとされる《ダネマ》の崩壊の程度が著しかったのである。これは、玄米の水分含量をそろえたり、保温の温度にばらつきが出ないようにして再実験する余地があることを示しているのかもしれない。

イネの形質自体の変化の問題は、本来の気候と土壌で育ててみることで明らかになる点が多いだろうし、[13] 飯の硬軟の問題も、在来イネを育てて実際に八重山の高齢者に食べてもらえば解決することかもしれない。[14]

四　伝統的稲作の体系――明治末期

A　稲作の農事サイクル

ここで明治末年ころの西表島西部における稲作を復原し、人頭税時代末期の様子にも触れてゆきたい。資料は聞きとりを主としたが、今日の観察の結果も生かした。なお、稲作にともなう祭りや儀礼についてはこれまでに報告もあるので（琉球大学民俗研究クラブ　一九六九、一三～一五頁など）、ここでは脚注で触れる程度にとどめた。月はすべて旧暦である。

田ごしらえ《さラちクリ》

苗代《ナッス》に対して、本田のことを《ムトゥタ》あるいは《さラタ》といい、収穫後放置されて雑草に覆われている水田を耕起することを《さラちクリ》とか《ターカイシ》という。

収穫後、最初の耕起を「あら打ち」《アローナ》といい、人頭税制度のもとでは、《くミ》単位の協同作業でおこなった。[15] 祖納には三つの《くミ》があり、平民《ブザ》が東と西の二つ、士族《ユカリぴトゥ》の《くミ》が一つあった。共同作業の調整は、《タブサ》[16]という下級の役人がおこなった。

田に水が充分あれば、木鍬《ぐわ》《キーパイ》[17]で耕してゆく。田打ちのじょうずな人が、最初に畦《アブし》の中央部から田に入り、向かいの畦へまっすぐに耕してゆく。そのすぐ両脇を二人の人が追いかけるようにして、次つぎに耕してゆく。一人分の幅を《ぴトゥぱカ》というが、男は四鍬分、女は二鍬分を一《ぱカ》として、進度を合わせる。男一人が一日で打てる田の面積は、五〜七畝《せ》程度である。

夏のあいだ旱魃が続いて、ひびわれた田《バリタ》になっていると、土がかたまっているので木鍬では耕しにくい。たとえ耕しても、収量が極度に低くなるという。そこで降雨を待って、牧場《マキ》からウシ《マキウシ》を追ってきて、五頭ぐらいずつ首を蔓でくくり、竹の棒で追いたてながら荒地《アッタ》になっている水田を踏ませる。この作業を《ウシくミ》という。一〇人で五〇頭ほどのウシを使って一日踏ませると、一町ぐらいの田はあら打ちが完了し、雑草はみごとに踏みこまれ、田の底（スキ床層）も踏みかためられ、保水がよくなる。

あら打ちはどの《くミ》も半月ほどで終わるが、終わった翌日、《タンぷシ》、《タンたミ》をする。《タンぷシ》とは、各家の田を何反ずつ、総計何反を耕したか数えること、《タンたミ》とは、それを頭割りにして、平均より多い家から少ない家に差額を米で支払うことを指す。強いて漢字をあてれば「反干し」「反溜め」であろうか。

あら打ちの終わった田は、ひと月もすると再び雑草が生えてしまう。このころに二度打ち《マトーナ》をおこなう。泥が軟らかくなっているから、あら打ちほどの重労働ではない。この作業は《くミ》単位でなく、《ユイマール》でおこなう。《ユイマール》とはたんに《ユイ》、手間《ティマ》ともいい、一日加勢《かシ》したら、一日だけ手間返し《ティマカイシ》してもらうのを原則とする相互的労働供与である。

二度打ちが終わると、三度打ち《サンドゥ》にとりかかる。何度も雑草を生えさせては耕して埋めこみ、腐らせることが田の地力づくりの基本とされた。『八重山嶋農務帳』には五度打ちまでするようにと指導している（崎山・新城 一九七六、一〇六頁）。田の草の腐ったのがいちばんの肥料《クイ》であり、収量は田の手入れしだいだといわれた。雑草の種子をこうして根絶やしにすることの重要性も大きかったと思われる。三度打ち以後の田打ちは、おおむね家族単位でおこなうが、このあと田植えまでは、雑草を生やさないようにしなければならない。

苗代づくり、播種

苗代《ナッス》は本田から離れた場所にあることが多かった。湧き水の流入があり、大雨にあっても急に増水しない場所が選ばれる。耕土の深さは、浅いほうが苗の根が張りすぎなくてよい。それぞれの本田には、どこの苗代の苗《ナイ》をもってくるかが決まっているが、《かナイナッス》と呼ばれる苗代の苗は、どの本田に植えつけてもまちがいなく生長する（叶《かな》う）とされている。《かナイナッス》とは、冷たい北風《ニシカジ》のあたらない南向きで、鉄分の多い粘土質土壌の苗代を指しているようだ。

苗代の地ならしは、四回以上おこなうものとされている。播種直前の仕上げは《ナッスすネ》と呼ばれ、手で地面をならしながら、草の根などを苗代田の外に投げ捨ててゆく。苗代の水が少ないときは、土塊をよく崩しておかないと、苗とりのさいに根が切れて生育が悪くなるので、《イシぴキ》をする。《イシぴキ》とは、子どもの頭大の砂岩を五つばかり蔓で丸太にくくりつけたものを、人がひきずりまわす作業のことだ(18)。

苗代に籾をつける七日前に、種籾《たニ》の調整をする。ワラ付きのまま種籾用稲叢《シラ》の上部に保管してある種籾をとりだして、通常よりも念入りに芒折りなどの作業をおこなう(19)。種籾は、四～五日吸水させる。袋に入れて田の水たまり《くモリ》に浸ける方法と、木製の槽《トーニ》に水を入れて浸ける方法があった。催芽（発芽）は、浜の砂でやることが多かった。ワラ俵《ターラグ》の底に、竹箸で穴を開けたビロウ《クバ》の葉を敷いて、吸水した種籾を入れる。《ターラグ》には五升入りから一斗入りまでさまざまな大きさがあるが、なるべく小さいものを用い、種籾をつめこまないようにするのが、均一に発芽させるコツである。浜に深さ一メートルくらいの穴を掘り、底と周囲をチガヤ《カヤ》で覆う。そこに口を閉じた《ターラグ》を並べ、上にもチガヤを被せて、砂を薄くかけておく。目印として、《ターラグ》をかつぐのに使った天秤棒《てんびん》《アフ》をその場に突きたてておく。《アフ》には所有のしるし、または魔除けとしてチガヤをくくりつけておく。これは《サン》あるいは《シパユヒ》と呼ばれている。発芽中の種籾は発熱するが、低温すぎれば発根が遅れ、高温に傾くと籾は死んでしまう。このため発芽中は頻繁に浜に行って、熱すぎるときには《ターラグ》の上の砂をとりのけて冷やす。

種籾は、芽がわずかに出、根が六分（一・八センチメートル）ほど伸びたところをみはからって播種しなければならない。苗代に播種する前日に、前述の《ナッスすネ》をおこない、その翌日、泥が沈み、水が澄んでから播種する。二日以上遅れると土がかたまり、籾が土中に入らない。苗代が砂地《シニョージ》の場合は、泥の沈降が速いので《ナッスネ》の直後に播種する。

播種《たニマヒ》を前にした苗代は、掌《てのひら》が隠れるくらい浅く湛水《たんすい》しておく。小さな苗代は畦から播き、大きい苗代では足跡で畝を作りながら播いてゆくが、このようにしてできあがる畝を、踏みきり《フンキシ》と称し、「今日は三《フンキシ》播いた」などという。

砂地の苗代では、《ヤミウチ》といって、水が濁っているうちに播くため、播種の密度を均一にするのがむずかしい。播種の密度は、伝統的には「島犬《しまいぬ》の足跡に種が三粒《ティチ》落ちるくらい」がよいとされているが、現実にはもっと厚播きされてきたようだ。苗代一坪（三・三平方メートル）あたり、五合播き《ゴンゴーマヒ》（一平方メートルにつき約一七五グラム）が普通で、《カーラダ》など、急に水位が増えるおそれがある水田に植える予定の苗は、四合播き《ヨンゴーマヒ》として、丈夫な苗を得るようにしていた。網取では、一坪一升播き程度の厚播きもおこなわれていたようだ。

糯イネは苗代の最上流部に播きつけなければならないとされている。糯イネの種に粳イネの種が流入すると、餅に粘りがなくなるからであった。播種が終わると、苗代の四隅に《シパユヒ》し、播種祈願《たニマヒニガイ》[20]をした。播種後は湛水しておき、七日めに水を落とす。これを七日水明け《ナンカミチアキ》という。苗代を荒らすものとして、表3で述べたミナミイシガメ、クロベンケイガニ、ネズミ類がある。ネズミ対策には、ハブカズラ《ナンカッツァ》の茎を切ってきて、畦にまわしておいた。ハブのようだからというわけだが、あまり効きめはなかったという。オサハシブトガラス、カルガモ、サギ類、バンを防ぐには、人が番をするしか有効な方法がなかった。いつも人が番をしていたので苗代番ナッスバンという地名が、浦内川沿いの田にあるくらいだ（図4参照）。

田植え

播種から六一日めを《ソーリ》といい、田植え《ターウビ》始めの日で、三本でもよいから苗を植えるものだとされていた。《ソーリ》は旧暦一二月初旬にあたる。

苗取り《ナイトゥリ》は女の仕事だ。苗を取るときは、苗代の水口《ミドゥチ》を閉めて、水深五～六寸にしておく。両手で苗をたぐるようにして抜きとり、両手がいっぱいになれば、泥を洗い落として根の部分を打ちあわせてそろえ、片手二つ分を一束としてワラでしばる。このとき、タイヌビエ《ピー》が混じっていれば束から抜きとって捨てる。余分の根は五寸ぐらいのところでちぎりとる。旱魃などで深く湛水できないと、泥がかたくて根を傷めやすく、根の泥を落とすのもたいへんである。苗束は、畦《アブし》に集め、三〇束（一《マルシ》）ずつ、《バラミナ》（ひとつかみのワラ束を二つに分け、先端をしばりあわせたもの）でくくる。苗は、二《マルシ》六〇束を一人荷《ぴトゥリニー》といい、苗取り、苗の運搬、田植えの量は、この《ニー》を単位として計る。ふつう一人が一人荷の苗を取るの

写真2　ユイマールによる田植え．1978年3月，干立フカンタにて．この日は，28名（うち女性2名）で1町6反植えた．苗の根がからみあって分けにくく，130人荷（7,800束）も必要だった．

に一時間ほどかかる。運搬は、一度に三人荷《ミータリニー》ずつ天秤棒をかついでおこなう。泥がよく落ちていない苗は、二人荷《フタリニー》がせいぜいだ。本田までは歩いて三〇分以上かかることもある。

田植えをひかえた本田は、仕上げの整地をしておく。木鍬《キーパイ》を寝かせて、上層土を撹拌して平らにする。整地して植えるまでの間は短いにこしたことはないが、砂地田では植える直前に整地しないと、泥に苗をつかまえる力がないので浮き苗が多くなってしまうという。土がかたいと指が痛む。《カーラダ》なら、少々遅れても、根張りがよく、活着も速い。

田植えは《ユイマール》によっておこなわれる。田植え作業にたずさわるのは男だけである[21]（写真2）。人数が多いときは、前日は女性の《ユイマール》の苗取りにあてられることが多い（写真3）。田植えの当日に《ユイマール》参加者のまかない《マカニャー》を分担する女性もあり、これも《ユイマール》の手間《ティマ》に数えられる。熟練者が田のまんなかを切るように植えてゆき、その両側から二人ずつ田におりる様子は、あら打

写真３　女性による苗取り．1978年３月，西表租納アーラにて．男性の参加者は，翌日植える田の持ち主１名だけであった．この日は14名のユイマールで苗を75人荷（4,500束）取った．

ちと似ている。(22) 植える方向は、田の一枚《マシ》一枚の形に応じて、狭いくぼ地《バダぁー》をなるべく作らないように選ぶ。苗が浮かぬ程度に水深を浅くした田の全面に、苗の束を畦から投げる。この作業は、田植えに熟練していない若者が担当することが多い。苗束をほどいて、束の半分を左手にもち、左手の親指で苗を数本ずつくりだしながら、右手の親指から中指の三本で根のところをつまみ、指が隠れるまで泥のなかにさしこむ。たいてい二寸以上の深植えになる。五株植えるたびに、甲高い「ヒョーッ」というかけ声をかけるが、浦内の人の田植えのかけ声が大きいのには定評があり、「イナバの山も崩れるほどの大声」だったといわれている。じょうずに植えるコツは、左手の苗のくりだし方と、足の動かし方にある。

植えてゆくとき、進行（退行）方向の苗の列を《たてィナディ》といい、これに垂直な左右の列を《ユナディ》という。各列の間隔は等しいのがよいとされ、老人たちは、一升枡《ます》《チャー》の四隅に植える気持ちで植えるようにと教えたものだ。一升枡は七寸角だったから、七寸植えともいう。田の性質によってイネの分げつの程度が異なるので、砂地田は六寸間隔、水源の豊かな田《カーラダ》は丈夫な苗を八寸間隔に植えるのがよいとされた。干立と比べて祖納の人は昔から《ユナディ》と《ユナディ》の間隔を短くして密植する傾向がある。

普通の田は一反が四人荷《ユータリニー》とされ、二人で植えた。一人一日あたり苗一二〇束という計算になる。苗が太いときや、根がからまって分けにくいときは、一株を大きくつかむことになるので、五人荷《グニンヌニー》必要になることもあり、植える田の面積、土質、苗の状態、参加者の人数などを考慮して取る苗の束数を決めるが、ぴったり合わせることはむずかしい。苗が不足したら不足分を苗代から取るが、苗の成育が悪ければ、品種にかまわず、あまった人の苗をもらう。苗は順調に育ちさえすれば、大幅にあまるのが普通であるから、人の苗をもらいうけたり、《ユイマール》の労働とひきかえに提供してもらうこともあった。いよいよ足りなければ、収量が下がるのを覚悟で、一株に苗を一本ずつ植えたり、《ユナディ》の間隔を広げたりする。一本植えが嫌われるのは、球状の緑藻《ヤヌリ》が直径七～八センチメートルにもなって田一面に発生すると、風で吹きよせられて苗の根本にまつわりつき押し倒してしまうからである。また、田面を空けておくと、アカウキクサ《ウキふサ》がはびこったりするので嫌われる。

苗があまってしまって一晩以上もたせる必要があるときは、水に根本を浸しておく。《かナイナッス》の苗は丈夫なので、北風のあたらない草のなかにぎっしりそろえて立てておく。こうしておくと根がかたく、植えやすくなる。それに対して砂地の苗代の苗は白っぽく、弱い。

植えてから根がつくまでは、水を浅くしておく。二〇日もすると青々として活着する。活着後は二～三寸湛水して雑草を生やさないようにする。水深は水口《ミドゥチ》に平たい石を踏みこんで、その高さで調節する。活着しない苗や、鳥獣害を受けた苗のために、川の冷たい水が入る場所に、苗を一《マルシ》分ぐらい残して二度植え《マートゥイ》にそなえる。

糯イネは粳イネが混じるのを避けるために、毎年同じ田（なるべく上流部）に作るが、普通のイネは五～六年も同じ田に作らず、ときどき品種を交換するのが性質の劣化を防ぐ良策とされていた。

旧暦一二月初旬に始まった田植えが完了するまでには、ひと月ほどもかかる。自分の田すべてに植えおわると、その日に田植え祝い《ターウビヨイ》(23)をする。田植え祝いは親代々の田である《ウヨンダー》でおこない、上納のために耕作し、数年おきにいわゆる「地割り制」によって担当が代わる公用田《ウカイダー》ではしない。

収穫までの手入れ

田植えから稲刈り《マイカリ》までの約四か月間は、害鳥や雑草などからイネを守り、水加減をみることがおもな仕事になる。

植えつけの終わった水田に、第一節の動物相の項で述べた多くの種類の鳥類が降りてきて、さまざまの害を与える。これには、《ヌイムヌ》といって、人間のにおいのしみついた古着を畦に立てた棒にぶらさげておいたり、風で鳴る鳴子を立てておくといった程度の対策しかなかった。水田が湿原《アッタ》に接しているところでは、湿原からバン《くピス》があがってきて苗の葉を食べるので、ヤシ科のコミノクロツグ《マーニ》の葉を切ってきて、境界に垣のように植えこんでおく。夜になるとクロベンケイガニがたくさん出てきて苗の根元をはさみ切ってしまうことがあるので、竹のたいまつをともして、山刀《ヤンガラシ》で切って殺さなければならない。

田植えが終わり、苗が根をおろすと世願祭《ユーニンガイ》をおこなう。豊年《ユガフ》祈願の神祭である。世願祭を終えると、もう田の草とり《ターふサトゥリ、トーサカキ》の時期がくる。除草は、家族単位でする。両手で雑草をかきとり、抜きとれないものは、足で泥のなかに踏みこみながら、うしろ向きに作業を進める。腰が痛くてつらい作業だが、ここで手を抜くと水田は《ピーヤン》（タイヌビエのやぶ）になってしまう。普通は、一人が一日一反は除草できるが、旱魃の年は雑草の繁茂がひどく、二畝ぐらいしかできないときもある。除草の回数は一回だけという人が多い。腰より上まで沈むような深い田は、せっかく張ったイネの根を切ってしまうので入ることができないが、雑草はそれほど生えてこない。

旧四月になると、《ユードゥアミ》（梅雨）の季節に入る。イネがよく分げつするかどうかは、この雨がよく降るかどうかに左右されるという。雨が山から《ブク》（腐葉、土など、肥料になるもの）を押し流してくるためだとされている。だから、この雨を《マイムヮーシアミ》つまり、「稲を育てる雨」とも呼んでいる。出穂期のイネは《マイヌぱナ》（稲の花）といい、穂ばらみ期のイネは《マイヌぱラン》（米の卵）という。このころ、ネズミ類《オイザー》がイネの茎をかみ切ってやわらかい穂を食べるので、駆除する。駆除には、猛毒をもつ小魚のツムギハゼ《ゴナザぁー》を浅瀬で獲って畦にまいた。ツムギハゼは、内離島の成屋（図2参照）と、その隣りのマイダの浜に多かったので、くり舟をこいですくいにいったものだった。《アミドゥシ》といって雨の続く年は、山の田はウンカ類《ウンカ》の被害が大きく、収穫は皆無のこともある。出穂期に旱魃《ぺーリ》が続いて土がひびわれると、イネに実が入らないため恐れられる。

リュウキュウイノシシ《かマイ》を防ぐ垣には二種類あり、人頭税のころには《シー》といって集落と耕地をめぐる長大な石垣が築かれたが(24)、修理をしなくなってからはその機能は失われてしまった。もう一種類は、耕地の縁に作る小規模なもので、イノシシの入りそうなところに、こぶしが入るくらい間隔をあけて材を打ちこみ、トウツルモドキ《クーち》で材を横に編んで作る《たティかシ》である（写真4）。サガリバナ《ジルカキキ》、カキバカンコノキ《カーライゾーキ》のように湿地で根づく木を用いる場合は、写真5のようなみごとな垣根林ができあがる。川のそばの田では、これが土止めの役目も果たしているようだ。イノシシによって垣が破られていないかをみまわるのも、

写真 4　水田のまわりにめぐらされたイノシシ垣．1961年３月，網取にて．畦にイトバショウが生えている．早稲田大学アジア学会撮影，山田雪子氏提供．

毎日の大切な仕事である。

収穫が近づくと、しだいに潮の干満が大きくなってくるので、潮田《スーダ》を作っている人は、満潮時ごとに田に行って水口を閉じ、海水が入らないようにしておかなければならない。

収穫

稲刈り《マイカリ》は、《シくマ》（母音の無声化がmの音にまで及んで《シクワぁー》と聞こえることが多いが、公民館のお知らせなどでは「シコマ」と書かれる）と呼ぶ、初穂を拝所《ウガン》に奉納する行事[25]をすませてから始められた。《シくマ》の翌日は、《シくマムラングトゥ》という全員が参加する村作業があり、農道の修理などをする。

稲刈りの前に《アブしバライ》といって、畦の草を刈る。下手の畦《シムアブし》の草は、なるべく遅くまで残す。キジバト《ベンキヌシトゥトゥ》の群れが畦に舞いおりて、垂れている穂をついばむからだという。田小屋《シコヤ》のかたわらの草をはらって、収穫したイネ

写真5 イノシシ垣のあと．材から根づく木，サガリバナを用いている．向かって左手に放棄水田があった．1976年10月崎山アザンザにて．

を積む空き地を設けておくことも必要だ。刈りいれ前には、水口を開けて水位を下げておくが、田の表面が乾燥した状態になることはまずない。かえって、下流に位置する田では、上流の田の持ち主が水口を開けると田越しに流れてくる水のために、水びたしになってしまう(26)。

刈りとりには鎌《ガヒャー》を使う。刈りとる向きは、田植えと同じ向きのことが多いが、倒伏している《ノッキドゥル》ときには、倒れている向きに直角に刈ると往復ともに刈れて能率的である。手前に倒れているイネは刈りにくいからである。一人分の刈り幅は株五列で、男女とも五株を一幅《ぴトゥぱカ》という。刈り方の特徴は、きっさきを下に向けて鎌を使うことにある。柄を水平ないしは、やや手前あがりに保って、株にひっかけて引き切る。こうすれば左手を傷つけることもなく、鎌のなまり方も遅いといわれる。刈りとるイネの長さは約三尺、刈り株《イノル》の高さはさまざまだが、湿田では一尺五寸余にも達することがある。左手がイネでいっぱいになるたびに、その束を刈り株の上に置いてゆく。イネの籾とワラの乾燥過程の大部分は、そのまま刈り株の上で進行する。刈り株は、刈りとったイネの穂が水面に触れないだけの充分な高さのあることが大切である。刈り株の上端が大きく斜めにそいだ形になっているので、鎌の背で刈り株を分けてうまく穂をはさみ、落ちないようにする。

鎌を使うのは午前中だけで、昼食《ぴサンちキ》のあとは、刈ったイネを束ねる作業《マイタバリ》に入る。天気がよければ、昼すぎまでに刈り株の上ですっかり乾いてしまう。曇りぎみだと、まだ葉の青々としげっているイネ《ガヤマイ》（チガヤのようなイネの意）や、大きな束は乾きが悪い。鎌を稈《わら》に鋭角にあてて切るのも、乾燥の効率をよくするためと考えられている。刈り株の上には片手分ずつ干されているので、これを《カタティ》という。《カタティ》を二つ合わせて束ねたものを一《タバリ》という。束ねるときは、束のなかから穂のついたままのワラを二〜三本抜きだしてそれで結ぶ（写真6）。束ねたイネは再び刈り株の上に置かれる。刈り株の上面は楔型《くさび》をしていて束に突きささるので、束は容易なことでは落ちない（写真7）。束ねる作業も含めて、一日に一〇《マルシ》つまり三〇

写真 6　刈ったイネを束ねる．1977年7月，干立ウイヌカーにて．

〇束刈れる人はじょうずだといわれる。加勢《かシ》してくれた人には、その日のうちにイネ二《マルシ》を手間《ティマ》として手渡すことが多い。田植えとは異なり、二〇名、三〇名といった規模の《ユイマール》はおこなわれない。おそらく、品種ごとに完熟する時期が異なるため、ある家のイネをいっせいに刈りとることができないからであろう。

束ねおわったイネは、田小屋のそばの畦に集められる。ただ肩にのせれば二《マルシ》がせいぜいだが、縄を使えば一度に四《マルシ》も運ぶことができる。深田では田舟《ふモリ》が使われる。田舟は泥の運搬用であるが、イネを運ぶ舟はもっと大型であった。

運んだイネの束は、地稲叢《ジーシラ》に仮積みした。《ジーシラ》とは、二尺くらいの木三本をしばりあわせて立て、そこにもたせかけるようにして稲束を立てかけたものだ。刈ったチガヤを雨よけにかぶせておく。一《カヤー》、つまり三〇〇〇束ぐらいも積むことがある。脱粒性の高い品種では、このように積んでおいて蒸れる《プンギル》と脱粒してしまうが、八

写真 7　刈り株の上で乾燥中の稲束．1977年７月，干立チクララーにて．

重山の在来イネはすべて脱粒しにくい品種だから、ジーシラに野積みしておくことができた。

イネを運搬する作業《マイかタミ》は、天気のよい日を選んで《ユイマール》でおこなう。おもに男性がたずさわる。午前三時から四時までには各自が天秤棒をもって田に向かう。イネは三〇束を《バラミナ》でくくり、一《マルシ》としておく。一人三《マルシ》を最低とし、多い人は六《マルシ》も一度にかつぐ。もっとも五升つき米《ゴショーチキマイ》（一《マルシ》あたり玄米五升もとれるようなよく稔ったイネ）は三《マルシ》でもせいいっぱいであった。普通の一《マルシ》は約一〇キロあった。クイラ、仲良、浦内などの川沿いにある田からのイネの運搬には、なるべく松のくり舟を使用した。くり舟には一度に三〇マルシほども載せたという。

運んできた稲束は稲叢《シラ》に積む（図8参照）。《シラ》積みには主として年長者がたずさわる。土台石《ビシジ》四つないし六つを正方形に置き、木と竹で組みあげた枠《サンシキ》を据えつけて、その上に

図8　屋敷内に積まれた〈シラ〉

出典：聞きとりなどの資料によって推定復原したもの．安渓貴子画．

イネを積んでゆく。枠が一片六尺の普通のもので八〇《マルシ》、大きいもので一《カヤー》、つまり一〇〇《マルシ》は積むことができた。高さは六尺以上あった。種籾は別の種子用の稲叢《たニシラ、タンジラ》に積むことが多い。《シラ》の上には《とぅマ》といって、チガヤを縄で編んだものを幾重にも巻きつけ、頂きをくって雨水が漏らないように、《ピンドゥ》（まげの意）を作る。《とぅマ》には《とぅマガヤ》といって、長いチガヤが必要なので、干立から宇奈利崎《ウナザシ》まで刈りにいったという。ネズミの害を防ぐために、ハスノハギリ《トゥカナチキ》、網取では《ウスキ》（毒性があるという）の葉を《シラ》のまわりにたくさん差しこんだ。品種は穂をみればだいたいわかるので、品種ごとに《シラ》を分けることはしない。ただ糯イネだけは《シラ》の角《ちヌ》のほうへ入れて、あとで探しやすいようにしておく。

人頭税のころは、自分の屋敷内には《たニシラ》しか積めなかったという。ほとんどのイネは上納のため共同の稲叢に集められた。祖納では、束を浜に広げて籾まで充分乾燥させたあと、村のなかの四か所にあった《シラムリシキ》（稲叢盛敷）に積んで保存された。人頭税を納めるときは、白米にして三斗三升入りの俵につめて上納船に積んだという。

収穫が終わると、旧暦六月中に豊年祭《プリヨイ》がおこなわれる。九月ごろにある最大の祭り、節《シチ》に次ぐ大きな祭りであるが、租納・干立については、どちらの祭りもたびたび報告されている。

収穫を終えた田は再び緑が濃くなってくる。刈り株からの再出葉《マタバイ》（いわゆる櫓《ひつじ》あるいはヒコバエ）だ。やがて出穂して稔ったものは《マタマイ》と呼ばれ、年によって収穫は非常に不安定ではあるが、風のあたらない田のものは米粒も丸くなり、充分食用にできる。取り入れでは脱穀に使うこき箸《フダ》を右手にもち、よく稔った穂を選んで、左手の丸いざる《マーランソーギャ》のなかへこき落とす。牧牛《マキウシ》を刈り取りのすんだ田につないで《マタバイ》を食べさせることもあった。小浜島のピセーミツという水田地帯では、刈り取りのあと、なかば意図的に海水を入れ、雑草を防ぎ、流入する海藻を肥料にするといった技術があったことも知られている。

収穫が終わると台風シーズンに入るが、大雨や土砂流によって水田が埋まったり、畦が切れたりする。流れこんだ土砂をとり除いたり、泥を運搬したりするには田舟《ふモリ》と木鍬《キーパイ》を用いる。田面のでこぼこは《マーカ》という板状の農具を引っぱってならす。下の田との高度差の大きい田《タカアブレタ》の畦が切れたときなどは、とうてい一家族では修復できず、《ユイマール》でも手間返しがたいへんなので、村中の家に頼んで、加勢してもらう。この協同作業は《ボー》（網取で《バフ》）といって、加勢を頼んだ家ではウシをつぶしたりして、おおいにふるまう。いわば《ボー》は食事が手間がわりなのだという。家を建てるのも《ボー》による。村中の人を集めるような大規模な《ボー》は《ムラボー》という。

このように西表の稲作《マイちクリ》の一年はめぐる。

B　精米の過程

米を食べるときは、《シラ》から稲束を引きだし、精米する。精米の過程は以下のとおりである。

(1)脱穀《マイシー》――わらむしろ《ニーブ》の上でこき箸《フダ》を使って籾を落とす。

(2)芒折り《マイカチ》――籾の芒《ぴニ》を折るには、臼《チキウシ》に入れて、たて杵《きね》《イナチキ》の平坦な側で軽くついて芒を折る。

(3)風選《ぴニトゥバシ》――風選して芒を飛ばし、籾を得る。

(4)籾すり《マイぴキ》――籾をひき臼《ぴキウし》に入れて、籾すりをする（写真8）。

(5)風選《マイトゥバシ》――籾殻《しクブ》と玄米《ヌーマイ》の混合物をチガヤで作った五升〜一斗の容器《ガイジバラ》に入れて、ヒョウタンの二つ割りしたもの《ペーラク》で風選する。玄米にならなかった籾《アーラ》と玄米とを分けるには、ふるい《ユーラシ》を用いる。

(6)精白《マイシッサイ》――《チキウし》に玄米を入れ、《イナチキ》でついて精白する。祭りや生年祝い《ウマリドゥシヌヨイ》などで大量に白米《ッサイルマイ》が必要なときは、《アイシツァ》という横杵でつく。《アイシツァ》を用いるときは、《かブシ》といって、チガヤをドーナツ状に編んだものを臼の口にはめて、白米が飛び散るのを防ぐ。ぬか《ヌハ》は平たいザル《イニぷシソーギャ》でゆすって飛ばす。《ソーギャ》の前のほうには小米《イナミャー》が出る。米を計るには桝《チャー》（小さいものは《ナムリ》という）斗掻《とか》き棒《トーカキ》を用いる。

精米は女の仕事で、普通一人一日に六時間ぐらい作業して、白米にできる量は稲束三《マルシ》で九升ぐらいだった[27]。

写真 8 《ぴキウし》（ひき臼）による，伝統的な籾すり作業の再現．ニーブ（わらむしろ）の上に《ぴキウシ》を置き，籾を入れ，２人で縄を引く．手前に風選の道具がみえる．1970年ごろ，干立で再現したものを玻名城泰雄氏が撮影．これはその複写である．

C　農具と精米具

農具や精米具の実測図と写真を示しておく（図9、写真9）。道具材料の和名、西表西部の方名を、以下にまとめておく。図にしたものについては、大きさと標準的な材料もしるしておく。番号は、図と対応している。

《キーパイ》（1）。長さ一一九センチ。本来ヒイランシャリンバイ《トゥカチキ》で作る。柄《ユイ》は、イヌマキ《キャンギ》。石垣市立八重山博物館所蔵。石垣市新川の人に作ってもらったという展示用の複製品の材料は本来とは異なり、加工しやすいが弱いハスノハギリだった。

《マーカ》（2）。幅二六二センチ。タイワンオガタマノキ《ドゥスン》製。スダジイ《シーキ》も軽いのでよく使われた。祖納。

《ふモリ》（3）。長さ一〇八センチ。タブ《タブキ》。大きいものはアカギ《アカンギ》が多い。干立。

《イシぴキ》（4）。上はサンゴ、下は砂岩を用いている。「沖縄の民俗資料　第一集」（琉球政府文化財保護委員会一九七〇）の図を、原図を描かれた黒島寛松氏の許しを得て引用。干立。

《フダ》（5）。長さ六センチ、リュウキュウチク《しノル》とそれをつなぐワラの芯《バランチャー》でできている。干立。

《アフ》（6）。長さ一五二センチ。イヌマキ製。ねじれている。干立。

《イナチキ》（7）。長さ九二センチ。ヒイランシャリンバイ製。干立。

《アイシツァ》（8）。柄の長さ七九・五センチ。タイワンオガタマノキ製。柄は丈夫なシマミサオノキ《ダしカ》製。

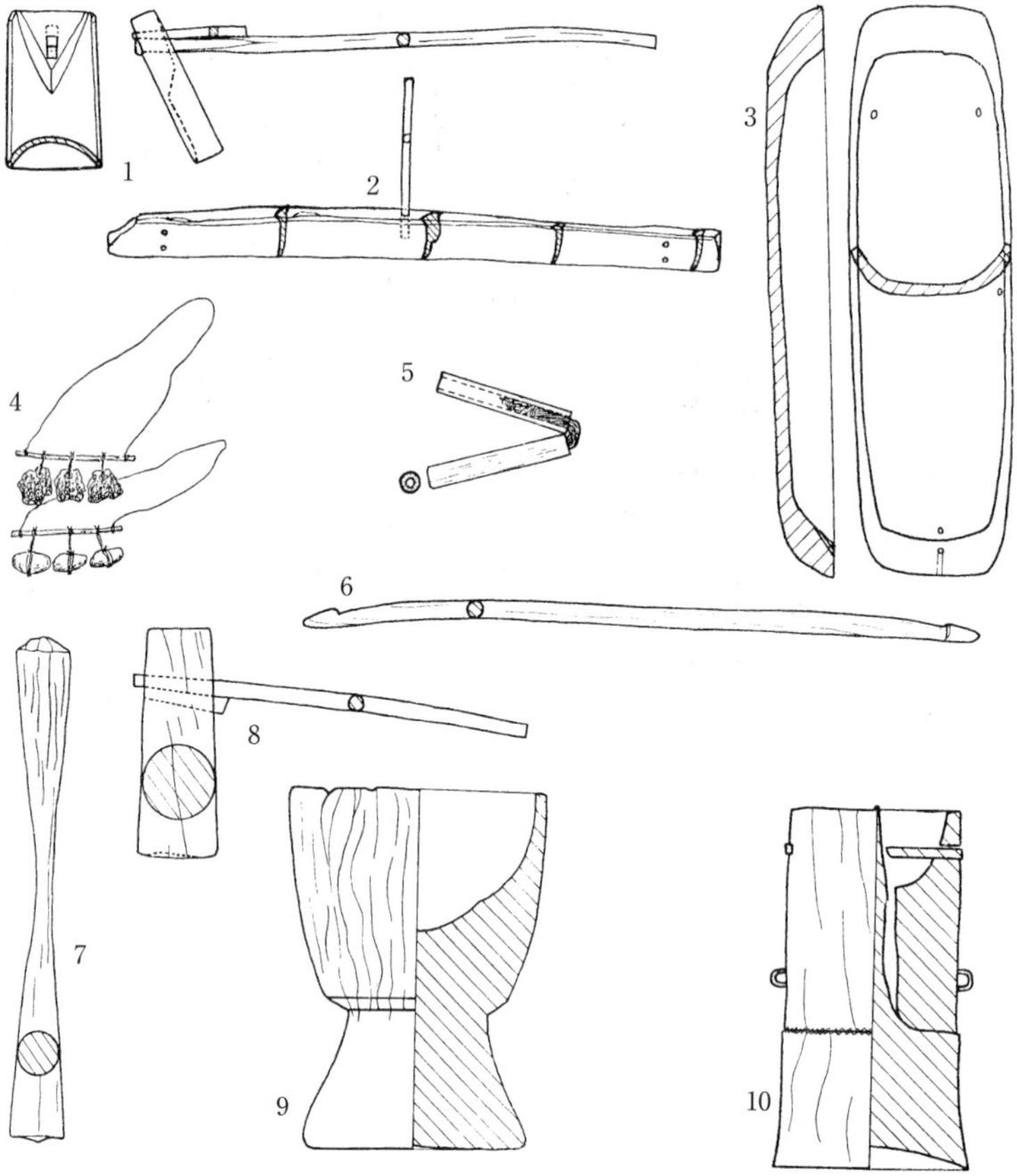

図 9　伝統的農具と精米具

注：1 《キーパイ》, 2 《マーカ》, 3 《ふモリ》, 4 《イシぴキ》, 5 《フダ》, 6 《アフ》, 7 《イナチキ》, 8 《アイシツァ》, 9 《ウし》, 10 《ぴキウし》

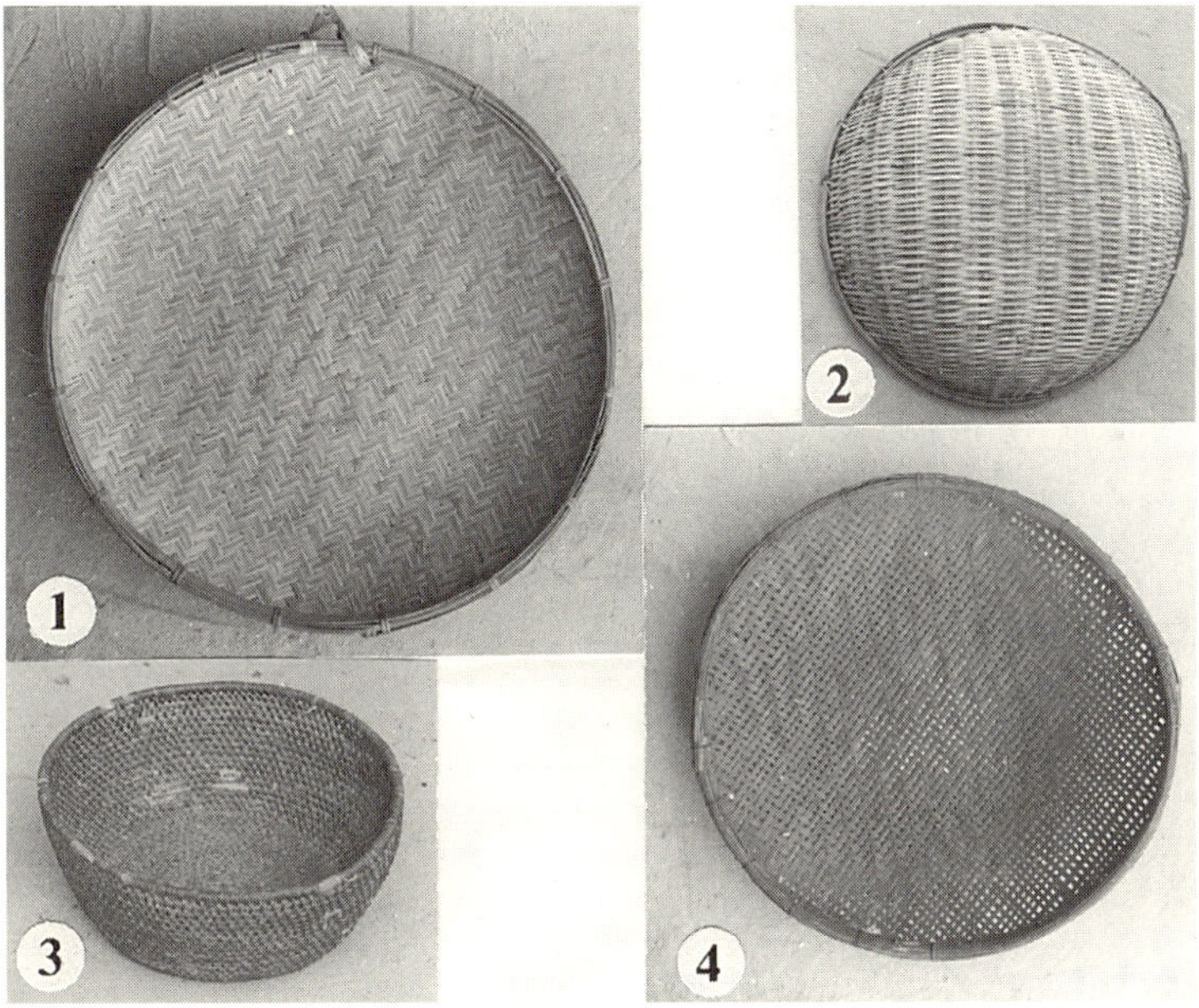

写真9　稲作に用いられる容器類．1．《イニぷシソーギャ》（直径65.5cm），2．《マーランソーギャ》（直径43cm），3．《ガイジバラ》（直径43cm），4．《ユーラシ》（直径55cm）．1・2・4はホウライチク《イガダイ》，3はチガヤ《ガヤ》をトウツルモドキ《クーチ》で編みあげてある．トウツルモドキは，1・2の口縁部を止めるのにも用いられている．

干立。
《ウし》（9）。高さ六九センチ。タイワンオガタマノキ製。干立。
《ぴキウし》（10）。高さ六八センチ。タイワンオガタマノキ製。石垣市立八重山博物館所蔵品。祖納。

D　作季と収量

図10は、文献と聞きとりによって一八八〇～一九一〇年ごろと一九六八～六九年の西表島の水稲作季を示したものである。旧一〇月に播種し、六〇日の苗代期間を含めて、収穫にいたるまでに、二一〇～二三〇日ほどもかかっていた。

文献によると、収量はだいたい水田一反（三〇〇坪）あたり、白米七～八斗というところであった。一《マルシ》は、水田一一・一一一坪に相当する（つまり二七《マルシ》が一反）という平均的換算率を適用すれば（笹森　一九六

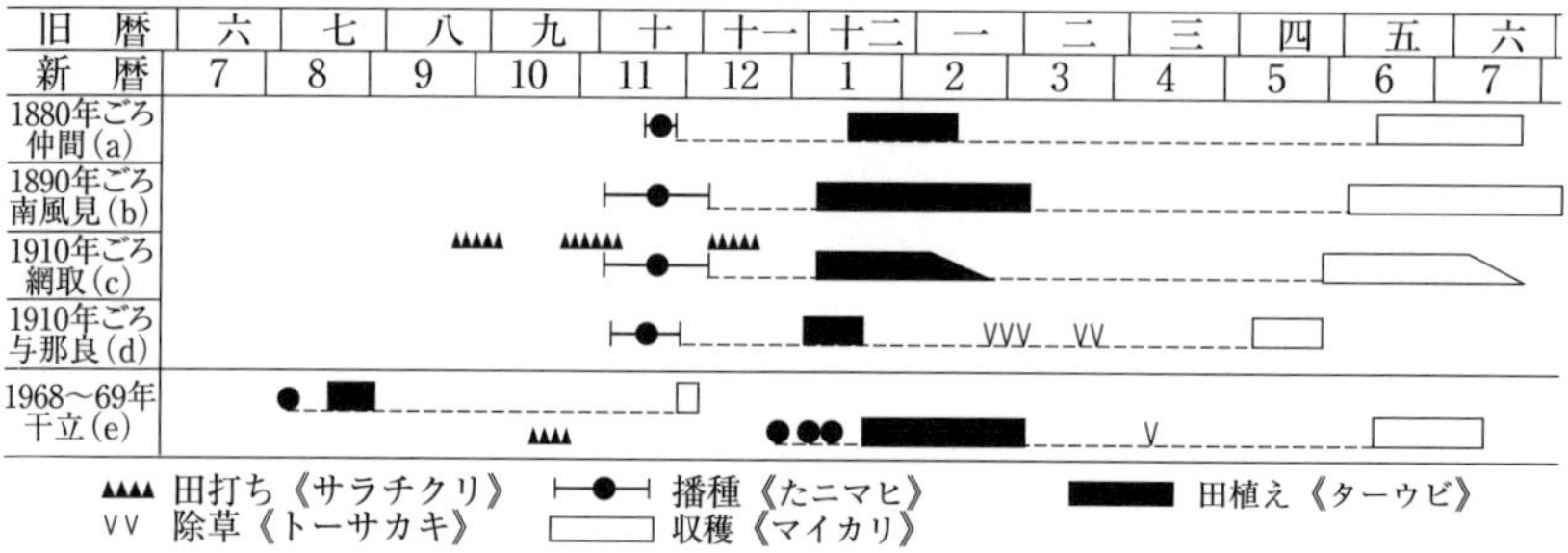

図10　西表島の水稲作季

注：a～dは在来イネ，eは台中65号，台中糯46号など．a・b・dは東部地区である．二期作をするようになって，苗代期間が著しく短縮されているのがわかる．

出典：aは田代（1886a：p. 38），bは笹森（1968（1894）：p. 500），cは筆者の聞きとり，dは竹富島からの通耕（琉球政府文化財保護委員会，1970：pp. 322–323），eは干立の宜間正二郎さんのご厚意により，作成した．

八（一八九四）、四九九頁）、一《マルシ》[28]白米三升の標準的な場合、一反あたり八・一斗という値が出る。

水田一反あたり必要とされた労働量を「人・日」で表せば（特記していないものは、成人男子とする）、田ごしらえ：三～四（三度打ちまで）。苗取り：〇・五（一反分の苗を取るのにかかる女性の労働力）。田植え：二～二・四（熟練者では一以下だったという）。除草：一（雑草の繁茂がひどいときは一～五）。稲刈り：二・七（一人一日一〇《マルシ》）。精米：九（一日三《マルシ》、女の仕事）となる。

五　伝統的稲作の変容――新品種の導入

A　新品種の特徴と二期作

大正時代の末年、台湾由来の内地米で、蓬莱米《ほうらいまい》と称するイネの品種群[29]が、八重山にもたらされた。一九三一（昭和六）年ごろから栽培が定着するが、そのいきさつはあとに述べることにして、ここでは蓬莱米の品種的特徴を、もっとも普及した台中六五号[30]を例にとって八重山在来イネと比較してまとめておく（表8参照）。まず、草丈が低く倒伏しにくい。

芒がなく、籾は黄白色。脱粒は比較的容易。イモチ病に強い。感温性、感光性ともに低く、種子休眠性がないので、一期作の籾をすぐ二期作用種籾として使える。籾重量に対する玄米重量の比（歩止まり）が、在来イネの五割と比べて七割近くと高い値を示す。在来イネよりは多肥栽培に耐え、多収である[31]。苗代期間が短縮した結果、播種はひと月ほど遅くなる。台中六五号は、やや長楕円形の粒をもった上質の米である。表8に標本番号8として、その形態的特徴を示してある。

八重山への蓬萊米の導入に中心的役割を果たしたのは、沖縄県農会技手仲本賢貴氏と、字新川の仲唐英昌氏、仲唐英友氏、石川正芳氏の三篤農家だった（喜舎場　一九五四、三七一頁）。仲本賢貴氏の令息、賢弘氏は、父君の蓬萊米導入事業の経緯について書きとめており[32]、石川正芳氏の話をあわせると次のとおりである。

一九二三（大正一二）年、はじめて石垣に新品種が来た。当時は県外種と呼んだ。仲唐英昌氏が失敗を重ねつつ試作し、一九二五年、若干の収穫をみた。関心をもった仲本技手は台湾へ渡って新技術を習得し、中村、竹成、嘉義晩一号・二号の種籾を持ち帰り、本格的試作に着手した。苦心のすえ、反あたり二石（玄米）の収量をあげるにいたって、一九二六年には積極的に普及にのりだした[33]。一九二九（昭和四）年、大量の台中六五号の種籾を購入配付。足踏み脱穀機、籾すり機もはじめて導入した。一九三一年の蓬萊米は、一期作だけで、八重山の米の全収量の三分の一を占めるにいたった（仲本　一九三二、四七頁）。

仲本技手が導入しようとした蓬萊米と新技術は、はじめのうち石垣島の農民の反感と非難の対象になり、多くの人が納得して新品種を作りはじめるまでには、仲本技手とその仲間の農民たちの五年を超える大きな努力が必要であった。西表においても先駆者の苦労は小さくはなかった。網取の山田満慶氏は石垣から万作という品種をもらいうけて作ったが、翌年度の種籾がほとんど発芽せず、周囲の嘲笑をあびた。干立ではじめて蓬萊米を植えた人のひとり、稲福伊勢戸氏は石垣からのあまり苗（愛国）を植えたが、父親が「こんな波照間坊主《ぼーじゃー》みたいな米がなんの役に立つか」

とその田に牛を入れて食べさせてしまったという。そのほか、化学肥料はもったいない、脱粒が多くてかえって減収になるなどとさまざまな非難があったが、栽培がうまくゆき、明らかに収量の多い品種であるとみてとるや、それまで無関心だった人たちも刈り取りの加勢を申しでて、手間返しとしてもらう二《マルシ》の稲束から種籾を取って作ってみようとしたという。

B　受容後の変化

西表島で蓬莱米の栽培が始まるにともなって、新しい技術もしだいに導入されていった。新品種の性質に応じて起きた栽培技術の変化をまずふりかえってみよう。

苗代期間の短い若苗を植えなければならなくなった。仲本技手は当初、一期作でも一三日めに植えるように指導したので、苗の丈は一〇センチあまりしかなく、従来の水深よりも浅くする必要があり、田の泥のでこぼこを少なくしなければならなかった。このため、あとに述べる《クルバシャー》の導入も必要となった。短い苗は天秤棒ではかつげないので、苗かご《ナイちル》を作って運搬するようになった。また籾に芒がないため、イノシシの食害が激しかった。蓬莱米と在来米が並んで稔っていても、イノシシは必ず蓬莱米のほうを選んで食べたという。イノシシの多い山田では、しばらくの間在来イネを作り続けなければならなかった。しかし、精米の過程では、芒折りと芒飛ばしという二つの手間が不要になった。もっともよく普及した台中六五号は、蓬莱米のなかでもとくに脱粒性の強い品種だったため、従前のように籾を穂のまま長期間保存するのはむずかしくなった。田のかたわらに仮積みするための《ジーシラ》は蒸れて脱粒しやすいので、通気をよくするために棚状にそろえて積むようになり、これは《ユシダリ》と名付けられた。《ユシダリ》は雨が浸透しやすいので、大きな田小屋《シコヤ》を作って、そのなかに収容するようになった。運搬も、イネの束を天秤棒でかつぐと相当の粒がこぼれてしまうし、《シラ》に積んでも同様なので、田のかたわらで脱穀作業をおこなう必要が生じ、これによって千歯こき、足踏み式脱穀機や唐箕《とうみ》が急速に普及した。脱穀した籾は、麻袋《かシガーブクロ》につめる。《マルシ》という単位は廃れ、刈り取りの《ユイマール》の手間返しは、収穫時期が終わってから籾一斗を渡すように変わっていった。

とれた籾を翌年の種籾として半年間保存しておくと、発芽率がきわめて悪く、ネズミの食害も《たニシラ》より多かった。二期作を始めた動機としては、収量を増やすことよりも種籾を確保するという要素が強かった。また収穫した籾が休眠性をもたない点も、二期作にとって重要であった。皆が二期作を始めるまでには四〜五年かかった。そのほか、分げつがよく、刈り株が丈夫で腐りにくいため、《キーパイ》では耕起がむずかしいので、刃の部分を鉄で作った金鍬《かニキーパイ》に変わったことなどをあげることができる。

新品種とともにもたらされた変化をさらにみてみよう。化学肥料の使用が促進されたのは台中六五号の、比較的高い肥料反応性と倒伏しにくい性質にもよっている(34)。化学肥料を苗代に使うことによって《かナイナッス》の重要性は失われ、誰もが本田のかたわらに苗代を作るようになった。四〜五年で化学肥料は広まり、それまで収量の低い《かッタ》であった祖納のミダラ田原などで豊作が続き、《カーラダ》を良田とした伝統的評価も大きく変化していった。地味を肥やすための田打ちの回数も減少してゆく。

農具では《くルバシャー》が導入された。六稜形のリュウキュウマツ材を枠に入れ、水牛に引かせて田の表面を転がすものである（琉球政府文化保護委員会　一九七〇、三四四頁）。蓬莱米が導入されると、《イシぴキ》にかわって用いられた。化学肥料を攪拌し、雑草を埋め、田の面をならす働きがある。現在では回転部が金属製のものもあり、小浜島では座って作業できるように椅子をつけたものも見られる。

水牛は一九八〇年代まで広く使用されたが（写真10）、台湾人が持ちこんだといわれている。正確な導入年代は不

写真 10　ヤエヤマヤシの下での稲刈り．山すそのわずかな平地に水田が分布する．水牛は，台中65号とともに昭和に入って台湾から導入した．西表島西部，干立集落．

明である。網取には戦後導入された。《クルバシャー》を使うようになってから水牛を使う人が増えた。水牛はウシやウマの入れない西表の湿田でもよく働き、短床の新型スキや[35]、大型の田舟などの導入、開発を可能にした。そのほか、田植えのあとの水田の上にナイロン糸を張ってカルガモやシラサギ類を防いだりするようにもなり、田植えのさいには一幅《ぱカ》ずつひも《ヨマ》で区切って正条植えをするようになった[36]。

蓬莱米導入による農耕体系の変化でもっとも大きかったのが、反収の二倍以上の増加であった[37]。この結果、八重山郡では米の自給が可能になり、米を主食にできる時代が再び訪れたともいえる。しかしまた一方では、化学肥料の導入とあいまって、集落の田だけで充分な収穫を得ることができるため、後年、山奥の田や仲良川、浦内川沿いのかつての良田が放棄されてゆく一つの背景ともなった。水牛の導入の影響も大きく、以前は一家族が平均五〜六反耕作するのがせいぜいであったのが、二〜三町も作ることが可能になった。また《アローナ》や収穫した籾の運搬を《ユイマール》でおこなう必然性も薄れていった[38]。

C　在来イネのその後

台中六五号が導入されて二〜三年すると、台中糯四六号がもたらされ、在来イネは品種を問わず蓬莱米に駆逐されはじめた。一九三五（昭和一〇）年ごろには、在来イネはほとんど八重山から姿を消してしまった。西表島の北岸地帯では鳩間島の人が、イノシシの害が大きいからと、戦後しばらくまでは在来イネを作っていたという。在来イネが最後まで残ったのはおそらく網取であり、蓬莱米の導入を推進した山田満慶翁が、《アハガラシ》などのいくつかの在来イネを一九六五年ごろまで作りつづけていたという。

蓬莱米の導入にともなって在来イネが姿を消してゆく様子は、聞きとり資料から再現することができる。西表西部

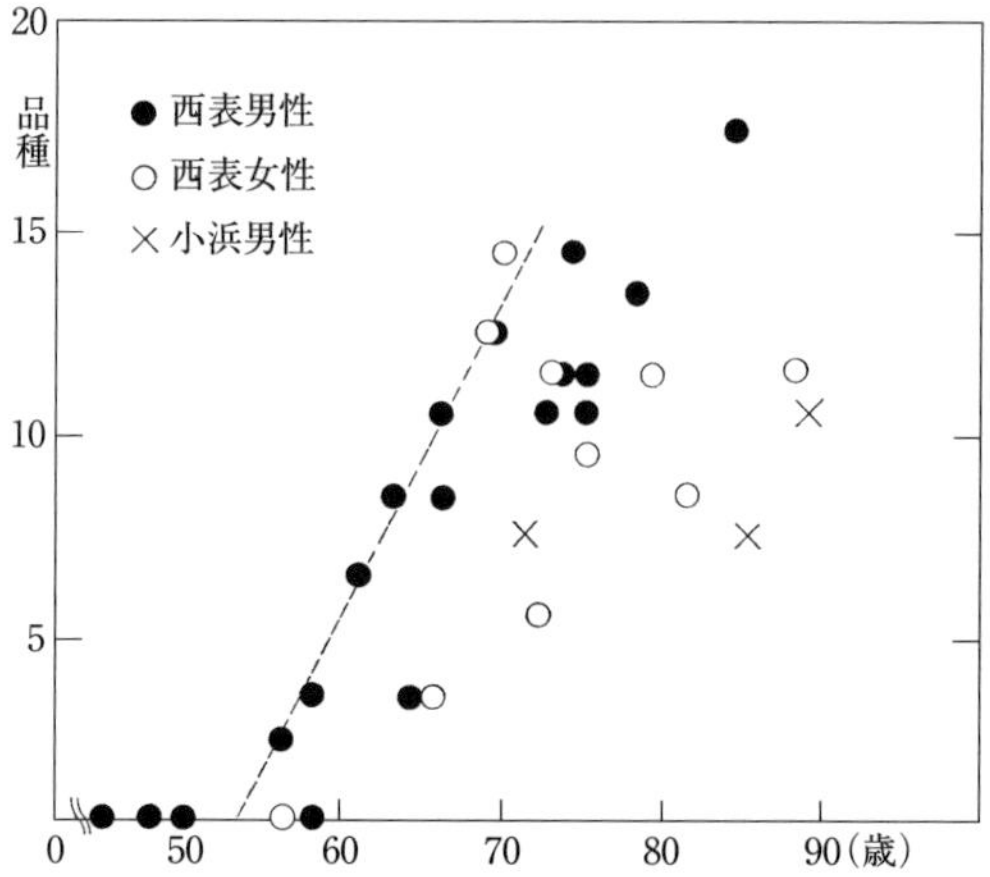

図 11　話者の年齢と品種数の相関

注：実際に作ったことのある品種を列挙してもらい，その数を合計した．年齢は1977年現在の満年齢．

の四五歳以上の男女三三人に、八重山の在来イネの名称約四〇種を印刷した紙を示し、各品種名について、①自分で作ったことがある、②人が作るのをみたことがある、③聞いたことがある、④まったく知らないの四群に類別してもらった。ここでは話者の年齢と、作ったことのある品種の数①との相関を示す（図11）。この図から、調査時に、満五五歳以下の人（蓬莱米の普及が終わった一九三五年当時満一七歳以下の人）は在来イネを作った経験がまったくないこと、同じ年齢で作った品種数のもっとも多い人だけをプロットしてみると（図の点線）、きれいな直線の相関がみられることがわかる。また女性のほうが高年齢でも少しの品種数しか知らない。図の直線は、おそらく横軸の目盛り七五～八〇歳あたりで頭打ちとなり、いくら高齢でも、二〇を大きく超すような品種を一生のうちに作ることはなかったであろう。このことは、一八八三年生まれの山田満慶氏が一九五八年に語った品種数が一五にとどまる（山田鐵之助氏が書きとめられた資料、第4章参照）ことからも裏づけられる。

六　考　察

A　八重山の稲作の特色

南西諸島での八重山の独自性

近世の南西諸島の稲作事情を語る資料はとぼしく、『日本農業発達史六』（農業発達史調査会　一九五五、四三七〜四三八頁）も品種の特性については、沖縄一般の事情としてごくおおざっぱな資料を示しているにすぎない。和田は、沖縄県下一五地点で聞きとりをおこなったが、沖縄島と八重山の稲作技術に大きな差を認めていない（和田　一九七六、一六三頁）。しかし、すでに述べたように、①八重山のイネ品種の構成は、沖縄島とかなり違っていたと考えられること、②沖縄島では、『成宗大王実録』巻一〇五（小葉田　一九四二、三五頁）にあるように、古くから二期作がおこなわれたのに対して、八重山では、蓬莱米以前には、二期作がおこなわれなかったこと、③「南島の稲作行事について」(39)（伊波　一九七四（一九三八）、二六六頁）によれば、近世の沖縄島での苗代期間は一一〇〜一二〇日であったといい、八重山の六〇日の二倍に近かったとされていること、以上の三点から、両地域の稲作には、たんなる自然環境の差に帰することのできない違いがあったように思われる。そこで、八重山の稲作を、南西諸島の他地域の稲作と切り離し、その独自性についての考察を進めたい。

近世稲作技術史での対比

日本の稲作のなかで、八重山の稲作の占めてきた位置を知るために、一八七九（明治一二）年の『稲田耕作慣習方』（農業発達史調査会　一九五四a、三二一〜三二六頁）を参照して、比較にあたって問題点をいくつかとりあげてみよう。なお『近世稲作技術史』（嵐　一九七五、一〜六二五頁）も参照した。

当時の日本の苗代期間は三〇〜六〇日。苗代には念入りに人糞尿や油粕をほどこす例が多い。八重山に通し苗代がみられたという報告があるが（和田　一九七六、一六〇〜一六三頁）、東北地方に主としてみられる通し苗代は、苗を取ったあともイネを栽植せずに、終始水をたたえてよく耕し、多量の肥料をほどこし、きわめて入念に手入れしてできあがるものである（農業発達史調査会　一九五四b、一三二～一三四頁）。八重山でも苗代に田植えしないこともあったというが、それは山中などに孤立した小さな苗代ではわざわざ田植えをしても、それに要する手間にみあう収穫が期待できないから翌年まで放置しておいたのであって、普通は苗代にできるだけ田植えしたという。このような粗放な苗代管理を、秋田県などでみられる、集落の苗代全部に前述のような入念な管理をほどこしている事例（農業発達史調査会　一九五四b、一六三～一六四頁）と同様に「通し苗代」と呼ぶのは不適当であろう。

西表での一坪あたりの株数五六～一〇〇という値は、幕末の近畿以西での七〇～一〇〇という値（嵐　一九七五、五六二～五六九頁）と近い。除草の回数は、もっとも少ない東北、関東でも二～三回で、西表の一回という値は随分少なく、粗放性が強いといえる。刈り取りの処理として、西表のように刈り株の上で乾燥する例はみられなかった。

水田一反あたり玄米七～八斗という八重山在来イネの収量は、かなり低い水準にある。日本の水田全般の平均反収と比較すると、鎌倉時代の一石八升よりも、むしろ奈良時代（八世紀）の六斗七升（一反三〇〇坪、玄米を標準枡で計ったもの）という値（嵐　一九七五、八四頁）に近い。

熱帯アジアの稲作との比較

亜熱帯地帯に位置する西表の稲作には、自然環境からして、より南方のたとえば東南アジアの稲作との共通点が多い。カモ類、サギ類などの中型鳥類やカニ類のイネに対する加害に対処しなければならない事情は、日本よりタイの例（ラーチャトン　一九六七、一八頁、三八頁）に近いものを感じる。そこで、まず、自然環境と密接に関連する作季について考察し、ついで稲作技術の比較を試みよう。

八重山の在来イネの作季（新暦一一月播種、六～七月収穫）を日本も含めたアジア各国の作季と比較してみると、八重山在来イネと同じ例はなく、ひと月程度の違いですらごくわずかである（戸苅　一九六一、九頁）。地域を北半球に限ってくわしくみてゆくと、バングラデシュにおけるボロイネの一二～一月播種、四～五月収穫という例や、タイのチェンマイにおけるアウスイネの二月播種、六～七月収穫という例（農林省熱帯農業研究センター・国際協力事業団一九七五、三七三頁、三三六頁）など、やや八重山に近いパターンを示す例もあるが、前者はモンスーンの乾季に灌漑《かんがい》に頼って生育するものであり、後者も乾季作で稲作の重点は雨季作におかれている。沖縄の水稲作季は、主期作で比較すれば、アジアでもかなりめずらしいものであろうという渡部忠世の指摘（渡部、私信）のとおりであると考えられる。(40) このような八重山の水稲作季の成立については不明の点も多いが、沖縄はモンスーンによる著しい乾季がない亜熱帯海洋性気候であり、七月に入ると台風の被害が大きいという二点は、環境要因として見逃せない。

八重山での伝統的水田耕作法は、ウシをたくさん追いこんで踏ませる方法と、木鍬を用いて人力でおこなう方法の二系列があった。前者は少なくとも一五世紀以来おこなわれてきた。ウシや水牛を水田に入れて踏ませる踏耕（國分一九七〇、一一八頁）という粗放な稲作の例は、スマトラ、ジャワ、ボルネオ、サラワクといった東南アジア島嶼域にみられ（市川　一九六一、五六頁）、稲作地帯におけるウシまたは水牛の存在が、必ずしもスキを用いた牛耕に結びつくものではないことを示している。八重山には畑用のスキと水田用のスキはあったが、少なくとも西表ではほとんど使われておらず、畜力によるスキ耕耘が一般化したのは、深田にも適する水牛と近代的な短床スキが普及した一九三〇年以後のことであった。八重山の長床スキの導入径路は、現在のところ不明である（飯沼・堀尾　一九七六、六二～六三頁）。西表では、旱魃で割れた水田でないかぎり、人力だけで稲作が可能であった。木鍬《キーパイ》はもちろん、石引《イシぴキ》や田舟《ふモリ》、《マーカ》などの道具も、基本的に人力によって動かされた。

刈り株からの再出穂《マタマイ》を収穫するさいに、竹のこき箸《フダ》を用いて直接ザルの中にこき落とす方法をとっていたが、熟期のよくそろわない場合の収穫法の一例と考えられようか。

先に述べた水田一反を耕作するのに必要な総労働量は、男性で約一〇人・日であった。この値には、田の見まわり、苗や稲束の運搬・田小屋作りといった労働は算入されていないが、最低値の目安としての意味はある。この値をエーカー（四・二四反）あたりに換算すると約四二人・日となる。東南アジアの田植えをする地域では（HANKS, 1972, p. 167）、一エーカーあたりカンボジア（二四〜三三）、フィリピン（三四〜三〇）、台湾（三〇、七〇）、タイ（三八〜三五）、北ベトナム（九〇）、サラワク（一三五、九〇）となっている。西表の在来イネの耕作は、少なくともタイ程度であったといえる。

B　稲作にとっての品種の意味

品種数

一度にどれくらいの在来イネ品種を作っていたかという質問には、五〜六種類という答えが多かった。大正時代の祖納ではさらに減り、家族が少ない家ではおいしいものをあれこれ作るが、田が少なく家族の多い家では、収量の多い《ハニジクルー》のほかは糯イネ一品種だけという例が一般的であった。田代安定の西表仲間村での記載に「米拾六石。籾米拾五石、四品。餅米壱石、一品」（田代、一八八六b、三六頁）とあり、七戸わずか一三人の廃村寸前の村で五品種が作られていたことがわかる。おそらく、この程度が集落としては最低限の品種数だったのではあるまいか。[41]

多くの品種を作る意味を西表の人にたずねると、自分の田に適するイネを作ってきただけだという答えが返ってくる。昔の人は、なるべくイネの種類を多くしろといったものだという。このことは、各戸の水田が非常に分散していたことを知らなければ納得しにくいのであるが、異なる環境の水田を何か所も耕作したため、それぞれに適するイネ品種をもったのだと理解することができる。表6で示したように、西表と石垣でイネ品種の数が二二と、ほかの島よりも多く記録されたという事実は、イネをつくる人口の大小もさることながら、大きい島ほど水田の分布する環境が複雑になることを表す。

このようにさまざまな立地の水田を各人が分散させ、そこに適したイネを作ることで、病害虫や旱魃のさいの集中被害を避けてきたのであろう。一八世紀後期の越中の国の『私家農業談』は、「農人は稲の数、早稲より晩稲まで、一四五種二十品も作るべし」（小野　一九六九、二九一頁）と述べて、一品種に頼るのは危険なので、作季の異なる品種を多く作らなければならないとしている。ボルネオのイバン人も、各家族が作季と使用目的の異なる一五種類以上の陸稲品種をもち、一定の順序にしたがって次つぎに播種しているという（佐々木　一九六六、三九五頁）。西表においては、台風による作季の限定がきびしいためか、在来イネはあまり作季の分化を示しておらず、あちこちに田を分散させるのが凶作への伝統的対応策であった。いわゆる地割制度の八重山における実態ははっきりしないが、数年おきに貢納用の田の担当替えがおこなわれたという聞きとりがあり、このことも各人の田の分散を支えていたらしい。極端な例では、崎山の人の田が陸路片道四時間はかかる、鹿川の下田原にあるという例もあった。

品種群に対する伝統的姿勢

西表の人は、まことにこまやかな目でイネをみてきた。そのこまやかさは毎年の種籾選びのときにいかんなく発揮された。高い気温のもとで、劣化しやすいイネ品種、ことに糯イネを劣化から守るために払われていた努力についてはすでに述べた。このような選択のなかで、これまでとは変わった穂《ピンジリムヌ》（変わりものの意）をみつけると、これまでにない良いイネではないかと積極的に試作してみるのが常であった。

《ウシノー》という語尾をもつイネは西表だけで四品種もあったが、このような選種の過程で分化していったものだろう。大正期に《ビッチャマイ》が《ハニジクルー》から選びだされたのも、昭和になって台中六五号からやや晩生の「宇根一号」が選びだされたのも同じ事情によるのだろう。現在でも、新品種に対する熱意は大きく、祖納には、知人に頼んで東京からいろいろな新品種の籾を送らせては栽培している篤農家がいるが、自分しか作っていないはずの品種が、いつのまにか田植えの手伝いにきた人の田に植わっていると苦笑しながら語ってくれた。今日ではこの熱心さは八重山独特のものであるらしく、名護の沖縄県農試の職員が語るところによれば、八重山の人は昔から、名護で奨励を決定する試験をしないうちにイネの新品種を作ってしまうし、変な米をいろいろ作っては、すぐ自分の名前をつけてきたのだという。

C　生業の変化について

蓬莱米という新品種群の導入によって、稲作という生業に大きな変革がもたらされたわけだが、その動因は何だっただろうか。私は、当時の反あたり七〜八斗という著しく低い収量と比較した蓬莱米の収量の高さが、最大の動機だったと考える。蓬莱米を受けいれることは、付随する新しい技術を受けいれることなしには不可能だったから、前述のような大きな技術革新が引き起こされた。たとえば化学肥料が導入されると、どんなやせた田でもほぼ同じ収穫が保証されるから、水田を分散させておく必要はある程度失われるし、稲作に必要な道具類も増え、田ごとに田小屋が必要になると、むしろ田を一か所に集中させるほうが有利になる。こういう経過で、多くの水田の交換が集落というワクを越えておこなわれた。なかには不便さと土質に応じて、外離島の七反の田を祖納の集落に接した一反の田と交換した、というような例も知られている。

収量についで重視されたのは、いわゆる「作りやすさ」(と食味)だった。脱粒しやすくイノシシの食害も多い台中六五号は、山あいの田では在来イネに比べて著しく「作りにくい」イネであった。そのため、しばらくは在来イネを作りつづけていたが、やがて台中六五号の耕作が軌道に乗るにつれて、遠い山のなかの田まで耕して収穫をあげるらない。

必要はなくなり、放棄される水田が増えていった。仲良川沿いにあった肥沃《ひよく》な水田が、一九四四年の大水害のあとにほとんど復旧されなかったのも、すでに仲良田が《ナカラダー》（肥沃な田の代名詞）でなくなっていたからにほかならない。

新品種導入の影響が土地所有の形態にまで及ぶと、もはや後もどりできなくなり、生活全体に大きな影響を与えたこの変革はしっかり根をおろす。西表島という環境で、二期作は台風、虫害、土壌の高温障害など困難はあっても種籾を取る必要に迫られて続けられてきた。しかし、一九七〇年ごろから種籾を農協を通じて買う人が増え、多くの人が二期作をやめた。このため残った二期作田に鳥害、虫害が集中し、少量では農協が買いとってくれないこともあいまって、一九七七年現在では祖納で数人がやっているほかは、二期作はほとんどおこなわれていない状態である。

一九七〇年代、深刻な過疎に見舞われていた西表では、稲作をめぐる変革が再び起ころうとしていた。ほぼ五〇年間作られつづけた台中六五号に代わって、トヨニシキ、北陸九六号、九九号、西南糯五七号、鹿系一二〇〇号といった、さらに肥料反応の強い、短稈多収の新品種の導入が進められた。しかし、それは同時に、農薬、除草剤、殺鼠剤《さつそざい》と機械化による労力の全面的な省略化を目指す変革でもある。実現すれば、蓬莱米の比でない大きな変化がもたらされることは確実だと予測された。

この技術革新に踏みきろうとしている農家が現在、西表西部に二軒あった。だが、深田に重い全自動脱穀機を入れても身動きがとれず、機械を補うために雇った稲刈りの人に賃金を支払うため、せっかく面積を広げてもその分で帳消しになったり、新品種トヨニシキに激しいゴマハガレ病が出たりしていた。農道の整備や湿田の乾田化、田一枚一枚の灌漑排水路など基盤整備事業に政府が予算をつけるきざしがない状況では、台中六五号にかわる新品種を求めてはいても、農業改良普及所のすすめる機械化に、多額の借金をしてまで踏みきれる農家はほとんどなかった。(42) また、除草剤を使った田では、食用のミズオオバコ《カーラナズ》が完全に姿を消してしまうこと、農薬を使った田の下流では、ウナギ《オーニ》、ボラの幼魚《チクラー》などが死んでしまうことに気づいて、このような化学薬品の使用に危惧《きぐ》を抱いている人も一部にはあり、経済的理由もあって、田の草を手でとり、農薬は使わないという人もかなり多かった。「普及所は、トヨニシキだけを勧めるのでなく、田植え機も籾乾燥機も農薬も除草剤もみんなセットにしてもってくるが、とても導入しきれない」と語ったのもこういった人たちである。

西表の稲作はみごとに環境と調和した生業活動の一環としておこなわれてきたが、今日では伝統的な生業形態や儀礼と古謡をともなう年中行事を村落共同体として残しているのは、干立、祖納、古見の三集落だけとなった(43)。稲作を西表の自然環境で長年続けられてきた生業のなかに位置づけることなく、近代化の名のもとに大型機械や農薬などの導入を進めるならば、豊かな自然環境と深い伝統に根ざした村落社会は荒廃しかねない。

注

(1) 西表島をおもな調査地として選んだ理由の一つは、自然環境がかなりよく残されていることであった。

(2) 小浜では、水源の豊かさの順に、《ツカルンダー》《ナカツカルンダー》《ガンダー》の系列がみられ、これは、おそらく人頭税時代の徴税者による上・中・下の評価を表すと思われる《ジョーンダ》《チューンダ》《ギンダ》の系列と一致していた。小浜では、「地味が若くて肥えている」ことを表す《バカター》が《パンキター》の対立概念となっている。

(3) 一例として、干立の北のタカラ地区の水田では年々旱魃の傾向が強まっているが、その原因として田の西側のカナザヤンのリュウキュウマツが、ほかの樹種より優占するようになってきたことをあげる人が多い。

(4) 肥料として田に灰を入れることはよくあった。黒島の人が灰をもって西表西部を訪れ、稲束と交換してゆくこともたびたびあったという。

(5) 現在の一丈=三メートル余より短いと思われる。

(6) 黒島で聞いたところによれば、黒島の人が西表東部に渡って作った米は、黒島の役人の食糧分だけであって、上納はアワであった。実際、黒島では在来イネの品種呼称をまったく採集できなかったし、いわゆる五穀にイネは含めなかったという。

（7）改良品種（improved variety）の対立概念。本報告では、聞きとりで名前が得られただけのものも、選別された系統も、便宜的にすべて品種として扱うことにする。
（8）岡の方法（岡　一九五三、三四頁、三七〜三八頁）。フェノール反応は、一・五パーセントフェノール水溶液に籾殻を入れ室温で二四時間放置して、黒くなるものを+とする。水酸化カリウムテストは半分に横断した玄米を一・八〇パーセント水酸化カリウム水溶液に浸し、摂氏二一〜二六度に二四時間保ったのち、胚乳の崩壊度を観察し、六段階に分けた。
（9）台中六五号は一九七七年一期作で、西表島のもの。旭は京都大学農学部作物学教室保存の系統。永松らの用いたものと異なり、芒がある。瑞豊は、京都府立大学農学部保存の系統。
（10）盛永は栽培イネを四つの生態種（ecospecies）に分け、それぞれaman, aus, bulu, japonicaとし、さらにaman生態種が、aman, boro, tjerehの三生態型（ecotype）に分けられるとしている（MORINAGA, 1968, p. 4）。
（11）中国大陸部のインド型イネ。粳と対をなす。
（12）仲本信幸氏のご教示によれば、明治のはじめに石垣島の新川の人が台湾まで漂流したおりに、台湾の米を持ち帰り、それを友人であった波照間島北村《アールヌニシゥヌムラ》の東田《アガダ》という人がもらいうけて作ったのが始まりであるという。当初は田植え後約五〇日という短い生育期間だったので、旱魃被害の多かった波照間島ですみやかに広まり、定着をみた。生育期間はしだいに延び、六〇日余になったという。
（13）名護ではほとんど乾田に近い状況で栽培されていた。気候、作季も昔の西表とはずいぶん異なっている。
（14）在来イネは一九七八年度に西表西部の干立の青年たちに栽培していただいている。
（15）八月十五日《ジュングヤ》の祝いの翌日から始めることが多い。
（16）《くミ》で選んで村役人の承認を受ける。一年交替であったという。
（17）農具の形状、材料などについては、図9参照。
（18）ウシを使うことは、あら打ちの《ウシくミ》以外にはおこなわれていない。
（19）品種によっては、収穫のさいに、種籾用に穂の選別《たニイラビ》をする。《ムちマイ》では毎年、《ピドゥリウしノー》では三年に一度くらいおこなう必要があったという。選別するときは、穂の長いもの、玄米の性状からみて糯性の強いものなどを選んだ。
（20）《たニマヒニガイ》は苗代が離れていれば、それぞれの場所でおこなった。苗代田のもっとも下手から祈願する。この日から七日間は《ヤマち》といって、物音をたててはならない謹みの期間とされ、歌もけんかもまき割りもきびしく禁じられた。

(21) 人頭税として、主として男には米が、女には布が課せられていたことと関係があるかもしれない。

(22) 一枚で六〜七反もあるような大きな田では、じょうずな人に頼んで早朝に田のまんなかを植えてもらう。これを田割り《ターチキシ》といい、田割りする人を《ガリぴトゥ》といった。

(23) 祝い《ヨイ》でもあり祈願《ニガイ》でもある。別名《ビヒリブナリヌヨイ》(兄弟姉妹の祝い)といい、《ブナリカン》(兄弟の守護神としての姉妹)がこしらえてくる田の神、水の神への捧げものを田の下手の畦に置いて祈る。この捧げものは、《ユイマール》の参加者全員で食べる。この様子は、《タヌニンガイ》(田の願い)としてくわしく報告されている(琉球政府文化財保護委員会　一九七〇、三五七〜三五八頁)。

(24) 公役《オイダーリ》として、部落の内外から労働力を集めて築いたという。

(25) 各戸の初穂を一束ずつ受けとり、巫女《チカ》は、これを玄米にして奉納する。《シくマ》の前にイネを刈ることは禁忌とされていた。

(26) しかし、どのような場合でも水のかけ引きについて、下流の田から上流の田に文句をいうことはない。

(27) イネの穀粒以外の部分の利用について。ぬかはブタ《ウヮ》の餌にする。籾殻は、ハリイモ《とぅノウム》(ヤマノイモ科)の肥料として用いた。ワラは、ナベぶた《かマンター》、円座《インザ》、ござ《しタシキ》、ムシロ《ニーブ》、ワラ縄《バラちナ》の材料としてたいせつで、《バラシラ》というワラ用の《シラ》を作って保存することもあった。縄の原料としては、糯米と《ガラシマイ》のワラがしなやかで、よく利用された。糯米のワラ灰は、糀をたてるときに、蒸した米の上に《キンぱナクー》(黄糀粉か)といってふりかけたという。

(28) 周囲六寸を標準とし、「手の大きい人が刈った一《マルシ》は五升ある」などといわれる。

(29) 内地米を台湾で栽培しようとする努力は、一八九六(明治二九)年以来続けられていた。大正末期に栽培が軌道に乗った。苗代期間を二五〜四〇日(一期)、一〇〜二〇日(二期)と短縮することで、不時出穂による収量低下を防ぐ方法を確立したためであった(磯・伊藤　一九二三、二三〜二四頁、磯　一九二五、二九頁)。蓬萊米とは、一九二六(大正一五)年、時の台湾総督が商品名としてつけた名称である(磯・畠山　一九二九、一頁)。

(30) 一九二七年、亀治と神力を交配してできた品種(農業発達史調査会　一九五六、二一一頁)。

(31) 一九三〇年の収量は、在来イネが反あたり白米八・二斗、蓬萊米は二・二石であった(『八重山新報』一九三一年六月五日より)。

(32) 仲本技手の令息の故仲本賢尚氏のご厚意により、閲覧させていただいた。
(33) 当時、仲本技手が推進した新技術は、a種籾の塩水による比重選、b温湯を用いる浸種（一期作）、《ユータンプ》と称する、c水面より高く床あげした短冊型苗代、d苗代一坪あたり二合程度の薄播き、e強健な苗代を正条植えすること、f化学肥料の使用、g新しい農具の導入など。播種は、新暦二月上～中旬（一期作）、七月上旬～二〇日ごろ（二期作）がよいとした（仲本　一九三一、四〇～四四頁）。
(34) 湿田に硫安をほどこして促進される亜硫酸ガスの発生によっても、台中六五号の根の機能はあまり低下しない（宮里　一九五六、一二六頁）。
(35) 磯野スキといわれるもの（喜舎場　一九五四、三八〇頁）。
(36) 現在では、二幅《ぱカ》ずつになっており、六尺八寸の定規《ジョンギ》を使っているから、株と株との横の間隔は、六寸八分、二〇・六センチになっている。
(37) この結果、全八重山で、一九二五（大正一四）年には一万四九〇〇石の米を産出していたのが、一九三八（昭和一三）年には一期作だけで三万六〇〇石の収量を得るにいたった（喜舎場　一九五四、三七二頁）。
(38) 一九七八年現在では、《ユイマール》が大規模におこなわれているのは一期作の田植え時のみである。
(39) 『耕作之書』から引用。苗代一坪あたり、田の質に応じて籾を二合五勺から三合播いて強健な苗を作り、苗代期間を九五～一〇〇日にすべきであるのに、このごろは上田、中田、下田にかかわりなく、坪あたり六合播きして細い苗をとるため、このように長くかかると諌めている（伊波　一九七四）。この一二〇日という苗代期間はたいへん長く、にわかには信じがたいような値であるが、『沖縄の民俗資料第一集』（琉球政府文化財保護委員会　一九七〇、一～三五九頁）で、在来イネの作季の記載のある一六地点について苗代期間をみると、地域ごとにまとまりがみられる。沖縄島北部国頭地方と久米島で一〇〇～一三〇日とやはりきわめて長く、沖縄島のほかの地域では七〇～一〇〇日と相当長く、宮古では二〇～四〇日と短いが、八重山では、四〇～七〇日となっている。例外は、二期作をしていた沖縄島首里儀保村の三〇～四〇日という値だけであった。
(40) ただし、台湾の在来イネの作季を示す明治末の資料（台湾総督府　一九一〇、四八～四九頁）によると、一期作の播種期はおおむね一二～二月、収穫期は六～七月となっており、当時の八重山在来イネの作季とほとんど変わらない地方が多い。二期作をしている点は異なるが、主期作の作季に注目する場合、八重山と台湾はひとつにグルーピングされるようである。

(41)《サクマイ》(粳米)の意であろう。
(42) 一九七八年に祖納ミダラ田原の基盤整備事業の実施が決定された。
(43) 明治以降、西表では少なくとも一一の集落が廃村となり(安渓 一九七七、三〜二頁)、現在ある集落の多くは、戦争中から始まった移民によって成立したものである。

初出:安渓遊地 一九七八

後記:渡部忠世は、「専門家の直感として」八重山在来イネが、インドネシアで栽培されるブル稲に近いと指摘した(渡部 一九七八)。また、農薬や化学肥料の多投による「本土なみ」稲作への反省として、「西表安心米」の運動が一九八〇年代後半に起こる。これについては、第16章を参照。

2　南島の農耕文化と「海上の道」

一　「海上の道」

A　今も生きている「稲の道」

一九八一年の秋、台湾の西海岸を旅行する男たちの一団があった。日本の最西南端の八重山（沖縄県八重山郡）の島々からやって来た農民たちである。観光目的のツアーであったが、もうひとつの目的は台湾の稲作を見学することであった。八重山西端の与那国島は台湾から一二〇キロしか離れていない。一方、五〇〇キロも離れている沖縄島の名護にある農試が奨励してくる新品種は、どうも八重山の風土に合わないものが多いようだ。その証拠に、五〇年以上も前に台湾から導入された台中六五号がいまだに栽培され続けている。旅行のスケジュールを一〇月にしたのも、台湾の二期作の刈り入れ時期に合わせるためだった。

彼らが台中市近郊の水田で見たものは、日本では見慣れない品種だった。台中六五号に似ている。しかし、それよりも草丈が高く、一穂の粒数が多く、粒がこぼれにくい。沖縄の農試が奨励する品種は、どれも草丈が低く、八重山に多い湿田では作りにくい。しかも、少し湿気の多いところに籾を置くと味がすぐ落ちてしまう。台湾のこの品種は八重山にとって有望な稲だということを、畦に立った男たちは直感する。ぜひ自分たちの島でも試作してみたいものだ。みんながひそかに一穂ずつ摘みとる。袖にでも隠してなんとか持ち帰ろうという魂胆である。そこへ田の持ち主が現れた。そんなに欲しいのなら頒けてあげようと言ってくれ、籾を一升だけゆずってもらう。

種籾を持ち帰って、その年の暮れに始まる一期作にさっそく試してみた。その結果、ワラが丈夫で台風に強く、雑草や病虫害にも負けず、八重山の風土によくあった稲であることがわかった。翌年の六月には収穫が始まったが、収量もこれまでの品種より多く、炊いた飯は驚くほどおいしいものだった。ついに台中六五号にかわる品種が現れたことになる。この稲は、持ち込んだ農民の名にちなんで呼ばれ、またたく間に広まっていった。農業改良普及所や農協が気づいたときには、八重山全体で数十町歩も栽培されていたのであった(1)。

島々を結ぶ「稲の道」は、このように今も生きている。そして、その道はけっして中央から地方へ、地方から辺境へという向きにだけ開けているのではなかった。

B　柳田国男と「海上の道」の仮説

八重山とその北に連なる琉球弧の島々（南島）こそは、柳田国男が、日本への稲作伝来・稲作民渡来の径路ではなかったかと考えた地域であった。ここでは、琉球弧の南端に位置する八重山の島々に的をしぼって、この地域での稲作の特徴と稲の伝来についての現地調査の結果を報告する。

柳田が一九六一年刊の『海上の道』冒頭に収めた論考の「海上の道」（初出は一九五二年）には、柳田が長年あたため続け、晩年の情熱を傾けて展開してみせた日本への稲の伝来をめぐる仮説が説かれている（柳田　一九六一）。この論文のなかで柳田が提唱した、稲をもった日本人の渡来に関する仮説は多岐にわたるが、三島格（一九七一、一一～一四頁）は柳田の仮説を次のように簡潔に紹介している。

・殷王朝頃、大陸から始祖日本人が宮古島に渡来した。そのとき彼らは稲作技術と稲の種実を携えてきた。
・渡来の動機は、タカラガイの魅力のためである。
・タカラガイの需要がなくなり、人々が島に定着しはじめると、適地が不足になり隣島を物色する。
・この場合、天水しか利用できない小島に渡ることはあり得ないから、水豊かな適地を求めて、琉球東部の海上の道を北上する。
・北上した日本人は、九州南部で生長をとげ、砂浜のある海岸に沿って内部に広がる。瀬戸内海の利用はむしろ遅れて始まる。
・古見または久米、久目などと呼ばれる地域は南島や本土にもあり、例外はあるがその多くは海に近い低地である。「舟で地形を求めてあるく慣わし」が久しく続いたかどうか、一度は考えて見る価値がある。

この雄大な仮説が発表された一九五〇年代はじめには、民俗学の中から批評は聞かれなかったという（國分　一九七六、二四頁）。単行本として発表されると、「渡来の動機にまでたち入って理解しつつ解明しようとする点で」この仮説を方法論的にきわめて高く評価する意見も現れる（住谷　一九七七、一六四頁）。

C 「海上の道」のその後

その後寄せられた批判は、主として柳田の方法に対してであった。石田英一郎は「しかし考古学上の知見は、必ずしも先生の直感と一致しない。（中略）先生がいかに考古学の限界を突いても、先生の民俗学の方法は、年代の順位規定にあたっては考古学以上に証明力を欠くのである」と書いている。このようにして、稲を携えた原始日本人が沖縄の島々を北上したという「海上の道」仮説は、「ほとんど信仰にも近い詩人的な気持で」説かれたテーゼ（石田一九七〇、一〇六～一〇七頁）ではあっても科学的な裏付けを欠いているという理由で葬り去られたかにみえた。

しかし、賛否いずれの立場に立つにせよ、この「海上の道」仮説に正面から取り組もうとした研究者は意外に少なかった。とはいえ、もう一度この仮説を問いなおしてみようという試みがすっかり途絶えたわけではなかった。國分直一は、柳田の「始祖日本人」という言葉を「稲作を導入した人々」と読み替えて「はたして南島はわが稲作の源流地であったかどうか」を考古学の成果に基づいて検討した（國分　一九七六、三〇頁）。その結果、現在までの考古学の知見からは南島からの初期稲作の北上という柳田の想定を裏付ける資料は得られない、と中国大陸・台湾の初期稲作文化と対比させながら述べた。同時に國分は、踏耕などの東南アジアの島々とつながる稲作の方法が南島を北上していた可能性と八重山の先史時代における粟・ヤムイモ・タロイモ栽培の可能性とについて力説した（國分　一九五五、一五～五二頁）。金関丈夫（一九七一（一九五五初出）、三一～一一〇頁）の業績を踏まえて佐々木高明もイモの文化がバシー海峡から奄美、南九州にいたる海域を黒潮に沿って北上し、そこに江南地方あたりからの照葉樹林文化の影響による粟作が加わったと推定している（佐々木　一九七三a、七三～八七頁）。

三島格は右に記した柳田の仮説のそれぞれを子細に検討した（三島　一九七一、二頁）。その結果、宮古島を含む宮古群島と八重山群島には、わが国稲作開始に関連する遺跡遺物はまったくみられない。また、南島の遺跡から出土するタカラガイは食用とされたものがほとんどで、稲作にともなう特殊な遺物であるとはみなされなかったとした。このようにして三島は、柳田の仮説に無理があることを示しつつ「初期稲作起源と関連させなければ、海上の道は成立し、多少の人及び物資の移動はあったと、かねがね思っている」と述べた。三島が考えた「海上の道」は、ヤコウガイなどの大型巻貝を主とする南から北への「貝の道」であった。

渡部忠世は、柳田が想定したよりも古い時代、「縄文晩期をさらに古くさかのぼる時代」に八重山の在来稲によく似た稲が南島を北上して九州に達していたという仮説を発表している（渡部　一九八六）。日本に連なる幾本もの「稲の道」のうちの最古のものは、柳田のいう「海上の道」と一致していたという主張である。この説の当否は、先史学による今後の検討をまたなければならないであろう。

私は文化人類学と農学の方法によって、八重山の稲作と畑作の系譜を検討することで「海上の道」の再検討のいとぐちとしたい。

二　八重山の在来稲をめぐって

A　従来の研究

沖縄の在来稲について農学の立場からは、盛永俊太郎らの研究（盛永・向井　一九六九、一一～一六頁）によくまとめられている。八重山の在来稲については、渡部忠世の助言を受けて私も研究を公表し（安渓　一九七八、二七～一〇一頁）、渡部自身も八重山の稲の系譜についての論考を発表している（渡部　一九八四ａ、六七〜九一頁）。ここでは、私の資料を中心に、過去の農学的研究の成果もできるだけ取り入れ、必要な場合には聞きとり調査の結果を加味して、八重山と沖縄島の在来稲の性質と系譜の問題を再考してみたい。

大正末年から八重山への導入が始まったいわゆる「蓬萊米」は、台湾で栽培された水稲内地種（に対する商品名）であった。前述の台中六五号も、この蓬萊米の一品種だった。それまでの在来稲はこの新品種に急速に置き換えられていった。新品種の栽培とともにそれまではおこなわれなかった二期作が普通になり、収量も二倍ないし三倍に増えて、稲作の体系そのものが大きく変貌してゆく（安渓　一九七八、八二〜八八頁）。ここでは、蓬萊米の導入より前に八重山で栽培されていたすべての稲（八重山在来稲）を考察の対象とする。

名護の県農試で五品種の八重山在来稲の栽培が続けられている。明治末から大正にかけて在来稲の品種の数は西表島の西部地区だけでも二二に達していた（安渓　一九七八、五三頁）。それが八重山全体で五品種しか残っておらず、まことに貴重な資料である。また、明治末から大正にかけて沖縄島北部の名護付近から八重山に導入された品種が二品種栽培されている。

渡部は、（沖縄の）「在来稲の現物がすでに島々にほとんど残っていないことは、この品種群の性格を明らかにする上に、致命的な障害となる」と述べ（渡部　一九八四ａ、七六頁）、また、現在残されている五品種ないし七品種の資料についても「実物について比較対照の可能な品種数が少なすぎて、全体としての関係をこれだけの材料から把握することはできないであろう」としている（渡部　一九七八、一〇二頁）。それでも、わずかに残されたデータを手がかりに想像力を働かせて考察してみたい。比較的狭い分布しかみられない品種が多かった八重山在来稲のなかで、右記の五品種はいずれも八重山の多くの地区で栽培されていた。このことを踏まえると、明治時代の八重山在来稲の代表とは言えないまでも、広く栽培された品種のうち五つが今日まで残されていると考えてよい。その意味で、これら五品種の研究をとおして八重山在来稲の明治半ばから末にかけての姿を考えることには十分な意味があるはずである。

蓬萊米の導入以前の研究でもっとも古いものは、一九一八年（大正七）の県農試の調査である。八重山郡のもの六品種、宮古郡二、島尻郡六、中頭郡六、国頭郡二の合計二二品種の沖縄在来水稲品種の試験成績が記録されている（沖縄県農試　一九一九）。その後、四〇年近い空白をおいて、一九五六年から六〇年にかけて、二四品種の沖縄在来稲の研究がなされた（盛永・向井　一九六九、一～一六）。そこには六つの八重山在来稲が含まれていた。一九五九年に永松らは沖縄の在来稲一七品種の形態・生態・性的親和性に関する研究をおこなった（永松・新城　一九六〇a、一四七～一六一頁、一九六〇b、一七二～一八〇頁）。残念なことに、たんに「沖縄在来」というだけで産地が明確な品種がはなはだ少ない。八重山産とわかっているものは、わずかに「波照間坊主」だけである。

沖縄の在来稲を世界のさまざまな品種と交配してできた雑種稔性による品種分類の研究もいくつかある。渡部はその結果と形質についての調査結果をまとめて、「盛永らの調査は、要するに沖縄在来稲一般に、それが遺伝的にはジャポニカに近いものが多く、形質的にはブルに類似するものが過半を占めることを示したことになる」と述べている。ブルというのは、「稈が太く、分蘖が多からず、葉が広く芒がよく発達し、米粒は幅広で約三分の一の品種は長／幅率が二以下で、残りの品種は二と三の間にある。脱粒し難く、フェノールによって着色せず、基本栄養生長性が大きく出穂の短日感応があまり見られない」品種群とまとめられている（盛永・向井　一九六九、一四頁）。ブルは、インディカでもジャポニカでもなく、ジャワ島に多いためジャバニカ（Javanica）と呼ばれることもある品種群である。渡部は「ブルは遺伝的諸形質においてジャポニカと近似するところが多く、Semi-Japonica ともよばれる種類でもある」と補足している（渡部　一九八四a、八二頁）。

B　八重山在来稲を見直す

八重山在来稲について私がおこなった農学的研究は、以下のように結論づけられる。蓬莱米が導入される以前の大正時代に八重山で栽培されていた稲には、性質の異なる少なくとも三つのタイプがあった。この点は、渡部の研究を含めてこれまでは必ずしもはっきりと認識されてこなかった。そこで、これらの三タイプのそれぞれについて記述し、八重山への導入の径路を考察してみよう。

八重山の在来稲を三つのタイプに分ける基準は、①長い芒が多いか否か、②フェノール試薬によって籾が黒く染まる否かの二点である。表9に示すように、芒が長い品種には、フェノール試薬で籾が黒く染まって反応がプラスになる稲と、染まらないマイナスのものとがある。芒が長くフェノール染色型の前者を＋＋と表記することにし、タイプⅠと呼ぶ。後者は＋－であって、タイプⅡと呼ぶことにする。芒がなくフェノール反応が＋であるもの－＋をタイプⅢとする。－－にあたる品種は八重山在来稲にはないが、蓬莱米の代表的品種であった台中六五号をはじめとして昭和に入って導入された日本稲（ジャポニカ）はこのタイプに属する。結局、八重山の在来稲には典型的なジャポニカの品種がなく、それ以外の形質をもつ品種群からなっていたということができる（表10）。

第1章で示した表5と見比べて、おそらく同じ品種についての調査であると考えられるものをまとめた結果、少なくとも一二の在来品種についての調査がこれまでになされたことがわかる。そのうち、明らかに＋＋である品種が四、＋－が三、－＋が一の合計八品種であった。残る四品種は長い芒をもつが、フェノール反応の調査結果がないため、＋－または＋＋のどちらであったかは明らかでない。

表9　八重山の3タイプの在来稲と蓬萊米の主要な形質の比較

タイプ別	品種呼称	出典	玄米の長幅比	フェノール反応	芒長と量	芒の着色	籾の着色	糯粳性	玄米色	備考
Ⅰ	アハガラシ	安渓	1.62	+	長・多	黒褐	黒褐	ウルチ	赤紫	芒5–8cm
	アハガラシマイ(1)	盛永ら	1.6	+	長・多	黒紫		ウルチ	赤	
	アハガラシマイ(2)	盛永ら	1.6	+	長・多	黒紫		ウルチ	赤	
	ダネマ	安渓	1.82	+	長・多	褐	灰褐	ウルチ	赤	芒4–6cm
	ダニャーマイ	盛永ら	1.7	+	長・多	黒紫		ウルチ	赤	
	ダネー	県農試			中	黒褐	黒褐	ウルチ	紫	中稲
	ピジルマイ	安渓	1.69	+	長・多	赤褐	赤褐	ウルチ	赤	芒4–6cm
	うしの種	安渓	1.59	+	長・多	赤褐	淡灰褐	ウルチ	白	芒4–6cm
	ウシノー	県農試			多	淡黒褐	淡黒褐	ウルチ	白	晩稲
	シヌク*	県農試			多	赤褐	赤褐	ウルチ	白	晩稲
	フーシクムチマイ*	県農試			多	黄褐	黒褐	モチ	白	晩稲
	沖縄在来陸稲***	永松ら	2.36	+	アリ			ウルチ	白	
Ⅱ	シスムチマイ	安渓	1.76	−	中・多	黄褐	淡黄	モチ	白	芒1–3cm
	シスムナマイ	盛永ら	1.8	−	長・多	ナシ		モチ	白	
	名護赤穂**	安渓	1.83	−	長・多	赤褐	黄	ウルチ	白	芒4–6cm
	名護穂赤**	盛永ら	1.8	−	長・多	赤褐		ウルチ	白	
	羽地黒穂**	盛永ら	1.9	−	長・多	紫		ウルチ	白	
	羽地黒穂**	安渓	1.80	−	長・多	黒褐	淡黄	ウルチ	赤紫	芒4–6cm
	アカプジャクマイ*	県農試			多	赤褐	黄白	ウルチ	白	晩稲
	ウフシノー*	県農試			多	黄白	黄白	ウルチ	白	晩稲
Ⅲ	波照間坊主	永松ら	2.25	+	ナシ			ウルチ		
	波照間在来	盛永ら	1.8	+	ナシ	ナシ		ウルチ		
Ⅳ	台中65号（蓬萊米）	安渓	1.70	−	ナシ	ナシ	淡黄	ウルチ	白	

*　：フェノール反応の資料がないため，正確な位置づけは今のところ不可能である．
**　：沖縄島から八重山に導入されたと考えられる品種．
***：比較のために記載した八重山以外の沖縄在来稲
出典：盛永ら，1969，安渓，1978（本書第1章），沖縄県農試，1919，永松ら，1960a.

表10　八重山の在来稲の3タイプ

	フェノール反応　+	フェノール反応　−
芒　+	タイプⅠ	タイプⅡ
芒　−	タイプⅢ	なし*

注：フェノール反応がマイナスで芒なしのタイプ(Ⅳ)は後に導入された蓬萊米.

タイプⅠの稲——水陸未分化稲

前述の＋＋タイプに相当する。草丈は高く、一・二〜一・五メートル以上に達する。籾は四〜八センチに及ぶ長い芒を付ける。フェノール反応はプラスである。籾の色は赤褐色ないし黒褐色で濃く着色している。芒も籾同様に濃く着色する。このタイプに属することが確実な四品種のうち三つまでが玄米が赤紫に着色する、いわゆる赤米である。脱粒性が低く、こぼれにくい。玄米の長幅比は日本稲とあまり変わらない。栄養生長期間は六〜七か月以上と長く、晩生である。種子に休眠性があるので二期作は困難である（本書第1章）。

八重山在来稲のうち、《アハガラシ》、《ウシノー》、《ダネマ》、《ピジルマイ》の四品種がこれにあたる。県農試が大正七（一九一八）年に集めた品種のうち、《シヌク》と《フーシクムチマイ》の二つもこのタイプであった可能性がある。籾の色が右記四品種と同じように濃く着色していたからである。

これに類する稲は、沖縄県内では、ほとんど八重山に限って報告されている。ただ、永松と新城の報告のなかに「沖縄在来陸稲」という品種があり、タイプⅠと同じ＋＋の形質をもっていることが注目される（永松・新城 一九六〇a、一四八と一五五頁）。八重山での陸稲栽培は昭和になって栽培が記録されるようになったので（喜舎場 一九五四、三七二頁）、八重山以外の沖縄のどこかでタイプⅠと基本的に同じ形質の稲が陸稲として栽培されていたことになる。

八重山在来稲の主要部分を占める（本章でのタイプⅠの）形質に注目して、これと同じ稲（つまり日本稲あるいはブルと形態と生態がほぼ類似し、フェノール反応がプラスである品種群）が海南島、スンダ列島、台湾山地にそれぞれ一品種ずつあり、日本の陸稲にも四品種があることを、岡彦一（一九五三、三三〜四三頁）の研究を参照しながら渡部は指摘した。さらに、インドネシアのハルマヘラ島西岸の陸稲やスラウェシ島中央部西岸の稲にもタイプⅠと一致する形質をもつ品種をそれぞれひとつずつ見いだしている。こうして、渡部（一九八四、八五頁）は、タイプⅠの稲が岡のいう「熱帯島型品種群」に含まれるフェノール反応プラスの陸稲——ただし水田の低地にも畑にも栽培される水陸未分化の種類――であったと推定する（図12）。

タイプⅡの稲――ブル（ジャバニカ）

＋－の品種群。草丈の高さや有芒といった外見は、タイプⅠの稲に類似する点が多いが、フェノール反応がマイナスである点が異なっている。そのほか、籾の色が淡色の品種が多く、黄あるいは淡黄であるという点が異なる。名護穂赤や羽地黒穂は、タイプⅠの品種よりもさらに草丈が高く、それだけ倒伏しやすかったが、後述のように篤農家の手で選抜された品種だけあって、収量はかなり多かった。糯稲である《シスムチマイ》は芒の長さが一～三センチで、タイプⅠの品種が例外なく長芒であったのとは対照をなしている。

八重山在来稲のうち、《シスムチマイ》（白糯稲の意味。盛永らのシスムナマイは誤記であろう）と名護穂赤、羽地黒穂の三品種がこれにあたる。後述のように、《シスムチマイ》以外は名前をみてわかるように、沖縄島の北部からの導入であることが記録されている。タイプⅠの憶測を重ねることになるが、県農試が大正七（一九一八）年に集めた品種のうち、《アカプジャクマイ》と《ウフシノー》の二つは、籾の色が黄白である点でタイプⅡとの共通性が高かった。これらもタイプⅡであった可能性がある。(2)

これに類する稲は沖縄島を中心として広く栽培されていた。盛永と向井が調べた沖縄在来の稲二四品種のうち、九品種までがこのタイプであった。そして、この九品種のすべてが白い玄米であることは注目しておいてよい（盛永・向井　一九六九、一五頁）。タイプⅡが赤米を含まないわけではないが（表9参照）、赤米の割合はタイプⅠほど高くなかったと考えられる。(3)

タイプⅡの稲はタイプⅠの稲ほど芒が長くない傾向があった。品種群の区別にあたって、この相違はフェノール反応の違いほど重要ではないが、沖縄島より八重山の在来稲の芒が長く多いことは、在来稲の系譜を考えるうえでひと

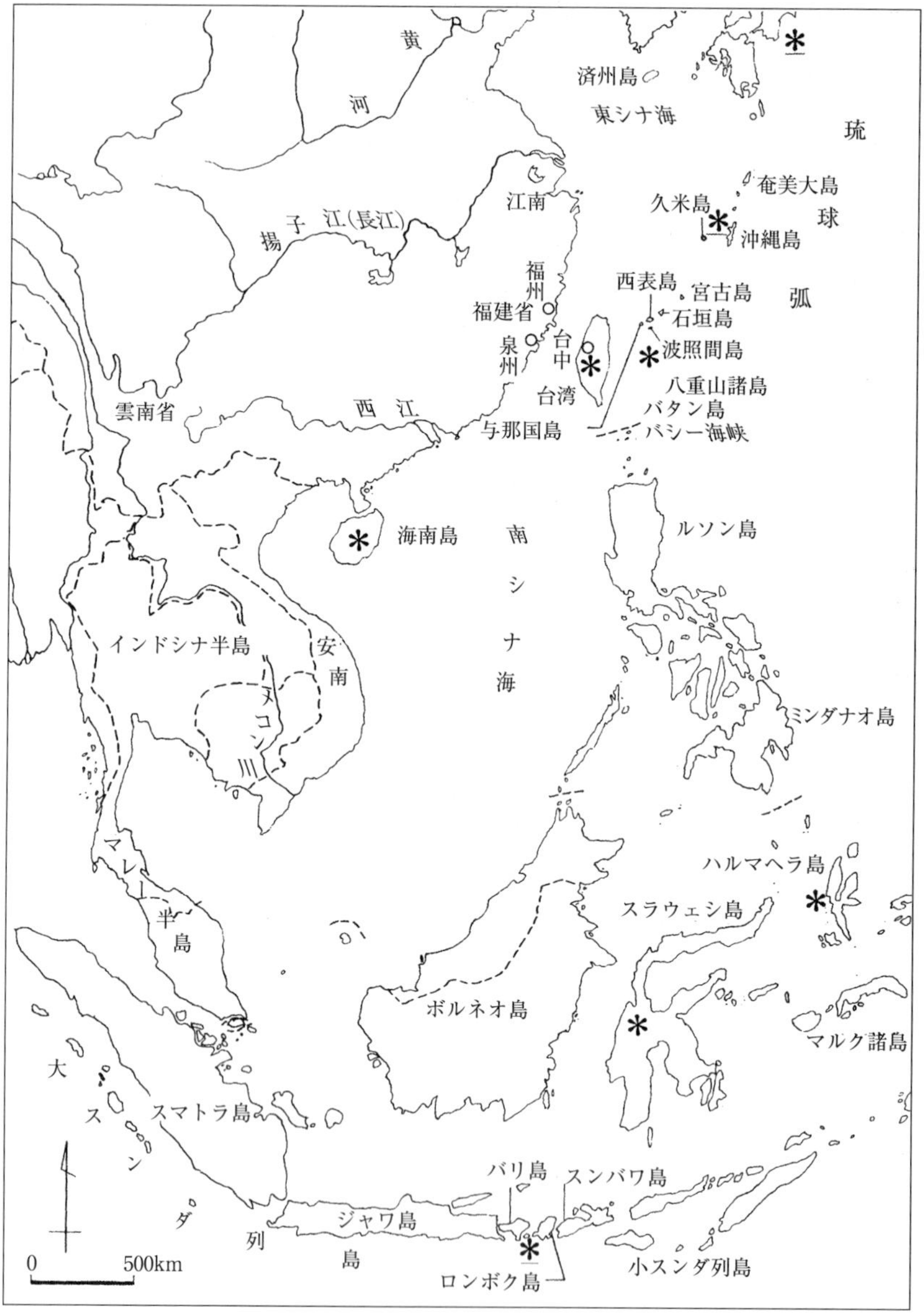

図 12　琉球弧と東南アジア島嶼部

注：＊印の地域は八重山の古層の在来稲（タイプⅠ）と同じ品種群と考えられる稲が分布する．＊印は，島を特定できていないが，その付近から報告されている．

つの手掛りになるはずである。渡部（一九八四a、一〇三頁）は西表島の在来品種に長芒の種類が多かったことを「西表島におけるいちじるしいイノシシ害の対策として、こうした形質の品種が選択される必然性があった」ためと理解しようとした。つまり、この場合の芒の多少は稲の系譜を考える場合にあまり強調しないほうがよい、という意見である。しかし、八重山を含む沖縄の在来稲の場合は、イノシシの分布と芒の多少の間に相関が認められない。イノシシが分布しない与那国島の在来稲の芒は西表島同様に長く、イノシシの被害が大きかった沖縄島北部・国頭郡の在来稲の芒は中程度であった（沖縄県立農試　一九一九、一二頁）。

タイプⅡの在来稲が、典型的なブルであることは、これまでの議論からほぼ明らかであろう。渡部（一九八四a、八一～八二頁）によればインドネシアのバリ、ロンボック、西スンバワ、スラウェシ、マルク諸島などに広く分布し、数は少ないがインド亜大陸、インドシナ半島、中国南部にも現存している（図12参照）。

タイプⅢの稲――インディカ

－＋のタイプ。八重山の在来稲でただひとつ、芒がない品種が波照間島で栽培されていた。芒がないことから「坊主」を意味する《ボーザー》あるいは《ボージャー》と呼ばれていた。表9で、「波照間坊主」あるいは「波照間在来」と記しているものである。この品種の籾は、フェノール着色性がある。草丈がタイプⅠやⅡに比べて著しく低い。南島での稲の作季である冬に、一日あたりの日照時間を短くして栽培し、出穂までの期間を比較した実験がある。それによると、タイプⅠやⅡの品種では自然状態のものと短日条件にしたものとの差がほとんどなかったのに対して、タイプⅢでは一か月以上も出穂までの期間が短縮された（盛永・向井　一九六九、一四頁）。つまり、この品種は他の在来稲と生態的に大きく異なっている。玄米の長幅比は、タイプⅠやⅡと大差がない。籾は黄白色である。

タイプⅢの稲（波照間坊主）は、向井の交配実験の結果、中国に分布するインディカである秈稲と判定された（盛永・向井　一九六九、一六頁)。それでは、インディカのどの生態型（ecotype）に属すると考えられるだろうか。この品種に感光性があることはわかっているので（盛永・向井　一九六九、一四頁）、感光性を欠くボロ（渡部　一九八四b、一三九頁）ではありえない。永松・新城（一九六〇b、一七五頁）の交配実験によると、この品種はアウス二品種と九八および九〇パーセントの高い稔性を示し、アマン二品種とは一三および六九パーセントの低い稔性を示した。さらに、アマンやアウスに類するもうひとつの生態型であるチェレ二品種とは、九三および六六パーセントの稔性を示した。これだけの資料から結論めいたことを引き出すことははばかられるが、波照間坊主は、インディカのなかではアウスにもっとも近い品種だったといえるのではあるまいか。

アウスは、夏に収穫されるインディカの品種で、相対的に早生、感光性程度の弱い品種群である。この生態型の稲は、旱魃と過湿の双方に強く、東南アジアやインドの灌漑施設をもたない天水田に多く作られる（渡部　一九八四b、一三九頁）。八重山ではタイプⅢの品種はおおむね波照間島でのみ栽培された。波照間島には山も川もなく、すべての田は天水田であった。ここで作られた在来稲は天水田に適する品種であったわけだが、前述の形質と重ねあわせてみると、波照間坊主がアウスであった可能性はかなり高くなる。

永松らの研究によると、形態・生態的にも、交配した雑種の稔性の結果からも、波照間在来と同じグループにまとめられる沖縄の稲が他に三つある。長稲・沖縄在来糯・勝利籼である。このうち最後の稲は、その名前からしても明らかに台湾から導入された品種であるという（盛永・向井　一九六九、一四〜一五頁）。すなわち、沖縄島にも台湾からこのタイプⅢの稲が伝来していたと考えてよさそうである。さらに、この系統の稲は九州の低湿地帯にも一三、四世紀ころから広がり、ダイトウ米、トボシ、天竺米などと呼ばれた。また、一一世紀、宋代に揚子江の南の江南地方に広がったいわゆるチャンパ稲（占城稲）はアウスであったという議論が最近なされている（渡部　一九八四b、一三八頁)。

C　八重山在来稲の導入時期とその径路

右に述べてきたように、八重山には少なくとも三つのタイプの稲があり、それらに近い品種群が八重山以外にも存在していることがわかってきた。しかし、八重山への稲の導入の時期や径路に関する疑問は、残念ながら前述の方法だけでは明らかにならない。さらに柳田が仮定したように、八重山から他の地域に流れ出る径路があったものかどうかについてもわからないのである。

このような問題は、なんらかの形で歴史を語るデータを扱わないかぎり解くことができない。八重山には若干の古文書資料や考古学資料もあるが、まずは、私がおこなった聞きとり調査の結果を参照しておきたい（安渓　一九七八、四四〜六一頁）。この方法で得られる資料は、せいぜい明治以降のものであるが、貴重な情報も多い。聞きとり調査についてはいくつかの問題点が指摘されているが[4]、これなしに八重山の稲作の系譜について多くを知りえないこともまた確かである。これまで述べてきた八重山の在来稲はどのような「海上の道」を通って導入されたのか。また、その時期はいつごろだっただろうか。この点を前述した三タイプの稲のそれぞれについて、先学の研究も参照しながら考えてみよう。

タイプⅢの稲——明治はじめに台湾から

順序は逆になるが、八重山在来稲の三タイプ中ではもっとも導入が新しいと考えられるタイプⅢの波照間島の在来稲についての伝承をまずとりあげる。この稲は、八重山から台湾への漂流者がもたらしたものであり、その時期は明治のはじめころと伝承されている（波照間島出身の仲本信幸氏の談話）。石垣島の字新川の人が航海の途中台湾に漂着した。そこで種籾をもらい受けて石垣島にもどることができた。この種籾をもとに、波照間島北村（アールヌニシゥヌムラ）に住む友人の東田（あがだ）という人物が栽培を始めた。芒がないこの稲は、田植え後わずか五〇日で収穫でき、当時の在来稲が田植えから収穫まで四か月かかったのに比べると驚くべき早さだった。旱魃による被害が頻繁だった波照間島の天水田に適した稲として非常に歓迎され、またたく間に広がった。他の島々でも《ボージャーマイ》などの名前で有名になったが、収量が少ないこと、粘り気の強い米を好む八重山の嗜好に合わなかったことなどから波照間以外には定着しなかった。

この稲が伝承どおり偶然の漂流によってもたらされたのであれば、台湾の海岸地方で栽培されていたのではないか。前述のようにインディカのなかのアウス生態型である可能性が高いが、あるいは江南のチャンパ稲などの流れをくむものであろうか。このように、（アウス・アマン・ボロ・チェレなどのような）典型的なインディカと考えられる稲は、一九世紀半ばまで八重山に到達しなかったのではないか、とも考えられるのである。國分（一九五五、一九頁）は、八重山の歴史と民俗の研究家であった喜舎場永珣が古老から採集した稲呼称のなかに石垣島の「トウボシ」というものがあったと報告しているが、私は、トウボシという名称を採集することはできなかった。考古学資料としては、國分が多和田真淳とともに石垣島の山原《ヤマバレー》遺跡で表面採集した八重山系の先史土器片に残されていた稲籾の圧痕がある。計測の結果は、長さ八・〇ミリ、幅三ミリ、長幅比が二・六六でインディカと考えられた（國分 一九八五、一六三頁）。しかし、この遺跡の時代（八重山編年の第三期・第四期）の八重山の主流の稲は、後述するように渡部のいう「より陸稲的な稲」（本章のタイプⅠ）ではなかったか。さらに多くの考古学資料の出現を望んでやまない。

タイプⅡの稲——藩政期に沖縄島から

タイプⅡの稲のうち、羽地黒穂と名護穂赤の由来はほぼわかっている。いずれも、明治二〇（一八八七）年ころに沖縄島北部の羽地の篤農家・東江清助が選抜したものである。羽地黒穂は、西表島には明治の末に導入されたという（安渓　一九七八、五四頁）。与那国島では、二品種ともに大正時代に導入されている（渡部　一九八四ａ、七七頁）。

《シスムチマイ》（白糯稲）という糯稲がある。これがタイプⅡの中で現在サンプルが残っているもう一つの品種である。八重山の多くの島では、ただ糯稲と言えばこの品種を指す。私の聞きとり資料によると、籾が黒っぽい糯稲も波照間・新城以外の各地域に存在したが、《シスムチマイ》より早期に栽培されなくなっているようである。ところが、与那国島で単に《ムてぃマイ》（糯稲）と呼んでいた稲は、黄色に黒い筋がついた籾と黒い芒をもつ品種であった。着色の濃い籾のこれらの品種は、本章のタイプⅠの稲であった可能性が高い。淡色の籾の新しい糯品種（タイプⅡ）が古い糯品種（タイプⅠ）にとってかわっていったに違いない。そのような動きのなかで、与那国島だけは蓬莱米の時代を迎えるまでタイプⅠの糯稲を受容しなかったのだろう。記録には残っていないが、羽地黒穂などと同じように、しかしより古い時期に――おそらく人頭税が開始される一七世紀以降――《シスムチマイ》は沖縄島からもたらされた品種だったと推測する。このほかにも「アカプジャクマイ」や「ウフシノー（ウフシソー）」などタイプⅡと考えられる品種があったことはすでに述べた。各地域における稲品種の組み合わせを単純化しすぎているという批判はあろうが、これらも沖縄島からもたらされたものであろうと推定しておく。

タイプⅠの稲の八重山への伝播の時期は、今のところわからない。在来稲の三タイプのなかでは、もっとも古く伝播したものであることはほぼ間違いない。[5] 渡部（一九八四ａ、八九頁）は、済州島民が漂着して記録を残した一五世紀よりもさらに何世紀か前に稲が伝来した可能性を示唆している。八重山の遺跡からも炭化米が見つかっているが、今のところせいぜい一二世紀ころまでさかのぼることができるだけである（当間　一九七六、一九頁）。渡部は、前述のように南島を通る「海上の道」が縄文晩期より以前に通じていたと考えたが、それほど古い時期までさかのぼらせることができるかどうかについて、私の資料ではわからない。[6]

タイプⅠの稲――柳田の「海上の道」仮説の復活

タイプⅠの稲の伝来の径路について、渡部は「必ずしもスンダ列島から島伝いに北上してきたという証拠はない。しかし、八重山諸島へは直接には台湾から伝わったと考えられるのではあるまいか」と述べ、そしてこの「より陸稲的」な「八重山在来稲の系統が日本の陸稲品種のなかにいくばくかの血を今日まで遺しているらしいのである」と付け加えている[(7)]（渡部　一九八四a、八八～九〇頁）。

八重山から奄美にいたる琉球弧の在来稲品種は、元来タイプⅠと同じ形質をもっていたようだ。明治期の沖縄島はタイプⅡの稲が主流になったが、これは、ある時期にタイプⅠの稲と交替したためであろう。八重山以外で、おそらくは沖縄島のどこかでタイプⅠの陸稲品種が作られていたことは、沖縄島でもタイプⅠの「より陸稲的な」稲が栽培された時代があったことを示している。佐々木高明（一九八四、三一～三四頁）は、収穫後の刈り株が繁茂して再びつける穂を収穫する「ヒコバエ育成型」の稲作が近年まで八重山と奄美諸島に分布していたと述べ、一五世紀ころには久米島（あるいは沖縄島の一部）にも同じ型の稲作があったことに注目する。ところが、同じ一五世紀には沖縄島の中・南部は稲作の先進地帯であって、より集約的な「二期作型」の稲作が開始されている。上江洲均（一九七四、一六八頁）は、稲の脱穀用具が、八重山、沖縄島北部、奄美大島では短い竹管であるのに、沖縄島の中・南部、久米島などでは長い竹で作ったピンセット状のものであることを示した。佐々木の「ヒコバエ育成型」稲作と短い竹の脱穀具、先進的「二期作」と長い竹の脱穀具はそれぞれ結びついていると考えられる。松山利夫は、こうした脱穀具の分布は「あるいはある種の在来稲の普及と、なんらかの関連を示すのかもしれない」と予想した（松山　一九八四、二九二頁）。かなり古くから南島全体に広がっていたタイプⅠの「より陸稲的な」稲の世界に、ある時沖縄島の中・南部を中心として松山が「ある種の在来稲」と述べたタイプⅡの稲が導入されたというのが私の解答である。

自給から交易へ――一四世紀の沖縄島での大転換

それでは、その「ある時」とはいつか。この点に関して、三島格(一九七一、四頁)は沖縄島への漂流記を比較して、一三世紀中葉にサトイモ類を主食としていた島が、一五世紀には水田で牛を使い二期作をする島に変貌していることを示し、「約二世紀前後の間に、なにかが起こり、すべてが登場したという感じ」を強く受けると述べた。このころの沖縄島の経済と政治について生田滋はすぐれた論考を発表している(生田 一九八四、一一八頁)。一四世紀の後半から一五世紀の前半にかけて那覇には多数の中国人が逗留するようになり、明と東南アジアを結ぶ国際貿易に従事していた。この中国人たちに食糧を供給するための稲作が沖縄島で発展し、二期作もこの時期から始まったと生田は考える。この生田の論考に基づけば、右記のタイプⅡの稲を沖縄島にもたらしたのもこれらの中国人であったと推定することができる。すると新品種がどこからもたらされたかという問題が残る。これら中国人の行動範囲は、東南アジアから中国大陸にわたるが、沖縄島のタイプⅡの稲のふるさとは、当時の交易をつかさどる役所の市舶司が置かれていた泉州(福建省)周辺であった、という推定も妥当性があるのではないか。

盛永と向井(一九六九、一六頁)は沖縄の在来稲の系譜について次のように述べた。

「この範囲ではまだ沖縄への稲の伝来についてはなんら具体的に触れうるまでには至らなかった。ただいえることは沖縄の在来稲は支那大陸中・南部の多数の稲に似、また台湾の山地稲にもずいぶん似ているということだけである」。

以上、八重山の在来稲に設定した三タイプのそれぞれの渡来について考えられる点をいささかあらけずりな仮説として述べてきた(8)。これによって日本の南の島々に通じていたいく本もの「稲の道」の理解が少しでも具体的になればと願っている。

注

(1) この後、県農試の八重山支場でも台湾からこれに類する稲をとりよせて栽培試験し、普及することになった。こうした八重山農民の進取の気性は昔からのものである。大正末年(一九二五年ごろ)に、台湾で栽培が軌道にのった水稲内地種(いわゆる蓬莱米)が八重山に導入されたのは、農業技手仲本賢貴の努力のたまものであったが、そもそも大正一二年から一四年にかけて新品種の試作を続けて仲本技手を動かすきっかけを作ったのは、石垣島の一農民、仲唐英昌であった(賢貴の令息仲本賢弘氏の手記による)。

(2) なお、八重山の稲に関する島々の聞きとり調査でも「ウフシノー」という名前は得られていない。籾の着色がない稲で《シソー》という種類があったことはわかっている。「ウフシノー」は《ウフシソー》(大白の意味)という品種名の誤記であろう(安渓 一九七八、四九頁)。

(3) 八重山は、首里王府へ人頭税として米を納めるよう強制されていた。これは、籾でなく玄米による納付であった。したがって、八重山の籾の色の違いは、それほど問題にならなかったと考えられる。また、上納用であったと言い伝えられている稲の玄米はいずれも白かった。だから、八重山の赤米の多くは、地元で消費されたのかもしれない。

(4) 島ごとの聞きとりに食い違いがみられるとして渡部は次のようにいう(渡部 一九八四a、七九頁)。

「また、ダーニャマイ(ダネーマイ)は、西表島でも石垣島でも比較的美味であったと語られているが、(中略)与那国島のダニマイ(上と同種である)では、まずいので専ら酒造米として利用されたということになっている。

半世紀余の経過は、このように記憶の齟齬をも生じかねない年月であるかに思われる。(後略)」

これは作物の調査に限ったことではないが、明らかに同一の語源をもつ名称であっても、集落が違えば別のものを指していることは多い(安渓 一九八四c、三二一頁)。たとえば、西表島西部の在来稲に《アハガラシ》(赤カラス、黒い籾をもつ赤米)、《シスガラシ》(白カラス、黒い籾・白い玄米)の二つがあり、これらは《ガラシマイ》(カラス稲)と総称された。ところが、石垣島ではこの後者の品種は知られず、《ガラシゥマイ》と言えば赤米の品種であった。このような事情を踏まえると、厳密に言えば渡部の「ダニマイ(上と同種である)」という記述も、一抹の不安なしにはできないはずである。

また、農学の常識では理解しがたい聞きとりがあるとして、渡部は、次のような疑問を呈している(渡部 一九八四a、七九頁)。

(イーニマイは)「稈が丈夫で倒伏しにくかった」点から考えると、これもブルの形質の一部を備えたものと思われるが、「一穂の粒数は少ない」と言われれば、典型的なブルとはいえないという困惑がある。明治から大正にかけて、八重山の在来稲の変異の幅はそれほど大きなものではなかった。西表島にはおそらく前述のIとIIの二つのタイプしかなかったと思われる。渡部がここに引用しているのは在来稲の形質の一覧表に対する注釈的部分である。《イーニマイ》は、一穂の粒数が多い（ブル的な）八重山在来稲のなかで比較的「一穂の粒数は少ない」という評価を受けていた。つまり、聞きとり資料によって生態型にあたるような大分類を試みるのはやや本末転倒であって、そもそも聞きとり資料は、農学による資料を補い、より細かい分類を考慮するために使うべきものであろう。

（5）西表島の在来稲のうち、大昔からの稲と言われているものが二つある。それは、《イーニマイ》と《ダニャーマイ》である。また、昔からの稲と言われているものは、《ピッツマイ》、《イヤマイ》、《アカブザマイ》、《シスムチマイ》である。《シスムチマイ》以外の五つの稲はいずれも濃く着色した籾をもち、想像力をたくましくすれば、この論文の論旨からしてタイプIの稲ではなかったかと推定される。

（6）國分直一は、宮古・八重山が「イネ・ムギを導入して弥生型生業をもつようになるのは、一三世紀以降のことであろうとみられている」と述べている（國分　一九八六、二六九頁）。

（7）石垣島では、上古、アンナン、アレシンという国からタルファイ、マルファイという兄妹の神が稲の種子を携えて移住し、稲作を始めたと伝えている（喜舎場　一九五四、三六七頁）。これが今日のベトナム付近にあたる安南を指すのなら、こうした遠隔の地から直接導入された品種もありえたことになる。また、導入時期を示す伝承もある。オヤケアカハチの反乱（一五〇〇年）ころの女性で、のちに八重山初代の最高位神職大阿母（方言で《ホールザー》）に就任したターダヤブナリィが、首里への往還の旅の途中、アンナン国に流され、そこで稲と粟の種子をいただいて石垣島に帰りついたという（石垣　一九八四、三〇八頁）。

（8）この結論は、高谷好一が沖縄の在来稲のタイプの設定と導入時期をめぐって推定したものといくつかの点で一致する（高谷　一九八二、一八頁）。とくに、沖縄島での稲作の本格的な始まりを宋代以後に一気に増大する外国人を主体とした「都市人口のための一種の商業的稲作」の展開と重ねあわせる議論は、生田（一九八四、一一八頁）の所論とも合致して説得力が高い。また、江戸期以降には薩摩から多くの日本稲が導入されたと高谷は主張するが、この北からの波が八重山に及んでいないことはほぼ確実である。日本稲の栽培が八重山と同緯度の台湾で成功するのは大正一〇（一九二一）年ごろであり、磯永吉が若苗の移植による不時出穂の防止という技術を確立して栽培が軌道に乗るまでには、三〇年近い努力が必要だったのである（安渓　一九七八、八二頁）。

初出：安渓遊地　一九八七b

後記：八重山の在来稲をめぐるその後の討論

遺伝学者の佐藤洋一郎は、この論文で扱った八重山在来イネをさまざまな指標となる酵素活性などを含む視点から分析して、熱帯ジャポニカ（本章では、ブル、ジャバニカなどと述べてきたものを含む品種群）にあたると結論した。また、青森の垂柳遺跡の稲作が、従来考えられていたよりもはるかに早く開始されていたことから、寒地に適応した早稲のイネがどのようにして生まれたかを考察した。そして、北九州に中国からの温帯ジャポニカ（晩稲）が到来したとき、すでに九州の山地には熱帯ジャポニカ（晩稲）が栽培されており、この二つが交雑すると、高い割合で早稲のイネが生ずることを実験的に証明した。これは、南からの稲の道が、ととのった水田遺跡があらわれるよりももっと前から日本列島に到達していたことを示す証拠となったのである（安渓　一九九二a）。

その後、石垣島の在来稲とその栽培についての詳しい報告が出版された（石垣、一九九三）。貴重な資料であるので、著者石垣稔氏とのインタビューをふまえ、方言表記を若干手直ししてここに引用しておきたい（表11）。

表11　石垣島の在来稲

品種名	草丈	籾色	芒色	玄米色	粳糯別	特徴
シィソーマイ	短	黄	黄	無色	粳	美味，湿田用
ウシィノー	短	赤	赤	〃	〃	香りが良い，湿田用
ムチィウシィノー	〃	〃	〃	〃	〃	糯気があって美味，湿田用
アカウシィノー	稍長	赤	赤	〃	〃	稔実性がある，湿乾田両用
ハニジクルー	長	黄	黒	〃	〃	特に乾田用
フースク	短	灰色	灰色	〃	〃	湿田用
フースク・ムチィマイ	〃	〃	〃	〃	糯	湿田用
シィスムチィマイ	〃	黄	黄	〃	糯	湿田用
ダネーマイ	稍長	黄	黒	赤	粳	美味，粥，雑炊用，乾田用
ピディリウシィノー	短	赤	赤	無色	粳	ウシィノーに類似
アカブジャー	短	黄	黄	〃	粳	
ハティローン・ボージャーマイ	短					極早生，備蓄用　芒がないのでボージャー（坊主）
シヌクマイ						
カケーマイ						異品種を混合して味を作る

出典：石垣稔，1993.

3　「くだ」の力と「つつ」の力
――二つの稲作具をめぐって

はじめに

私は一九七四年に初めて沖縄・西表島を訪問して以来、稲作文化をはじめとする「自然とヒトのかかわりの歴史」に興味をもって研究を続けてきたが（安渓　一九七八、一九八四c、一九八五a、一九八六a、一九八七b、一九八九a、一九八九b、一九九二aなど）、近年は、島びと自身の手で伝承文化を記述する試みにも重点を置いている（山田武男　一九八六、川平永美　一九九〇、山田雪子　一九九二など）。本章では、特定の習慣が存在するわけや特定の農具が使われてきた理由など、農耕文化の背景を島びとたちとともに考えてみた結果を反芻してみたい。そういう思索を通して、琉球弧の島々における作物と人間の関係の理解を少しでも深められればと思う。西表島の稲作に関連する二つの小さな道具から見えてくる世界を探ってみよう。

A　フダ――古風な脱穀具

材料と使い方

西表島では、図13aに示すような竹の道具が現在も稲作に使われている。鉛筆ぐらいの太さの竹を二本、小指の長さほどに切り、藁の芯を差し込んでV字型にしたものである。円周方向に細かい溝状の傷がついたものもある。これは沖縄の島々に古くから伝わる稲こきの道具で、溝状の傷は使用痕であろう。この道具を島の西部の在来集落では《フダ》と呼んでいる。同じものを与那国島では《タキンダ》という。西表島には大正時代に千歯こき（《シンパ》と呼んだ）が導入され、一九二九年以後蓬萊米と称する新品種群とともに足踏み式の回転脱穀機が広まり、現在の主流はコンバインになっている。ところが、足踏み式脱穀機が導入されたあとも、刈り株のヒコバエを収穫するときには片手に《フダ》を持って、もうひとつの手に抱えた籠の中へ熟した実だけを扱《こ》き入れたものであった。今日でもこの古い歴史をもつ道具が使用されていると、最近になって知った。それは種籾を準備するときで、よく実った穂を選びながら、籾を傷をつけないようにていねいに取り外すために、西表島では不可欠の道具なのである。

ところで、奄美諸島の南端の与論島を訪れたときに、稲を脱穀する道具について教えを乞うたところ、西表島の《フダ》より大型の図13bのような形の竹と藁の道具であったという。与論島の方言では《クダバシ》と呼んでいる。これと同じものは、沖縄島の中・南部でも広く使われ、《クーダ》と呼ばれた。ちなみに、与論島では千歯こきがもたらされたとき、《ハニクダ》（金属性のクダ）と命名したという。西表島の《フダ》、沖縄島の《クーダ》はいずれも日本語の「くだ」につらなる言葉である。与論島は「くだ箸」、与那国島では「竹くだ」と表現しているのであろう。確かに、長さは異なるが、「くだ」すなわち両端が空洞になった竹を藁でつないだ道具にほかならない。

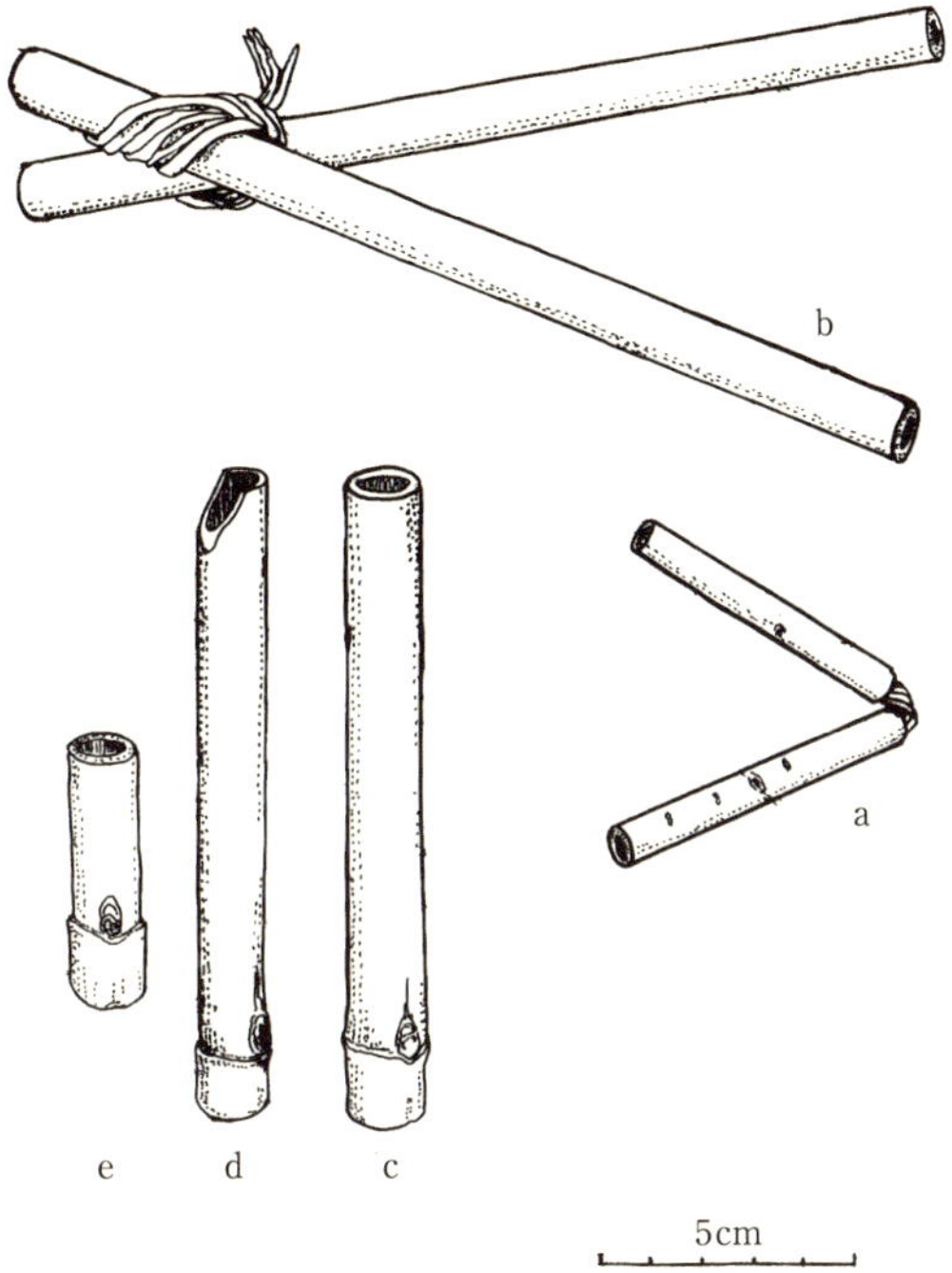

図13　各地域の「くだ」と「つつ」

a　西表島の脱穀具《フダ》
b　与論島の脱穀具《クダバシ》（復元）
c～e　西表島の《ジッチャー》（復元）

二つの脱穀具と二つの稲作

上江洲均は、広く琉球弧の島々を歩いて、稲扱き具の分布を調べた（上江洲 一九八二、一〇六頁）。その結果、西表島と同じ短い竹管の扱き箸は八重山、沖縄島北端の国頭地方、奄美大島と加計呂間島に分布し、北はトカラ列島まで拡がっていた。与論島と同じ長い竹管の扱き箸は沖永良部、伊平屋、伊是名、慶良間、久米島の島々に分布していたことがわかった。おおまかにいえば、琉球弧の中央部では扱き箸は長く、南部と北部では短かったのである。上江洲はこうした分布について分析をしていないが、なんらかの稲品種の違いに基づくものではないかと予想したのが松山（一九八四、二九二頁）であった。稲作技術の違いからこの扱き箸の分布を検討してみると、一五世紀ごろの稲作技術の分布との関連に気づく。当時、収穫後の刈り株からのヒコバエを再び収穫する「ヒコバエ育成型」の稲作が八重山と奄美にはあり、同じころ沖縄島の中・南部ではより集約的な「二期作型」の稲作が展開していた（佐々木　一九八四、三五頁）。私は、八重山の在来稲の品種特性の研究から、次のような仮説を提示したことがある（安渓　一九八七b、一六一〜一六二頁）。古来、琉球弧の島びとたちは、ジャバニカに類似して長い芒があり、フェノール試薬に籾が黒く染まり、赤米が多いという古風な稲（渡部忠世のいう「水陸未分化稲」）を「ヒコバエ育成型」の栽培技術で作ってきた。そこへ一四世紀後半から一五世紀の前半にかけて那覇に多数の中国人が国際貿易のために滞在するようになる。沖縄島ではこれらの人々に食糧を供給するため新しい稲作が始められ、見かけはそれほど変わらないが、フェノール試薬で染まらず、赤米が多くないという、より新しいジャバニカ主体の稲に代えていった。結論としては、古風な稲品種群には短い扱き箸が、そして一五世紀以降にもたらされた新しい稲品種群には長い扱き箸が結びついていたと推定することができる。そして、それは単に導入の新旧というだけでなく、その後数世紀にわたって地域ごとの特徴ある農具として使い続けられた。これは、古くからの品種の稲のほうが脱粒性が小さくて扱くのにより大きな力を必要としたからではないかと思う。

「くだ」の力——物理的作業効率の支配する世界

西表島では《フダ》の材料として細くて丈夫な《しノル》（和名リュウキュウチク）という竹を選ぶ。竹をつなぐ藁も、芯のところだけをすぐってねじこみ、藁の弾力で竹と竹がひとりでに適当な角度に開くように微妙に調整する。二本の指と掌で支えるこの道具は、片手の中におさめて使うものだから（写真11）、大きくしたり、太くしたりすることはむずかしい。それに対して、片手で握りしめ、地面に置いた敷物につきたてるようにして稲穂を挟む長い扱き箸は、稲の脱粒性が高くて作業効率さえ上がれば、長くしたりする改良は容易である。たとえば江戸時代の代表的農書である宮崎安貞の『農業全書』に見える扱き箸は、本章でいう長い扱き箸と同じ原理であるが、沖縄島のものの優

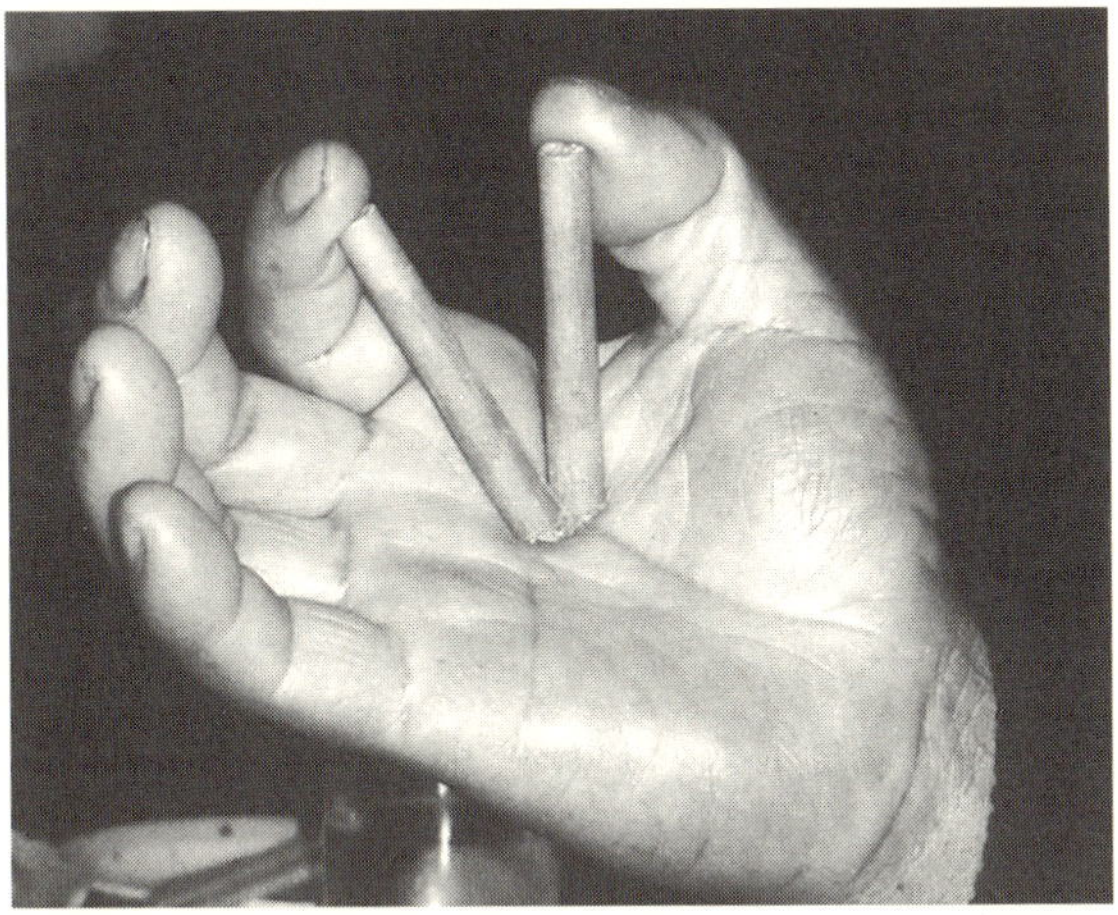

写真11 《フダ》の持ち方．使うときは，開いた方を下向きにする．

に二倍の長さがあり（宮崎　一九三六（一六九七）、四三頁）、短い扱き箸に比べて農具としての可塑性が高いことを示している。このように、琉球弧における短い扱き箸と長い扱き箸は、素材の性質にあわせて力をコントロールして作業の効率を上げるという原理に照して、興味深い問題を提起している。こうした、効率で計り得る物理的な力とそれをうまくあやつる技術の体系を「くだの力」の支配する世界と呼んでおきたい。

B　《ジッチャー》——稲の魂を呼び起こす笛

材料と使い方

さて、西表島には稲作に関連する竹でできたもうひとつの道具があった。そのことを初めて知ったのは、石垣博孝の報告によってだった（石垣　一九八〇、一三五頁）。西表島の稲作についての私の初期の報告（安渓　一九七八など）には、まったく登場しないものである。それによると、西表島の祖納・干立集落では、初穂を迎える《シくマ》（マの音は、鼻音で発音され《シクワぁー》のように聞こえることが多い。「シコマ」とも書く）という行事のおりに、《ジッチャーン》と称する細い竹の笛のようなものを吹いたという。このような道具が他の島でも記憶されていないかと、琉球弧の島々を尋ねて歩いてみたが、西表島と隣り合う稲作の島である与那国島や石垣島の島びとたちの記憶ではこうした笛のようなものは存在しなかった。これは、現在では西表島の西部地区でのみ伝承されている道具であった。以下に、西部の四集落の住民からの聞きとりの結果をまとめてみよう。対象としたのは、祖納、干立、網取（一九七一年廃村）、崎山（一九四八年廃村）の四つの集落である。廃村の旧住民のお話は石垣島でうかがった。遠い時代に消えた習俗のかすかな記憶というべき伝承なので、話者ごとの伝承の差が大きい。そのため、ここでは、話者のお名前や生年を明記させていただいている。

祖納集落の事例　大正はじめ生まれの古見用美さんによると、小学校の四年生ごろまでは、夏前になると《しノル》（和名リュウキュウチク）という竹で長さ三寸ばかりの小さい笛のようなものを作り、吹き口に切込みを入れてなにかの葉をはさみ、吹いて遊んでいた記憶があるという。ピーピー鳴るので子どもたちは「ピー」と呼んでいたが、本当の名前はわからないという。

干立集落の事例　干立出身の小底貫一さんは、小学校の二、三年だった昭和四、五年（一九二九、三〇）ごろまでは、旧暦四、五月の子どもの遊びとして《ジッチャー》というものを作ってピーピーと吹きならしたことがあるという。明治三七年（一九〇四）生まれの黒島英輝さんによると、干立集落では、初穂迎えの《シくマ》の儀礼で稲を刈りはじめて八日めに神司が《ウガン》（拝所）で祈願をして、《ヤマち》という謹慎の期間が終わる。それまでは物音をたてることは、薪を割ったり米を搗いたりする生活に必要なことでも禁止されていた。歌や三線ももちろん禁止だった。《ヤマち》明けの日になると、子どもたちが《しノル》という竹（リュウキュウチク）で作った笛のようなものを吹いた。だいたい二寸ぐらいの長さでシャツのポケットに収まり（図13e）、先を斜めにしたり（図13d）、吹き口に切込みを入れて草の葉を挟んで音が震えるようにしたり、子どもなりにいろいろ工夫をしたものだった。これを《ジッチャー》という。ちなみに語尾の《チャー》は鼻音で、西表島西部方言では小さいものを示すときに語尾を鼻音化する。図13c～eに示すように復元して作っていただいた。この図の《ジッチャー》の材料は方言で《アシタイ》と呼ぶ、湿地に生えるセイコノヨシだった。そして《ジッチャー》の材料はリュウキュウチクよりもセイコノヨシが主であったという。なお、《ジッチャー》とは《ジチ》の小さいものという意味であって、《ジチ》とは「つつ」の意味であるというご教示を干立出身で植物と民俗の研究家でもある黒島寛松さんから得た。つまり《ジッチャー》という耳なれない名前は「小さいつつ」といった意味だったのである。これが鳴ると、それまで騒いではいけないと押さえつけられてきた心が晴れ上がるように感じたという。

網取集落の事例　明治四一年（一九〇八）生まれの山田雪子さんによると、稲の初穂を迎える《シくマ》の行事のときに、竹を切って笛のようなものにした《たケチチ》というものをブーとならした。子どものころのことで誰が鳴らしたか記憶にないが、これを吹くのは子どもの遊びだったという。西表西部の方言では、竹のことを《たキ》と総称するのだが、《たケチチ》というのは漢字をあてれば「竹筒」という意味であろう。

崎山集落の事例　明治三六年（一九〇三）生まれの川平永美さんは、その著作で次のように述べている。

「四月の行事。四月には稲の穂が出ます。この時《インドゥミ》といって、神司が御嶽に行き、神様に申し上げて海に潮干狩に行くのを止めます。また、《ヤマドゥミ》と言って、神に申し上げて、山に行く道を木の枝でふさぎます。これも山に行ってはいけないということです。五月の行事。《インドゥミ》も《ヤマドゥミ》も解除されます。この日から、潮干狩にも山にも行って良いのです。厳しい《ソージ》（精進、物忌み）が解除されて、その日から晴れやかな部落になります。これを知らせるのは、神司が御嶽に行き、神に告げて《ダドー》（和名ダンチク）という植物で笛のようなものを作り、これを吹き鳴らします。《シコマ》。稲を田から刈ってきて、稲の小さな束に刈った人の目印をして御嶽の拝殿の前に並べます。神司が各戸の稲から一穂ずつ取って神の前に供えます。これがすむと、各々もってきた稲を家に持ち帰ります。その翌日から稲刈りが始まります」（川平　一九九〇、一四三～一四六頁）。

川平永美さんのお話では、《インドゥミ》と《ヤマドゥミ》のときには、山に薪とりに行くことだけが許されていた。これは、旧暦の四月になって稲に穂ができるころ、海や山に行って怪我をしたら収穫ができなくなるから決められていたのだと川平さんはいう。方言で《チカ》という二人の神司が《ウガン》（拝所）に参って祈願を済ませ、そのあと拝所の鳥居の外に立って《ダドーヌブーブー》という笛のようなものを吹いた。ついで、村の祭りの中心になる《トゥミムトゥ》と称する家の前で吹き、さらに村の中心の十字路でも吹きならした。崎山に村役所があったころ（明治三〇年、一八九七年以前）は、その前でも吹いていたという。拝所から帰ってくる神司に行きあうのはおそれ多いことなので、村人たちは家にこもり、笛の音が響くのを息をひそめて待った。この音で謹慎が解除されると、あらかじめそれぞれの家で用意しておいた《ダドーヌブーブー》が子どもたちに与えられ、子どもたちは外へ出て思う存分吹きならして村中に音を響かせた（写真12）。

写真12　ジッチャーを吹く西表・干立の黒島英輝さん.

崎山では《ダドーヌブーブー》は、必ず《ダドー》で作るものであって、他の材料では神様に（願いが）通らない。《ブーブー》というのは、鳴らす音がこう聞こえるのだという。二〇センチもある長いものもあったが、吹くのにたくさんの息が必要で疲れた。子どもたちは鳴らしやすいようにいろいろ吹き口の形を変える工夫をしたが、神司が吹くのは、図13cのように、上を水平に切っただけの単純な形のものだった。「祖納では《ジッチャー》といいますが……」と問いかけると、崎山でもそう呼ぶことがあったという返事であった。

神事から子どもの遊びへ

これらの事例から、西表島西部では稲刈りのころに一端に節を残した竹またはそれに類するイネ科の植物の「つつ」を吹きならす習慣があったことがわかる。そして、西部地区の政治の中心であった古い歴史をもつ祖納集落、それに隣接する干立、一九七一年に廃村になった網取の各集落ではおおむね子どもの遊びとして記憶されていて、材料も音が出しやすいものならなんでもよく、子どもたちは工夫をこらしてよく鳴らそうとした。ところが、崎山集落では必ずダンチクで作るものと決まっていて、神事を終えた神司みずからが集落の決まった場所で吹きならした。これには、稲の登熟と収穫開始までのきびしい謹慎期間の解除を告げるという重要な意味合いがあった。これは干立でも語られている。吹きはじめる時期について、崎山では《インドゥミ》・《ヤマドゥミ》（海止山止）の解除のときとし、干立では初穂を迎える《シくマ》から八日めとしている。《シくマ》には拝所に初穂を捧げ、それから八日めには《アルンダシ》と称して神司が籾を爪で剥いて神前に今年の実りの報告と感謝を捧げた。今日では二つの行事を同じ日にしてしまうが、以前はこの間の一週間がもっともきびしい謹慎の期間であったという。したがって干立集落の伝承は、この道具が《アルンダシ》の神事の終了を告げるためのものであったことを示しているようである。そして、元来は崎山集落でのように、神司の儀式が終わったあと、それまで音をたてるなという禁忌に押さえつけられていた子どもたちが、解放された喜びとともに吹きならすものでもあったのであろう。その神事が祖納では忘れ去られ、たんなる子どもの遊びとして記憶されていくことになったのである。

その声甚だ微細なり——古記録をさぐる

《インドゥミ》・《ヤマドゥミ》という禁止事項については、一八世紀後半に西表島で作られた『慶来慶田城由来記』という記録に意味が語られている。その項の現代文訳を引用すれば、以下のようである。

「四月一五日頃から稲の穂が出て熟して、刈り取り、ほうれ（穂礼）をする間は、男女ともに磯下りをしない。これは四月一五日から五月始め頃は、穂が出て実がなる時分で、雨風はますます差し支えるので、磯下り、湊あさりなどをすれば、雨風は激しくなり、稲穂にさわり不熟となる。また、この時分は魚が孕み、子を産む時期で、孕み魚を大小ともに取り絶やすことになる。これのみならず、この時、田畑の草をとり、田の畦払い、田の垣、苧畑の垣などを築く時期で、子や孫まで油断なくかれこれ勤め、稲が熟してき次第、まちがいないようにしなければならないからと伝えている」（石垣市総務部市史編集室　一九九一、八頁）。

また、その後の段では、甲、丙の日を選んで「すこま」（今日の《シくマ》）をし、戊、庚に「あるん出」（今日の《アルンダシ》）をおこなうとしている。《アルンダシ》は《シくマ》から三日めか、五日めか、七日めであったものと理解しておきたい。ここには、山に入ってはならないとは語られていない。また、海に行くことを「ほうれ」までは禁ずるとしている。西表島の西部では、稲の刈り上げの祭りを《プリヨイ》（豊年祭）としておこなっているが、方言で穂を《プー》、礼を《リー》と言い《ヨイ》は「祝い」の意味であることから、これは、古文書の「ほうれ」とつながりをもつ言葉である。結局、稲刈りの終了までは誰も海に降りてはいけないという意味であろう。それにしても、産卵する魚を取らないために禁漁期間を設けるという思想があったことに驚嘆させられる。

稲刈りのあとで小さな笛のようなものを鳴らすという習俗は、一五世紀後半の与那国島で報告されている。一四七七年の朝鮮・済州島民の漂流記がそれである。その中で、与那国島の稲作についての記事をみると、水田についての記述に次のような内容がある（和田ほか　一九九四、七九頁）。

「……稲の収穫の前には、人はみな謹慎する。しゃべる時も大声をたてない。また、口をすぼめて口笛を吹くこともしない。草の葉を捲いて吹くことや、杖を笛のように吹くことも禁止である。収穫の後すぐに小管を吹くが、その声は甚だ微細である」。

ただし、杖を吹くとは考えにくいので「草の葉を捲いて吹く者があると、杖で擬して（さしあてて）これを禁止する」という意味にとる意見もある（李　一九七二）。

稲刈り前に大きな物音をたてないようにするというきびしい謹慎が、八重山の島々では少なくとも五〇〇年にわたって続いてきたことが読み取れる。そして、謹慎の解除を告げるのは、小さな竹の笛であった。「管」というのは、縦笛を指す言葉である。西表島西部の村々で、稲刈り前の謹慎を解除するときに吹いていた《ジッチャー》の響きは、五世紀以上の歴史をもつ可能性が高い。

稲刈り前の謹慎の期間がいつまで続くのかについて、済州島民の漂流記では明確でない。つまり、すべての稲を刈り上げるまで謹慎するのか、あるいは刈りはじめたらまもなくということなのか、「収穫の後は乃（すなわ）ち小管を吹く」という簡単な記述だけではよくわからない。

この点については、すでにみたように西表島西部の集落での伝承はさまざまである。崎山集落では、海止・山止の終了と結びつけているが、干立集落では初穂を迎えて一週間が経過した後ということになっていた。

C　見えない世界と聖なる植物

西表島でのダンチクの使われ方

さて、西表島の崎山集落では、稲刈り前の謹慎の解除を告げる「つつ」の材料をダンチクに限っていた。干立出身で明治生まれの黒島寛松さんは、《ジッチャー》の材料がダンチクではなかったかという私の問いに対して、ダンチクは肉が厚くて音がよくないので、セイコノヨシを使ったと答えてくださった。崎山集落では、《ジッチャー》という方言もありはしたが、普通はわざわざ材料の名を冠して《ダドーヌブーブー》と呼んでいたほどである。それでは、

「なぜダンチクが選ばれ、他の材料ではだめなのか」という問いを立ててみよう。そのために、まず西表島でのダンチクの使われ方を聞いてみる。特記しない場合、話者は先ほど紹介した高齢の方々である。

崎山での《しマふサラ》という村の魔よけの行事のときには、子どもと若者たちが家々の四隅をダンチクの葉と《カブリキ》（和名オオバイヌビワ）の葉でたたいて回った。ちなみに網取の《しマふサラ》ではオオバイヌビワだけを用いたようである（山田　一九八六、一七八頁）。また、雨乞いの折には、神司が両手にダンチクの葉のついた茎を持ち、左右に振って祈りを捧げた。網取では、人が亡くなると、棺を送り出したあと屋敷の門に縄を張って、そこにダンチクとオオバイヌビワの葉を下げた。死霊が戻ってくるのを禁ずるためである。また、稲の播種祝である《たナドゥリ》のときに、クワズイモの葉で作った《イムル》と称する容器に入れた潮水を、ダンチクの茎三本に女の髪の毛を巻きつけたものですくっては《ピヌカン》（火の神）の三つの石にかけた。

祖納のクシムリ御嶽の《チカ》（神司）のお一人であった田盛雪さんが教えてくださったところによると、ダンチクは、《チカ》や補佐役の男性である《チヂビ》の葬儀に使われる。《チカ》か《チヂビ》が亡くなったときは、他の《チカ》と《チヂビ》が中心となって葬儀を進めるが、遺体を運ぶさい、《チカ》たちは《マーニ》（ヤシ科のクロツグ）の繊維で袖をからげ、ダンチクの杖をついて先導する（写真13）。この杖には、魔よけの意味があるという。同じ御嶽の神司であった宮良千恵さんは、ダンチクは葬式に関連するので、あまり芳しいものではないという印象があると語っておられる。

与論島の事例から琉球弧へ

西表島との対比のために、再び与論島の事例を紹介しよう。島の民俗研究家の野口才蔵さんによると、与論島ではダンチクのことを《デーク》と呼ぶ。お払いをするときは葉のついたダンチクを使ったが、近ごろはガジュマルを使

写真 13　現職の神司たちがダンチクの杖を突いて先導し，白い幕が彼女らを葬列から隔てる．西表島祖納での神司の葬送．石垣金星さん撮影．

うことが多い。ガジュマルは《グショーバナ》（後生花）と呼んで墓の前の花生けに差すものだった。この与論島の事例は、西表島崎山集落の《しマふサラ》でダンチクとオオバイヌビワの杖で家の四隅をたたくという話を思い起こさせる。ガジュマルとオオバイヌビワは、葉の大きさこそかなり違うが、同じイヌビワ属で白い乳汁を分泌するという共通点がある。琉球弧で目に見えない世界との交信のよすがとして用いられる植物には、これまであまり注目されていない共通性をもったものがあるのかもしれない。

ダンチクは、屋久島では、ツノマキというちまきを巻くのに葉を使うが、葬式でくぐる門を作るのにも用いる。ダンチクで笛のようなものを作る事例は、いまのところ西表島以外からは報告がないようだが、西表島で神司の葬儀に使われるダンチクの杖は、琉球弧の各地で報告されている。そのうちここに関係する事例は、宮城真治が書き留めている沖縄島北部の今帰仁村謝名の初穂を採る場面であろう。

「……大屋子と称する男の神職は祭の朝早く白装束に藁鉢巻をしてだんちくの杖を衡き、謝名真井の西にある神田を七巡して採ったものである。その途中大屋子と行き会うことは神罰があると言われているので、大屋子はおほんおほんと咳払をなし、こつんこつんと杖を強く衝き、人々をして行き会うことを避けしめたものであった。古くは何処の部落に於てもかかる風であったが、今では常服のままで何れの田からでも採ってくるようになってきた」（宮城　一九八七、一六三頁）。

この例から今帰仁村のダンチクの杖には、悪い影響を与えるおそれのあるものから稲の初穂を守るという重要な役割が付与されていることがわかる。

宮古島南部の四か村では、旧暦三月の最初の酉の日に、《ナーパイ》と称する津波よけの神事がおこなわれている（大林　一九九三、一三二頁）。この神事でもダンチクが使われる。龍宮からやってきた美女の教えにしたがって、《ダディフ》と呼ばれる竹に似た植物を浜辺に植えて、海陸の境を分けるのであるが、宮古島での《ダディフ》とはダンチクのことである。

八重山でも、豊年祭の来訪神たちが島びとと別れを惜しみながら人間界を去って行かれるときに、乾燥させたダンチクを道を横切るように置いて燃やし、しばしの別れを告げるという習わしがあるという（石垣博孝氏のご教示による）。両先島のダンチクには、人間界を自然と神々の世界から区分するという重要な役割が与えられているのであろう。琉球弧に広くみられる、葬式にダンチクを使用する習慣も、このような文脈でとらえなおしてみるべきなのかもしれない。

ダンチクは、日本では関東以西に分布し、アジア南部から地中海地方まで広く分布している。荒い繊維に富んでいるので茎の皮の部分で籠状のものを編んだり、全体を屋根や壁の材料にしたりする。紙の原料ともなり、葉でちまきを作ったりするほか、根茎はアルカロイドを含み、中国で薬用にされる（堀田ほか　一九八九）。しかし、この植物が霊的な世界との仲立ちとして用いられるという例を、今のところ琉球弧以外では見出せないでいる。

「つつの力」と謹慎の意味

なぜ稲刈り前には物音をたてないようにするのかを、あちこちの島で尋ねてみた。それに対して、与那国島で、一八九〇年以前生まれの女性からの伝承として次のような答えを得た。

「稲は、稲に宿っている神様が充分熟睡されてはじめてよく稔る。だから、稲刈り前には、神様の安眠をさまたげないように、人間たちも静かに静かにすごす。そして、稲がしっかり熟したなら、やさしく合図をして起きていただいて、それからはじめて私たちの手に渡される。これが稲刈りというわけ。稲に限らず、神様がしっかり眠ってくださらないと、私たちの暮しもうるおわない。神様の心の平安が必要というわけ」。

稲が充分熟さないうちは、稲の神様に安眠していただいく必要があるとは、実にわかりやすい表現である。また、与那国島では日常的にも藍や苧麻やトウガラシを採る前には、小石を投げるか咳払いをするなど、なんらかの合図をしてから収穫するようにと言われる。これも、それぞれの作物を守ってくださっている超自然の存在にやさしく合図してから感謝の気持ちをこめて収穫させていただけという教えであった。西表島でも野生の実や作物を採る前には《バーヌッティ　ヒリヨー》すなわち「私にいただかせてください」という言葉を発するものであった。

しだいに稔っていく稲にやどる魂を驚かさないように、細心の注意を払って島びとは謹慎を重ねてきた。一五世紀の済州島の漂流民は与那国島で聞いた「小管」の音を「其声甚微細」と表現した。時期がくれば稲魂様をやさしくゆり起こし、かつ稲に悪い影響を及ぼす存在を退散させるために「つつ」は吹かれた。その材料がなんであったかを今となってはうかがい知るすべはない。しかし、これまで述べてきたダンチクの霊的な力の琉球弧における広がりからして、西表島の崎山集落などと同じくダンチクの響きであったと想像することは許されるのではないだろうか。

琉球弧において聖なる役割を担う植物の全体像をつかむことや、ダンチクの方言の比較検討など興味深い課題がのこされたが、またの機会に検討したい。

「くだの力」の支配する世界の研究を進めてきた私は、西表島で「つつの力」に触れたことで、効率によっては計りえない世界が厳然として存在していることを遅まきながら知ることができた。目には見えない世界の実在を疑うことなく、作物にやどる神々をはじめとして万物を霊的な存在とみなしてきた島びとたちの心意の世界に導き入れてくださった多くの方々に感謝したい。

初出：安渓遊地　一九九六a

後記：ダンチクの力を追って

その後、屋久島の雑誌『季刊・生命の島』（六一号）に、地元の方の次のような「願い」が掲載された。

「一見、竹の仲間であるかのようなこの植物（ダチク）を、私は『駄竹』とばかり思い込んでいました。ほとんど世の中の役に立たず、精々、一年に一回『つのまき』を作る時にその葉っぱの出番があるだけだと思っていたのです。それこそ牛や山羊の餌にもならず、唐芋の敷草にしても腐らずに芽を出して、肥料にもならない、そんな草だと思っていたのです。でも、よくよく考えてみると、実はとんでもない考え違いをしていたようです。（中略）ダチクには、ケナフに比しても遜色のない、こんな能力があるんだよ……と、どなたか証明してくれませんか？　ダチクをこの世に認知、評価させたいと密かに願っています」。

この願いに触発されて、さらにダンチクの世界を探検してみた。

これまで、どういうわけか間違って「葦」と訳されてきたが、パスカルは「人間は考えるダンチクである」と述べた。また、クラリネットやオーボエの音もダンチクのリードなしには出ないものなのだが、そこまで風呂敷を広げないで、まずは右記の論文でも簡単にふれた屋久島でのダンチクの使い道、さらに南島のダンチクの方言を調べてみた（煩雑になるので、この項では方言を示す《　》の記号を使わないことにする）。

屋久島でのダンチクの使い方は、鹿児島名物のあくまきと同じように、灰汁を加えて調理した黄色い餅米をダチクの葉で包んで蒸し上げたツノマキを包むものである。そこには次のような災難除けの力があるという（自然環境研究センター　一九九六、二四頁）。

屋久島では、さまざまな伝統行事と食が重要な関係を持っている。岳参りの際の「サカムカエ（坂迎え）」（マチムカエ（待ち迎え）とも言う）に持ち寄られる料理には、いわれのあるものが多い。たとえば、ツノマキは食べると水難に遭わないとか、毒虫に刺されないとか、三角形をしているので神の力が宿っているという言い伝えがある。

屋久島・宮之浦での中島キヨさんと本溜ケサさんの伝承によると、ツノマキに入れるものは、餅米だけとはかぎらなかった。

本溜「青年の衆が四月八日に日帰りで岳参りに行きます。岳参りはもう一回あって、九月か一〇月、新米を穫った時分に、三日泊まりで行くのよ。鍋、羽釜も何もかも持って」

中島「そのときに、ダチクの葉で作ったツノマキに浜辺の波打ち際の砂を入れて、御岳の神様へもって上がるの。御岳の神様は三所《みところ》だから三つきびって（縛って）もっていく。宮之浦、永田、栗生と三つな」

本溜「田んぼの水口に、ツノマキと飛魚の生か、干したのと焼酎をもっていくこともあったみたいな」

中島「田の神様にあげるものは、たしか生米を入れたツノマキやった」（安渓・安渓 二〇〇〇、二二九頁）。

さらに、屋久島・永田集落でのダンチクは、単にツノマキを包むだけではなく、神仏との関係を感じさせる用途があった。そしてダンチクそのものがお釈迦様と深いえにしがあるありがたいものと伝えられている。

「旧四月八日のお釈迦様の命日にはツノマキを作ります。ツノマキに使うササは、方言でダチクといってね。母が言うには、ダチクは出た葉が北から南に向いていて、お釈迦様はその下で修業をなさったということです。四月八日にはトビウオ招きの歌と踊りもしました。それから、お盆につくるちまきをマキといいますが、それをくるむのは、マキノハ（和名アオノクマタケラン）です。マキを昔の人は「先の世にいく杖」といいました。死んでから先の世に旅するために杖がいるんですよ」。

楠川集落では、葬式の墓穴を掘ったら、まだ棺桶を入れないうちは、穴の両側にダチクを一本ずつ立てて、それを上で結び合わせて魔よけにしたという。普通の結び方でなく、たて結びにする。ただし、上が結べればダチクに限らずススキでもチンチクダケでもなんでもいいのだという話者もあった。

標準和名で「ダンチク」と呼んでいる植物を、南島の方言では何と呼んでいるだろうか。鹿児島県立博物館が一九八〇年にまとめた『鹿児島県植物方言集』によれば、屋久島では、どこでも一般にダチクというが、その他に、ラチク（一湊）、ダレッパ（宮之浦、一湊）、ラレッパ（一湊）、ダチビ（永田）、ダック（栗生）が記録されている。

屋久島の北では、ダチッガラ（加世田市、大浦町）、ダチッダケ・ダチッガワ（内之浦町）、ダデキ・ダテキガラ（垂水市）、ダデッガラ（佐多町）、ダテク（甑島、長島）と、ダチクに連なる名前が並んでいる。

南に目を転じると、トカラ列島には、ダケク（中之島）、ビーコダケ（宝島）があり、奄美にわたれば、実に多彩な名前がある。デク（沖永良部、与論）、デーグ（与論）、大島ではひろく、タテク、デーク、ブー、ボウデーという呼称がある。さらに、ブン（湯湾）、ボウ（名瀬、与路島）、ボウダケ（瀬戸内、三方）と多様だが、喜界島だけは、シチャミデーまたはシチャミデーカーと一見孤立した名前になっている。シチャミというのは方言で篭の一種のことであるから、これは「篭をつくる竹」というような意味であろう。

沖縄県でも多数の方名があるが、実際に現場で聞いた呼称にとどめておく。沖縄島北部でダティク、宮古島でダディフ、石垣島でダディク、西表島西部ではダードー・ラード（祖納）、ダドー（崎山）、与那国島ではダディグとなっていて、西表島を除いては屋久島方言のダチクと共通する呼称が広く分布しているとみてよい。

ダンチクを求めて黒潮洗う島々を丹念に歩いてみると、遠く離れた八重山と屋久島に共通する名称があり、その霊的な力が、実は全琉球弧に古くから広がっていたものの一部をなすらしいことがわかる。その力の源泉は、この後記の冒頭に引用した屋久島の方の言葉の「敷草にしても腐らずに芽を出して」というたくましい再生力と、アルカロイドを含むため「牛や山羊の餌にもならず」という強さに基づくものかと、とりあえず考えてみたい。

さらに、琉球弧を覆うダチクに連なる方言呼称のなかで、奄美方言の一部が例外をなしていることに気づく。すなわち、今日、奄美地方だけに分布している、ブー、ブン、ボウ、ボウダケ、ボウデーがそれである。あるいは、トカラ列島・宝島のビーコダケ、さらに屋久島・永田のダチビなどのバ行の音もなにか奄美方言との関連がある可能性もある。西表島・崎山村では、稲魂を呼び起こすダンチクの小笛の発する「はなはだ微細」な声を「ブー」と聞きなしてきた。本章では、一五世紀にはすでに水稲の二期作がおこなわれていた沖縄島と違って、八重山と奄美には共通の古代的な稲作世界が生き残っていたことを、脱穀具の「くだ」の分布とからめて述べたところであるが、こうした連想から、あるいは、奄美の一部に残るダンチクの方言が、その吹き鳴らした時の音となんらかの関連があることがわかるときが来るかもしれない。

初出：安渓遊地・安渓貴子　二〇〇三a

4　網取村の農業の伝承と年中行事

山田武男語り・著

一　村の暮らし

網取の在来稲の草丈は五尺ほどで、《カンダ》《ピッツ》《タカクピス》《イヤマイ》はとくに高く、六尺くらいはあったただろう。分げつは三五本くらいで、四株で一束が作れた。穂数は、多いものでは〔一株につき〕三三〇もあったと言われている。これらの稲の多くは、山田武男の父の山田満慶の父である加那の時代から作られているが、いつ、どこから入ってきたかはわからない。

〔表12の〕一番と二番の《ガラシマイ》は、赤・白ともにご飯にしたときはとても香ばしく、《ムチミ》〔粘り気〕があり、一種特殊な味がある。〔とくに、《アハガラシマイ》は、お粥にしてもよい味であるため、病人にも人気があった。一九五八年〕現在食べてみても、蓬莱米とは話にならぬ程の香りと味がある。

三番の《タカウシノ》は、香りはよかったがご飯に粘り気がなくサパサパ〔粘りがないようす〕していた。四番の

表12　網取村の在来稲の名前と特徴

	番号	網取方言	玄米色	籾の色	飯の粘り	香り	備考
サクマイ（うるち米）	1	アハガラシ	赤	黒褐色	強い	良い	1958年現在栽培中
	2	シスガラシ	白	黒褐色	強い	良い	1と2をガラシマイと総称
	3	タカウシノ	白	茶褐色	弱い	良い	3と4をウシヌマイと総称
	4	マルウシノ	白		強い	良い	別名ムチウシノ
	5	カンダマイ	白	黒白褐色	弱い	良い	
	6	ピッツマイ	白	こげ茶色	弱い	良い	ピニ（芒）が折れにくい
	7	タカクピス	赤	黄色	弱い	良い	
	8	マルクピス	赤	黄色	弱い	良い	7と8をクピスマイと総称
	9	イヤマイ	白	黒白褐色		良い	籾の色は5と同じ
	10	ダニャマイ	赤	褐色	弱い		籾色は1より白みがかる
	11	アハブザマイ	赤	赤褐色	弱い		アカショウビン色の米と籾
	12	イニェマイ	白	赤褐色	弱い		
ムチマイ（もち稲）	13	トームチマイ	赤	こげ茶色	強い		
	14	ムチマイ	白	黄色			
	15	ナガムチ					

山田満慶氏伝承.

《マルウシノ》よりも草丈が高く、穂が長かった。

四番の《マルウシノ》は、香りもよく、粘りがあったので、別名《ムチウシノ》と呼ばれていた。《マルウシノ》は内地《ジーマイ》〔内地から来る米〕のようにおいしく、《タカウシノ》は台湾在来米のような味で、味に違いがあるといわれていた。〔《マルウシノ》の籾のほうが、《タカウシノ》の籾よりも濃い茶色だった。山田武男氏の記憶では、《マルウシノ》のほうが一穂の粒数が多く、《タカウシノ》は籾の数が少なかった。〕

五番の《カンダマイ》は、香りはやはりよいが、ご飯に硬さがあってサパサパしていた。

六番の《ピッツマイ》は、香りはよいが、硬くサパサパしていて、《ピッツマイ》一合で《ウシヌマイ》二合につりあう〔ほど釜増えする〕と言われた。〔籾の色は薄い黄色で、粒の縦に薄い茶色の縞が入っている。硬くて《イディミ》（釜増え）することから、家族の人数が多い家では、重宝がってよく作られた。〕

七番と八番の《クピスマイ》は、香りがよくご飯は硬かったが、味は割合よいほうだった。

九番の《イヤマイ》は、《ナチヌフクラヌ　イヤマイ　ヌ　ウヮンメ　サトゥトゥ　フタリ　ナカクミ　ファイミラバ……》つまり「夏の盛りの《イヤマイ》のご飯を、いとしい人と差し向かいで食べてみたら〔どんなにすばらしい気持ちがするだろうか〕」と言われたほどの〔おいしい〕米だった。

一〇番の《ダニャマイ》は、あまり味がよくない、硬い米であった。

一一番の《アハブザマイ》は、あまり味がよくない、硬くサパサパした米であった。籾も玄米も《ゴッカル》〔和名リュウキュウアカショウビン〕の羽根の色をしていた。

一二番の《イニェマイ》も〔《ダニャマイ》や《アハブザマイ》と同じく〕おいしくない米だった。

一三番の《トームチマイ》は、餅を作っても赤みがあって、とてもおいしかった。〔玄米は〕《ヤンタンブ》〔和名モロコシ、タカキビ〕の色をしていたとのこと。

〔一四番の《ムチマイ》は、籾が黄色で、粘り気が強く、特に藁は細かいうえに柔らかく、縄ないに使用するために必要で、いつも乾燥して保管していた。〕(1)

A　稲作の移りかわり

水稲作の品種改良が叫ばれる時代がきた。これに村人がどう対応するかが問題であった、と父は言う。それまで作り続けてきた在来種から台湾渡来の蓬莱種・台中六五号に品種を切り替えるのに、村人は迷っている。新品種台中六五号の特長は、稲の茎が強く穂も長くてひげ（芒）がなく黄色い穀粒で、これまでの在来種より二か月も早く収穫できる。そのうえ反収も多いという。この品種は、八重山の農事試験所で試作済みで、農民の皆さんへの奨励品種であった。父は試作を申し出、約一五〇坪の田圃に植えつけることにした。私が数え年で一六歳のときのことだった。

指導に来島した仲本賢貴技手に種子籾を水に浸けることや、籾の発芽から播種、苗代の床あげの仕方などいろいろご指導いただいた。やってみると随分手間がかかるものであった。苗代に播種後わずか三〇日で本田に移植しなければならないが、まだ島の気候や気温に慣れないせいか苗の伸びが悪く、田植えするには相当手間と時間がかかる。やっとのことで本田に移し植えたが、今度は水加減が大変で、水温も夜昼となく計らねばならず苦労の連続だった。

穂ばらみ期までは幸い順調にいったが、稲穂の茎が伸びないまま、しぼんでしまったのには父もがっくりした。一期作は失敗であった。さらに父は二期作に挑戦した。今度も稲の分げつはあり、穂ばらみ期に入って開花もしたものの、やはり稲穂の茎が伸びがよくなかった。その年の二期作も同じく失敗であった。

父は三年めに挑む。今度は少し種蒔きをずらし、移植も一〇日ほど遅らせてみた。ようやく成功して稲は初夏には黄金色の稔りをみせてくれた。父の目には歓喜の涙が光っていた。数町歩ある緑の田圃のなかでの黄金色の稲の稔りには村の人々も感動して見入った。こうして、色彩豊かに実った蓬莱米、香り高き蓬莱米への水稲の品種の転換を父は実践を通して村人に示すことができた(2)。

おもえば明治時代の終わりころまで人々は自分のためではなく、上納するために農業をしていた。これは否めない事実である。稲作を主とし、上納米を差し出した残り物を食べていたと言う。普段は芋食で、そのほかに《しトゥチ》(ソテツ)の実を醗酵させて澱粉(デンプン)を取って食べていた。そのような人頭税時代が過ぎて自由な身になった農民は遠い山の中の田圃をまず捨てた。やがて収穫が多い蓬莱米が渡来し、その試作が成功して心のゆとりを取り戻した農民は台中六五号の稲作に専心した。おかげで豊作に恵まれ余剰米を蓄えておくことができ、少しながら預金すらできるようになった。田で使うため水牛が買い入れられ、それにともなって農機具も作られた。以前は《キーパイ》という木の鍬を使って一日がかりでやった田の荒起こしの仕事も一、二時間でやりとげることができるようになった。こうして生まれた時間のゆとりを、他の面に活用していくこともできるようになったのであった。

さて、台中六五号なる蓬萊米も何年かたつと島の気候や気温にも慣れてきたので、山中の田圃にも作付けできるようになり、昭和のはじめには村で一〇〇パーセントの普及率となった。そうなると古い在来米などをつくる農民はいない。ところが父は、在来の糯米である《ムチマイ》二反と籾が黒い粳米の《ガラシマイ》五畝を作りつづけていた。尋ねてみると、在来の糯米のわらは茎が細かくて柔らかいので細工しやすい。《ガラシマイ》は一番香りが高くおいしい米であるうえにわらも糯米同様柔らかいから、自分はこの二品種だけは少しでも残していくのだという。そして、もうすぐ製縄機を買い入れて今度は縄ないをして売り出す計画だという答えが返ってきたのだった。

村では収入の柱になるのは稲作である。換金作物は稲作一本と言っても過言ではなかろう。他の作物は作っても金にならず、各人の家庭で食べる分しか作らない。限られた田圃の収入は微々たるものだった。戦前、稲穀の収穫期になると石垣島から買い付けに商人たちがやって来た。当時流行した「青田刈り」という言葉がある。実りの季節が来ないうちに稲穀をあてにして金を借りるので「青田刈り」と言葉が生まれたほど、庶民は苦しい生活だった。竹富町農協が発足して以来、稲穀は農協が買い上げることになった。それとともに融資を取り扱う信用事業も農協窓口でできて便利になってきた。出荷の船がないという問題も、幸いに補助船として離島を走る東海丸・幸八丸の両船が網取湾に入港するようになり解決した。

網取には平地が少なく険峻な山岳の谷間を利用して耕地を開いていた。それだけに鳥獣の害や土砂崩れに村人の苦労は絶えなかった。田んぼは大半が山中にあって、よく肥えた土地ではあるが、雨になると田んぼの大半が流出した土砂に埋まってしまい、その土砂を取り除くために苦労をする。毎年その繰り返しで農民には難儀がつきまとった。村の畑のほとんどは砂地で、肥沃な土地がない。山地の傾斜面ではひと雨ごとに土砂が流出して三年後には作れなくなる。耕地面積は全部で一五町歩くらいで、畑として使える耕地がなく、稲作一本と言ってもいい状態だった。

《ウカダ》とは築登之《チクドゥヌ》、親雲上《ペーキン》になられた方々に琉球王府から授けられた田圃であると伝えられている。その田圃は《ウヨンダ》（御祝田）とされ、《ニンゴーワン》（二合入りのお握り）を作って田植えをしてくださる方々に差し上げたという。《かニャジ》というのは、築登之の家に生まれ育った娘が嫁ぐときに与えられた《ジ》（土地）《マシ》（一枚の田）を指す。一般の庶民は、《ウカダ》の稲刈りに行くときは、一株から一穂ずつを田圃の泥の中に踏み込んでおいて、刈り取りが終わったあとでこっそり穂を引き出して自分のものにしたという逸話が伝わっている。（山田満慶の伝承）

網取ではサトイモのことを《ムチ》と言う。《タ》は田んぼのことで、おもに水田に作るので《タームチ》（田芋）と呼ぶ。父満慶は約一五〇坪の水田に《タームチ》を植えた。約三尺間隔で植え、それが一か年たつと間隔がうまるほどに繁茂し、《ムチ》は熟して食することができる。村内にお祝い事があるとよく使われ、外来者にも大変喜ばれたという。しかし島には猪が多くていつも食いあらされ、防いでも防ぎきれず、父は《タームチ》作りをやめてしまった。この田はウブヌチという所にあるが、当時の《ムチ》の名をとってずっと後まで《ムチタ》と呼ばれていた。

B　畑作のことなど

村では共同の《ブー》（苧麻）畑があり、年に二回の収穫をし、皆で分け合って糸をつむいだ。春になるとブーの木の高さが四尺くらいに伸び、時期を見計らって刈り取り、竹の管で皮と糸をしごきわけて糸となる部分を日に乾燥させて糸をつむぐ。

また村人は各々が芭蕉畑を持っていて上納用の芭蕉布を織った。この他に村共有の芭蕉畑もあり、年一回の除草を共同でおこない大切に育てた。人頭税の時代には男子は御用米、女子は御用布を上納することが義務であった。村の女たちは《バサぱテ》（芭蕉畑）を作った。よく手入れされた畑の芭蕉は伸びがよいので糸も長くやわらかくて《バサウミ》（糸紡ぎ）もとてもよかったという。《ブー》と芭蕉の糸を作るのは、当時の女の日課のようなものだった。芭蕉の収穫は年に一度で多量に保存しておく。御用布や自家の家族の着物を作るのに必要な量の芭蕉を取るには、手間がかかる。まず芭蕉の木を倒して一枚一枚丁寧に皮をむき、束ねて家に持ちかえり、鍋で煮立てる。芭蕉の皮を煮るには灰汁が必要で、各家庭にはそのためにいつでも使えるように木灰汁が準備されている。この灰汁で煮立てると糸が茶色に染まるからである。

網取湾の奥のイニチキブぁー（米搗浜）に村の女たちの共同の芭蕉畑がある。毎年草取りなど手入れをした。祖納村のお年寄りの女性たちもこられ、山田家に泊まり、芭蕉を取り煮て糸にして持ち帰ったこともあった。網取と祖納との芭蕉の糸取りのつきあいは昔からのものだったと言う。

共同の畑のほかに個人でも芭蕉畑を持っていた。嵩原家はサバ崎のフノビという所に約二〇〇坪の畑があり、新城家ではプーラという所の田んぼの周囲一帯に芭蕉畑があった。

綿も村では大正のはじめまで作っていたと伝えられている。収穫のさいには、手拭いで鼻や口を被わないと、ふわふわした綿が口や鼻に入り、くしゃみや咳に悩まされたという。このように御用布や貢物のために精を出して働き、夜は《オイサー》（役人事務所）に苧麻や芭蕉、綿などを持ち寄り、女たちは糸をつむいだという。

染料に必要な藍は協同で作られ、各家でも多少作られていた。また、藍の花をつついて絞り採った汁は子どもの中耳炎によく効くので、薬草としても重宝がられていた。

養蚕は、網取村では昭和一〇年から一二年ごろにかけて奨励されたようである。当時の養蚕技手に西表祖納村出身の石垣孫宏という方がいた。網取村でも何軒かの家が養蚕業に取りくんだ。まゆの出荷では村の誰かが代表として他の人の分も預り、石垣島まで運んだものだった。当時、養蚕はやるが、組合までは作れなかった。一九三八年（昭和一三）、石垣孫宏氏の後任に大浜出身の下野長裕氏が来島して永く養蚕業に携わった。

大豆は農家にあっては必需品で、どこの農家でも作っていた。味噌を作るにも、醤油を作るにも、大豆が必要だった。残りを貯えておき、祝祭時に使ったものだ。

村では大豆を畑で作るのに昔ながらのやり方で作付けした。まず、砂浜の木の陰を選んで整地して種子を播き、二寸ほど伸びたときに本畑に移植する。手で丹精こめて植えるので時間がかかる。

麦も多少ながら各農家は栽培していた。醤油を作るためである。麦の種類はわからないが、とにかく各家に醤油瓶が準備されており自給自足であった。醤油の搾り粕は食事に欠かせないものだった。

粟《アー》にも黍《キン》にも二種類ある。《ムちミ》（餅味・ねばり）のあるのとないのとの二種類で、粟の《ムちミ》のないのは、ほとんど味噌の原料だった。芋に混ぜて食べるとよいとされていた。

ねぎ・玉ねぎ・大根・人参・ごぼう・かぼちゃ・へちま・瓢簞・南瓜・きゅうり等々、四季の野菜はすべて自家用に作られた。果樹類や柑橘類も栽培する。豆類も村で必要なものはすべて農家は試作していた。

C　季節の行事

月見の宴

《チキミ》（月見）の宴は、山田家に先祖代々伝わる宴である。父も毎年欠かさず、近所の方々を呼んだものである。村の各家々でも《ふクヮンギ》（糯米の粉と小豆の汁で粥のように炊き上げたどろどろした餅）が作られるが、月見の宴はしない。旧暦八月十五夜の月が満々と輝き、山の上に見る見る昇る雄大さに感謝する宴だという。それだけでなく、昔のことわざに《ジュングヤカイサ　フユカイサ》（十五夜の月がみごとなら、その冬は晴天が続く）というように、その年の天候をみきわめるうえでも大切な行事だった。

十五夜にはまず月が昇る山の方向を見定め飾りたてをする。机を置き、すすきの花を生け、木の椀に盛った《ふクワンギ》餅、お酒、《ちカンバナ》(手で力いっぱいつかみあげた米)、水を入れた木の椀を供える。《トーミョー》(灯明)がともされ、香炉に線香をたて《オチャトー》(御茶湯)を供え、さらに鉢一杯に盛られた《タームチ》(田芋)の《レンガク》(田楽)を供えて飾りたては終了する。しばらく父は両手を合わせ月へ祈願する。

次に先代から受けついだ今年の物作りへの月による見分けが始まる。物つくりを見きわめる山の分岐点から月は東よりか西よりかで父は判断する。そして今年は昨年より作業を早く、遅くという具合に決めるのである。

これが終わって、やっと落ち着いた表情に戻った父は近所の人々とよもやま話をしながら今宵の月を拝観するのであった。(山田満慶の伝承)

《アミクイ》(雨乞い)

網取の前の海の中にアモヤイシ(天屋石)といって畳四畳くらいの大きさの《チプルイシ》(和名アミメサンゴの類)がある。《シチ》(吉願祭)の爬龍船を漕ぐときには、この石に神の木として大きな枝ぶりの木を立てた。この石は雨を降らせてくださる龍神のやどる石であって、雨乞いをするときには《アモヤ》(天屋)という小さな家を造って龍神を祀るのである。《アモヤ》の準備ができると舟をしたて、司(神女)の方を乗せて網取湾の奥にあるウダラ浜に行く。そこの田んぼに流れ出ている川にアミヤカーラという大きな川がある。この川で多くの人々が水遊びをして水を濁らせると必ず雨が降るという。お供された神司がこの《アミヤカーラ》で祈願をし、準備した桶に水を汲む。このとき《ビールかサヌパー》(和名クワズイモの葉)で《イムル》というひしゃくのようなものを作って桶に水を入れ、舟は村に漕ぎもどる。このあと、龍神を祀ってあるアモヤイシに舟を漕ぎ寄せてゆっくり三度廻る。そして神司は《アモヤ》の龍神に雨を乞う願いの詞を唱えながらアミヤカーラの水を《イムル》で汲んで龍神に捧げる。このあと一行は村の後ろの岡に登り村の守護神を祀ってあるパイチタリウガンの御嶽の神前でも祈願をし、雨乞いの歌を謡いながら神楽を舞う。これで雨乞いの祈願は終わりである。残念ながら雨乞いの詞と歌を知っておいでのお年寄りはもう一人もおられない。

二　網取村の年中行事と古謡

A　年明けから五日まで

《ソンガチ》（正月）

村での正月はほとんどの場合、旧暦に基づいておこなわれる。元旦には朝早くから家の中を飾りたて、門には門松を立て正月を祝う。村中の人々は気分を新たにして和気あいあいと《ニントー》（年頭）の挨拶に廻るのが習慣である。どこの家庭でも《ヤームトゥ》（本家）を中心にして年始廻りをする。一同が《ウヤぴトゥ》（祖先の霊）の前に線香をともし、一年をそろって過ごし無事に年越しできたことに感謝を申し上げ、また今年も変わりなきご加護を祈願する。その後に親戚一同が集まって年始の挨拶をかわしながら本家の新年の御神酒をいただくのである。

祖先と神さまへの祈願

旧暦の一月四日に《ぱチウガミ》（初拝み）といって御嶽参りがおこなわれる。村の守護神への年のはじめのお参りとされている。

表13　網取の年中行事

旧暦	方言	内容	日取り
1月	ソンガチ	正月	1日
	ぱチウガミ	初拝み	4日
	ジルクニチ	祖先の正月	16日
2月	たカビ	崇日	壬子の日
	ピンガン	彼岸	彼岸の中日
3月	サヌチ	女の浜下り	3日
4月	ムヌン	作物の害虫よけ祈願	辛酉・壬子の日
	しマふサラ	疫病よけの祈願	癸酉の日
	インドゥミヤマドゥミ	海止山止	年により不定
5月	シクワぁー	稲の初穂祝	辛午の日
6月	プリヨイ	豊年祭	辛酉の日
7月	ソール	お盆	13～15日
8月	ピンガン	彼岸	彼岸の中日
	とぅシピ	誕生日の祈願	生年の干支の日
	マリドゥシヨイ	生年祝	生年の干支の日
	くシヨイ	田の荒起こし終了祝	15日
9～10月	しチ	節祭，結願祭	辛子の日
10月	たカビ	崇日	壬子の日
	たニトゥリヨイ	種子取祝	癸酉の日
11月	ふキヌマチリ	ふいご祭	7日
	ウーシャーヌヨイ	子牛の祝	辛丑の日
12月	スービニガイ	首尾願	辛酉の日

旧暦の一月一六日には、お墓参りをして祖先の霊をお祭りする《ジルクニチ》（十六日祭）という行事がある。お正月にちなんだおせち料理を作って重箱に盛り、餅に酒、果物を供えて祈る。村のお年寄は十六日祭を《ウヤぴトゥヌ　ニントーウガミ》（祖霊の年頭拝み）とも言っておられる。現世において人々が年頭の挨拶に家々を廻るように、霊界の祖先にも《ニントーウガミ》をするのがもっとも供養になると言われている。

旧暦二月中に《カンピューリ》（神日和）と言い、もっとも良い日を選び《たカビ》（崇日）という祈願をする。日和はまず「丁酉」あるいは「壬子」の日がよいとされている。当日は各家の満七歳以上の人から《グサクマイ》（五勺米）と《ウコー》（線香）が徴集され、《チカー》（神司）が《ウガンジュ》（拝所）で祈願する。《ニガイ》（願い）の趣旨は《ムヌちクリニガイ》と《ぱナシキヌニガイ》の両方を兼ねている。《ムヌちクリニガイ》とは今年初の穀物作りの願いであり、《ぱナシキヌニガイ》は悪病払いの願いである。

旧暦の三月三日のことを《サヌチ》と呼ぶ。当日は《ふチヌパムチ》を作り祖先に供える。《ふチヌパムチ》というのは、よもぎの葉を臼でこなして木綿布で絞って水気を除き、これを餅と混ぜて搗き上げたものである。引き延して菱形に切ると、よもぎの匂いがする《ふチヌパムチ》の出来上がりである。この日、村の女たちは《ふチヌパムチ》を食べたあと浜に降りてしばらく過ごすが、それはハブの子どもをはらまないようにする意味だと伝えられている。

旧暦の四月になると《ムヌン》（物忌）といって、作物に害虫が付かずに無事な生長を祈願する行事がある。村人の大半が浜下りして小屋を造り、一日を過ごし害虫の退散を念ずるしきたりである。《ふサパヌムヌン》（草葉のムヌン）、《ポーヌムヌン》（穂）、《かマイヌムヌン》（猪）、《オイザヌムヌン》（鼠）、《とぅミヌムヌン》（とどめ）と五回おこなわれる。草葉というのは稲の茎や葉のことで、穂は稲穂のことである。とどめの《ムヌン》のときには、できるだけ鳥獣やすべての害虫を作物に付いたまま取ってくる。猪は土に残した足跡の形を土とともにすくいとってくる。鼠も本物が捕れないときは芋で鼠の形を作る。このようにして集めた害虫・害獣を芭蕉の幹で作った舟に乗せ、「この島はあなたがたには狭すぎる。どうか食糧が豊富な西の大国に行ってください」と祈願する。芭蕉の舟には竹の筒に水も入れ、米や果物等も積みこむ。これらはすべて害虫・害獣たちが大陸に着くまでの食糧である。祈願のあと、芭蕉の舟が村の前の離れ小島《ユシキバラ》から船出して流れていくと、《ムヌン》の行事は終わる。

旧暦の四月の壬子（みずのえ・ね）の日に願かけが始まり、丙寅（ひのえ・とら）の日の三日間で終了する。必ずしも子の日、寅の日といわず、長老の方々で日選びしておこなう場合もある。各家々から摑む《ちカンバナ》（花米）と線香（沖縄線香）一枚が当時の《ムラヤクサ》（村役者）たちによって集められ、神司に渡される。

当日は拝所にて《しマふサラ》（悪霊退散）の祈願がなされ、夕方からは若者たちが《ヤナムヌウイダシ》（悪霊追出し）の行事をする。《ドゥラ》（銅鑼）や太鼓の合図で若者は一か所に集まる。ドラや太鼓を先頭に残りの者は《カブリキ》（オオバイヌビワ）の枝を手に手にもって小走りに家の周囲を廻りながら、《ユートゥーパーレ　アンガレーパーレ　マジョーヌパーレ》とくり返し叫ぶ。そして、出口出口で悪霊を追い払うのである。同じことが二日めも早朝と夕方の二回おこなわれる。神司の祈願もある。

さて、三日めは村中の人々が《しマふサラ》に参加する。昔は村人の協議のうえ豚一頭が屠殺され、血は《しマふサラ》に使用し肉は皆で分けあったと伝えられている。三日めも若者たちによる《ユートゥーパーレ》がおこなわれる。当日は朝から準備をする。年寄りは《ボーヂナ》（防縄、要するに悪霊を防ぐ縄《ちナ》の意）を作り、若者は鶏を殺して血を取る。この作業は、すべて村の西海岸のパマザシ（浜崎）の浜でされる。神司の神への祈願がすむと《ぱナングミ》（花米）と《グーシ》（御神酒）がパマザシに届く。《ボーヂナ》は、村落の出入口に張る。網取村ではまず村の中央のナカヌウダチ（中の出入口）、学校のウダチ、インタヌウダチ（西方の出入口）、アイダヌウダチ（崎山村に通じるウルチミチの出入口）、各家の入口に《ボーヂナ》を張る。《ボーヂナ》の真ん中に《ピンドゥ》（わらを小つかみにして二つに折りまげ二、三本のわらで強くゆわえ、約五寸位に切り取ったもの）に血をたっぷりつけて下げる。殺された鶏の肉は《ぱナングミ》（花米）とともに煮て、《ズーシ》という鶏の炊き込みご飯が作られる。

浜では若者たちが糸芭蕉《いとばしょう》の幹を切って来て舟を造る。芭蕉の舟には《マーニ》（クロツグ）の葉で帆を作り、竹でつくった水がめ、米俵（ポリ袋に米を入れる）と塩（ポリ袋に入れる）が積み込まれる。舟出に際しておにぎりも積まれる。すべての準備が整うと、若者たちの悪霊追い出しが始まる。まず家から追い出して家の入口に《ボーヂナ》が張られ、各家が終わると村じゅうの空き地や道路の悪霊を各出入口《ウダチ》から追い出し、そこに《ボーヂナ》を張って終了する。最後に村じゅうから追い出された悪霊を芭蕉の幹で作った舟に乗せ、「ここは小さな島なので、どうぞ悪霊のみなさんは西方の大陸に渡って住んでください」と言って舟を流して行事は終了する。張られた《ボーヂナ》は一週間たつと全部取り除かれる。

昔は日常の生活が厳しかった。御用布・上納米を作りあげるまではお上の目が光っていたので、男は稔りのよい稲を作り、女は心のこもった御用布を織りあげるまでは夜もろくろく眠れなかったという。お上の厳命で稲刈りや田植えといった農繁期にさしかかる前に、また女は御用布ができあがるまでは、怪我でもしたら大変だと、山入りや海入りを堅く禁じ、これを《インドゥミ》（海止）《ヤマドゥミ》（山止）と呼んだという。稲刈りの時分の三、四月ころの大潮の干潮を《ウラミズー》（うらやましい潮、潮干狩に行きたくても行けない潮）と呼んだのはこういういわれがあったのである。（山田満慶の伝承）

《シクワぁー》（初穂祝）には《ミチシクワぁー》（道シクワぁー）と《マイシクワぁー》（米シクワぁー）がある。《ミチシクワぁー》には働ける者が総出で農道の壊れた所を直し、草払いをして《マイシクワぁー》に備える。《マイシクワぁー》の当日には稲穂を各家で一束ずつ刈り取って御嶽に出し、《チカー》（神司）によって稔りの夏が神様に報告される。各家から持ち寄った稲束は一穂ずつ抜き取り、丁寧に籾殻をむいて神に供える。《シクワぁー》がすむと本格的な《マイカレー》（稲刈り）が始まる。村全体の可動力を生かして活動する。《ユイマール》で、早い人の稲から村人の力を結集して刈り取ってゆく。病人がいて仕事が遅れている人には、村全体が手を貸して刈り取りをしたという。網取村の田は谷間を利用したものが多くてあちこちに散在している。そのため、刈り取った稲はその場でいったん《シラ》（稲叢）にしておき、村全体の稲刈りが終わったあとに、これもまた村全体の力で稲運びをする。稲の運搬が終わり各家に《シラ》が出来上がってはじめて稲刈りが終了する。

B　《プリヨイ》（豊年祭）

旧暦の六月は《ヨイチキ》（祝いの月）とされている。村では稲刈りを終え、農閑期でもあるのでのんびり祭りにひたることができる。

毎年旧暦の六月にある村の守護神の祭りで、庚・辛・壬・癸のいずれかの日を吉日として取りおこなわれる。豊年祭には獣の肉は一切使われない。料理はすべて魚が使われるため、祭りの一週間前から男で働ける者は海へ漁に出る。漁に出る最初の日には司も神様に大漁がありますようにと祈願される。魚の大半は火で乾魚《クフヮン》にして保存し、残りの魚をかまぼこや塩漬にして祭日までの幾日かを腐らないように管理する。《スーチキイユ》（塩漬の魚）は毎日太陽にあてて保存せねばならない。これらの作業は村の若い男女の役目である。もちろん村の幹部が全責任を負う立場にある。お祭り二日間に使われる魚の量は生魚にして二〇〇斤（一二〇キログラム）以上も必要なので、海が荒れて村人が漁ができないときは専門の漁師に頼むことも度々だった。

村の老人たちはこの祭りを《プリヨイ》と呼んでおられる。祭りと祝いとをよくかみあわせた言い方だと思う。村の幹部は祭りの三日前から忙しい。神前に供えられる《ウミシャグ》（御米酒）の準備が女性の幹部たちによって進められ、各戸から五勺の米の計り取りがなされる。一五歳から五五歳までの男女一人あたり五勺を合計したお米から、五升は御米酒用として分けられて、若い女たちに作業が与えられる。このように仕事を分担し、年ごとの幹部の責任のもとにお祝いの準備が進められる。

祝い一日め

一日めの供物は、次のとおりである。

一、《クンゴーバナ》（九合花米）——お米九合を高膳にのせて供える。

一、《ぱチンゴーグシ》（八合酒）——御神前と書かれた《カザリクビン》（飾瓶）二本を供える。

一、《クフヮン》――乾かした魚を九斤計り、小切りして大鉢に盛り供える。

一、《タチウトゥシイユ》(断ち落とし魚)――三枚におろした魚の身を塩でもみ日光にあてて乾かし、これを一寸五分幅くらいに切り、湯で塩気を抜き、小さな鉢に盛り供える。

一、《ウサイ》の鉢盛り――今日の祝いのために作ったご馳走九品を鉢盛りにして供える。

一、吸物一膳――昆布・竹の子・蒲鉾の三品を吸物椀二枚に入れて供える。

これらの供物を《ウブニガイ》(大祈願)と呼び、一年間氏神様に豊作を願かけして参りご守護をいただいた村民の心からなる供え物である。また厄疫払いやもろもろの願い事に対する《スービウガン》(首尾祈願)の意味での供物だとされている。供物を全部供え終わると司たちが神様への献饌物の接待に落度はないかを点検する。落度のないことが確認されると祝い本番の儀式に入る。

男女の年寄も加わり《チカー》(神司)の祝詞が奏上される。祝詞は《アントゥリムラ　トゥカナチムラ　パイチタリヌカン……》の飾り言葉でおもむろに始まり、一五分ほど続く。祝詞が終わるとお年寄たちの神への儀礼の《ウンパイ》(恩拝)が始まる。これはお年寄の方々が総立ちで両手を前に出し、上下に動かし《ティーダーミーユーイチムーナナヤークヌトゥー》(一二三四五六七八九十)を三回くりかえし、数えるたびに一礼する。加えて《ティーダーミー》(一二三)で三三拝と計算するのである。これらが終わると一般来客の接待が始まる。

《ウガンジュ》(お嶽、拝所)の境内に準備された会場に神々しく線香のただようなか、神前に供えた御神酒が接待役の女たちの手で貝殻の盃につがれ、上は司より下々に至るまで献上される。これがすむと来客への配膳がなされ祝宴となる。舞踊が二点三点と奉納され、客も自由に会場を廻り酒を酌み交わし祝たけなわとなる。

お嶽の内側では神司や老婦人たちの座飾りの儀式が始まる。お嶽の内の儀式の座飾りでは老婦人たちが立ち上がり、沖縄島のおもろを思わせる古謡をおごそかに謡う。古謡は《アーパーレー》と《ヤーラーヨー》の二つで一方の神司は《ドゥランかニ》（どら鉦）を持ち、一方の神司は太鼓を持ち、残りの老婦人たちは両の手を合せて右左にゆり動き謡に合わせて踊る様は御神楽さながらである。四〇分ほどでこの儀式が終わる。

次に《ミシャグ》（《ミシ》ともいい、乙女が米を噛んで醸す弱い酒）の奏上の儀式がある。若い男女二人で、男は《ウミシャグ》（御米酒）を載せたお膳を持ち、女は皿を載せたお膳を持って上座より順番に御米酒を差し上げ、下々にまで廻る。そのときには《ウミシャグオイシ》（御米酒差上）の謡で《ちヌザラ》（角皿）《ナカザラ》（中皿）と呼ぶ謡を二回にわたり差し上げる。これが終わって一日目の儀式は全部終了する。五時ごろ根所（神司の家）で棒踊りや獅子舞が奉納され、夜遅くまで宴は賑わう。旧暦二月から願かけしたことが本日解かれ《スービ》（首尾）となるのである。

ミシオイシ謡（ちヌザラ）　　　　御神酒を角皿で献上する謡

一、アミトゥリヌウイナカ　　　　網取村の上に
　ムトゥスイナウレ　　　　（はやし、元末の稔りを）
二、パイチタリフクラレ　　　　パイチタリ御嶽の神を誇りとし
三、ミリクユバタボラレ　　　　弥勒の世をいただき
四、ナウリユバタボラレ　　　　稔りの世をいただき
五、ミリクユヌウニガイ　　　　弥勒の世を願いあげ
六、ナウリユヌウユバイ　　　　稔りの世を祝いあげよう

ムトゥスイナウレ　マムリタボリ　　　　元末の稔りを　お守りください

二つの取っ手がついた《ちヌザラ》（角皿）で《ミシャグ》を差し上げるときに謡う。《ムトゥスイ》とは稲の茎の根元から穂先までの意味で、《ムトゥ》は根元、《スイ》は末で穂先のこと。《フクラレ》は誇らしいこと。《ナウレ》は普通の方言では《ノーリ》、稔りのこと。《タボレ》は賜ることだという。なお、最後の一句だけは、やや速い別の節で歌われる。

ミシオイシ謡（ナカザラ）
一、ナカザラヌウミシャグ
ウヤシバドゥユーナウル
二、ウヤキナカザラユーヤ
シイバドゥユーナウル
三、ニウスイヌウミシャグ
パヤシバドゥユーナウル
四、ウヤキニウスイユー
パヤシーバドゥユーナウル
五、ウヤキユーナウリャガ
ユーナウリャガ

御神酒を中皿で献上する謡
中皿の御神酒を
召しあがれば世の稔りがある
繁殖を祝う中皿の御神酒を
召しあがれば世の稔りがある
香り高い御神酒は
陽気に呑むと稔りがあり
繁殖も香気も
陽気で呑むほど稔りが増す
繁殖も世の稔りも
みんなで祝いましょう

丸くて取っ手のない《ナカザラ》（中皿）で《ミシャグ》を差し上げながら謡う。《ウヤシ》は召しあがること。《ウヤキ》は稲の繁殖を意味する。《ユー》は果報の世。《ナウル》は稔り、《ニウスイ》は匂い香り、《パヤシ》は陽気にはしゃぐことだという。

祝い二日め

一日めに引き続き神前で祈願がされる。来年の豊作と村人全員の健康祈願を合わせおこなう。供物は一日めとほぼ同じだが、加えて《ウム》（サツマイモ）が供えられる。芋は各戸から持ち寄って皮をむき鍋で煮る。煮上げた芋を鉢に盛り供える。午後五時ごろに二日間の祝いを終え、お嶽内の掃除を村人全員でして、そのあと《チヂビ》（お嶽の責任者で《チカー》を補佐する）の家に行き、棒踊りや獅子舞をする。これで二日間のお祭りが閉幕となる。

　ヤーラーヨー　　　　ヤーラーヨー
一、ヤーラーヨー　ヤーラーヨー　　（はやし）
キユヌピバムトゥバシ　　今日の日を基にして
ヤーラーヨー　　（はやし）
二、ヤーラーヨー　　（はやし、以下同じ）
クガニピバニチギシ　　黄金の日を土台に
ヤーラーヨー　　（はやし、以下同じ）
三、アミトゥリヌウイナカ　　網取村の上に
四、パイチタリフクラル　　パイチタリの神が有り難い
五、ミリクユーバタボラリ　　弥勒の世をいただいて
六、ナウリユーバタボラリ　　稔りの世をいただいて

七、ミリクユーヌウニガイ
八、ナウリユーヌウユバイ
九、マムルソーヌウカギニ
一〇、カルイソーヌウカギニ
一一、バガダミドゥフクラル
一二、クリダミドゥフクラル
一三、マムルソーヤメヘンダラ
一四、カルイソーヤユクンダラ

アーパーレー

一、アーパーレー
キユヌピバムトゥバシ
二、クガニピバニチギシ
三、アミトゥリヌウイナカ
四、パイチタリフクラル
五、ミリクユーバタボラリ
六、ナウリユーバタボラリ
七、ミリクユーヌウニガイ
八、ナウリユーヌウユバイ

弥勒の世を願いあげて
稔りの世を願いあげて
守る神のおかげで
加護をいただくおかげで
島の民は喜ばしい
代々の民が有り難い
守る神はどっと喜び
救いの神もこれ以上に

アーパーレー

(はやし)
今日の日を基にして
黄金の日を土台に
網取村の上に
パイチタリの神が有り難い
弥勒の世をいただいて
稔りの世をいただいて
弥勒の世を願いあげて
稔りの世を願いあげて

九、マムルソーヌウカギニ　守る神のおかげで
一〇、カルイソーヌウカギニ　加護をいただくおかげで
一一、バガダミドゥフクラル　島の民は喜ばしい
一二、クリダミドゥフクラル　代々の民が有り難い
一三、マムルソーヤメヘンダラ　守る神はどっと喜び
一四、カルイソーヤユクンダラ　救いの神もこれ以上に
一五、マタマヌキカイサヌ　真玉の木の美しさよ

はやしを方言で《パヤシ》とか《パイシ》と言う。この二つの歌は、神司をはじめとする女たちが中心になって謡う。《アーパーレー》の歌は、《アーパーレー》のはやしが一回ずつだが、《ヤーラーヨー》の謡では歌詞の前後に《ヤーラーヨー》をそれぞれ一回ずつ謡う。このように謡い方はそれぞれ異なるものの、《アーパーレー》と《ヤーラーヨー》は同じ歌詞である。ただし、《アーパーレー》のほうは、一五番だけが一句多くなる。真玉の木というのは、方言で《トゥカナチキ》という和名ハスノハギリのことである。この丸くてきれいな実のような稔りの豊年を祈願する意味で一句増やすといわれている。

ナカラダー　仲良田節
一、バガシマヌマイヤ　ヨー　われら網取村の稲は
バルバルヌアワンヤ　ヨー　原々ごとの粟は
二、チヂシラン　ミギリヤ　ヨー　数えきらない程の穂の粒で

ミリクユガーユガフン　ヨー
三、アムリザキ　マラショーリ　ヨー
ウフミシャグン　チクリョーリ　ヨー
四、ミリクユーヌ　シルシヤ　ヨー
ナウリユーヌ　ミブキンヤ　ヨー
五、ウシュジョーノン　チミアギ　ヨー
スリミムン　チンチキ　ヨー
六、チミアギヌ　ヌクリヤ　ヨー
チンチキヌ　ヌクリヤ　ヨー
七、アムリザキ　マリバナ　ヨー
ウフンシャグヌ　フキバナ　ヨー
八、バガブヤヌ　ザシキニ　ヨー
ニヌブヤヌ　ザシキニ　ヨー
九、チカサガミ　チカイシ　ヨー
ウヤガナシ　チカイシ　ヨー
一〇、ウブサカチキ　イダショーリ　ヨー
タマサカチキ　カザリョーリ　ヨー
一一、ウイカイムチ　ウヤシバ　ヨー
シムカイムチ　ウヤシバ　ヨー

弥勒世の果報村だ
泡が盛るような酒を蒸溜しよう
風味のよい酒を醸そう
弥勒世のしるしに
稔りの世のしるしに
国王への上納米を積み上げて
白米も握りしめて
積み上げた残りを
差し上げた残りを
泡盛酒が流れ落ちる時
風味のよい酒の香り
われらが家の座敷に
根人家の座敷にも
神女の方をお招きしよう
長老の方をお招きしよう
大杯を飾ろう
玉のような杯を飾ろう
上座の方々に差し上げると
下座の方々に差し上げると

一二、ンマンマトゥ　ウヤショール　ヨー　　おいしくお飲みになる
　　カバカバトゥ　アガリョール　ヨー　　風味がよいとお飲みになる
一三、バガダミドゥ　サニサル　ヨー　　われらが民は嬉しい
　　クリダミドゥ　フクラル　ヨー　　長老の方々もお喜びだ
一四、マムルソーヤ　メヘンダラ　ヨー　　守って下さるのはありがたい
　　カルイソーヤ　ユクンダラ　ヨー　　加護して下さるのは尚うれしい

網取では仲良田節は、けっして《サンシン》（三線）で伴奏をしてはならない。こういう歌を方言で《からウタ》と呼んでいる。(3)

豊年祭が終わると《シー》（猪を防ぐための垣根）の祈願がある。猪を防ぐ柵垣《シー》が網取村に作られたのは崎山の新村が村建てされたころだと伝えられている。全長約二〇〇〇メートルで、谷間を利用してある所は石垣を積み、谷沿いの急斜面は切り落とし、その他は柵垣といった具合に猪垣が作られる。当時は垣内に猪が入らないように日番で猪垣の見回りをし、垣や柵の修理を確実にしたという。実行にあたっては木の札を作り各人に守らせたので垣内への猪の侵入は防げたという。猪が柵内へ入らないように、毎年豊年祭のあとに土の神様に祈願した。土の神様は、祈願する土地それぞれの名前を付けてお呼びしていた。祈願をするのは幹部にあたる中年の人であった。祈願のために各戸から花米と線香が集められ、供物は酒・花米（《ぱナグミ》、白米）・御米酒（《ウミシャグ》、乙女が米を噛んで自然に醗酵させたお酒）であった。祈願のあとにはこの花米を猪垣の全長にわたって撒く。花米を撒く時には「今この猪垣の廻りにこの花米を撒きます。この花米が生えてくるまで（つまり永遠に）この猪垣内に猪が入らぬように土の神様はお守り下さい」という意味の飾り言葉で祈願するという。（山田満慶の伝承）

C　お盆から月見まで

旧暦七月一三日より一五日までの三日間を《ソール》（お盆）という。《モーヒピー》（一三日は迎えの日）で庭先にお線香と《パラピンドゥ》（藁を二つ折りにして結わえたもの）を燃やして祖霊を迎える。三日の間、主婦は手をかえ品をかえて料理を作り供える。男は親族・親戚の家を廻りお焼香をする。二日めは《ナカヌピー》（中日）、三日めを《ウクリヌピー》（送りの日）という。《ソールニンブチ》（念仏歌）を歌ったが、庭で巻踊りのようなことをする習わしは、早くに廃れていた。

《ソール》の送りの翌日は《イタチキバラ》といって、一人で仕事に出歩くのを禁じ、村人で集団作業をした。猪垣の修理や道普請などがおこなわれた。とくに、村の東のフチクワぁチチという高台には、お盆で送ってもらえなかった霊たちが残っているので、けっして行ってはならないと厳しく戒めたものである。《イタチキバラ》という言葉の意味はわからない(4)。

旧暦の二月と八月に《ピンガン》（彼岸）の祭りがある。《ニンガチピンガン》と《ハチガチピンガン》である。太陽暦では三月と九月となる。春季と秋季のこの大祭を《チューニチ》（中日）と呼び、彼岸入りから明けの期間中に《ピンガン》（彼岸祭）をすればよいことになっている。《ピンガン》は祖先の霊魂への供養とあって、どこの家庭でも念入りにおこなわれた。しかし、近年ではほとんどの家が新暦九月二一日の秋分の日にすませている。

七月の旧盆が終わるとそろそろ田の《アローナカイシ》（田の荒起こし）が始まる。遅くとも十五夜までにやらねばならない。村では昔から団体でいくつかの組分けをする。水のある田は田鍬で掘り返す。村の裏の《バリタ》（乾田）は水がないので雨降りのあと牧場の牛に踏ませる。一人で三頭の牛を組み繋いでこなし、《くシヨイ》（腰休め祝い）を楽しみにがんばる。旧暦八月十五日は、十五夜で《アローナカイシヌクシヨイ》（荒起こしの腰休め祝い）にはうってつけの日である。十五夜の月見を兼ねて老若男女そろっての宴会は夜を徹して月が西の空に傾くまで続く。

D 《しチ》（節祭、結願祭）

《とぅシヌユー》——一日め、己亥の日

神の祭典である《しチ》（結願祭）は旧暦の九月か一〇月におこなわれる。己亥の日と庚子の日が吉日とされている。この日は三か月に一度巡り来る日で土と金の意味がある。土はもっとも作物に深い関連をもち、金は農具にふさわしいため昔から農民の善き日和とされている。この日はまた《ぱチソンガチ》（初正月）とも言われた。《とぅシヌユー》（年の夜）の日は家々では屋内の掃除をし、海岸から粗い砂利《ナライシ》を拾い集めてくる。野原からは《しチカッツァー》（和名ナガバカニクサとイリオモテシャミセンヅル）を採ってきて水できれいに洗い、浜の砂利と共に仏壇に供え線香をともし、祖先に今日明日が《しチ》結願祭であることを報告する。それから屋内の中柱から順々に《しチカッツァー》の葛を縛る。これを村の年寄は《ヤーヌたマシー》（家の魂）を入れるという。夜人々が寝静まるころに浜の砂利を家中くまなく撒く。浜の砂利に当たるとけがれものが退散して家中に福の神が宿ると言う。当日の夕方は《ユーチングフルマイ》といって家族全員に赤いご飯のお膳が添えられる。《しチ》の《ユークイ》（世乞い）の日には白米の飯を食べることが役人から許されていたという。いつも粗食の農民も今日だけは大人も子どももこの《ユーチングフルマイ》をふるまわれる。《ユーチング》とは四つのお椀に、赤飯、おつゆ、煮物、おかず、漬物のご馳走をふるまうという意味である。（山田満慶の伝承）

西方の大陸から弥勒神によって《かフ》(果報)の世がもたらされるという。これは大昔からの言い伝えであり、爬龍船競争も弥勒の神や《かフ》の世を迎える意味で今日まで伝統が守られてきた。

《ユークイ》——二日め、庚子の日

爬龍船は戦争中一時中断していたが戦後は復活し盛大におこなわれている。お嶽の前の浜に旗頭が立ち、ふだん個人で持っている刳舟から選ばれて爬龍船となった舟二隻が、抽選で東と西に分けられる。この日のために色彩豊かに波模様を描かれた舟が一段と浮き立って見える。爬龍船は旗頭を中心にして東西に分かれて出帆を待つ。美しく着飾った女性たちは頭に色とりどりの長い布を巻いて後ろにたらし、手には花模様の手布を持って浜辺で船出を待つ。司たちはお嶽で祈願をすませ、はるか遠くの海洋を拝むようにして浜辺に座る。いよいよ出帆の合図のドラがなると両船の船頭は司から御神酒を頂戴して舟に乗り出船となる。ドラや太鼓の音に送られ舟は静かに岸を離れて沖へと進む。沖合に東西に分けてある浮きを廻ってくる競争である。競争は三度繰り返されるが、最後には西方の舟が勝つことになっており、また勝たねばならぬ。西方からもろもろの神が迎えられるのが村のしきたりであり、海の幸、陸の幸もすべて西方からもたらされると信じられている。

爬龍船競争が終わると男たちは舟を陸揚げして女たち・子どもらに加わり、《アンガマ》踊りをする。旗頭を中心に円をつくり、円の中では《ジーぴトゥ》(謡の調子を取る人)が二人太鼓を持って謡う。《ジーぴトゥ》は女で謡の高低・遅速の調子をとる。

一時間ほどで《アンガマ》踊りが終わり《ムトゥヤ》(祭りの中心になる家)に引き揚げるが、ここでも旗頭を家の前庭の中央に建て《アンガマ》があり、獅子舞いや棒踊りがある。これで《しチ》の儀式が終了する。夜は若者たちの夜を徹した宴となり、祭りが終わるのである。(山田満慶の伝承)

しチの謡(5)

キユヌフクラシャ
一、キユヌフクラシャヤ
ナウニジャナタティル
チブティウルハナヌ
チユチャヤタティル　ヨーンナ
二、インヌササグサヤ
ウラウラドゥユユル
シチガチヌアンガマ
クマニユユル　ヨーンナ
三、シチガチヌナラバ
アシビブシャムヌガ
カンヌトゥシナラバ
サカリブシャル　ヨーンナ
四、ビキリャ　ブシャムヌヤ
ナウドゥブシャムヌガ
ナギナタトゥカタナ
ウリドゥブシャル　ヨーンナ
五、ブナリャマブシャムヌヤ

キユヌフクラシャ
今日の誇らしさは
何に例えよう
つぼんでいる花が
夜の露で咲くように　（はやし）
海の雑草は
島の浦浦に寄せ集められる
七月アンガマの遊びは
今ここでももたらされる　（はやし）
七月になると
遊びたくなる
神の年月になると
恋がしたい　（はやし）
兄弟の欲しいものは
何が欲しいのですか
柄鉈と山刀
これが欲しいのです　（はやし）
姉妹の欲しいものは

ナウドブシャムヌガ
タウサバギトゥクナビ
ウリドゥブシャル　ヨーンナ
六、ソジカカーヌミジヤ
シディミジユヤリバ
ウマンチュヌマギリ
アモシシディラ　ヨーンナ

ククパ
一、ククパヒョーナ　イサーヤーリクヌ
クミヌガラシヤ　イマウガラシ
パニヤムチャギリバ
カウカウトゥ　タンタン
二、パナヌヒョーナ　イサハヤーリクヌ
パナヌユイナドゥ　サトゥキムスラス・
イランヤチミリバ
バガチムスラス　タンタン
三、ナンガイカタナバ　サシユガゴザル
ウシルサシミリバ

何が欲しいのですか
すき櫛と飾り櫛
これが欲しいのです（はやし）
ソジカ井戸の水は
産水であるから
村全体の人が
浴びて若返りましょう（はやし）

ククパ
九八日はいち早くやって来る
米の鳥は舞う鳥
羽根を広げ〔鳴き飛んでいく〕
カアカアと（はやし）
花の季節はいち早くやってくる
花故に匂い里肝を浮き立たせる
至らぬ女の身を
浮き立たせる（はやし）
柄のついた鉈を差している
後ろの方にさせば

マイヌアカル　タンタン　　前方が明るい（はやし）

《ククパ》とは立春から数えて九八日めの《ククパピ》（九八日）のことである。苗の植付けから九八日めごろには稲の刈り取りができたとされている。刈り取り時には方言で《ガラシ》という鳥が落穂をいただきに田圃に集まってきた。鳥は神の使いだと年寄は言う。網取の昔話に、遠い西方の大陸から鳥が稲穂をくわえて島に飛来し、落としていった穂から稲作りが始まったと伝えられている。謡のなかの《クミヌガラシ》（米の鳥）はこのことをうたっているという。《ぱナユイナル》の《ぱナ》も稲の花のことである。《きムグクル》は男心のこと、《ナンガイかタナ》は農具の鉈や山刀《ヤンガラシ》のことである。(6)（山田満慶の伝承）

E　稲の伝来

人間が木の実を食べていた時代の話である。ある人が食べ物を求めて山に入ったところ迷ってしまった。そこで一人きりの生活が始まった。この人はとても毛深い人で身に一糸もまとっていなかったが、山の鳥の羽毛を見て、木の葉で着物のようなものを作って身を隠すことを覚えた。その当時は原始時代の生活そのままで、煮て食べることも知らなかった。

あるときカラスが稲の穂をくわえてきて落としてくれた。珍しいものだと湿地に蒔いてみたら、生長して立派な穂がたくさんできた。穂をむいて食べてみたらとてもおいしいので、もっとたくさん作ってみようと数十本の稲穂を蒔いたら、もっととれたので、それを持ち帰って稲を作りはじめたと伝えられている。

それからは米を炊いて食べることも綿を栽培して着物を作ることも知るようになった。そのときから人間はだんだん毛深くなくなった。それで、煮て食べることを知らない人間は毛深いそうだと言われている。（父・山田満慶が語った話を一九五八年（昭和三三）に長兄・山田鐵之助が書き留めておいたノートより）

グサグティ
一、グサグティヌクイ　ヨホンナ
ユミヤパチマン　ナカユ　ヨーンナ
ユミヤパチマン　ナカユスミティ
二、ピカクパシラ　ヨホンナ
ユミヤパチマン　ナカユ　ヨーンナ
ユミヤパチマン　ナカユスミティ
三、ヤドゥナイク　ヨホンナ
ユミヤパチマン　ナカユ　ヨーンナ
ユミヤパチマン　ナカユスミティ

グサグティ
五尺の手拭に　（はやし）
弓矢八幡大菩薩の字を
手拭の中に染めて　（はやし）
きらびやかな柱の船　（はやし）
弓矢八幡大菩薩の字を
手拭の中に染めて　（はやし）
舟の宿部屋　（はやし）
弓矢八幡大菩薩の字を
手拭の中に染めて　（はやし）

グサグティとは五尺の布に唐船を染めた手拭のこと。弓矢八幡大菩薩という字が染めぬかれている。きらびやかな柱《ピカクパシラ》にその八幡大菩薩の旗がなびく。《ヤドゥナイク》とは《マーラン》馬艦船や唐船に造られた舟部屋。色も鮮やかに染抜かれた手拭をこの謡はうたいあげたものという。(7)（山田満慶の伝承）

フネーハイ　フネーハイ

一、フネーハイ　エンヤー
カシヌキドゥスリ
フネーデゴザル
サニサヌハイヨーイ
二、ヤクーハイ　エンヤー
ユシヌキドゥスリ
ヤクーデゴザル
三、パラーハイ　エンヤー
シンギマチドゥスリ
パラーデゴザル
四、シベーハイ　エンヤー
クバナキドゥスリ
シベーデゴザル
五、ミナーハイ　エンヤー
アサヌブードゥスリ
ミナーデゴザル
六、ヤポーハイ　エンヤー
サーラヌビードゥスリ
ヤポーデゴザル

舟は　（はやし）
樫《カシ》の木で造った
舟であります
（はやし、以下同じ）
櫂は　（はやし）
ゆしの木《イスノキ》で作った
櫂であります
柱は　（はやし）
しんぎ松で作った
柱であります
滑車は　（はやし）
くばな木《シマトネリコ》で作った
滑車であります
帆の上げ下ろしの縄は　（はやし）
苧麻《ちょま》の麻で作った
縄であります
八反布帆は
藺草《シチトウイ》で作った
八反布帆であります

七、トゥレーハイ　エンヤー　　朝鳥の　（はやし）
ウタイドゥ　　歌うころに
フネーヤイダシ　　舟は出しましょう
八、フネーハイ　エンヤー　　舟を　（はやし）
イダショーラバ　スリ　　出帆させたら
ユークテミシク　　船客は休みましょう

《カシ》はオキナワウラジロガシ、《チョマ》はカラムシのこと。《シンギマチ》とは千本松の意で、千本の中の一本の松の木、要するに選びぬいた素性のよい松の意。《シベー》とは帆柱の上部にあり帆の上げ下ろしに必要な滑車のようなもの。《ヤポー》とは八反の布で作った帆を指す。《サーラヌビー》は八反布の帆を織る材料になる、方言で《ビー》（和名シチトウイ）という草のこと。(8)（山田満慶の伝承）

《しチ》の翌日は《しチヌマンガイ》といい、祭りの後片づけと《カーラ》（井戸）さらいをする。井戸水を汲みあげて掃除をし、新たに《ナライシ》（珊瑚の小石）を入れる。《しディミジ》（産水）とされているソジカカーの清掃も毎年このときにおこなう。ソジカカーは湧き水で村落から離れて南五〇〇メートルの地点にあり、年中こんこんと湧きでている。

掃除がすむと、旗頭をクバカーに持って行き、井戸の祈願をする。その後ドラや太鼓を打ち鳴らし旗頭を先頭にして村中を廻り、四つ角に来ると一段と賑やかに鳴らして、男女皆で両手を使って《ガーリ》（全身で喜びを表す踊り）をやる。夕方旗頭を倒し、祭りに使った道具をきちんと片づける。夜には《しチヌマンガイ》の日の慰労会の宴会があり、夜更けまで若者は遊興にふける。（山田満慶の伝承）

旧暦の一〇月にも二月同様《たカビ》と《しマふサラ》があって、《ジュンガチタカビ》（十月崇日）という。一〇月は北風が吹く季節で、よく舟が避難して村前の湾に入ってくる。そうした舟から疫病が村に入らないようにと《しマふサラ》がされる。また、《たカビ》の祈願は《チカー》により来年の《ムヌちクリニガイ》（作物作りの祈願）と《ぱナシキヌニガイ》（流行病の祈願）が合わせておこなわれる。

旧暦の一〇月まではまだ夏のぬくもりがある。苗代について、《ナチイキヌ　ミチナー　たニマーヒ》（夏のぬくもりの水で種蒔をせよ）という。また《ナイちクリドゥ　ムヌちクリ》（良い苗を作ることが稔り多い稲作につながる）と昔から言い伝えられてきた。山中の田は小寒のころから田植えが始まる。昔は在来種の水稲だったので苗は約六〇日過ぎてから本田に移植された。網取村の南の方にカサシタ（傘下）と呼ぶ所がある。広げた傘に似た地形であることからこの名があり、そこが村全体の苗代になっている。上の方が《ムちマイ》（糯稲）の田で下の方が《サクマイ》（粳稲）の田と決められ、皆それを守った。

網取村では《たニトゥリ》（《たナドゥリ》ともいう、播種の儀式）を祭りではなくお祝いとしておこなった。鳴物は一切なく厳粛な祝いである。毎年旧暦の九月か一〇月ごろの戊己乙壬癸（つちのえ・つちのと・きのと・みずのえ・みずのと）をよき日と定めたという。

一日めは種蒔きの日で、当日は司の方々もお嶽に祈願の参拝をし、男は苗代をこしらえて種籾を蒔き、家では主婦たちが早朝にソジカカーの水を汲んでその水で糯米のご飯を炊く。炊いたご飯は《シラ》（稲叢）に似せた《イバチ》と呼ぶ握り飯にして、高膳にのせて仏壇に供える。塩でもんだ小さな大根を三本くらい《イバチ》にそえる。

種蒔きを終えた男たちは各々の家で清水で身を清め、祖先の霊前で種蒔終了の報告をする。仏壇に供えられている《イバチ》に箸をつける。また、家では主婦による火の神への祈願がある。供物は酒に花米と《ウミシャグ》（御米酒）と海水である。海水は《かサヌパー》（和名クワズイモ）の葉で《イムル》という器を作り海水を入れて供える。

これらは今日苗代に蒔いた種籾の発芽の祈願である。同時に祖先にも三日間のお祝い期間中に苗代の無事を祈願する。お嶽で祈願を終えた司たちもその足で各家を廻り祝い酒をふるまわれる。これを《かミヌふタアヒヨイ》（瓶の蓋開け祝い）と言う。司の方々は一軒一軒の家を廻りその家の祖先に種籾の発芽祈願をする。

夜になると《イバチクイトゥリ》（イバチ乞い取り）の儀式があり、若い男女が一所に集まり準備をする。その晩は中年の方々も見えて若者たちに《アヨー》・《ユングトゥ》という古謡の練習指導をする。夜一〇時ごろ人々が寝静まってから、若者は東と西に分かれて《イバチクイトゥリ》に出歩く。寝静まった人家は物音一つ聞こえないが、家の外から《イバチクイトゥリ》の声をかけてそっと戸を開け、ざるに入れてある《イバチ》を盗みだす。(9)

イバチ乞い取りの言葉

シサレー　シサレー
バンドゥ　クトゥシ
トゥーシャンマーランカラ
クダトール
ホーチャーデービル
ウヌシルシニ
ミリクユン　ユガフユン
ムッチチェーヤビン
ムッチチェールシルシニ
イバチンデン　ミシャグンデン

御免なさい　御免なさい
私が今年
唐船・マーラン船から
下って来ました
旅商人であります
そのしるしに
弥勒の世も果報の世も
共に持って来ました
持って来ましたしるしに
イバチでも御米酒でも

シタディ　ヘーリンデン
コーシウタビー　ミーソーリ
シサレー　シサレー

醤油・米の酢でも
貸してお恵みください
御免なさい　御免なさい

青年たちがこうして集めてきた《イバチ》を《ミバタ》（十字路）の東と西の石垣にたてかけてある二つの《ビジリ》（霊石）に供えて、次の《アヨー》を謡いはじめる。

イニガタニ
一、イニガタニ　イキイディコ
ビギリャーマ
イトゥバフミ
トゥライェソヨー
二、ナシルダニ　タニウリダニ
ウルシェール　イラヨーディバ
ビギリャマヨ
三、シタカイヤ　シルニウリ
ウイカイヤ　バガパムイ
ムイイディコヨー
四、インヌキニ　マヤヌキニ

稲が種子アヨー
稲が種　生き出てこい
にいさま
糸のような葉を踏み
ふまえて芽を出せ
苗代の田に種を下ろす田に
蒔きました　そろって
にいさまも
下方には白い根がさし
上の方には若葉が生え
芽を出してこいよ
犬の毛に猫の毛に

マサラシ　イキイディコ
ケーラナイヨー
五、イビブリャヌ　ヤトゥイブリャヌ
ナリョーラバ　イトゥバフミ
トゥライェソヨー
六、ナシルカラ　ヤシキカラ
ピキナシ　トゥリナショーリ
ビギリャマヨー
七、タバルカジ　マシヌカジ
ムチャナシ　イビナショーリ
ヤトゥイ　ウカバヨー
八、バガイビヌ　クリヤティヌ
ニカヌユ　カンヌミジ
アモサバヨー
九、シタカイヤ　シルニウリ
ウイカイヤ　バガパムイ
ムイイディコヨー
一〇、ウルジムヌ　バガナチヌ
ナリョーラバ　イトゥバフミ

まさって茂ってこい
みんなの苗よ
植える季節が　移し変える季節が
来た時は　糸のような葉を踏み
ふまえて伸びてこい
苗代から　苗敷地から
引き抜き　苗束にし
にいさまよ
田原ごとに　田んぼごとに
移して植えましょう
移植しましょう
私が植える　移し植える
今日の夜　神の水を
浴びせるから
下の方には　白い根をだし
上の方には　若葉が萌え
生え茂ってこいよ
陽春が　若夏が
来るならば　糸のような葉を踏み

トゥライェソヨー
一一、ユシキダイ　イバイダイ
ムトゥヨリ　サカリコヨー
バガマイヨー
一二、バガマイヌ　ナガパピク
トゥクニドゥ　ミヤラビヌ
マクビダク　トゥクニドゥ
マタキシ　トゥクナミルヨー

マイミキ

一、マイミキヌ　サイェトゥナク
イラヨーバ　ニャンドヨー
二、ウチャヌミキ　ムチャガリヌ
イラヨートゥ　キャンドヨー
三、バガブヤヌ　ザシキニ
ニヌブヤヌ　ザシキニヨー
四、チカサガミ　チカイシ
ウヤガナシ　ウトゥムシ
五、ダイヌサラ　ヤラブザラ

ふまえて伸びよう
すすきのように　力芝のように
繁茂してこい
私の稲よ
私の稲が　長い葉をもつ
その開花の頃は　乙女の
真首抱く　その頃は
両方を比べ見るよ

御神酒のアヨー

米の神酒が酸味づいたよ
うれしい　醗酵したんだよ
一升枡の神酒が盛り上がり
うれしい　沸いたんだよ
私のいる座敷に
作り人の座敷に
司の神の案内で
長老者のお供して
高台の皿をヤラブの木の皿を

カザリョーリヨー
六、ウイカイムチ　シムカイムチ
ウシャギ　ンクバヨウ
七、ンマンマトゥ　カバカバトゥ
ウヤショールヨー
八、バガダミドゥ　クリダミドゥ
サニシャールヨー
九、マムルソーヤ　カルイソーヤ
メヘンダラヨー

飾りなさい
上座に持ち下座に持ち
差し上げましょう
おいしいと香よしと
呑まれるでしょう
私自身も皆も
うれしいのだ
守ることは祈ることは
より以上のことだ

《マイミキ》とは、うら若い娘たちが寄り集まって、炊いた米を口でかんで造る酒、《ミシ》・《ミシャグ》のことである。三日めには酸味がつき、七日めには醗酵して桝に入れると沸きあがりみごとに盛り上がる。一〇日めにはきれいな《マイミキ》になっている。《ヤラブ》は和名テリハボクという高木である。

ミシオイシウタ
イトゥユシキ　イキティ
チュ　ユバイシュムヌ
ナシルダヌ　ナイヤ
ムタイサカイ

御米酒を差し上げる謡
糸のようにきれいなすすきを生けて
今日のお祝いをします
苗代田の苗は
よく茂って伸びましょう

御神前に供えた御神酒を、若い男女が一人は御神酒の酒瓶を持ち一人は杯を持って、司から長老・下々に至るまで差し上げて廻わしながら謡う。御前風の節にのせて謡う。人数が多いときには同じ謡を三回繰り返して謡う。最後の日は《かミヌちピアレーヨイ》（瓶の尻洗い祝い）と言って皆で酒を飲む。三日間謡ってきた数々の《アヨー》《ユングトゥ》を思いうかべながら飲む酒は一段と身にしみる。とくに三日目の謡は格別に聞こえる。祭りを見送ってくれる人々に対し種子に宿る稲の神様のことばとして「苗代を替えるな　播種田を替えるな　私はこのように思う」と古謡にはある。このように島に伝わる古謡は自然界と人々の対話を物語っているように聞こえる。（山田満慶の伝承）

ミーダシアヨー（三日アヨー）（一）

一、イキョーリ　キョーリヨー
タナドゥリヨー
ニウリル　イラヨーディバ
タナドゥリヨー
二、キユミカヌ　ユバイス
タナドゥリヨー
イラヨーディバ　ミーダサバヨー
三、ヤインオリ　クヌリャンオリ
タナドゥリヨー
イラヨーディバ　ユバイサヨー

種子取り三日めの見送りのアヨー（一）

行きなさい　来なさい
種子取りよ
根が着く　大事な時（はやし）
種子取りよ
今日三日のお祝いします
種子取りよ
大事な時　見送りしましょう
来年もおいで　近い年においで
種子取りよ
大事な時　見送りします

四、ヤイヌキューキャ　来年の来るまで
クヌリャヌキューキャ　近い年の来るまで
ビギリャマヨー　にいさま
イラヨーディバ　チクリビヨー　大事な時　物作り人よ
五、ナシルカイナ　ピサナカイナ　苗代を替えるな　苗代田を替えるな
ビギリャマヨー　にいさまよ
イラヨーディバ　チクリビヨー　見守りましょう　物作り人よ
六、ユヌナシル　ユヌピサナ　同じ苗代に　同じ苗代田に
ウイナカ　その苗代で
イラヨーディバ　チクリビヨー　大事な時　物作り人よ
七、バヌカシドゥ　クリカシドゥ　私はこのように　皆もこのように
ウマリル　思われる
イラヨーディバ　チクリビヨー　大事な時　物作り人よ

これは《たナドゥリ》を送る謡であると長老は言う。一番から三番までは、行きなさい《たナドゥリ》よ、今日で三日になります、来年もいらっしゃい、と謡いあげている。四番からは、見送られる方から《ムヌちクリぴトゥ》（物作り人、農民のこと）に呼びかけている。来年来る時には、苗代を替えるな、同じ苗代田で種の播種をやりなさいと謡っている。

ミーダシアヨー（三日アヨー）（二）

一、マイミキヌ　ンマサーヤ
ナシルダードゥ　カヌサール
二、サキナマヌ　ンマサーヤー
カニクシキドゥ　カヌサール
三、ウシナマヌ　ンマサーヤ
ウブナマキドゥ　カヌサール
四、タクナマーヌ　ンマサーヤー
カタティイグムドゥ　カヌサール
五、ビイッティネーリ　ビギリャーマ
ゴロッティネーリ　ブナレーマ

種子取り三日めの見送りのアヨー（二）

米神酒の　おいしいのは
苗代田が　かわいい
お酒の　おいしいのは
蒸溜器が　かわいい
子牛の肉の　おいしいのは
大野牧場が　かわいい
たこの　おいしいのは
片又の銛が　かわいい
軽くお飲みなさい　にいさま
喉をならしてお飲みなさい　ねえさま

こうして《ミバタミチヌヨイ》（十字路の祝い）が夕刻を迎えると、《タイ》（松明）がともされ、若者たちがかねて老人たちから厳しく仕込まれた《ユングトゥ》を競いあう。私（山田武男氏）自身は《チヂビ》という《チカー》（神司）の補佐役を三二歳から七年間務めていたため、《たニドゥリ》の《ユングトゥ》等を謡うよりも、黒い着物を着て座っていることが多かった。ここで《チヂビ》になる以前に教えられた《ユングトゥ》のいくつかを紹介しておこう。

カーラヌパタヌアブタマユングトゥ

井戸端の蛙ユングトゥ

一、カーラヌパタヌ　アブタマ
パニバムイ　トゥブンケ
バガケラヌ　イヌチェマー
ピャグパタチアルニンガイ
二、ヤドゥヌサンヌ　フダチミマー
すナニウリティ　イユナルンケ
バガケラヌ　イヌチェマー
ピャグパタチアルニンガイ
三、グシクヌミシキヌ　ボーナチェマー
ウブトゥウリティ　ザーナルンケ
バガケラヌ　イヌチェマー
ピャグパタチアルニンガイ

ブームトゥヌクブダミユングトゥ
ブームトゥヌ　サディユニャヌ
クブダミドゥ　ムムアンバ
ヤスアンバ　クヌミョーリ
ガザントゥカラ　パイトゥカラ
カカラシホー

井戸端のカエルの子に
羽根が生えて飛び上がるまでに
我ら村人の命も
百二十歳の長寿を祈願しよう
雨戸の横木にいるヤモリが
海に降りて魚になるまでに
我ら村人の命も
百二十歳の長寿を祈願しよう
石垣の中のトカゲが
大海に入りジュゴンになるまでに
我ら村人の命も
百二十歳の長寿を祈願しよう

苧麻《ちょま》畑の蜘蛛でさえユングトゥ
苧麻畑の苧麻の木にいる
蜘蛛でさえが六つ目の網を
八つ目の網を作って
蚊を十匹蝿を十匹
網にひっかけ食べている

バヌビギレ
クリビギレヤルムヌ
バヌンマタ　ムムアンバ
ヤスアンバ　クヌミキ
ミヤラビヌ　オースヤヌ　フチナカ
ウチマカイ　ピキマカイ
ビリブリ
ミヤラビヌ　イディムムソ
ペリムムソ　カカラシダフンユー
シサレー

ヒトゥムティアサバナウキユングトゥ
ヒトゥムティニ　ウキティヨー
アサバナニ　スリティヨー
ウイピトゥヌ　イセラミチ
グサンバチキ　クンクルミンカシ
トゥルーダラ
アマムイシ　クマムイシ　ミリバドゥ
トゥリヌナケー　ドワドワ

私も男だ
男であるからには
私もまた六つ目の網を
八つ目の網を作って
娘が集まり寝ている家の入り口に
二重三重に網を張り
座っていて
娘らの出ていくのを
入るのを　ひっかけて抱こう
このとおりであります

早朝に起きてユングトゥ
夜明けに起きて
早朝にそろった
年寄が石ころ道を
杖をついてころげそうにして
通りながら
あちらこちらを　見ていると
鳥の鳴くのが　ドワドワと

パトゥヌナケー　ドワドワ
ナキーブリ
ヌビスラシ　クビムタイ
ミリバドゥ
ムムヌナレー　アカンタリ
タブヌナレー　フーンタリ
ナリーブリ
ブリホンディ　トゥリホンディ
ウカルケ
ムムヌイダ　サバサバ
タブヌイダ　サバサバ　アリブリ
フンカキティ　カイリウティ
フリバリシティヤンユー
シサレー

バガフニャヌユングトゥ
マイドゥマリニ　ウリティヨー
フナムトゥニ　ウリティヨー
バガフネマーバ　ピキウルシ

鳩の鳴くのが　ドワドワと
鳴いていたよ
背伸びして　首をかしげ
見上げると
桃の実が赤くうれ
タブの実が黒々と
なっていた
採って食べようと　ちぎって帰ろうと
木に上ったら
桃の枝に粘りがなく
タブの枝に粘りがないので
枝が裂けて下に落ち
睾丸を打ってつぶしてしまった
このとおりであります

わしらの小舟ユングトゥ
前泊の浜に降りて
舟着き場に降りて
わしらの小舟を引き降ろし

カリユしマーバ　ピキウルシ
ウブナーマーン　ウチヌリョーリ
ウージトゥテーン　ウチヌリョーリ
ウブナーマーン　カジトゥリョーリ
ウージトゥテーン　ヤククガバ
クーギナクーギ　ヤーラスケ
ユシナユシ　ヤーラスケ
ゾンパルマーヌ　ナリシキバ
ユールヌクートゥバ　ウムイダシ
ゾンパルマ　カンパルマ
カシユシサレー

四海安全の小舟を海に浮かべ
女らも乗りなさい
男らも乗りなさい
女らは舵をとれよ
男らは櫂を漕ぐから
四海を眺めながら漕いで行こう
岸に舟を漕ぎよせながら
舟べりに櫓のすれる音聞けば
夜遊びのことを思い出す
櫓の歌がきこえるよ
このとおりであります

小伝馬舟の後尾に《シング》（櫓）を漕ぐために埋めこんである、高さ三寸ほどの木の棒を《ゾンパル》という。櫓の長さ三分の一くらいに一寸ほどの穴が開けてあり、その穴に《ゾンパル》をはめて櫓を漕ぐ。漕ぐときに《ゾンパル》と櫓の穴との摩擦によって出る音を《カンパルマ》ととらえて謡っている。《ゾンパル》というのは芭蕉の花の先の丸いもののことで、舟の《ゾンパル》はこれに形が似ている。

旧暦の一一月七日に《フキヌマチリ》（ふいごの祭り）がおこなわれた。北風で寒い夜、鍛冶屋の屋内の中央に《フキ》（ふいご）を置き、鏡餅を供えて供養した。その夜は若者たちが祭酒を酌み交わしながら夜を明かす。こうして寝ずの番をしないとふいごが化けて出ると言い伝えられていた。（山田満慶の伝承）

網取・崎山の両村で四五町歩の広大な牧場を持っていた。鹿川村にも約五〇町歩の独自の牧場があり、三村は牧畜にも精をだしていたことがうかがわれる。毎年生まれる子牛は人々の喜びであった。水田の荒起こしで田を踏ませるほか、牧畜業としても村人には大事な収入源でもあった。牧場では両村の皆が放牧しているので、牛の耳の切り方によって遠くからでも自分の牛とわかるようにしていた。毎年一一月になると生まれた子牛の耳に各家の印を入れた。村には個人の判入れ台帳があって、次男・三男で分家をした者には、本家の判に新しく切れ込みを加えて分家の判とした。子牛の耳の判入れには老若男女がこぞって牧場へお祝いにいった。この祝いを《ウーシャーヌヨイ》という。親牛を《ウシ》というが、子牛は愛称で《ウーシャー》というのである。祝いには牛が一頭屠殺され、集まった人々にふるまわれる。

子牛の耳に印を入れる人を、牧場当たりといい、網取では嵩原加那氏が、崎山では前盛加那氏がこれを担当しておられた。牧場当たりの人は、牧場に据えてある霊石である《ビジリ》に祈願をし、切り取った子牛の耳の皮は神に判入れ祝の報告をしたあとで《ビジリ》のすぐそばに埋めたものである。

一年間にさまざまな祈願がなされてきた。守護神の加護をいただき、村全体の者が疫病にもかからず五穀の豊作をいただき、一年間平穏に生活できたことに感謝申し上げるのがこの《スービニガイ》である。神女の方とお年寄りだけでおこなう御嶽行事であった。

編者注

(1) 以上は、山田満慶氏が昭和三三年(一九五八)三月二八日に語られたものを、山田武男氏の長兄である山田鐵之助氏が記録されたノートに基づいて整理しなおしたものである。八重山の在来稲についてのこれほど詳しい資料は稀である。このきわめて貴重な資料を正確に公表するために、この項に限り、山田武男氏の草稿と談話によって編者が補った箇所は、すべて〔 〕にくくって示した。ただし、山田鐵之助氏のノートの「トウムチマイ」は発音に沿って《トームチマイ》に改めた。この章の本文中の方言表記は、聞きとりによって本書の表記にあわせたが、歌詞についてはそのままとした。

（2）山田武男氏の長兄である山田鐵之助氏の記録によると、網取に蓬莱米が定着するまでに以下のような経緯があった。山田満慶氏は、石垣島字新川の入嵩西氏の作った「万作」という品種の種籾を仲本技手を通じてもらい受けて試作した。播種後わずか一三日めの苗を植えよという指示を守って、五畝の水田から五俵も収穫できた。ところが、その籾を翌年の種籾に使ったところ、どうしてもうまく栽培できず、人々に嘲られた。この品種は、二期作でなければ作ることができないと仲本技手に教えられてようやく成功をみた。これは、西表島の他集落に三年先行していたという。

（3）《ナカラダー》と称する歌は、西表西部の祖納・干立・舟浮にもあり、喜舎場（一九六七、三四一〜三四三頁）に収録されているとおり、大同小異である。ところが、網取の《ナカラダー》は稲と粟の稔りを讃えるはじめの部分こそやや似ているものの、全体としてはまったく別の歌詞となっている。どうしてこのような違いが生じたのかを解明することが今後の課題であるが、山田武男さんは、網取のものも祖納などの《ナカラダー》と同じ歌詞であると信じておられた。同じ西表島の西部にあっても、日取りを同じくする行事の場合は、集落どうしで歌を直接比較する機会はほとんどなかったのである。

（4）「板敷払い」という字があてられ、波照間島ではかなり盛大な行事として知られている。

（5）網取では歌詞が祖納・干立とかなり違っている。

（6）《ククパ》は、祖納では《ググパ》といい、網取で《クミヌガラシヤ　イマウガラシ》と歌うところを《ググヌカラジヤ　イナカカラジ》と歌っている。あえて訳せば「鳥の髪は田舎の髪型だ」とでもなるのであろうが、はなはだ理解しがたい。一部疑問の点もあるが、全体としては網取の伝承のほうが整った形を残しているものと考えられる。編者は、一九八四年の夏に種子島の盆行事を見学する機会をもち、そこで予期せぬ発見をした。南種子町西之の日高留哉さんが歌い、踊られた古い歌が、網取のククパの三句めの原型と思われる「ナンガイ　カタナバ　サシヨガゴザル　ウシロサガレバマエアガル」という歌詞であった。その後奄美大島でもこれとまったく同じ歌が「六調」と題して歌われていることを知った（小川　一九八一、一二九頁）。こうして、西表の《しチ》の歌の系譜の一端がたどれるのである。また、西表の方言でない歌詞を年に一度だけ歌って伝承することはなかなか困難で、書かれた記録を読んで歌うという状況が続いたものと考えられる。濁点を表記しない記録法によってさまざまな混乱が生じたことが想像される

（7）祖納では二番の《ピカクパシラ》を《シカクハシラ》（四角柱）、干立では《チカクパシラ》（近く走る）と歌うなど異同が多い。もともとの意味が早くからわかりにくくなっていたことを示すものであろう。この歌の内容については、喜舎

場永珣（一九七〇、五二八頁）も判然としない点が多いと述べている。ところが、小川学夫によれば、これと明らかに系統を同じくする歌が与論島で「五尺ヘンヨークン」として歌われている。さらにこれらの共通の起源は、江戸年間、一七一〇年に上方で編まれた歌本『落葉集』中の「五尺手拭」にあるのである。そこには、「五尺いよこの手拭　五尺手拭中染めて……」とある（小川、一九八一、一七八～一八〇頁）。こうして、近世小唄の流行が奄美諸島はおろか西表島にまで及んでいたことが明らかになるとともに、《シチ》の芸能が今日の姿になったのが、これまで言われてきたほどは古くない可能性も示唆される。したがって、喜舎場永珣が前掲書で「五尺手巾」と題して「テサジ」と八重山の方言でふりがなを付けたのは不適当で、「てぬぐい」というやまと言葉が直輸入されたと考えたほうがよい。実際、祖納でも《ティヌグイ》と歌っている。

（8）　この歌詞は一九七九年収録のテープに基づいている。一九八四年に再び収録したテープでは七の《フネー》が《トゥレー》に八の《トゥレー》が《フネー》に入れ換わっていた。山田武男さんの元原稿は、八四年のテープに基づいて書かれている。原稿の和訳の部分には「七、舟は（はやし）／（朝鳥の）歌うころに／舟は出しましょう　八、海凪の日に（はやし）／舟を出帆させたら／船客は休みましょう」とある。七の訳に無理があるので右記のように改めることにした。この結果は、祖納や干立などの歌詞ともよく一致する。三の《シンギマチ》の意味については諸説があり、「芯のある松」あるいは「松の木の先の真直なもの」のことだと報告されている。安渓遊地の解釈では、ここは、《アサヌブー》、《サーラヌビー》、と島外の名前と島の方言を連ねる表現が続くのだから、《シンギマチ》とは、「杉の木（は島にないけれど、そ）のような《マチ》すなわちリュウキュウマツ」の意味ではないか。いずれにしても、《しチ》の祭りには薩摩の芸能と西表が出会ったところで成立したものが含まれている。

（9）　山田武男さんの元原稿には、《ワンドゥ／クトゥシ／トゥーシンマルカラ／クダティチェール／ボージャーデービル》（私が／今年／唐船丸から／下って来ました／旅商人であります）とあった。ここでは、武男さんの実姉であられる山田雪子さんが唱えられた言葉を収録した。元原稿の《ボージャー》というのは、坊主の意味であるが、旅商人という訳語があてられている。その点を山田武男さんに問いただしたところ「ボージャーというのは、この場合は旅商人という意味だと父は語っていた。」という一文を付け加えられた。この本文の訳では、元原稿を尊重した。しかし、《ボージャー》ではなく《ホーチャー》と唱えられていたのであれば、おそらくその本来の意味は料理人（包丁）ということであり、後半の言葉ともよく符合する。

初出：山田武男さんと安渓遊地・安渓貴子の共同作業で作り上げた、一九八六年ひるぎ社刊の『わが故郷《シマ》アントゥリ——西表・網取村の民俗と古謡』からの抜粋に、生前山田武男さんが準備しておられた『網取生活誌』の草稿から、畑作と《しマふサラ》行事の記事を加えて新たに編集したものである。

5　崎山村での暮らし

川平永美語り

八〇歳になって、ふるさとの西表・崎山村の記録を本（川平　一九九〇）にまとめられた川平永美さんに、こんどは崎山での仕事について書いて下さるよう手紙でお願いをしてみた。一九九一年一月のことだった。折悪しく川平永美さんは入院中だったのだが、三月にはもう書き上げたという返事が来た。さっそく石垣島へ原稿をいただきに行ってみると、崎山村と網取村の暮らしがつづられていた。そのなかでも、網取村からクイラ川の奥まで舟で通って稲作をしていた、いわゆる遠距離通耕の生き生きとした様子や、崎山村での鳥と暮らしの関わりなどは、これまで報告されたことのない貴重なものなので、ここに再録しておきたい。

村の皆との作業

崎山村では私たちはすべて自分で田畑を作り、自分で捕るという自給自足の生活です。魚が捕れれば魚を、山猪が捕れれば山猪というように食べていました。どれもみんな自分で捕って食べます。お金で買って食べることはありませんでした。

はじめに田んぼの仕事から。田んぼの仕事は、私の若いときは一期作だけでした。今は二期作なので、昔の仕事と違っております。私の若い時分の崎山村でのことを書きます。月は旧暦を使っております。

六月は豊年祭で、七月はお盆祭です。八月からまず田んぼの新打ち（耕し）が始まります。村全体で始めます。これを方言で《アローナ》といい、第一回目の田起こしです。《アローナ》が始まると、毎日、毎日次々と田んぼを耕していきます。これは八月十五夜の日の前か後に終わります。《アローナ》終了が十五夜の後になるようなら、十五夜の日は中休みで休んで、また翌日から《アローナ》を続けます。八月十五夜の晩は、めいめい一品料理を作って持ちより、親睦会のような集まりをします。

いよいよ《アローナ》が終わりそうだと思うときには、婦人たちにも知らせます。最後に耕す田んぼが、村の近くの田んぼになるように段取りをします。お祝いをする田んぼを村近くにするためです。婦人たちはその準備をします。男たちは朝のうちにお祝いの用意をして田んぼへ持って行っておきます。その日は、午前中で田起こしを終え、《ヤマカシラ》というものを作ります。これは、祭りに使う旗頭の形をありあわせの材料で急ごしらえに作ったものです。長い木を切ってその頂きにススキなどの葉を飾って、途中には田を耕してきた《キーパイ》（木の鍬）を二つ交差させてしばりつけます。男たちが、この《ヤマカシラ》を立てて田んぼから村の入口のところまで持って行くと、婦人たちは太鼓なんかのいろいろな鳴物を鳴らして、迎えに来ます。出会ったら合流してみんなで《ガーリ》ます。（沖縄のカチャーシーみたいなものですね。）それから、婦人たちが作った会場で御茶をもらってから各自の家に帰り、着替えてまた会場に出てきます。《くシヨイ》という《アローナ》終了のお祝いが始まります。婦人たちの作った料理で《ボーリノーシ》（疲れなおし）をします。これで田んぼの《アローナ》は終わります。今は、こんなことはありません。

稲を刈ったら藁を《シラ》（稲叢）に積みます。《シラ》を積むのは、ずいぶん手間をとります。上にのぼって積み込んでいく人と、下で手渡す人と二人いなければ積むことができません。私も慣れるまでは積んでは崩れ、積んでは崩れしたものでした。太陽がパパパと照る暑い日によく崩れて失敗しました。乾燥してひっかかりがないのです。縄をいちいち回して固定しながら積んでいって、高さが六尺（約一・八メートル）になるまでには、ゆっくりやれば三日くらいもかかったものです。

《ユイ》で《シラ》を積むときは、年長者は、ひとつの組に四人ぐらいいますから、誰の積み方がきれいか調べて、一番うまい人にやってもらいます。分担して積めば崩れてしまうのは間違いありません。稲刈りが終わったら、今日は誰の米、明日は誰の米と順番を決めて運んで、《シラ》を積みます。遠い田のものは途中に中継ぎの場所を作って、いったんそこまで持ってきます。年配の方々はここから村まで担いでいって《シラ》を積み始めます。若い者が中継ぎから村まで残りの稲を担いでくるころには、もう《シラ》は半分ぐらい積み上げてあります。この田の稲はどれだけあるから、全部運ぶには、何人が何回ずつ担げばいいということを前もって計算しておきますから、その回数だけ担げばいいのです。早く終われば家に帰ってもいいのです。

昼はごはんのあと、二時間くらい昼寝します。ところが、私は若い時から昼寝をしたことがありません。それで、私は、人が寝ている間に《シラ》の上にかける《とぅマ》（苫）のための《ガヤ》（チガヤ）を刈りにいきました。《ガヤ》は、どこの野原のものでもいいですが、なるべく長いのを刈らないとだめです。

船に乗って田んぼへ

舟浮村の奥のクイラというところには網取村の田んぼがあります（二六八頁の地図参照）。ここの稲は大きな伝馬船でないと運べません。網取村の船があるのでそれを使うのですが、二〇歳を過ぎて崎山村から網取村にひっこしてからは、私がその責任者になりました。責任者は、運搬がすっかり終わるまでは、船から降りる暇がありません。

午後二時か三時ころ船を出してクイラに向かいます。このころは南風ですから、向かい風のなかをクイラ川をさかのぼって、クイラの田んぼに着くころには夕方の五時か六時になっています。向こう風があるときには、帆で斜めに風を切りながら進んでいくのです。早く田んぼに着いたら、《ジーシラ》といって、乾燥した稲束が仮積みしてありますから、それを崩して、一《マルシ》三〇束ずつくくって束にしておきます。翌朝早く、夜が明けたらすぐ船に積み込めるように準備をしておくのです。

夜は船の中で寝ます。帆をテントのようにかぶって四名で寝ます。

翌朝、潮が上がってきたら、畦から下ろす人が二人、私はもう一人と船のなかで積み込みをします。稲束を積み余したら、《とぅマ》をかけておきます。そうこうするうちに満潮になると、潮時を考えて朝三時に村を出た《サバニ》が二艘でやってきます。二人ずつ乗り込んでいます。あわせて八名になりますから急いで《サバニ》の分の稲を積み込んで出発です。《サバニ》の数は、田の広さに応じて増やすことがあります。

帰りは南風ですからサバ崎までは早いですが、サバ崎をまわったら荷物は重いし船が前に寄りません。一生懸命漕いで昼の一二時から一時ころにようやく網取村に帰りつきます。

稲を浜に下ろして休憩して、昼ごはんを食べます。昼はこれといったご馳走はありません。浜に稲を積んだらみんな一時間くらい睡眠をとります。起きたら若者は運び、年長者は《シラ》を積むという段取りになります。終わるころには、もう夕方の三時か四時になっていますから、急いでクイラへ向けて飛ばさないと潮時に間に合いません。

あんなにして苦労して稲を作ってお米を食べたんですが、ああ、大変でしたねえ。〔この項は一九七九年の聞き書きで補った〕

畑と山仕事

私のいた崎山村は、平地がなく、畑作りには苦労しました。狭い平地を細かく耕して、芋や野菜を作りました。男は田んぼで米作り。畑仕事は、婦人たちの仕事です。たくさん作っても、売るところがないから金にはなりませんので、自分で食べるだけしか作りません。

山仕事のことをとのことですが、私は家つくりのとき、山から材木を伐りだしたことと、くり舟を造ったこと、この二つしか、山仕事をしておりません。日常の生活で大切なものは住む家とくり舟です。田んぼに行くのもくり舟がなければ行けないのでくり舟作りの話をします。

山に行き適当な木を見てこれがよいと思って切り倒してから、舟造りのできる人にたのんで、舟造りにかかります。家つくりの材木、またくり舟造りの材木を昔はいつでも自由に取ることができました。ところが、営林署ができてからは、届けを出して許可が下りるまでは山に行くこともできません。家をつくるときでも、針の目を通すようになり、不便で不自由を感じておりました。くり舟を造るとしたら、ヨキとか斧なんかの刃物を使います。まず、舟になりそうな木を見たら、その木の周りのじゃまになる雑木を切り払ってから舟造りにかかります。材料は大木ですし、たくさんの人がかかって作るわけですから、なかなか簡単にはできません。

暮らしと鳥

野鳥は、農作物の豊作や不作また天気などを人に教えてくれると私は古老から聞き、それをもとに研究しております。鳥は人様に「こんなことがあるよ」と知らせるのですが、人様が聞き取れないのです。「天気だよ」とか「雨だ」とか、また農作物のこともいろいろと知らせてくれるのですが、鳥ですから人様の言葉では伝えられないのです。鳥は鳴き声で知らせてくれます。

私の生まれた西表島は、山に囲まれ、さまざまな鳥がよく鳴き声を奏でています。この鳥たちの鳴き声や行動をもとに古老から教えられたとおりにおこなっている自分の研究について述べます。

天気予報について。《ピャンサ》（鷹）が群れをなして空いっぱい飛び回り、楽しくピュウーピュウーと鳴いていると天気は晴れです。木の上にとまって、羽や頭の毛をふくらませて、体を縮め、ピッピュウと鳴くときは、天気はしけて寒くなります。そんなとき《ピャンサ》は木の上から降りて、地上で食べ物をさがします。またこのように《ピャンサ》が地上で食べ物をさがす間はしけも寒さも続きます。またこの鳥は、魚を取ったら決まった場所で食べるそうです。そしてたくさん取れたら残すので、人はしばしばこれを見て拾ってきて食べます。このとき拾う人が手で取れば、鳥は場所を移すか、もう取って来なくなり、箸で取れば、再び持ってくるそうです。《ピャンサ》が魚を食べていたところの地名を、魚の名前を取ってウナダと言うそうです。そこは昔、田んぼだったのですが、今は《ヤマ》（やぶ）になってわかりません。この話は、鹿川村の古老が私にしてくれました。

農作物の豊作、不作について。《ヤマウシ》という鳥の鳴き声を言葉で表現するのはむずかしいのですが、《ピートク、フターフ、ミトープ》と続けて鳴くそうです。しかし私が聞こえたように書きますと、「ヒトツクイ、フタツクイ、ミッツクイ」と鳴き、この鳴き声を一〇回続けるときは大豊作になり、七回続けるときは豊作になり、三回のときは不作になります。そのため、三回しか鳴かないときは、注意をしないといけないのです。このヤマウシという鳥は、山奥に住んでいます。体は小さいけれど、たいへん大きな声で九月から翌年二、三月ころまで鳴きます。このときの鳴き声が、牛のように大きいので《ヤマウシ》と言うらしいのです。古老から《ヤマウシ》と聞いたのですが、どんな鳥か姿を見たことはありません。
節について。雨水の節には《ヤマウシ》が「今は雨水の節」と知らせ、啓蟄節にはウグイスが「ホーホケキョ」と鳴いて知らせ、《ピンガン》（春分）には《ゴッカル》鳥（リュウキュウアカショウビン）が「ゴッカル」と鳴いて知らせ、夏至にはセミが「今は夏至」と鳴いて知らせます。

初出：川平永美述、安渓遊地・安渓貴子編　一九九二からの抜粋

第Ⅱ部　畑作――南からの道、北からの道

6 サトイモ類の伝統的栽培法と利用法

はじめに

日本列島の南に連なる琉球弧の最南端に位置する八重山地方は、日本の農耕文化の系譜をアジアの諸農耕文化との関連で研究するうえで欠くことができない重要な地域である。しかし、実際には、八重山の伝統的農耕体系については、近年ようやく実証的研究があらわれ始めたばかりである。伝統的水稲作については渡部ら（渡部 一九八三、渡部・生田 一九八四）の貢献によって明らかにされた部分が大きい。一方、稲作と補完しあう重要な位置にあった伝統的畑作については、植松（一九七四）や佐々木（一九七八）の貴重な報告がある。しかし、まだ八重山の畑作の全体像を描きうるまでには至っていない。

種子島・屋久島から南に連なる島々のサトイモ類とその栽培・利用法については、民俗学・文化人類学の立場からの豊富な報告がある（大山 一九六八、上井 一九六九、國分 一九七〇、斉藤・坂口 一九七二、佐々木 一九七三a、

下野　一九八〇など)。なかでも下野敏見（一九八〇）はそれまでの研究の多くを紹介し、水田のサトイモ（田芋）を中心に奄美以北の栽培・調理・儀礼の各方面にわたる包括的な資料を提供した。下野論文の雑誌掲載時に寄せられた二篇のコメント（國分　一九七三b、坪井　一九七三）にも重要な論点が盛られている。しかし、こうした豊富な報告にもかかわらず、沖縄島より南の宮古・八重山地方からの報告は現在まで皆無に近い。民俗学・文化人類学の資料と比べて、植物学の立場から南島のサトイモ類を研究した例はさらに少ない。植物学者からの次の発言をわれわれは深刻に受け止める必要がある。

「サトイモやヤマノイモ類の品種群の分化や、その系統についても、未解決の問題がきわめて多く、考古学や民族学（文化人類学）関係の人たちの間で楽天的に考えられているように、日本の古層の農耕を本当に代表する作物であるか否かも、植物学的には未解決だといわねばならない」（堀田　一九八三　一九頁）。

本章で西表島西部のサトイモ類を扱うにあたって、サトイモ類の植物学的な記載についても充分の配慮をしたいと思う。

一　西表島の概況と研究の方法

八重山という地域は、各島の立地の違いがきわめて大きいという特徴をもっている（安渓　一九八四c、二九七〜二九八頁）。これまでに伝統的畑作が研究されたのは、いずれも竹富・新城・黒島などの隆起サンゴ島あるいは自然地理学でいう「低島」であった。これに対して西表・石垣・与那国島など複雑な地形をした「高島」の伝統的畑作についての報告は皆無に近い。しかし、少なくともこの二類型を踏まえなければ、八重山の伝統的農耕について正当に論

表 14　西表島西部の在来集落での主な話者の方々

網取集落

AA（男　1894）Aa（女　1904　与那国島出身）Ab（女　1897　崎山出身．47歳で網取へ移住）AC（男　1903　川平永美氏．青年期を崎山で過ごす）AD（男　1904　鹿川出身．崎山を経て９歳で網取へ）Ae（女　1909　山田（入伊泊）雪子氏）AF（男　1919）Af（女　1921ごろ）

舟浮集落

FA（男　1903　網取生まれ．少年時代を網取で過ごし，舟浮に移住）Fb（女　1906）FC（男　1910）Fc（女　1912　大正元年生まれ）

祖納集落

SA（男　1900）Sa（女　1905　新盛浪氏）Sb（女　1900）Sc（女　1901　崎山出身）SD（男　1905　郷土史家の星勲氏）Sd（女　1906）SE（男　1906）SF（男　1907）Sf（女　1907）SG（男　1907）SH（男　1909）SI（男　1912　明治45年生まれ）SJ（男　1912）Sj（女　1916）SK（男　1914）Sk（女　1919）SL（男　1915）Sl（女　1918）SM（男　1919）SN（男　1921）SO（男　1921）Sp（女　1921）SQ（男　1924）Sq（女　1927　干立出身）SR（男　1925）SS（男　1926　大正15年生まれ）ST（男　1930）Su（女　1935ごろ）

干立集落

Ha（女　1897）Hb（女　1899）HC（男　1901）Hc（女　1910）HD（男　1904）HE（男　1905　黒島英輝氏）Hf（女　1911　祖納出身）Hg（女　1912　祖納出身，明治45年生まれ）HH（男　1914　植物と民俗の研究家の黒島寛松氏）HI（男　1914）HJ（男　1919　浦内出身．地名および郷土史研究家の与那国茂一氏）HK（男　1921）Hl（女　1922）HM（男　1922）Hm（女　1924）HN（男　1927）HO（男　1929）HP（男　1932　浦内出身）HQ（男　1946　祖納出身．石垣金星氏，現在は祖納に居住）

注：カッコ内の数字は生年．

ずることは困難である。

西表島西部の祖納、干立、舟浮の三集落に滞在して植物標本の採集、生業活動の参与観察、明治・大正時代の生活についての聞きとりをおこなった。そのほかに、一九七一年に廃村となった網取集落の方々からもお話をうかがった。西表島の伝統的畑作についての集中的な調査は、一九七七年と一九八四〜八五年の延べ約五か月間にわたった。

表14はこの報告に関する伝承者の方々の一覧である。話は時として食い違いをみせる。それは集落による違いや伝承者個人の経験の違いに基づくこともある。個々の聞きとりにデータの出所を明記することが必要であると考えるゆえんである。記号は、アルファベット二文字からなり、はじめの一文字（A、F、S、H）は集落を示し、二文字めは、大文字が男性、小文字が女性であり、Aとaなどは御夫妻である。祖納の星勲氏（表中の略号SD）と干立ご出身の黒島寛松氏（略号HH）は、

郷土の民俗あるいは植物に関する永年の研究に裏打ちされた確かな知識で私を厳しく導いてくださった。

二　種・品種の同定と栽培法の観察

現在、西表島の西部地区で利用または栽培されているサトイモ科の植物はクワズイモ属・サトイモ属・ヤバネイモ属の三属である。クワズイモ属は食用としないが、オセアニアでは食用となる種もあるので、比較のためここで扱うことにする。それぞれの属の、①種と品種の同定にかかわる説明、②栽培または生育の状況について、観察の結果を記す。染色体の倍数性については安渓貴子（一九八七）を引用した。

A　クワズイモ属〈*Alocasia* spp.〉

シマクワズイモを除いて野生状態で生育する。いずれも食用としない。葉で食品を包み、薬用にもした。

クワズイモ〈*A. odora*（Roxb.）C. Koch〉

①染色体数二八の二倍体。西表では高さ三メートル程度になる。②二次植生の縁などに普通。沖縄から西南日本南部にかけて野生状態で分布する。

クワズイモ属の一種〈*Alocasia* sp.〉

①二倍体。明確に盾着する葉をもつクワズイモと異なり、ほとんど盾着しない葉をもつ。葉がまったく盾着しないインドクワズイモ *A. macrorrhiza*（L.）G. Donに一見よく似ている。京都大学教養部（現在、鹿児島短期大学）の堀田満先生に生きた標本を送って同定を依頼した。その結果、より正確には花や生育状況の検討が必要で断言できないが、*A. odora*（クワズイモ）、*A. cucullata*（シマクワズイモ）、*A. macrorrhiza*（インドクワズイモ）と近縁なグループの一タイプであることは間違いない。クワズイモと同じ生育地に混じって生えるのであれば雑種である可能性もあるというご教示を受けた。②普通はクワズイモの群落に混じって野生状態で生育するが、つねにクワズイモよりやや湿潤な生育地を好む。祖納上村の集落趾に多く、ことに慶来《けらい》慶田《けだ》城《ぐすく》用緒《ようしょ》（後述）の屋敷跡の一角には純群落が認められる。

シマクワズイモ〈*A. cucullata*（Lour.）G. Don〉

①二倍体。全体に小型で、クワズイモより小さい葉が盾着し、葉脈の走りかたがクワズイモと異なっている。②数年前までは集落の中に点在したというが、今日では祖納のわずか二軒の家で鉢植えされているだけである。人間の保護が加えられない生育地では数年で消滅してしまうようである。この意味でシマクワズイモは明らかな保護植物である。

B　サトイモ属〈*Colocasia* spp.〉

ハスイモ〈*C. indica* Hassk. = *C. gigantea* Hook. f.〉

①二倍体。生長の初期には、クワズイモと間違えやすい。サトイモよりも植物体の緑色が薄く、アントキアン着色

はない。葉柄頸部の屈曲が弱く、葉はより水平に近く広がる。葉の縁が波うっている。私が種子島で見たハスイモは、葉柄が一五〇センチもあったが、西表のものはせいぜい七〇センチである（堀田 一九六二、一五七頁）。②数軒の家が庭先で二、三株栽培するにすぎず、消滅寸前である。

サトイモ〈*C. esculenta* (L.) Schott = *C. antiquorum* Schott〉

西表島西部の祖納集落では、少なくとも七つの品種が区別されている。《パユム》以外はすべて栽培品であって、栽培される場所は水田・畑・家の庭と品種によってさまざまである。

《パユム》 ①染色体数二八の二倍体。親芋型。直径約三ミリで五〇センチに及ぶ匍匐茎（ランナーあるいはストローン）をつけるという野生型の形質をもつ。堀田のいうバラエティ・アクアティリス（var. *aquatilis*）に相当するもののようである（HOTTA, 1970, pp. 91-93）。台湾に分布するサトイモモドキ〈*C. formosana* Hayata〉とされたこともあるが（初島・天野 一九六七、一五〇頁）、サトイモの一変種にほかならない（HOTTA, 1970, p. 91, 多和田 一九七五、二五～二八頁）。葉心部が赤く着色する。②水田の畦に群生する。昔から自然に生えているという。現在は水田の基盤整備事業が進んでしだいに減る傾向にある。

《キヌクウム》 ①染色体数四二の三倍体。子芋型。全体にアントキアン着色が強く、葉柄全体・葉脈・葉心部が濃い赤紫色を呈する。葉の周囲が赤く、襟掛と呼ばれる葉柄基部の縁の部分も赤い。草丈は三〇センチに満たないものが多い。②畑で栽培される。

《サトイモ》 ①三倍体。子芋型。葉柄頸部と葉柄附着点が赤いが、葉心部は白い。葉の周囲は赤い。草丈は《キヌクウム》よりもやや大きい。②畑で栽培される。

《チンヌク》 ①二倍体。親芋型。葉柄の頸部と葉心部が赤く、葉のいちばん縁の部分も赤い。外見は《パユム》によく似ているが、ランナーをもたない。②畑で栽培される。

《メークウム》　①二倍体。親芋型。葉柄の各部・芽・根がピンク色を呈する。襟掛も着色している。葉心部は緑色。《パユム》より太い短い匍匐枝をもつことがある。いわゆるミカシキ群（堀田　一九八三、二七、四六頁）であろう。②畑と庭先で細々と栽培されている。

《ウレマウム》　①二倍体。親芋型。アントキアン着色がない点は《ターンム》に似ているが、葉のへりが波うち、葉心部が白いので識別できる。②水田の畦のような、水田ほど過湿ではないが、かなり土壌水分が高い所に栽培される。

《ターンム》　①二倍体。親芋型。全体に淡緑色でアントキアンによる赤紫色の着色がないのが普通である。②水田中に栽培される。一〇アールあまり栽培している農家がある。

C　ヤバネイモ属〈*Xanthosoma* spp.〉

ヤウティアともいう南米原産の栽培植物。ここでは、広義のサトイモ類に含めておく。盾着しない矢尻型の葉と葉縁を一周する葉脈の存在でサトイモ属と区別できる。同定はPURSEGLOVE（1972, pp. 69–74）に従う。

ヤバネイモ〈*X. sagittifolium*（L.）Schott〉

①染色体数二六の二倍体。全体にアントキアン着色がない。草丈はかなり大きくなり、十分に肥料を与えた畑では葉柄の長さが一二〇センチに達する。②畑または庭先で栽培される。干立集落内で野生状態の群落になっているのを観察した。

ムラサキヤバネイモ〈*X. violaceum* Schott〉

①二倍体。ヤバネイモとは対照的に全体が黒に近い濃い紫色に着色していて、緑色なのは葉の表面だけである。草丈はせいぜい四〇センチである。②庭先で栽培される。

三　西表名・特徴・利用法の聞きとり

前章で同定されたサトイモ科植物を手がかりに、西表島西部の伝統的集落での聞きとりをおこなった。その結果を、方名（vernacular names）とその意味・品種の特徴・栽培法と利用法などについて提示する。系統が絶えてしまったものについても触れることにし、A　野生状態のもの、B　在来の栽培品種、C　二〇世紀に導入された品種の順に述べよう。

A　野生状態のもの

《かサヌパー》（クワズイモ）

方名とその意味　祖納・干立では普通《かサヌパー》、あるいは《かサンパ》といっている（SD・HH）。網取では《ビールかサヌパー》と呼び（AD）、老人が《かサヌパー》というときには、イトバショウ《バサ》の葉なども含めていたという（Ae）。祖納でもとくにクワズイモの葉を指すときには《ビールかサンパ》と呼び、《ビール》とは中毒するという意味である。だから、他のサトイモ類と違って《ウム》とはけっして呼ばない（SD）。次の《ビーかサンパ》と並べて言う場合に《ミーかサンパ》と呼ぶこともあるが、これは「雌の」《かサンパ》という意味だ（Sk）。

特徴とその識別法　いちばんよく見られるクワズイモ。

利用法　有毒で、芋は食用にならない。干立のある青年が誤って食べ、すぐ吐き出したが三時間も激しい喉の痛みが続いたという。猪も食べない（HM）。サキシマハブ《パブ》に噛まれた傷口に葉柄の切り口を押し当てると蛇の毒を消すことができる（HK・Sb）。クワズイモの最大の用途はその葉にある。山野で水を汲むために、葉を丸めてひしゃくのように使う道具《イモール》（網取で《イムル》（AF））は今日も頻繁に作る。在来稲を吸水・発芽させる籠の底にも敷いた（HH）。糯米を丸く握って《クマング》を作るときにも握る際に手につかないように使う。このとき、葉が破れないように気をつけないと食べ物に苦い味がついてしまう（HE）。多和田真淳氏によれば、西表ではこの葉に水を入れ、火に掛けて湯をわかすことがあったという。

《ビーかサヌパー》（クワズイモ属の一種）

方名とその意味　干立では《ビーかサヌパー》（HH）、祖納では《ビーかサンパ》という（Sk・Sl）。《ビーかサヌパー》というのは、右に述べた《かサヌパー》の《ビームヌ》という意味で、《ビームヌ》とは言葉どおりには「雄の方」という意味だが、役に立たないものを指す場合が多い（HH）。

特徴とその識別法　《ミーかサンパ》と比べて葉の切れ込みが深く、葉柄の付け根まで入り込んでいるのですぐにわかる（Sk）。

利用法　葉の切れ込みが深く、中に食べ物を入れても汁やご飯がこぼれてしまうので普通は使わない（Sk）。ただし、葬式のときだけは逆で、食べ物を入れる葉には必ずこれを使い、《ミーかサンパ》は使わない（Sl）。

《ンバし》（シマクワズイモ）

方名とその意味　干立では《ンバし》（HD・HH）と《ゴッカルかサンパ》（HE）という異なる方名が得られる。祖納でも《ゴッカルーかサンパ》という人（SJ）がいる。網取出身者にシマクワズイモの標本を見せると《かサフタぁー》（《ぁー》は鼻音）という方名が示された（Ae）。干立の《ンバし》は首里でクワズイモを呼ぶ方名と同じである（天野　一九七九、一九七頁）。《ゴッカルかサンパ》というのは、方名で《ゴッカル》と呼ぶリュウキュウアカショウビンが飛来するころに花をつけるからだという（HE）。《かサフタぁー》は、《かサ》と《フタぁー》に分解され、《フタぁー》とは「小さい蓋」の意味があるのかもしれない。《かサ》の意味は後述する。

特徴とその識別法　昔は、旧家の庭にあったが、最近はずいぶん減ってしまった（Sk）。網取では、集落の背後のクバカーという所に行く道にだけ生えていた（Ae）。ただし、網取のものは葉の丸みが強く、先が長く伸びなかったというから、別種である可能性もある。網取集落趾で採集を試みたが、クバカー周辺には生育していなかった。

利用法　網取では、稲の播種祝い《たニトゥリヨイ》の糯米のお握り《イバチ》には、必ず《かサフタぁー》を使った。葉を水で洗って乾かしておき、植物油を付けておにぎりを葉で握った（Ae）。お握りの上から蓋のようにかぶせておくのにも使った（AF）。芋の部分をショウガとつぶしたものを塗って痛む足を包んでおくと神経痛の薬になった（Ae）。

《パユム》（サトイモの一変種）

方名とその意味　祖納では《パユム》という（SD）。「自然に生えた芋」の意味で《ムイム》と呼ぶ人（Sb）もある。干立では《パイム》という人（HH）も、《パイムチ》という人（HE）もいる。網取では《パイムチ》というが、祖納ほど多く見られなかった（AF）。《パイ》とは「這う」ことで、蔓を伸ばして這っていく習性を表している（HE）。

《ユリパヤー》という祖納の人（SA）もあったが、これは「寄り集まって這う物」という意味かと思われる。

特徴とその識別法　湿気のある所ならどこにでも生える。とくに田の畦に多い。一株あれば、蔓を出して広がっていく（SD）。浦内川上流の水田地帯の耕作をやめた荒田《アッタ》にたくさん生えていた（HE）。

利用法　豚の餌としての利用が中心だった。葉柄から上を鎌で切ってきて、ぬかを混ぜて炊いて食べさせた（HE・SD）。人間には食べられない（Sa）というが、実際に芋を食べた人もいる（SD・Sd）。人が食べるときは、水から炊いて炊き上がったら冷えるまで蓋を取らないのがうまく炊くこつだ。そうしないと、口がかゆくなる（Sd）。上手に料理すればおいしいものであった（SD）。

B　在来の栽培品種

《かサムチ》（ハスイモ）

方名とその意味　祖納では《かサムチ》という（SD）。単に《ムチ》という人もいた（Sd）。《かサ》の意味は、クワズイモの方言である《かサヌパー》の《かサ》と同じだ（SD）。網取では《かサムチ》ということは少なく、「白ムチ」という意味の《ッスムチ》と呼ぶのが普通である（Ae・AF・Af）。

栽培法　祖納では、老人のいる家で二〜三株を庭先に植えていた程度だった（Sb）。網取では畑に作っていた（AF）。殖やす時は、根に粒のようなもの（つまりランナーの先の小芋）が出るのを折り取って植える（HE）。クワズイモと同じで時季がないから収穫は一年中可能だ（Sb）。葉柄を切り取るときは、刃物を使わずにシレナシジミの殻《ガジャーヌクー》で切り込みを入れて折り取った。昔は肥料を入れて大きく育てた（HE）。

利用法　もっぱら葉柄（《フキ》、茎の意味）を食べる。チョマ《ブー》の糸で葉柄を縦割りしてから細かく刻んだ（HE）。皮をむいたものを塩と水でよくもんであく抜きをして食べる（SD）。この料理を《ムゼシ》（網取で《ムドゥシ》（AF））というが、ほとんど《かサムチ》にだけ使う言葉で、たとえばキュウリもみなら《ナマシ》という（SD・Sd）。そのままでも、酢の物にしてもよい。もんだあと炊いても食べられるが、いずれにしてもあく抜きが下手だと口がかゆくなる（Sd）。葉は炊いて豚の餌にした（HE）。

行事用としても、夏場の野菜のないときに手軽にしかも大量に調達できるため重宝だった（AF）。たとえば稲刈り《マイカリ》（FA）、豊年祭《プリヨイ》の集まり（Sd）、お盆《ソール》（AF）、田の初起こし《アローナ》（SD）など、多くの人が集まるときには必ず《かサムチ》の《ムゼシ》を作った。

《かサヌパー》と同じように大きい葉をしているが、裂けやすいので食べ物を包む用途には使わない。《かサムチ》の葉には別の使い方があった。昔は、《サグヤー》（夜這い）が盛んだった。若い男女の仲が固まってくると、男の友達連中がやっかみ半分にいたずらを仕掛けた。《かサムチ》の葉に一〜二升の水を入れて袋状にしばり、寝入った二人の間にそっと置いてくるのである。うまくいくと、翌朝までに二人は水浸しになっていたものだった（SD）。

《ターヌウム》（水田でつくるサトイモ、西表の在来品は絶えてしまった）

方名とその意味　祖納では《ターヌウム》という。「田の芋」という意味だ（SD）。干立では《タナウム》という人が多く（HH）、《ターウム》という人（Hb）もいた。舟浮では《ターンム》という（FA・Fc）。網取では《ターヌムチ》（AA）とか、《タームチ》（Ae・AF・Af）と呼ぶ。

特徴とその識別法　今作っているものと違って昔の品種は葉柄が赤かった（HE）。昔のもののほうがイモも大きくてうまかったような気がする（HE）。大昔からあって、いつ島に来たのかわからない（SD）。

栽培法　水田の一角に作る。専用の水田があって、祖納では《ターヌウムタ》（SD）、網取では《ムチタ》と呼ぶ

(AF)。旱魃にも水の切れない田《カーラダ》に栽培するのがよい(SD)。胸まであるような深い田には適さない。冷たい湧水がある比較的浅い田がよい(AA)。台風が来ても増水した水田の中で風から守られて、被害を受けにくい(SD)。しかし、方言で《かマイ》というリュウキュウイノシシの被害は大きかった。もし猪が《ムチタ》に入ったら、一晩ですっかりなくなってしまうのを覚悟しなければならない(Ab・Ae)。このため、水稲田や焼畑と同じように、猪垣《シー》を必ず巡らせなければならない(FA)。崎山では、猪が多くて作ることができなかった(Ab)。網取で種切れになったのも猪のせいだった(AF・Af)。普通は、一軒か二軒の限られた農家だけが作って集落全体の需要をまかなっていた(AA・HH)。昔からの栽培が戦前まで続いていた場所を挙げると、祖納のウタタル(Sb)、干立のウイヌカー(Hb)、網取のウブヌチ(Ae・AF)などで、一～五畝(アール)をそれぞれ栽培していた。三尺間隔で植えておくと、一年後には株と株が接するほど繁茂し、収穫できるようになった(AF)。収穫の時期は稲のように決まってはいないが、秋になって下側の葉が枯れはじめるころから最盛期になる(SD)。収穫がもっとも盛んなのは旧暦一二月から一月にかけての(在来稲の)田植えの時期だった(Hb)。イモを収穫するときは、まず、直径五〇センチほどになっている株のまわりに鎌《ガヒャー》を一周させて根切りをする(HE)。根切りした株を引き出して根をちぎる。この作業を田の中ですると体がかゆくなる。大きい芋を掘り取り、子芋の株を残しておくと翌年には大きくなる。春まで採り続けるが、お盆に使う分に大きい芋を残しておく。こうして毎年少しずつ更新して、すっかり新しい株におきかわるまでに五年ほどかかった(AF)。一株掘れば親芋と子芋を合わせてひと抱えのざる《ちル》にいっぱいの芋が取れる(Ae)。《ターンム》が一畝あれば、その収穫は稲一反に匹敵するといったものだ(FA)。収穫は多くても、冬の田の手入れは寒くてつらい仕事で、かゆみもあってなかなか大変だった(AF)。

利用法　日常の食事に一年中さまざまな利用法がある(Ae)。舟浮では、これひとつで四つから五つの料理ができるといったものだ。大きい芋はゆでて輪切りにし、小さい芋は《レンガク》(田楽か)に、葉柄は刻んでおつゆの実に、ひげ根《ぴニ》はさっとゆがいてなます《ナマシ》にというように（FA）。私も祖納でゆでた《ターヌウム》をお茶うけ《チョッキ》としていただいたことがある。また、《レンガク》は米味噌と豚の脂と砂糖で味をつけて煮詰めたご馳走で、本来の方言では《イレキムヌ》という（Sb）。炊くときに水から炊かないと喉がかゆくなるから注意しなければならない（Ae）。祖納では昔ご飯のように炊いて食べたこともあった。作り方は、皮をむいてから炊き、サツマイモまたはアロールートからとった澱粉を入れた（SD）。イモとずいきを混ぜて炊いてつぶしたものを網取では《ジョロジョロズーシ》（柔らかい雑炊の意味）というが、これは二〜三日も腐らない（AF）。祖納では米の雑炊に芋を混ぜたものを賞味した（Sd）。サツマイモと混ぜた餅をゲットウ《さミ》の葉に包むこともあった（SD）。

　年中行事で作るご馳走にもよく使い、とくに先祖供養の十六日祭（《ジュールクニチ》、旧暦の一月一六日）とお盆《ソール》には欠かせなかった（AF・SA）。焼香《ショッコー》のご馳走でも必ず使う（Hb）。十六日祭には、ゆでた《ターヌウム》にサツマイモ《ウム》を混ぜてつぶして丸く握り、粉をふってから重箱に並べて仏前に飾った（SD）。これを方言で《ウムヌニーリ》（Sb）または芋のご飯の意味で《ウムヌワン》と呼ぶ（SD）。サツマイモを混ぜるのは、《ターヌウム》の強い粘りを減らして握りやすくするためで、甘味も加わって米のご飯よりもおいしくなる（SD）。網取のお盆には《リンガク》（祖納の《レンガク》に相当）を仏前に供えた（AF）。網取では八月の十五夜に《タームチ》の餅を作った。皮をむいたものを鍋で炊いて糯米《ムちマイ》の粉と混ぜ、こしき《しノー》でふかす。このどろどろした餅を網取では《たりふクヮンギ》という（Ae・Af）。祖納でも十五夜には《ふカンギ》というものを食べるが、これは糯米の粉と《アハマミ》（アズキやササゲ）を炊いた餅である（SD）。

《キヌクウム》（畑に作るサトイモの一品種）

方名とその意味　祖納・干立・舟浮では《キヌクウム》というが、《キヌクンム》と発音する人も多い（SD・

HH・FA）。網取では《タームチ》に対比させた《ぱテムチ》という名前で呼んだ（AF）。《ぱテ》というのは畑のことだが、なぜ《ムチ》というのか。粘り気《ムちミ》があるから《ムチ》と呼ぶのかもしれないという人（AF）もあるが、祖納で《ムチ》と言えばずいきを食べるハスイモのことで（Sd）、結局ずいき一般を《ムチ》と呼ぶのだろう（SD）。

特徴とその識別法　柄と葉脈が紫色を帯びている（Sa・SD・HH）。《キヌクウム》の伝来については、伝説がある。一六世紀に活躍した祖納の英雄である慶来慶田城用緒の娘は、島に漂着した男と駆け落ちして、《トー》の国へ行った。この娘はのちに里帰りしたが、そのとき農民たちへの土産としてこの《キヌクウム》などの作物と鉄の農具をもたらしたという（SD）。後年、この娘の伝承が祖納最大の祭り《しチ》の歌と踊りの中に織り込まれ、現在にいたっているという（星　一九八一、四九〜五六頁）。

栽培法　家の周り《ヤーヌマール》に作ることが多かった（SD）。網取では畑の縁に植えた（AF・Af）。干立ではあまり作らなかった（Ha・HE）。腐りやすく、栽培がむずかしい（SD）。夏に下の葉が枯れると収穫を始める。一年中はとれない（Hf・Hg）。収穫するときは、手で探りながら掘り出し、小さい芋をまた植えておく（FA）。一軒で畳二枚分も作れば多いほうで（Sb）、《ターヌウム》のようにたくさん収穫できるものではなかった（SD）。

利用法　ずいきを食べない（AF・Af）。芋はゆでると柔らかく、味付けをしなくてもおいしい（Hb）。粘り気は《ターヌウム》ほどではない（SD）。年中行事にとっては《ターヌウム》ほど重要ではなかった（SD）。

大正時代までユタ（祈祷師）が憑きものを追い払う儀式《マジヌヌたマシトゥリ》に《キヌクウム》が使われた。《ソーチムヌ》（精進物、清めのために準備するもの一式）として使う四つの食器を載せたお膳《ユーチングミジン》のすべてを《キヌクウム》だけでしつらえた。その内容は、芋をゆでたもの、葉柄を塩水で炊いた汁、葉を細かく切ったなます、葉柄の基部の煮付けの四品であった。これは人が食べるためのものでなかったが、この儀式に《キヌクウム》を使った意味はよくわからないという（SD）。

C　二〇世紀になって導入されたもの

《サトイモ》（サトイモの一品種）
特徴とその識別法　一九三三年頃に来た新品種。卵より小さい子芋を採った。
利用法　箱詰めにして内地《ヤマトゥ》へ移出した（SD）。

《チンヌク》（サトイモの一品種）
方名とその意味　《チンヌク》は沖縄島で畑に作るサトイモを指す方言である。これを《ハワイイモ》と呼ぶ人もある（Sp）。
特徴とその識別法　一九七〇年代の終わりに石垣島経由で沖縄島から来た品種（Sk）。

《メークウム》（サトイモの一品種）
方名とその意味　《メーク》というのは宮古島のことで、戦前、浦内川沿いの稲葉集落に住んでいた宮古出身の人にもらったのでこう呼んでいる（Sa）。
特徴とその識別法　《サトイモ》のようには芋が太らないが、ずいきがおいしい（Su）。

《ウしマウム》（サトイモの一品種）

方名とその意味　祖納では《ウしマウム》、または《オーしマイモ》と呼んでいる。奄美大島出身の人が持ってきたからこう呼ぶ（SM）。

特徴とその識別法　一九三八年頃に導入された（SM）。《ターヌウム》に似ているが茎が白く、汁に触れてもかゆくない。葉は少し《キヌクウム》に似ている（Sb）。

栽培法　田の中では育たず畦にしか作れない品種だ（SM）。

利用法　ずいきも食べられて、雑炊《ズーシ》に入れてもおいしい（Sb）。

《ターンム》（サトイモの一品種）

方名とその意味　沖縄島での方名である。西表島の在来品と区別せず《ターヌウム》と呼ぶ人も多い（Sb）。

特徴とその識別法　在来品種と違って赤い色がついていない。一九八〇年に沖縄島の金武《きん》からもらってきて作りはじめた（SR）。

栽培法　毎年更新してやらないと、芋に段がついて商品価値がなくなる。大きな青虫が付くので、ところどころに棒を立てて、鳥が虫をついばむようにしてある[1]（SR）。

利用法　一〇月から六月まで主として石垣島に出荷する。十六日祭のときなどは、ゆでて売る仕事が間に合わないくらいだ（SR）。

《セイバンウム》（ヤバネイモ、別名ヤウティア）

方名とその意味　祖納では《セイバンウム》という。これは、台湾の高山族（高砂族）の蔑称「生蕃」に語源をもつ（SJ）。干立では《セイバウム》とか、与那国からきたから《ユノーウム》とかいう（Hb）。

特徴とその識別法　一見《かサヌパー》に似ている。子芋を食べる（Hb）。戦争中に祖納の宮良孫里氏がムラサキヤバネイモとともに与那国島からもたらしたもの（Sl）。

利用法　おいしくはないが、戦後の食糧難の時代には食べた。サツマイモとまぜてねってやると、その甘味で食べられる（Hb）。葉柄も食べられる（SJ）。葉柄は豚の餌としてよく使った（Hb）。

《セイバンウム》（ムラサキヤバネイモ）

方名その他はヤバネイモと同じ（Sj）。

四　観察と聞きとりをめぐる若干の問題点

A　同定結果をめぐって

これまでに報告されている東アジアの品種群の形質（熊沢ほか　一九五六、一頁）と西表在来のサトイモの形質を比較してみると、《パユム》や《キヌクウム》にそのまま対応するものは見当たらない。未同定のクワズイモ属の問題を含めて今後に残された仕事が多く、蘭嶼《らんしょ》に関するCHANG（1984）のような報告の蓄積が望まれる。二〇世紀になって西表島に導入された品種の位置づけについては安渓貴子（一九八七a）が報告している。

ランナーをもつ野生型のサトイモが水田の畦に生育する。このこと自体はすでに知られていたが、その利用形態は不明だった。東南アジアにも広く分布する人里雑草的なサトイモを現在はだれも食べていないとする中尾（一九七七、一二頁）の指摘があるけれども、えぐみは強いものの、西表では人間も食べていたことがわかった。

二倍体が中心である西表島のサトイモに三倍体も含まれており、しかもかなり古く導入されたらしい。祖納の《キヌクウム》がそれである。サトイモの三倍体は、中国・日本・沖縄以外にはルソン島西岸などにも点在するが（YEN & WHEELER, 1968, p. 260）、日本と中国以外の栽培は比較的新しく、堀田（一九八三、三〇頁）によればすべて中国人（華僑）と結びついていて、彼らが持ちこんだと思われるという。つまり、西表島の陸生三倍体サトイモが外来のものであるとすれば、その起原が西表の南の島々にあるという可能性は低くなろう。前述した西表・祖納の《キヌクウム》の伝承では《トー》（中国の大陸部）からもたらされたとある。ただし、方名を検討すると、沖縄島経由で日本本土からもたらされた可能性が示唆される[2]。

B　方名の検討――かサ・ムチ・ウム

かサという名前

《かサヌパー》・《かサムチ》など《かサ～》という接頭辞をもつ方名がある。《かサ》の意味はなにか。網取ではクワズイモだけでなくイトバショウの葉も《かサヌパー》と呼ばれたことは重要である。《かサ》が食物を包む機能を示すことが示唆されるからである。石垣島でも事情は同じで、次のような資料がある。「カサ・ヌ・パー（中略）は、飯を載せ、或は握り、或は蓋をするなどの如く、すべて炊事に関する用に充つる植物の葉の総称（後略）」（宮良 一九八〇（一九三〇）、二二三頁）。クワズイモ類の葉の調理用具としての有用性にも注目しておきたい。

《ムチ》と《ウム》の対立

集落間のサトイモ類の方名の差は在来稲より著しかった。稲は人頭税の上納用作物として政治的に強くコントロールされ、集落間の差は縮小された。これに対して自給用の作物はそのようなコントロールが働かなかったものと考えられる。

調査した四集落中でもっとも違いが大きい祖納と網取について、在来品種と野生種の主な方名を比較する（表15）。表中ゴチックで示した語尾に注目すると、クワズイモ属を除くサトイモ類は、網取ではすべて《～ムチ》という語尾をもち、祖納ではハスイモ《かサムチ》を例外として《～ウム》に類する語尾をもつことがわかる。

沖縄島では湿性のタイモ《ターム》と陸生のサトイモ《チンヌク》を《マーウム》と総称するのが一般的である（佐々木　一九七三a、八七頁）。《マー》というのは「真の」を意味する接頭辞であるから「本当の芋」という意味となる。これに対して八重山では（西表・網取が典型であるが）サトイモを《ムチ》・《ムージゥ》あるいはそれに類する語尾をもつ名前で呼び、《～ウム》とは呼ばない所が多かった。一方、西表・祖納ではハスイモ以外のサトイモ属すべてを《ウム》またはそれに類する語尾をもつ名前で呼ぶ。祖納は古くから八重山の政治的中心のひとつであり、士族《ユカリぴトゥ》も多かった。おそらくはこうした事情から祖納は沖縄島の影響を多く受け、サトイモを《～ウム》に含めるに至ったが、網取は古い呼び方を保ったのであろう。

表15　祖納と網取のサトイモ類の方名の比較

種名	祖納	網取
クワズイモ	かサヌパー	ビールかサヌパー
ハスイモ	かサ**ムチ**	ッス**ムチ**
野生型サトイモ	パ**ユム**	パイ**ムチ**
畑のサトイモ	キヌク**ウム**	パテ**ムチ**
水田のサトイモ	ターヌ**ウム**	ター**ムチ**

注：祖納のサトイモは～ウム系，網取は～ムチ系．

《ウム》は共通語のイモに相当する言葉である。《ムチ》とはどういう意味だろうか[3]。網取では《ムチ》は芋の粘り気《ムちミ》と関係がある呼称ではないかという民間語源説がある。糯米などの穀物で作る餅も《ムち》と呼ばれ、これら二つの《ムチ／ムち》は、《ムちミ》という共通の特徴から命名されたことになる。しかし、これには次のような反論ができる。
石垣島ではサトイモを「ムージィ」、餅は「ムチィ」という（宮良　一九八〇（一九三〇）、五八七頁）。与那国島ではサトイモが《ムダ》（安渓　一九八四c、三〇七頁）、餅は《ムティ》である。沖縄島の首里でも、《ムジ》はタイモのずいきを指す（国立国語研究所　一九六三、三九八頁）。つまり、もともと別の言葉が、たまたま西表西部では非常によく似た発音になっているにすぎないと考えられる。[4]

C　古記録に現れるサトイモ科作物

西表島のサトイモ科植物について記したもっとも古い記録は一四七七年に与那国島に漂着し、沖縄・博多を経て帰国した朝鮮・済州島人が残したものである（末松　一九五八、三三三頁）。今日の西表島西部（祖納周辺）と考えられる所乃《ソネ》島で彼らが見た「菜」には蹲鴟《そんし》・冬瓜《とうが》・薑《はじかみ》・蒜《ひる》・茄子《なす》・瓠《ひさご》があった。この蹲鴟に李（一九七二、四五六頁）は「さつまいも」とふりがなをつけているが、サツマイモの八重山への導入は一七世紀を待たなければならない。この場合はサトイモ科の作物を指していると考えられるが、具体的に何を指しているかは明らかでない。しかし、手がかりがないわけではない。

金非衣らの済州島人は、経由した与那国島から沖縄島に至る合計九つの島のすべてでこの蹲鴟を見ている。そして、それらの島々の中には立地上タイモ栽培がほぼ不可能な新城島や黒島といった隆起サンゴ礁の低島も含まれていた。蹲鴟と記録されたものがどれも同じ種または品種であったか不明だが、これらの低島の蹲鴟はタイモではなかったと考えられる。そして、西表島（をはじめとする八重山の島々）への陸生のサトイモの導入が一六世紀以後だという伝承と、その方名（《キヌクウム》）が日本本土の品種名とつながるという事実（注2参照）を踏まえてみると、当時の八重山・多良間・宮古・沖縄の島々で蹲鴟と記録されたものの一部に、タイモでも陸生のサトイモでもないサトイモ科作物があった可能性はあるだろう。私はそれが葉柄を食べるハスイモではなかったかと想像している。西表ではハスイモは由来がわからない古い在来作物であるといい、タイモを栽培しながらも夏場の野菜としてハスイモを重視し、行事にもよく用いたのであった。

その後のサトイモ類の記述は、八重山が首里王朝の支配下にあった時代の『農業之次第』（新城　一九八三b、二二六頁）の「田芋」まで見当らない。明治中期に八重山を訪れた田代安定（一八八六a～一八八六c）は、石垣島・大川村で「白芋／スサモツ」を記録している。ハスイモを石垣島では《シサムージ》・《シサムツ》などというので（天野　一九七九、一九七頁）、これはハスイモであろう。

D　栽培と利用の技術の特徴——タイモの優越

西表島では陸生のサトイモはあまり作られず、水田に作る湿性のサトイモ（タイモ）が盛んに栽培された。タイモの植付けは素手でおこない、収穫時にのみ根を切る鎌を使った。舟浮集落では、タイモのひげ根も調理して食べたという。サトイモ属の根が食べられるという報告は世界の食用植物の資料を集めたTANAKA（1976, pp. 202–203）にも記載がない。また、琉球弧の他の島からはあまり報告がないが、タイモはリュウキュウイノシシによる食害がきわめて大きく、このために系統が絶えたり栽培を断念したりした集落もあった。

タイモを餅状にした食品が二種類ある。ひとつは、ゆでてサツマイモと合わせて練ったもので《ウムヌニーリ》という。もうひとつはゆでたタイモの上から糯米の粉（しとぎ）を入れて蒸したもので、西表・網取で《たりふクヮンギ》という。この名称は、奄美大島南部の《フキャグ》などと連なるものであり、作り方（下野　一九八〇、四〇頁）

も共通性が高い。西表・祖納の《ふカンギ》と那覇の《フチャギ》という糯は、それぞれ作り方はやや違うものの、いずれも八月十五夜に食べられる。しかし網取や奄美と違って、タイモが入らない小豆と糯米の餅である。昔は琉球弧全体にタイモを材料にした餅状の食品があったが、政治的な中心により近かった那覇や西表・祖納では糯米の餅に置き換えられ、西表・網取や奄美といった周辺部により古いタイモ餅が残ったと考えられる。

サトイモは日本の各地で重要な儀礼用作物としての機能がある（坪井　一九七九、二八〇頁）。西表ではタイモは祖先を祀る行事に欠かせなかったが、畑のサトイモは儀礼では重要視されなかった。奄美以南の島々では南に行くほどタイモが重要で先祖祭りはタイモの収穫祭でもあったと推定されているが（下野　一九八〇、六〇頁）、西表もその例外ではなかったと考えられる。

五　残された問題点と今後の展望

西表・与那国などの八重山の高島の畑作の研究が遅れたことには相応の理由があるはずである。これらの島では、水稲が栽培できるために、畑作についての関心が黒島・竹富などの低島ほど高くなかったこともその一つであろう。事実、在来稲と比べても畑作については伝承されている内容がけっして豊富ではなく、集落間・個人間の差異も稲作の場合より大きいという印象をもった。そして、伝承者の減少と老齢化が著しい現状では、そのわずかの情報も急速に失われつつある。そこで本章では正確なデータの提示に重点をおいた。

八重山の伝統的食文化において、タロイモよりもヤムイモへの嗜好性が全体として高かったという佐々木（一九七三a、七四頁）の指摘は、私の西表での印象と一致する。しかしなお、サトイモ類が八重山の農耕文化に占めてきた役割を無視するのは適当でない。この点は、ヤマノイモ類についての報告で改めて論ずることになろう。

西表・網取村のサトイモ属の方名から、次のように想定できる。古くから西表島にはサトイモ属としてハスイモ《かサムチ》とタイモ《タームチ》などがあった。これらは《ムチ》系の名前で呼ばれ、《ウム》系の名前で呼ばれることはなかった。一七世紀にサツマイモ（今日ではウムと呼ぶ）がもたらされる以前に、《ウム》またはそれに類する名前で呼ばれたのは、《かッツァウム》（ダイジョ）・《とぅノウム》（ハリイモ）・《カイム》（キールンヤマノイモ）などのヤムイモであっただろう。そして、蘭嶼・バタン諸島などの西表の南側に連なる島々のオーストロネシア系諸語でヤムイモを指す言葉ウビと、万葉集でサトイモを指す宇毛（ウモ）が結びつくという言語学者の推定（村山　一九八〇、三一～三四頁）をこの想定に重ね合わせてみればどのような結論になるであろうか。

注

（1）沖縄国際大学の宮城邦治氏のご教示によると、沖縄島のタイモによく見かけるのはイッポンセスジというスズメガの幼虫である。

（2）《キヌクウム》は《キヌク》という語幹にイモを意味する《ウム》が付いた語形をもつ。《キヌク》は「キンヌク＊」という推定形を介して沖縄島で陸生のサトイモを指す《チンヌク》と結びつく。そして、《チンヌク》は、現在も九州で作られているツルノコというサトイモ（堀田　一九八三、二九頁）の品種名と結びつくらしいのである。《チンヌク》は沖縄島の農書のなかで「鶴之子」と表記され（新城　一九八三a、八五頁）、一七〇八年刊の『大和本草』にも「鶴の子」がある（熊沢ほか　一九五六、八頁）。石垣島・宮良殿内に伝わる盆祭の献立表にも「鶴の子」が登場し、これは里芋の小芋のことだという（宮城　一九七二、五四八頁）。西表の《キヌクウム》という品種名は、九州のツルノコと直接結びつかないが、沖縄島の《チンヌク》を介してみればそのつながりは明らかである。ツルノコと呼ばれる品種は西表の《キヌクウム》と同じく子芋型の三倍体であるから、方名による結びつきとサトイモの形質の間に大きな違いはない（熊沢ほか　一九五六、八頁）。なお、近年沖縄島から西表島に導入された《チンヌク》という品種は二倍体であるが、沖縄島の《チンヌク》は陸生のサトイモ品種群の総称であるから、この注の主旨には影響を与えない。

（3）宮良（一九八〇（一九三〇）、一二三、五八七頁、一九八一（一九二八）、六五頁）は石垣島でサトイモを指す《ムージィ》（本書の表記では《ムージゥ》）は芋茎の古語「いもし」の略転、《かサ・ヌ・パー》は「かしはのは（炊葉の葉）」の義であると述べたが、これらの説の当否はいまの私には判断できない。

（4）西表でもこの二つのムチの発音が微妙に異なる可能性がある。祖納のSD氏の発音の観察からは、ハスイモを《ムチ》と呼ぶときは語尾のチが無声化しないが、餅の場合はそれが無声化して《ムち》になるという違いがあるように思われた。

初出：安渓遊地　一九八五a

7 サトイモの来た道

安渓貴子

一　琉球弧のサトイモと人間

本章では、台湾と九州の間につらなる琉球弧の島々におけるサトイモ類と人間の関与の歴史を、植物学と民族植物学（エスノボタニー）という二つの研究方法によって概観する。筆者は、八重山諸島の西表島、トカラ列島の中之島、薩南諸島の屋久島の調査をおこない、それぞれの地域の個別の報告を発表してきた（安渓貴子　一九八七、一九九三、一九九五a）。ここでは、三地域について総合的検討をおこないたい。

サトイモ類とヤマノイモ類は、穀類栽培以前の農耕文化を代表する作物であると想定され、その栽培方法や利用法は考古学者や民俗学者の興味の対象となってきた。ことに、奄美大島以北のサトイモ類については、民俗学・文化人類学の立場からの研究が進んでいる（大山　一九六八、上井　一九六九、國分　一九七〇、斉藤・坂口　一九七二、佐々木　一九七三b、下野　一九八〇など）。ところが、植物学からサトイモ科について先駆的研究をしてきた堀田満は、サトイモやヤマノイモ類の品種群の分化や、その系統についても、未解決の問題がきわめて多いことに注意を喚起している（堀田　一九八三　一九頁）。

日本列島の農耕文化の系譜を考えるうえで、南の島づたいの黒潮の道は無視できない重要性をもつと考えられてきたが（國分　一九七〇）、サトイモ科の栽培植物・有用植物の実証的研究を通して、こうした多くの未解決の問題の解明にわずかでも寄与できれば幸いである。

二　植物学の立場から

三つの地域のサトイモ科植物のうち、栽培または利用されているものを中心とし、過去に栽培されていたが野生化したと考えられるもの、野生状態ではあるが現在の分布に人間の影響がある可能性があるものも含めて材料とした。植物学的な研究の方法としては、現地での栽培や生育の現状を観察記録し、さらに芋を譲り受けて山口大学教育学部の温室と畑で栽培して、外部形態と生育状況の周年の観察をした。また温室で鉢植えにしたものの根端を用いて実験室で染色体の観察をおこなった。

A　クワズイモ属とサトイモ属

三地域で伝統的に利用または栽培されているサトイモ科の植物は、属レベルでいうと、クワズイモ属 *Alocasia*、サトイモ属 *Colocasia*、ヤバネイモ属 *Xanthosoma* がおもである。

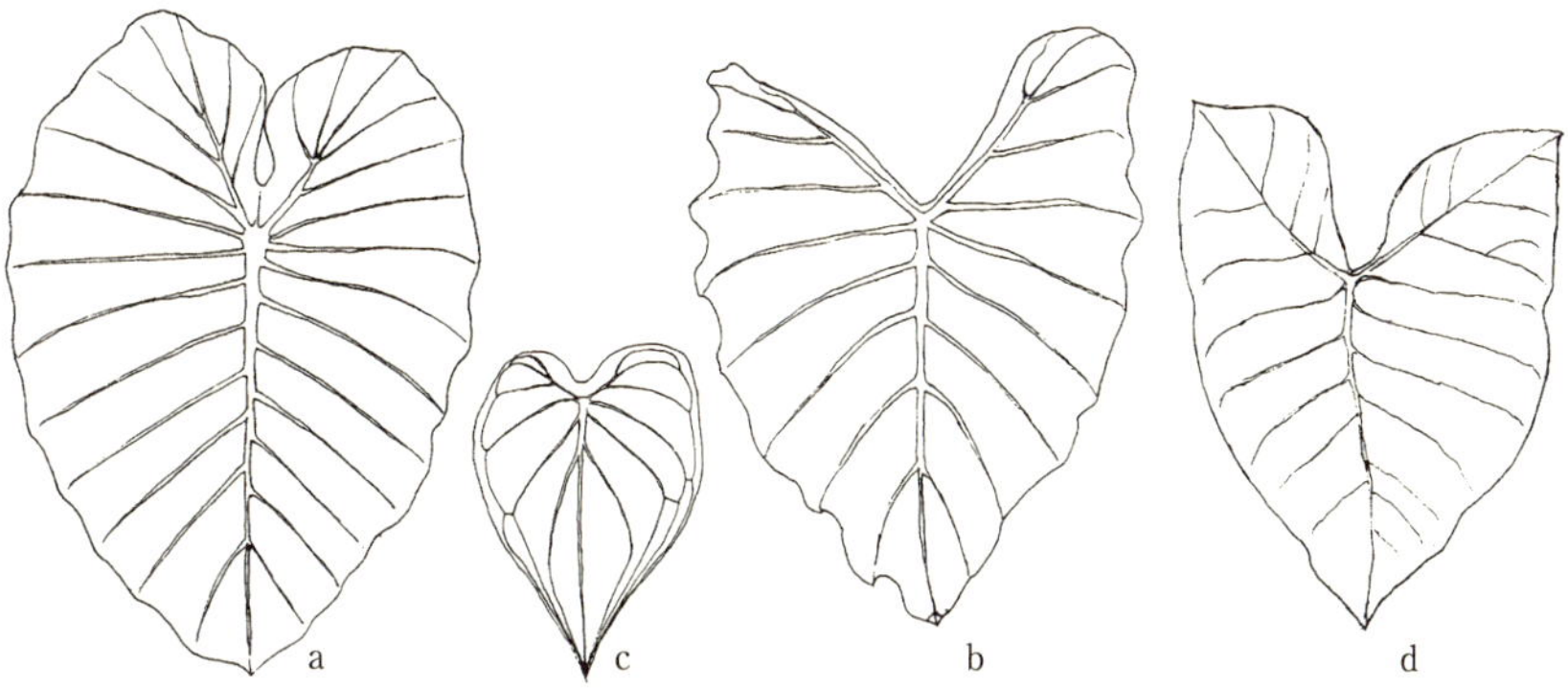

図14　クワズイモ属の葉の形態

a．クワズイモ　b．クワズイモ属の未同定種　c．シマクワズイモ　d．ヤバネイモ（参考）

三地域でみられるクワズイモ属には三種がある（図14）。もっとも広く分布しているのは、四国の一部まで分布する温帯系のクワズイモ *A. odora* (Lodd.) Spach である。草丈三メートルに達し、低い山地の路傍、海岸林、牧場、原野、集落内の荒れ地に多く、屋久島では低地の杉の植林内にも野生している。

シマクワズイモ *A. cucullata* (Lour.) G. Don は小さい葉が盾着し、葉の形や葉脈の走り方がクワズイモと異なっている。茎は地を這い上方は立って分枝し、先に多くの葉が群がって着く。本種はおもに観葉植物として琉球弧の島々で点々と栽培されている。集落内の道端、人家の植込み、垣根の下、また鉢植えにしたものを見た。西表島の古い集落では葉で祭りの食物を包むなどの用途があった。トカラ列島の中之島では見かけなかったが、屋久島の宮之浦の畑の隅に植えられていた。屋久島の永田では観賞のため鹿児島で買い求めたという。堀田（一九八五、二七頁）によれば、雌花が不完全で種子を作ることができず、人間が定期的に株分けしてやらねば消滅してしまう奇形的な種である。

日本の他島に分布しないクワズイモ属が西表島にある。熱帯アジアに広く分布するインドクワズイモ *A. macrorrhiza* (L.) G. Don によく似た熱帯系のクワズイモ（*Alocasia* sp.）で、正確な同定がまだできない。島西部の集落内と集落趾のごく限られた地点にクワズイモと混じって生育している。

西表島が海外交易の拠点となった時代に南方から導入されたものと推定したことがある（安渓貴子　一九八七、九頁）。

普通、琉球弧の島々の耕地で見かけるサトイモ科の栽培植物は、サトイモ属 *Colocasia* とヤバネイモ属 *Xanthosoma*（図14参照）であるが、ヤバネイモは在来のものではないので本章では扱わないことにする。日本で栽培されるサトイモ属には二つの種があり、ひとつはハスイモ *C. indica* Hassk.、もうひとつはサトイモ *C. esculenta* (L.) Schott である。ハスイモは、サトイモより葉の色が淡く、芋が大きくならない等の特徴があり、レンコンのように多孔質の葉柄が食べられる。サトイモには、栽培型変種（variety *esculenta*）と野生化変種（variety *aquatilis*）の区別があり、さらに栽培型変種の中に多数の品種（forms, 栽培品種 cultivars ともいう）がある。

B　サトイモの野生化変種

普通のサトイモは、株のすぐ外側に子芋ができるだけであるから、一年にわずかしか移動しない。ところが、匍匐枝（ストロン、ランナー）をつけるサトイモがあって、よりよい環境を求めて移動していく能力をもっている。こういう移動能力をそなえたサトイモを野生化変種として区別することがある。

筆者は西表島と屋久島で野生状態で生育するサトイモを観察し、栽培と分析のために持ち帰った。トカラ列島中之島では、野生状態のサトイモは見当たらなかった。谷本（一九九〇、二三四頁）は、「野生サトイモ」が、台湾、琉球弧、九州南端、八丈島、鳥取県と山形県の温泉の下の水路に分布していることを示した。さらに、「野生サトイモ」を、九州以北三倍体群と、種子島以南の二倍体群にわけ、三倍体群の中に三つの、二倍体群の中に五つの品種群を識別した。

西表島の野生化サトイモは二倍体で、水田の縁の水路に繁茂し、直径三ミリ程度、長さ五〇センチ以上の匍匐枝をもつ（安渓貴子　一九八七、三頁）。谷本（一九九〇、二四〇頁）は、石垣島でも同様のものを見出し、西表島のものと合わせて Long runner 群（長い匍匐枝をもつ）と命名している。

屋久島に野生化サトイモがあることは、これまで報告されていなかったが、筆者は島の北側の楠川集落付近の路傍でそれを見出した（安渓貴子　一九九五a、三九頁）。匍匐枝は直径四・五〜六ミリで長さが二〇センチに達しない。草丈は一メートルを超える。アントシアンの赤い着色が葉心（葉に葉柄が付くところ）、葉柄、芽に見られる。これは三倍体であり、谷本が九州の南端付近の川辺で見出した Long appendage 群（花の附属体が長い）に相当するもののようである。

屋久島南部の短期間の調査では、野生化サトイモは見つからなかった。しかし、屋久島よりも北に位置する種子島には、二倍体の野生化サトイモが分布していて、水路や湿地、集落内でも水がたまる低地、杉の植林された岡の斜面や道路わきに大きな群落をつくっている。草丈は大きいものでもせいぜい一メートル。葉にも芽にもアントシアンによる赤い着色はない。匍匐枝は直径四〜七ミリで長さが一メートルを超える。谷本（一九九〇、二四〇頁）はこれを奄美大島、沖縄島、台湾の一部に分布する品種とともに Yellow green petiole 群（黄緑色の葉柄をもつ。熊沢ほか　一九五六の沖縄青茎群）と名付けている。谷本の研究によれば、琉球弧の野生化サトイモは、筆者が西表島で見たものと種子島で見たものの二つの品種群で、そのどちらも二倍体であった。筆者は、琉球弧の最北端の屋久島には三倍体の野生化サトイモが分布していることを明らかにした。

C　栽培型サトイモの二倍体と三倍体

琉球弧で栽培されているサトイモには、染色体が二八本の二倍体と四二本の三倍体の二つがある。現在栽培されて

表16　有用サトイモの比較

種名	標準和名	染色体数	西表祖納	トカラ中之島	屋久島麦生	屋久島永田
Alocasia						
A.odora	クワズイモ	28	カサンパ	イバシ	バシイモ	バイノハ
A.cucullata	シマクワズイモ	28	ンバシ	なし	なし	あり*
Alocasia sp.	熱帯系のクワズイモの一種	28	ビーカサンパ	なし	なし	なし
Colocasia						
C.indica	ハスイモ	28	カサムチ	トイモガラ	トイモガラ	トイモンクチ
C.esculenta	サトイモ					
	ミカシキ群	28	メークウム	ミガシキ／シロドーイモ	アカメイモ	タイモ
	オヤイモ群	28	ウシマウム チンヌク※	シロイモ	オヤクイ カバシコ※	モチイモ※
	センクチ群	28	ターンム	タイモ／ミズイモ	なし	なし
	ヤツガシラ群	28	なし	なし	ヤツクチ／ヤツメ	なし
	タケノコイモ群	28	なし	タケノコイモ※	なし	なし
	コイモ群	42	キヌクウム サトイモ※	クロツベ アカイモ※ ガジャイモ※ シロワセ※	イシカワワセ※	シンパチ ナツイモ／ハスイモ シロクロイモ アカメイモ※
	野生化サトイモ	28	パユム	なし	なし	なし
	野生化サトイモ	42	なし	なし	なし	ナガイモ**

注：※導入の時期が明らかなもの．／は別名．*鹿児島で観賞用に買い求めた．**北部の楠川集落周辺で採集，聞きとり．方言はこの章のみカタカナで表記．

いるサトイモの倍数性に注目してみよう（表16）。西表島では六品種のうち四つが二倍体、中之島では九品種のうち五つが二倍体、屋久島南部の麦生集落では五品種のうち四つまでが二倍体、屋久島北部の永田集落では七品種のうちわずか二つが二倍体という結果であった。

これまで、サトイモの二倍体と三倍体の区別については、主として栽培型変種が注目されてきた。堀田（一九八三、二二六～二三一頁）は、栽培型のサトイモを染色体の倍数性とイモの形態などからいくつかの品種群に分類している。二倍体群としては、ミカシキ群、オヤイモ群、センクチ群、ヤツガシラ群、タケノコイモ群の五つがあげられた。三倍体群はおおむねコイモ群に属し、二倍体群に比べて変異に乏しいとされた。表16にはそれぞれの島の品種について品種群の区別も示しておいた。

二倍体と三倍体の違いは、寒さへの耐性と収穫までに要する栽培期間の長さに大きくかかわっている。二倍体は栽培期間が長くかかるが芋が大きく育つ。三倍体は短期間で収穫できるものが多く、コイモが一度にたくさんつく。三倍体は冬の寒さに強い。

東南アジアから太平洋にかけての熱帯アジアではほとんど二倍体のサトイモの品種群が占めている（YEN & WHEELER, 1968, p. 260)。これに対し、三倍体のサトイモは主として中国と日本に分布する温帯で発達した作物である（堀田　一九八三、三〇頁)。

琉球弧においては、サトイモは二倍体も三倍体も広く栽培されている。しかし、導入の歴史をさかのぼると、以下に述べるように二倍体の栽培が優占した時代が長かったことがわかる。そのことを明らかにするためには、栽培してきた人々へのインタビューと、栽培方法や名称、導入の過程などについての民族植物学的な研究が不可欠となる。

三　民族植物学の見方

民族植物学的方法として、現地で栽培してこられた方々からそれぞれの地域での栽培の方法と歴史、また料理や生活における利用、その他の民俗知識の聞きとりをおこない、その地域の人々が伝えてきた知識の全体像を把握することに努めた。以下は、西表、中之島、屋久島についての筆者の論文（安渓貴子　一九八七、一九九三、一九九五ａ）と西表島のサトイモ類についての安渓遊地（一九八五ａ）の報告をまとめて比較検討したものである。

A　導入時期についての知識

サトイモ科の植物のそれぞれについて、島の高齢者に由来を尋ねると、昔から作っているという答えが返ってくる場合がある。もっと具体的に「少なくともひいおじいさんのころから代々」作っているなどという答えもある。こうした住民にも由来がわからない在来のものに対して、いつごろどこから導入されたかが記憶されている比較的新しい品種も多い。ちなみに、右に挙げたサトイモの栽培品種の二倍体と三倍体の比率をサンプルが得られた在来品種にしぼって検討しなおしてみよう（集落外から導入された時期が明らかなものは、表16に※をつけて示した）。その結果、西表島西部の祖納集落では二倍体と三倍体の比率が四対一、トカラ列島中之島では四対一、屋久島の南東岸の麦生集落では三対〇、屋久島の西北岸の永田集落では比率が逆転して一対三となる。

植物学的調査の結果に聞きとり調査を加味して新しい導入品種を除くと、琉球弧のサトイモ栽培の歴史で屋久島北岸が三倍体優占地帯という特異な位置にあることがよりはっきりしてくる。

B　興味深い栽培方法

ひとくちに琉球弧と称するが、島々の環境と農耕の歴史はまことに多様である。サトイモ科の植物の栽培ないし管理の方法も島ごとにさまざまであるが、そのなかで興味深いものをいくつか取り上げておきたい。

サトイモ属の栽培ないし生育環境を見ると、田の中、田の畦、水路の中や土手、湿地、海岸の河口といずれも水分が多い場所である。畑に栽培する場合も乾燥に弱く、水分が不足すると枯れてしまわないまでも芋や葉がえぐくなり、食べられない。水田がある島では、サトイモを田芋、水芋などと称して栽培する例が多い。広い面積に植えられるのは、稲と競合しない場合であって、西表島では冷たい水が入る田や水口に植えたりしてきた。屋久島の永田集落でも、米と水芋の両方が食べたいが水田が狭いというジレンマが語られる。

トカラ列島中之島ではサトイモは山の木を焼きはらって作る焼畑の重要な作物であった。また、中之島には水田に作るほか、次のような興味深い栽培法をとるサトイモがある。それは、《シロドー》と呼ばれる二倍体品種で、清水が浅く溜まった湿地に芋を投げておくだけというやり方である（安渓貴子　一九九三、二五頁）。草丈は一〇〜三〇センチ程度にしかならないが、こぶしくらいの親芋が一株に一つできる。ところが、筆者がこれを持ち帰って畑に栽培してみたところ、草丈が七〇〜九五センチにも成長し、多くの子芋をつけた。したがって、中之島での栽培法には多収以外の利点があるのであろう。

中之島の《シロドー》に近い栽培法をとっていたのが、屋久島の麦生集落の二倍体サトイモの《アカメイモ》、別名《ミズイモ》である（安渓貴子　一九九五a、三八頁）。海岸の河口の脇や浜辺の砂地で上から真水が滴るようなところに種芋を投げておいた。畑でも作るが、暖かい海辺で作れば肥料がいらず、冬でも芋もずいきも食べられるという利点があった。おそらく中之島の《シロドー》の栽培法にも、一年中収穫できるため旱魃などの凶年の食糧を確保できるという意味合いがあったのであろう。水田にサトイモを栽培する習慣を、この観点からも再検討してみればよいのではないかと考えている。

サトイモ栽培にとって大きな難関は、冬越しである。冬にも葉が枯れないか、葉は枯れるが芋はそのままで冬が越せるか、籾殻などを被せて保温するか、掘り取って屋内に保存する必要があるかは耕地ごとの冬の寒さと、品種ごとの耐寒性に依存する。トカラ以南の島々や屋久島の麦生集落の畑では、冬にもサトイモの葉がすっかりは枯れないほど温暖である。一方、屋久島の中でも強い北西の季節風にさらされる永田集落では、サトイモを冬は掘り取っておく。

永田に二倍体品種が少ないのも耐寒性に問題があるからであろう。ひとつの島の中にこのような大きな差があることは注目に値する。

C　多彩な利用の方法

芋を食べる

琉球弧のサトイモ科植物で、芋を食べるかどうかが研究者によって問われつづけてきたのは、クワズイモ属である。クワズイモ属のいずれかの種が食用とされたという伝承は、琉球弧のどの島からも得られていない。世界に目を向けても温帯系のクワズイモが食用とされている報告はないようであるが、インドではシマクワズイモを食用にしているところがある（堀田ほか　一九八九、七〇頁）。トンガやサモアではインドクワズイモが食用に栽培されている。ところが、ポリネシアへインドクワズイモがもたらされるおりに経由したに違いないミクロネシアやメラネシアではほぼ完全な野生で、食用に栽培された記録を知らない（堀田　一九八五、一一七頁）。このように、食用にされた記録や言い伝えがないからといって、かつて食用にならなかったという証拠にはならない。また、西表島では野猪がクワズイモの芋をかじる季節があると聞いた。

サトイモの野生化変種も食用としない場合が多い。西表島と種子島では二倍体の野生化変種は葉と芋ともに豚の餌にするという人が多い。しかし、西表島でも、旧暦四月に収穫し、蓋をしないで水から炊くならば人間にも食べられるという知識をもっている人もある。種子島では、島の人は食べないが、パラオ（ベラウ）の移民だった人たちは食べ方を知っていて食べると聞いた。屋久島北岸の楠川集落では、サトイモの三倍体の野生化変種を「ナガイモ」などと呼んで、細長い枝状の匍匐枝を焼いて食べるとヤマイモのようにおいしいと教えてくれた人がいる。

えぐみの強いサトイモの野生化変種には、えぐみの少ない栽培品種群にはない優れた特性がある。それは、野猪がいる島でも食害を受けにくいのである。たとえば、西表島では、野猪によって田芋の栽培を断念した集落がある（山田武男　一九八六、八九頁）。また、サトイモ科ではないが、熱帯地方ではもっとも重要な作物のひとつであるキャッサバ芋にも有毒の品種と毒抜きを要しない品種があって、前者は収量が多く動物の食害を受けないため、毒抜きの手間がかかるにもかかわらず広く栽培されている。

こうした例から、芋を食べる、食べないという区別も時代や環境とともに変遷するものであることがわかる。

芋以外の部分を食べる

日本ではもっぱら葉柄を食べるために栽培されるのがハスイモ *Colocasia indica* である。堀田（一九八五、二六頁）によれば、古層の東南アジア系栽培作物であり、マレーシア地域では芋も食用にするところがあるという。サトイモのセンクチ群やミカシキ群の品種は芋とともに葉柄も食べることが多い。その他のサトイモも乾燥させた葉柄を保存食とすることがある。西表島やトカラ列島の中之島ではハスイモと水田に栽培するセンクチ群のサトイモの葉柄が野菜が少ない夏期に重要であり、屋久島の永田集落ではハスイモと水田に栽培するミカシキ群のサトイモが夏野菜として欠かせなかった。ミカシキ群は九州の福岡県柳川でも水芋田に作り、葉柄を夏野菜として利用している（日本の食生活全集編集委員会　一九八七、二三四頁）。

サトイモの芋や葉柄以外が食用になる例では、西表島の舟浮集落でセンクチ群のサトイモのひげ根をさっとゆがいてなますにして食べるという。先に述べた三倍体の野生化サトイモの太させいぜい六ミリほどの長い匍匐枝を焼いて食べるという屋久島の例も珍しい食べ方である。こうした多彩な食べ方が琉球弧にはまだまだ埋もれているのかもしれない。

葉をうつわにする

クワズイモの葉は大きくて丈夫であり、野外で食事をする場合などに食べ物を盛る皿として、西表島でも中之島でも屋久島でも使用されてきた。西表島ではイムルと称する即席の水汲みを作るし、多和田真淳氏によれば、これで湯を沸かすことさえあったという。西表島の網取集落では稲の播種祝いの餅米の握り飯を握るのに、必ずシマクワズイモの小さな丸い葉を使ったという（山田雪子　一九九二、一九七頁）。西表島西部にだけ分布する熱帯系のクワズイモの一種は、葉が葉柄のつけねまで切れこんでいるので、食べ物を盛るとこぼれやすい。このため普通はクワズイモの葉を使うが、逆に葬式の食べ物を盛るときは必ずこの切れ目のある方を使うのが決まりになっている。クワズイモ以外のサトイモ科の葉は破れやすいので、ふつうは物を包むのには用いない。

その他の利用法

儀礼に登場して重要な、あるいは中心的な役割を果たすサトイモ類については、下野（一九八〇）の詳しい報告がある。下野は、トカラ列島以南では、いわゆる田芋（多くの場合センクチ群のサトイモで水田に栽培されるもの）が儀礼上重要な役割を占めるのに対して、屋久島・種子島以北ではその役割を畑で栽培するサトイモが担っていると指摘している。下野が扱っていない西表島でも法事の際に田芋で作る《リンガク》と呼ぶ料理が先祖に捧げる一品として欠かせないし、沖縄島では「田芋は一つの根から鈴なりにいもがつくので子孫が繁盛するといって、おもに晴れの日や行事の日のごちそうにする。ことに祝の膳には欠かすことのできない材料である」（日本の食生活全集編集委員会　一九八八、二二七頁）という。正月をはじめ大きな行事のとき、那覇の市場は田芋を買い求める人でごったがえす。

屋久島の永田集落では、正月に床の間に畑から株ごと掘り取ってきれいに洗ったサトイモを飾る。大変おいしいと選ばれる《シンパチ》という品種は、親芋に子芋がつき、子芋に孫芋がつくので、子孫繁盛を表し、めでたいとする沖縄島と同じである。

四　討　論

A　植物学と民俗学の対話のために

「サトイモ科の食用栽培植物は、植物分類学を専門とする研究者でも、時には種や、ひどい時には属の同定さえも誤ることがある分類学的には厄介な群である」と堀田（一九八五、二六頁）は述べた。堀田は、そうした事情を無視して民俗学者や文化人類学者がサトイモ科の栽培の歴史等についてさまざまな発言をしていることに植物学者として警告したのであって、植物学を踏まえたうえでの民俗学や文化人類学の研究がなされることは歓迎している。

琉球弧でのサトイモ栽培は、今のところ一三世紀までは遡ることがわかっている。漂流記の比較検討をした三島格（一九七一、四頁）によれば、一三世紀半ばの沖縄島ではサトイモが主食であった。ところが一五世紀の漂流記には、同じ島が水田で牛を使い稲の二期作をする稲作中心の島に変化していた。時代ははるか下がるが、トカラ列島中之島でも戦前はサトイモとサツマイモが主食であり、稲作は戦後に始められたものである。少なくとも琉球弧では、サトイモが稲作以前の主要な作物の一つであったことはまちがいない。

これまでの主として民俗学的な研究は、サトイモ類を水田あるいはそれに類した湿地に栽培するという慣行が、台湾・琉球弧・九州に広く分布してきたという事実を明らかにした（國分　一九七〇、下野　一九八〇など）。これは、栽培植物と人間の相互関係の歴史の解明のためには重要な一ステップであった。しかしながら、植物学的には異なった品種群に属するサトイモが、よく似た栽培方法や、ずいきと芋を食べるという調理法や、共通の語源をもつ方名などのために、同じ品種と誤解されることが多かったことも、徐々にではあるが明らかになってきた。

筆者が調査しえた範囲では、水田やそれに類する湿地で栽培されているのはいずれも栽培型のサトイモ *Colocasia esculenta* var. *esculenta* であったが、それより細かい品種群になると、地域によって異なっていた。西表島ではセンクチ群で、のちに奄美大島から導入されたオヤイモ群の一品種も同じように栽培されている。トカラ列島中之島でもセンクチ群とオヤイモ群の一品種の両方がこの方名で呼ばれる。しかるに屋久島では島の南側でも北側でもミカシキ群を指している。同様にミズイモの名でミカシキ群が種子島では水路に育ち、福岡県の柳川では水田に栽培されている（安渓貴子、未発表）。

水田に作るサトイモの品種群に注目すると、農耕文化はトカラ列島と屋久島の間に境界線がひかれる。トカラ以南ではセンクチ群とオヤイモ群が主として水田やそれに類する湿地に作られ、屋久島以北ではミカシキ群が主であるようだ。

また、屋久島の永田集落での報告に、《タイモ》には白と赤の二つの系統があるという（下野　一九八〇、四三頁）。この点について、永田集落の年配の三人の話者に確認を求めると、同じ品種のサトイモでも畑で育てると着色が少ないのに、水田で育てると色が赤くなることがあるし、親芋を植え換えしないでおくと、もともとの品種と比べて、茎の色が青白く、葉の形が異なり、芋の外見が変わり粘りがなくえぐくなるという。それを二つの系統と表現してあるのではないか、というコメントであった。このことをただちに一般化するのは危険であるが、色などの見かけ上の形質と生物学的な分類群を分ける形質とは必ずしも一致しないといえよう。

B　南からの道と北からの道

本章で筆者は西表島、トカラ列島中之島、屋久島のサトイモ科植物の研究を比較検討することを目指した。植物学的な調査結果によって、サトイモ栽培の南からの道と北からの道が屋久島の島内で交わっていることが明らかになったのは大きな発見である。すなわち、熱帯系の二倍体の栽培サトイモが優占する地域の琉球弧での北端は屋久島の南半分にあり、屋久島の北半分は温帯系の三倍体サトイモが優占する地帯であった。さらに、農耕の技術もこのような違いに対応していた。つまり、島の北側に位置する永田集落では冬にはサトイモを掘り上げて屋内に貯蔵しておくのに対して、屋久島の南半分に位置する麦生集落では暖かい海辺の砂浜に植えて冬季にもずいきを食用とするための独特の栽培方法がとられていたのである。麦生集落でのこの栽培方法はトカラ列島にも類似の例があることがわかった。

冬の季節風にさらされる屋久島の北海岸と山かげになり晴天がつづく南海岸では、体に感じる冬の寒さがまったく違う。島の北側の小瀬田集落と南側の尾之間集落で気候を比較した測候所の統計でも、一一月から二月の平均最低気温が北側で一・一度から一・五度低く、四か月間の合計雨量は一〇四八ミリと南側の一・八倍に達している（安渓貴子　一九九五a）。島の中央を占める一五〇〇メートルを超す高い山岳地帯が冬の季節風をさえぎるため、島の南北で気候や生態的な条件が大きく異なるのである。島の南側と北側では作物の系譜が異なることは、冬の寒さの違いをみればそう不思議なことではない。地域住民の生活感覚では当たり前の事実が、ともすると研究者の視点から抜け落ちていたことを反省させられる。

より古い時代に人間が持ち歩き、優秀な品種の到来によって栽培から逃げ出していったと推定されるサトイモの野生化変種が、屋久島の北側で発見された。これは、従来九州が南限と見られていた三倍体の野生化変種の南限が屋久島まで下がったことを示す。屋久島の南岸で栽培されてきたサトイモが二倍体を中心としてきたことから、たんねんに探してみるならば屋久島の南岸で二倍体の野生化サトイモが発見できるかもしれない。

栽培植物は、人間が作りあげた環境に生育するものではあるが、在来の技術の範囲では、気候条件などの自然の制約を越えて存続することはむずかしかった。したがって、琉球弧の島々の間での作物構成の違いや屋久島の島内での違いは、現在の住民の記憶より昔からあった可能性が高い。旅先に珍しい品種があれば持ち帰って栽培してみるといった、歴史の中での人間の恣意的ともいえる営みにもかかわらず、今日にいたるまで自然の環境をかなり忠実に反映した分布を示しているのであろう。なお、琉球弧におけるサトイモの野生化変種については、MATTHEWS ら(1992)もいろいろ考察しているが、まだ充分に解明されたとは言いがたい。サンプルの由来をきちんと押さえたうえで、DNA分析などの研究の進展に期待したい。琉球弧の南端に近い西表島にのみ熱帯系のクワズイモ属が分布していることも、現在は食用にならないこうしたサトイモ科植物が古い時代に人間によって持ち歩かれた歴史を考えるうえで重要な意味を持つ可能性がある。

古い時代から人間が持ち歩いてきたサトイモ科の植物は、いくつもの寄せて返す波のように日本列島に打ち寄せた。筆者は、三つの島でのフィールドワークを通して、熱帯系のサトイモ類が北へ移動していった道が琉球弧に幾重にも通じていたことを明らかにできた。そして南からの道が北からの道と交わる地点のひとつを見出したのであった。

初出：安渓貴子　一九九六

8 ヤマノイモ類の伝統的栽培法と利用法

はじめに

本章は、沖縄・西表島のヤマノイモ類についての報告である。ヤマノイモ類（いわゆるヤムイモ、英名 yam）とは、根茎をもつヤマノイモ科植物の総称で、西表島西部では《かッツァンム》などの名前で呼ばれる。ヤマノイモ類には、サトイモ類（いわゆるタロイモ）と同じく、栽培されるものと野生のもの、その中間にあたる種々の段階のものが存在する。したがって、その全体像をつかむためには、地域に固有の自然認識と自然資源利用の体系を明らかにしてゆく民族植物学（ethnobotany）の方法が有効である。

西表島が属する八重山地方の農耕文化の歴史は、一四七七年に与那国島に漂着した金非衣らの済州島民が残した記録によって知ることができる（李　一九七二）。そこに見られるのは、山も川もない隆起サンゴ礁でできた低島と、山がちで水が豊富な高島の対比である（表17）。すなわち、新城島・波照間島・黒島などの低島はムギとアワとキビ

表17　済州島民が見た15世紀の八重山の作物

低島	波照間 新城 黒島	粟と黍	なし	麦
高島	与那国 西表	粟	稲	なし

注：サトイモ科の蹲鴟が各島にあり，西表に薯蕷（ダイジョ）がある．
出典：末松（1958）を編集．

（おそらくモロコシ）を栽培し、与那国・西表などの高島はイネとアワを栽培していた。こうした低島と高島の農耕文化は、人頭税制度により多くの低島の住民が西表島での稲作を強制されながらも、基本的には昭和にいたるまで存続していたのであった。

済州島民漂流記の西表島での記事に「薯蕷《しょよ》あり、其の長さは尺余、人の身の大きさの如く、両りの女子が共に一本を載つ。斧にて之を絶ち、烹て之を食う」とある。これは、八重山のヤマノイモ類の中でもっとも盛んに栽培されたダイジョとその調理法を示す貴重な資料であろう。

金関丈夫（一九五五）、國分直一（一九七〇）、佐々木高明（一九七三a）らの先学は八重山の農耕文化の基層には、アワをはじめとする雑穀類とおそらくはヤマノイモ類を栽培する文化があったと想定した。このような基層的農耕文化の上に、低島には北からの（あるいは中国大陸からの）麦作が、高島には南の島々につらなる稲作が導入されたのであろう。インドネシアでよく栽培されるブル（ジャバニカ）に似た品種の栽培と、牛に田を踏ませる踏耕などの南島系の技術をともなう稲作は、八重山で昭和のはじめまでおこなわれていた（第2章）。

サツマイモが一七世紀に導入される以前の八重山におけるイモ作については、右記の済州島民の漂流記が唯一の資料である。また、その後の品種や栽培の方法についても佐々木（一九七八）が若干の聞きとりをした程度で、実態はほとんど不明であった。在来作物の栽培が急速に廃れつつあるのは八重山も例外ではない。過疎化と近年の生活の激変にともなって、地域の再生にとっても学術研究にとっても、きわめて貴重な伝承が驚くべき勢いで消滅しつつある。南島（琉球弧とその南に連なる島々の総称として私は用いる）の農耕文化について、植物学的資料の収集と可能なかぎり詳しい聞きとり調査を実施するのが私の目標であるが、ここでは八重山におけるサツマイモ以前の農耕文化を復元する材料となる野外調査資料を提示することにする。

主要な調査地は、西表島西部の祖納と干立の二集落である。一九七一年に廃村となった網取集落の方々からも貴重なお話をうかがった。植物標本の採集、生業活動の参与観察、明治・大正時代の生活についての聞きとりが研究のおもな方法である。伝統的畑作のフィールドワークは、一九七七年と一九八四〜八六年の延べ約六か月間にわたって実施した。とくにヤマノイモ類については、一九八六年三月から四月にかけて集中的におこなった。西表島の調査に加えて、石垣島川平《かびら》、沖縄島北部の本部町伊豆味《いずみ》、今帰仁《なきじん》村与那嶺《よなみね》と玉城《たまぐすく》、国頭村奥と安田《あだ》、奄美南部の加計呂麻《かけろま》島西阿室で標本の収集と聞きとり調査を実施して比較資料を得た。さらに市場や商店でも標本を入手するために、石垣市、那覇市牧志、名護市名護、本部町渡久地、今帰仁村仲宗根の各商店街を訪れた。西表島以外のヤマノイモ類についての詳しい報告は他日を期すことにして、ここでは西表との比較資料として注で触れる程度に留める。

琉球弧の島々の伝承の特徴は、集落ごとの違いが非常に大きいことである（安渓　一九八四c、三二一頁参照）。また、大正以来、生活が変化したため、話者の年齢や経験によって伝承の内容も大きく異なる。そこでサトイモ類についての報告と同様、話者の集落と性とおおよその年齢がわかるように、すべての聞きとり情報にアルファベット二字の略号をつけることにした。

西表島の西部地区で栽培または野生ではあるが利用されてきたヤマノイモ科の植物は、すべてヤマノイモ属（*Dioscorea* spp.）に属している。二つの栽培種と少なくとも三種の野生植物の合計五種が存在する。

一　栽培されるヤマノイモ類――ダイジョとトゲイモ

畑作物として栽培されている二種のヤマノイモ類のそれぞれについて、採集した標本による同定と性質の聞きとりの結果を述べよう。

A　ダイジョ（*Dioscorea alata* L.）

同定と栽培法の観察

ナガイモが温帯で発達したヤマノイモ類であるのに対して、ダイジョは熱帯系のヤマノイモ類である。Greater yam の英名をもち、東南アジアでもっともひろく栽培される種である。稜がある四角型の断面の蔓性の茎をもち、掌よりも大きな葉が対生する。イモは巨大になるものが多い。

現在八重山で栽培されていることが確認できた品種の形質の組み合わせを表18に示す。これは、安渓貴子が形質と染色体数の解明のため山口大学教育学部で研究した未発表資料の一部である。ここではイモの色を主要な基準にして三つの品種群に大別した。その理由は、子イモのみ入手できた場合が多く、成熟したイモの形状を把握することがむずかしかったことと、西表島の民俗分類の体系でもイモの色がかなり重視されることによっている。

第一の品種群は、内部も表皮の下の部分も含めてイモが全体に無着色で白っぽいもの。表に示さなかったものを含め、延べ五品種を収集した。イモは淡黄色を呈することもあるが、赤い着色は見られず、発芽した芽や葉にも赤い着

表 18　八重山で栽培されるダイジョの形質

内部の色	皮下の色	イモの形状	きめの細かさ	粘り	内部の変色	芽の色	産地	標本番号	方　名
白	白	細い棒	中	中	なし	淡赤	祖納	24	ボーウム
白	白	棒	細かい	中	なし	白	川平	34	ボーウン
白	白	扇	中	中	なし	白	竹富	38	?
白	淡赤紫	細い棒	粗い	少	なし	濃赤	川平	18	ボーウン
白	淡赤紫	棒	粗い	中	遅い	濃赤	祖納	20	ボーウン
白	赤紫	塊	中	多	なし	濃赤	祖納	26	ウシヌフリ
白	淡赤紫	偏平な球状	中	多	あり	濃赤	川平	36	コーシャー
白	淡赤紫	扇	粗い	少	早い	濃赤	川平	19	?（市場で購入）
淡赤紫	赤紫	棒	中	少	遅い	赤	祖納	23	ボーウム
赤紫	赤紫	棒	中	少	なし	濃赤	川平	32a	ハカボーウン

出典：安溪貴子，未発表資料．

色はない。イモの形は、細長い棒状のものが多い。偏平な扇型になるものが竹富島では知られている（この標本は黒島寛松氏が那覇で栽培しておられたものの提供を受けた）。

第二の品種群は、内部は白いが表皮直下の部分に赤紫の着色が見られるもの。芽も淡い桃色から濃い赤紫色にいたるまで多少とも着色する。イモの形は、第一の品種群と同じ棒状のものと、偏平な扇型のものがある。子イモが丸くて偏平な品種がもうひとつある。生長後は扇型になるかもしれない。収集した一五品種のうち、偏平なイモをもつこれら二品種だけは、傷をつけると切り口が急速に褐変する。したがってトロロには適さない。このほかに、細長くもなく偏平でもない、ごつごつした球状のイモをもつ品種（標本番号26）が存在する。

第三の品種群は、表皮の下を含めてイモの内部全体が赤く着色する。着色の程度が濃い品種では、赤紫色を呈する。この品種群は、芽だけでなく根も赤く着色している。イモの形は、すべて棒状の一種類だけである[1]。

西表島西部では、ダイジョは野菜畑や屋敷の隅などに人間の背丈より低い棚を作って数株から一〇株程度栽培していることが多い。水田が丘陵部に接する斜面で栽培する例もある。この場合は正月ころ収穫したらその穴に子イモを入れておくだけで、手入れらしいことはしない。現在、店に出荷している農家が祖納に一軒あり、水田地帯に接する丘陵地帯の森林を切り開いた畑で栽培している。一九八六年三月には石垣島の公設市場で二品種のダイジョ（標本番号19と20）が売られていた。これはいずれも川平集落から出荷されたと聞いた。竹富島では、屋敷跡の石垣に蔓をはわせてあるのを見た。

西表名と特徴の聞きとり

ダイジョのことを西表西部では一般に《かッツァンム》と呼んでいる。かずら・いもの意味である。祖納では《かッツァウム》というのが本来の発音だ（SD）とも聞いた。《かッツァンム》《かッツァウム》には多くの品種呼称があり、祖納・干立・網取の各集落で微妙に異なる。

右記三集落の方々に《かッツァンム》の種類を尋ねると、一四ほどの異なる方名が得られる。実際にはこれほど多くの品種があったのではなく、異名同物も多かったらしい。そこで、それぞれの方名が何を指しているかをイモの色と形についての聞きとりで明らかにすることに努めた（表19）。その結果、ほぼ表18の品種群と対応させることができたので、三つの品種群に区別して示す。聞きとりの結果から同じ品種を指していると考えられた呼称をそれぞれまとめた。

まず、イモの内部が白い品種群があった。これらは三集落のいずれでも《ッスかッツァンム》すなわち白い《かッツァンム》と総称している。《ッスかッツァンム》には、イモの形が棒状のものと扇型のものがある。

内部が白い扇型のイモは《コーサーウム》（祖納・干立）と呼ばれてかなり盛んに栽培された。網取では《コーシャーンム》あるいは単に《ッスかッツァンム》と呼んでいた（AF）。これは粘りがなく、炊いてもバサバサしてあまりおいしくなかった。一人では抱えきれないほど巨大になり、切って保存しても腐りにくいなどの利点があった（SD）。

表 19　西表西部のダイジョの方名と形質の聞き取り結果

記号	集落	方名	内部の色	皮下の色	イモの形　状	方名の意味等	話者
H1	干立	ッスーウム	白	白	長い	「白芋」	Ha
S2	祖納	ボーウム	白	白	長い	「棒芋」S4と同名	SD，Se
H2	干立	コーサーウム	白	白	扇型	堅い．皮が黒い	Hb，Hi
S2	祖納	コーサーウム	白		扇型	切り口が腐らない	Sa，SD
A1	網取	コーシャーンム	白	白		この呼称は稀	AF
A2	網取	オンギウム	白		扇型	巨大になる	Ae
H3	干立	オンギウム			扇型	「扇芋」	Ha
A3	網取	アハウム	赤	赤	長い	「赤芋」	Ae
H4	干立	アハウム					HE
S3	祖納	アハウム					Sb
S4	祖納	ボーウム	赤	赤	長い	太い．歳暮用	SD，SI
H5	干立	ボーンム	紫	紫	長い	香りよし．柔らか	Hb，Hi
A4	網取	ボーンム	赤	赤	長い	太さ15cm「棒芋」	AA，Ae
A5	網取	クールウム	紫	紫	50cm	太さ10cm	Ae
H6	干立	クールウム	紫	紫		「紅露芋」＊	HD，HE
S5	祖納	クールウム	紫		45cm	太さ6 cm．美味	SD，Sd
S6	祖納	フーガウム	赤紫	赤紫	長い	S5の別名「黒芋」	SD
S7	祖納	ユヌーンウム	白	赤	丸い	子芋が多く着く	Sa，Sd
H7	干立	ユヌーウム	白	赤	長い？	「与那国芋」	Hc，HE
A6	網取	ユノウム／ユノーンかッツァンム	白	赤	丸い	20cmほど	Ae，AF
H8	干立	ユヌーンコーサー	白	赤	扇型	H2に似るが粘い	HE，Hi
S8	祖納	ユヌーンコーサー			長い？	S7の類	SD
							Hb，HE
H9	干立	ウシヌフリ	白	赤	丸い	「牛の睾丸」美味	Hb
H10	干立	フリウム				「睾丸芋」＝H9	SD
S9	祖納	フリウム				堅い．S2に類する	

注：＊紅露とは，ソメモノイモ（石垣でクール）の慣用当字．

ほかの《かッツァンム》と違って表皮が黒く着色しているので区別できるともいう（Hb）。《コーサーウム》には、きれいな扇型になるものがあった。これを《オンギウム》（扇イモ）と呼ぶ（Ae）。

《コーサー》（あるいは《コーシャー》）の意味については諸説がある。《コーサー》とは方言で疥癬《かいせん》という意味だが、このイモに触ってもかゆくなったりしない（SD）。イモの表面に吹き出もの状のでこぼこができることがあるためではないかともいう（HE）。宮良当壮（一九八〇（一九三〇）、二八九頁）は八重山・黒島での採録として「コーサー・ウン（中略）山薯の一種。疥癬薯の義。薯の肌粗にして疥癬を煩へる如き故に云ふ」と述べている。

《コーシャ》あるいは《コーシャマン》という名称がダイジョを指すのは、八重山以外にトカラ列島、奄美大島、加計呂麻島、徳之島などの地域である（下野　一九八〇、四〇～四一頁、鹿児島県立博物館　一九八〇、五六頁）。徳之島以北の《コーシャ》などの名称は八重山の《コーサー》、《コーシャー》と明らかなつながりがある。沖縄島とその周辺にはこの名称がない。おそらく、ダイジョの方名としては、《コーシャ》に類するものがもともと琉球弧に広く分布していたのであろう。のちに沖縄島を中心とする地域では別の品種と方名（たとえば《オージヤマン》など）が導入されて、《コーシャ》という呼び名は廃れたのではあるまいか。八重山にも《オージヤマン》に対応する《オンギウム》という呼称をもつ集落はあるが、これは比較的近年に導入された品種と呼称であった。網取の例では昭和のはじめごろまでは、《オンギウム》（と《ユノーンウム》）は栽培されていなかった[2]（Ae）。

《ッスかッツァンム》に対立する概念は、《アハかッツァンム》（赤《かッツァンム》）である。これは、葉柄のつけねや茎の一部が赤いのでイモを見なくてもほぼわかる。この品種群呼称は三集落に共通している。《アハかッツァンム》に属する品種は、イモの皮の直下や内部が紫がかったものが多い。

三村で《ボーウム》／《ボーンム》という方名が《アハかッツァンム》に認められる。《ボーウム》はイモの内部が赤色で長さは二尺ばかりになり、名前のとおり棒のように細長い品種である（SD）。

《クールウム》という呼称も三村ともにあった。《クールウム》の《クール》というのは、後述の染料を取るヤマノイモ科の野生植物ソメモノイモの石垣島における方名である。ソメモノイモのようにイモの着色が濃いゆえの命名であるらしい。表18を参照すると、イモの内部の着色の程度が品種によって一様ではなく、《ボーウム》の類でとくに着色の濃い品種を《クールウム》と呼んで区別していたらしい。《クールウム》の別名として《フーガウム》(黒イモ)という表現も聞かれた(SD)。

《ユノーン》(与那国)またはこれに類する接頭語をもつダイジョがある。網取では、昭和はじめ以降の導入である(Ae)という伝承があるが、干立・祖納ではいつ導入されたか聞くことはできなかった。これらは与那国島からあるいは与那国島経由で)西表島にもたらされた品種群であろう。この品種群はイモの皮とそのすぐ下の部分は赤紫だが、イモの内部は白いという特徴をもつ。内部まで赤紫色に着色する《ボーウム》・《クールウム》や赤い着色がない《コーサーウム》などの在来品種群にはない中間的性質である。この品種群の民俗分類体系における位置づけは、集落ごとに著しく異なる。網取では、在来の《アハかッツァンム》・《ッスかッツァンム》の二品種群のいずれにも属さない品種としてこれを位置づけ、《ユノーンかッツァンム》と呼んだ(AF)。祖納では地上部分に着目し、葉柄の付け根が赤くなるので《アハかッツァウム》に含まれるとする(SD)。干立では地下部分に注目して、《ユヌーンウム》にはただの《ユヌーンウム》と《ユヌーンコーサー》の区別があるとする。前者は《アハかッツァンム》の一種だが、後者は《コーサーンウム》(したがって《ッスかッツァンム》)の一種とされている(Hb)。このような差異は、この中間的性質をもつ新品種群が古い二品種群より遅れて西表島に導入されたことと関連があるだろう。

個々の品種をみると、網取には《ユノウム》という、直径二〇センチ程度の丸いイモをつける品種があった(Ae)。祖納では、網取と同じと考えられる品種のほかに、扇型になる品種もあった(SD)。干立で《ユヌーウム》といっているのは細長い品種であった。結局、《ユヌーンウム》とは一定の形質をもった特定の品種の名称ではなく、与那国

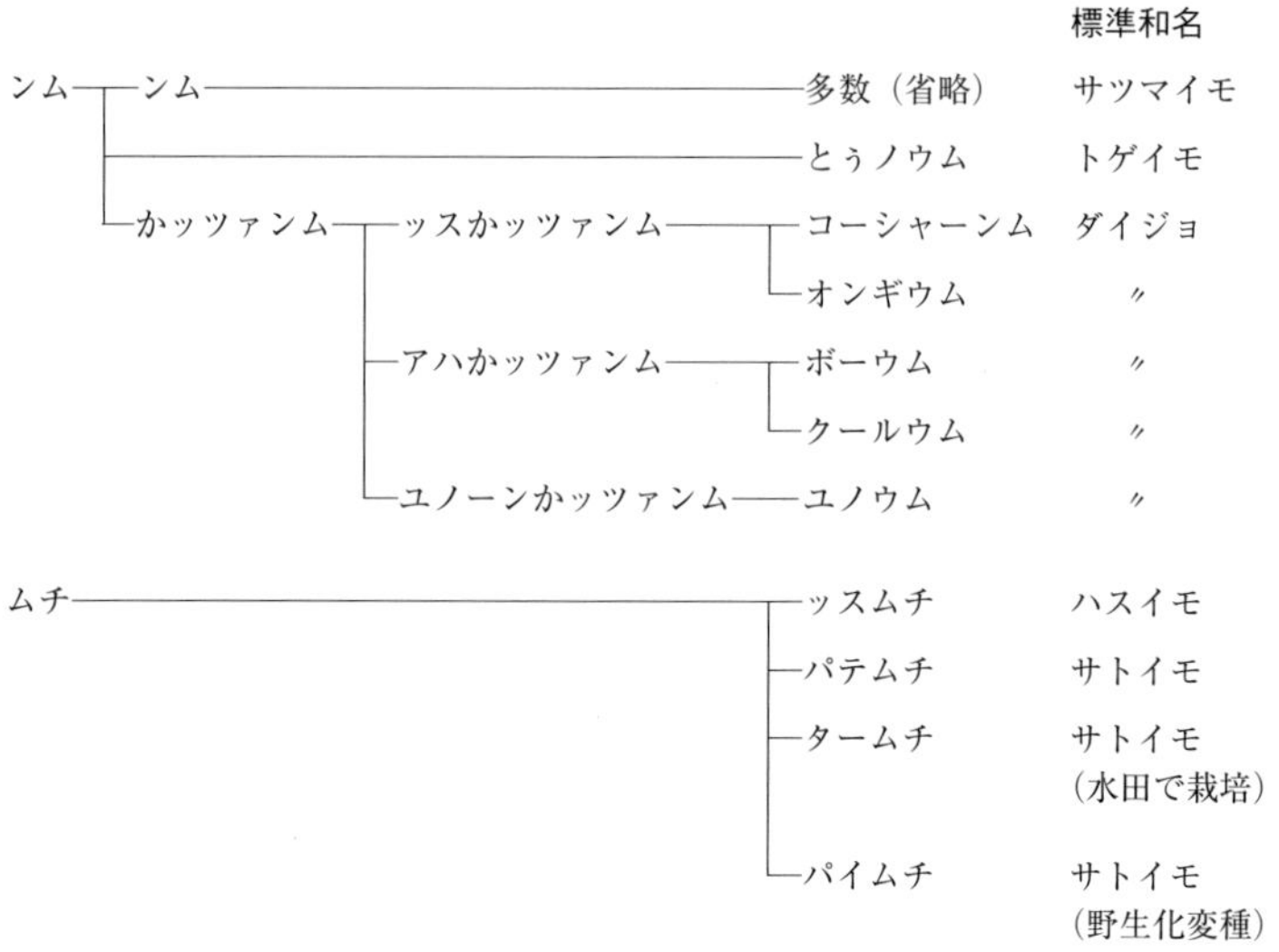

図 15　西表島西部網取集落で栽培されたヤマノイモ類とサトイモ類の民俗分類

からの外来品種の総称であったと考えられる。

《ウシヌフリ》（あるいは単に《フリウム》）という品種を干立では《ユヌーウム》の一種としている。これはイモが丸みを帯び、皮が薄くて掘り出した外見が赤い品種である。この名称は、牛の《フリ》（睾丸）にそっくりな色と形に着目した一種の愛称だという（Hb）。祖納では《ウシヌフリ》と言わないが、《フリウム》と呼ぶことはある（SD）。

イモの中部が赤紫色の《ボーウム》の系統がめったに栽培されなくなってからは、外見がそっくりな《ユヌーンウム》を誤って《ボーウム》と呼んでいる人もいる（SD）。網取で「祖納の人の《ボーンム》は中が白い」（Ae）というのはこのような事情を反映している。西表西部でのダイジョをはじめとする《ンム》の民俗分類の体系を網取を例として図15に示した。比較のために、サトイモ類の分類体系も提示する。図中に《ンム》が二回出てくるのは、サツマイモの方言としての《ンム》と、サツマイモとヤマノイモ類の総称としての《ンム》の二つの用法があるためである。

伝統的な栽培と利用の方法

《カッツァンム》（ダイジョ）は集落にほど近い水田の上の丘陵地帯の森を切り開いた小規模な《キャンぱテ》（木山畑の意味、休閑後は樹林になる焼畑）に栽培することが多かった（Ae）。土地がよく肥えた、北風のあたらない所を選ぶ。台風に遭うと収穫は望めない。《キャンぱテ》には、《ンム》（サツマイモ）と《アー》（アワ）を混植したが、ダイジョはこれだけを植えた。まわりに猪よけの木の垣根をめぐらせる点は普通の《キャンぱテ》と同じだ。一軒で八〇株も植えれば多いほうで、そのうち一四、五株はおいしい《ボーウム》を植えた。面積はせいぜい一五坪くらいだっただろう（AF）。祖納でも一〇坪、広くて二〇坪ほどだった（SE）。焼畑の斜面に点在する木の根を避けて直径二尺あまりの深い穴を掘って土をそこに高く盛り上げ、その頂きに種イモを植える。堆肥などは入れない（AF）。長いイモは傾けて植える（Ha）。新暦の二月から三月に植えて、一二月から正月に収穫する（Ae）。《フリウム》を植えるときにはちょっとした儀式をすることがあった。植えながら《さニャ》（褌）を外して自分の《フリ》（前出）を畑の地面にひきずってやる。こうするとたくさんの子イモができることは間違いなしであった（SD）。細かい枝がついたままの枯枝を土の山の間に並べて、かずらをその上にはわせる。これを怠るとたくさんの《ナーリ》（むかご）ができて肝腎のイモが太らない（AF）。網取では、沖縄戦後も《キャンぱテ》にダイジョを植えていた（AF）。

収穫のとき、掘ってみてまだ小さいイモは《ウティムヌ》（落ち物か）といって、もう一年畑におく。こうすることを《ぱドゥン》（Hc・SD）あるいは《ぱイドゥン》（Sb）と呼んでいる。《ぱイドゥン》とは延期することだという（Sb）。宅地の片隅に植えてあるものなどは土地がやせているので二年め以降に収穫する。このようなイモは《ぱドゥンンム》という。五、六年も《ぱドゥン》したイモは、一人では持ちきれないほどになる（Hc）。網取は土地が肥えているから、一年でじゅうぶん大きくなるので《ぱドゥン》することは少なかった（Ae）。イモが太っていれば夏でも掘りとってかまわない（Sa）。収穫したら屋敷の片隅に穴を掘って埋めておく。そうしないと二か月ほどで苦くなり、白いイモも黄色くなって食べられなくなってしまう（Ae）。保存の方法さえよければ半年はもつ。芽の部分は食べずに三寸ばかり切って残し、来年の種イモにする。灰を付けてかまどの《ピヌカン》（竈神）の後ろの日のあたらない所に置いておくと、二月か三月ころには芽を出して植えごろとなる。

《アハかッツァンム》は皮ごとワラでぎっちり巻き上げて水から炊くものだ。そうしないとイモがばらばらに割れてしまう（Sc）。丸くてワラで巻きにくいものは、《バサ》（イトバショウ）の葉でくるんでゆでた。小さく切ってからゆでたりすると、うまみがすっかり抜けてしまう。《コーサーウム》は堅いからワラで巻く必要はない（SD）。ゆでるとき少し塩を入れる。昔は、海水を真水で薄めて炊いていた（Sa）。

網取では、老人のいる家では多くの《かッツァンム》を作って行事に限らず日常的によく食べた。皮をむいて醤油味で炊いたものを、汁ごと茶碗に入れて箸でつぶしながら食べた。これだけでご飯のかわりになるくらいたくさん食べたものだった。どろどろに溶けた《アハかッツァンム》が冷えて固まったのは《ムちミ》（餅のような粘り気）があって今でも忘れられないおいしさだった（Ae）。《ボーウム》のように塩水でゆでたままを食べることもあったが（Hf・Hg）、《ユヌーンコーサー》は味噌炊きがおいしい（HE）。今ではトロロにしても食べるが、この食べ方は《ヤマトゥ》（他府県）から来た兵隊や石工を見倣ったもので、祖納・干立では昭和一〇年（一九三五）より前にさかのぼらない（SD・Hf・Hg）。現在でもトロロを好まない老人は多い。ただし、すりおろしたダイジョに少し澱粉を混ぜたものを汁に入れて固めた料理は昔からあり、皆に喜ばれる（Se）。茎の節につくむかごのことを《ナーリ》と呼ぶが、これも直径一寸ぐらいになることがあるので炊いて食べたものだ（SD）。

《ボーウム》はいい香りがあり、粘り気もあってもっともおいしく（SI）、《コーサーウム》はゆでても堅くバサバサしておいしくなかった（Hb）。《ユヌーンム》はその中間である（SI）。《ウシヌフリ》も小さいものがおいしく、五〇斤（三〇キロ）にもなるものはおいしくない（Hb）。《ボーウム》はおいしいうえに赤い色が美しいので、昔は《シーブ》（歳暮）として重宝がられた。役人などにさしあげたら《サキヌウサイ》（酒の肴）として喜ばれたものだ（SD）。

《アハかッツァンム》は病人の薬になるといって、石垣島の病院からも注文がきたことがあった（Ae）。

冬の年中行事のご馳走の一品として欠かせない食品だった（SI）。味は《ターウム》（水田で栽培する湿性のサトイモ）のほうがおいしいが、行事に使う便利さからいうと《かッツァンム》がまさっている（SD）。《たニトゥリヨイ》（稲の播種祝い、旧暦一〇月）には、《かマイ》（猪、リュウキュウイノシシ）の肉とすりおろした《ッスかッツァンム》を入れた醤油味の吸物がつきものだった（Ae）。先祖供養の十六日祭（旧暦一月一六日）には、皮つきのままゆでた《アハかッツァンム》を必ず食べた（Ae・AF）。田植えが終わったあとのお祝いにも《ボーウム》を炊いたものを食べた（Hb）。行事にはご馳走の品数を増やすため必ず《かッツァンム》を掘りにいった。お祝いにはとくに《アハかッツァンム》が喜ばれる（SI）。丸くて大きくなるイモよりも細長いイモのほうが、切り揃えて重箱につめるのに重宝だ（Ae）。とくに、神事には野菜だけで九品のご馳走を作って捧げなければならないから《かッツァウム》は品数を満たすために必要で（SD）、《チカ》（神女）にはそのために栽培している人がいる（Hb）。一九八四年三月の干立での観察では、田植えの《ユイ》（結い、労働交換）に出される折詰に、ゆでて厚さ二センチほどに切った《アハかッツァンム》を使っている家があった。

B　トゲイモ（*D. esculenta* BURK. var. *spinosa* PRAIN et BURK.）

同定と栽培法の観察

トゲイモ（一名ハリイモ、あるいはトゲドコロ）もダイジョと同じ熱帯系のヤマノイモ類である。英名は、lesser yamといい、ダイジョほど栽培はさかんでないが、東南アジアで広く栽培される。ダイジョとの違いは、葉が掌程度でそれほど大きくなく、丸みを帯びていて、茎に多くのトゲがある点である。鶏卵かそれよりひとまわり大きいぐらいの楕円形のイモが地表近くに多くつく。祖納では数軒で栽培が見られる。一軒で一〇坪ほど作っている家もある。畝を作り、高さ二メートルほどの竹の支柱をして栽培している。

西表名と特徴の聞きとり

祖納・干立・網取のいずれの集落でも、《とぅノウム》と呼んでいる。《とぅノ》とは卵のことである。ダイジョほど大規模に作るものではなかった。品種名も分化していない。イモにひげ根が生えている。肥料が不足するとひげ根が多くなっておいしくなくなる(AF)。昔の品種は今のものほどひげ根が多くなくつるつるしていた(He)。昔の網取の品種はイモがあまり丸くなくむしろ長かった(AF)。

伝統的栽培と利用の方法

網取では、焼畑に作ることもあったが、風に弱いので屋敷の中の畑で作ることが多かった(Ae)。一軒で六〇坪ほど作ることもあった(HE)。ダイジョと異なり、一一月の収穫期を過ぎると腐ってしまい、《ぱドゥン》することができない(SD)。味はきわめてよく、粘り気は少ないが香りと甘味がある。網取ではたくさん作って、ゆでたものを主食のかわりにすることもあった(Ae)。とくにおいしいのは、擂鉢ですったものを吸物にいれる料理だった(AA)。トロロにしても《かッツァンム》よりおいしい(AA)。大正末には、一斤一五銭とサツマイモの五倍もの値段で売れた(HE)。

三　野生のヤマノイモ類の利用

A　キールンヤマノイモ（*D. pseudojaponica* HAYATA）

同定と分布状況

初島（一九七五、七九一頁）によれば、薩南諸島から台湾まで分布するヤマノイモ科の野生種。日本列島に広く分布するヤマノイモ（*D. japonica* THUNB.）に類似し、ヤマノイモの亜種とされたこともある（高嶺　一九五二、一四五頁等）。初島（一九六一、二三六頁）は、それまでトカラ列島以南で報告されていた「ヤマノイモ」はこのキールンヤマノイモの誤認であろうと述べた。ウォーカーはこれをヤマノイモと区別するに足るだけの充分な標本がないとして疑問種としている（WALKER, 1976, p. 320）。私と安渓貴子が西表島で採集した標本は、ヤマノイモと見分けがたいが、いまは初島（一九七五）の記載に従っておく。

集落内に昔はたくさんあったというが、現在ではほとんど見当たらない。祖納の東方の水田地帯が丘陵地に接する所の斜面に、次に述べるカシュウイモとともに群生している場所が私たちのただ一つの採集地となった。

西表名と特徴の聞きとり

網取では《カイモー》と呼んだ。《かッツァンム》などのように《～ンム》と呼ぶことはなかった（Ae）。干立・祖納では《カイム》というが（Hb・HE・SD）、祖納では《カユム》ということもあり、《かッツァンム》の仲間とする

（SD）。元来は「カイウム」と発音していたのだろう（SD）という。田代安定（一八八六a）がカヤイモと記録したものや、小浜島の《ヤマカヨーン》（高原　一九七九）、与那国島の《ダマウンてィ》（本書三五四頁）は、いずれもこのキールンヤマノイモであろう。

祖納の対岸にある外離島や干立集落の後ろの丘陵地カナザヤンの頂きの砂地などに多く自生していた（SD・HH）。干立集落内にも多かったが、高潮に何度か潰かって種切れになってしまった（Hb）。

利用の方法

太さ二寸あまり、長さは一尺五寸近い細長い真っ白なイモができる（SJ・SD）。栽培される《かッツァンム》や《とぅノウム》よりも味がよく、行事などにはよく利用した。昔は、旧正月前に外離島などへ若者がとくに掘りにいかされたものだ（SD）。砂地の屋敷の中にも自然に生えるが、まるで植えたもののように大切に垣根にはわせて育てた（AF）。栽培はむずかしく、人間が植えても一尺以上のものでないとなかなか根づかない（Hb）。三年ほど掘らずにおいておくと使うのに適当な大きさになった（AF）。田植えのご馳走には炊いた野菜ではなく、これを鍋に入る大きさに切りそろえてゆでたものが主だった（Hb）。トロロにすると最高においしい（SL）。重病人の滋養薬である。屋敷に生えたものを掘ってみて二股であれば半分だけ掘り取って使うくらい大切にした（Ae）。

親指の頭より大きい《ナーリ》（むかご）が多くつく（Ae）。あまりおいしくはないがこれも食べる（SD）。台風のあとは屋敷のなかでたくさん拾うことができた。むかごを炊いたものにちょっと黒砂糖をかけて子どものおやつにしたり、ご飯に混ぜたりして食べた（Ae）。半分に割って顔や頭にくっつけて遊んだりもした（AF）。

B　ニガカシュウ（*D. bulbifera* L. *forma spontanea* MAKINO et NEMOTO）

同定と分布状況

ハート型の葉を互生する。イモに多くのひげ根がある。葉が丸いので一見トゲイモに似ているが、茎にトゲがなく、たくさんのむかごをつけるなどの点ではっきり区別できる。むかごから発芽したばかりの段階では、前述のキールンヤマノイモとの区別がややむずかしい。三月の観察では、地表のすぐ下に直径三センチばかりの球形のイモをつけていた。ダイジョとほぼ同じ地域で栽培されており、栽培されるものはカシュウイモ（*D. bulbifera* L. forma *domestica* MAKINO et NEMOTO）として区別されている。

西表西部の水田地帯の縁の山裾につながる薮の中などに多くみられる。私がはじめて見た場所では、ダイジョの数品種とともに生えていたため、当初栽培品と誤認していた。「西表島植物方名目録」（黒島・安渓　一九八一、一六頁）で西表西部の《とぅノウム》の標準和名にニガカシュウをあてたのは安渓遊地の誤りである。トゲイモに訂正する。

西表名と特徴の聞きとり

この植物はよく見るが名前を聞いたことがない（Ae・HE）という話者が多い。西表西部では、この植物の方名をご存じの方はほとんどいない。普通は単に「毒があるイモ」という意味で《ドクウム》などという（SD）。子どもの言葉だが、《マジヌヌかッツァンム》（魔物のダイジョの意味）ということはあった（Sa）。祖納の民俗研究家である星勲さんに何度かお尋ねするうち、《ピンキ》という方名を思い出された。石垣島の川平でも《ピゥンキゥ》と呼んでいる。西表西部では水田雑草のホテイアオイのことも《ピンキ》というが、ホテイアオイの下部が球状にふくらむ様子がニガカシュウのイモに似ていることと関係があるかもしれない。

利用の方法

田のそばや祖納の墓などにある（HE）。祖納半島の上の村跡のトゥカツァンという所にはたくさん生えていた。畑の畦などの乾燥した場所によく生える。直径が五寸ほどもあるイモがたくさんつくが、毒があって食べられない（SD）。堀田（一九八三、三五頁）によれば、昔はこれもあく抜きして食べることがあったという。古くは栽培していたが、人間が食べなくなって逸出、野生化したものである可能性がある。

C　ソメモノイモ（*D. cirrhosa* LOUR.）

同定と分布状況

山野に自生する。一見サルトリイバラ属に似たつやのある厚い葉を対生する。直径二〇センチ、長さ七、八〇センチに達する表面がでこぼこした堅いイモをつける。

西表名と特徴の聞きとり

網取では《クール》というが（Ae）、祖納・干立では《モール》というのが普通である。石垣島の人は《クール》という。場所を選ばず自生している。《かッツァンム》のように、毎年イモが腐って翌年のイモが太るということがなく、木の根のように太っていく（SD）。

利用の方法
食べられないし、猪も食べないが、茶色の染料として染織に重要である。久米島に移出していたこともあり（SD）、現在も染織に利用されている。猪がかじったものが染まりがいいという（HQ）。

四　ヤマノイモ類と「海上の道」

A　まとめとサトイモ類との比較

ダイジョについて長時間語った話者が多かった。昭和のはじめには一集落につき少なくとも四、五品種のダイジョが栽培されていた。品種を類別する基準はイモの形と赤い着色の有無で、内部まで赤い品種は収量では劣ったが、風味がよく珍重された。もう一つの栽培種トゲイモには一品種しかなかった。ダイジョはゆでて主食として食べることがあった。タイモ（水田につくるサトイモ）のように積極的にモチを作って食べることはなかったが、粘り気が強い品種が好まれ、炊いてどろどろに溶けたイモが固まった餅状のものを好む老人もいた。ヤマノイモ類の調理法の主流は薄い塩味でゆでることである。この方法は、済州島からの漂流民が一五世紀の西表島で見た「斧絶之烹而食之」とつながる伝統であろう。

サトイモについては《トー》（中国の福州周辺）あるいは《ヤマトゥ》（琉球弧より北の島々）からもたらされたという伝承があったが（安渓　一九八五ａ）、ヤマノイモ類についてはハスイモなどと同様、まったく起源伝承を聞くことはできなかった。サトイモよりも古くから西表島で栽培された作物である証かもしれない。

西表島ではダイジョが関係する儀礼は発達していなかった。水田のサトイモ（タイモ）のように祖先供養と密接な結びつきを持つヤマノイモ類も存在しなかったようである。しかし、収穫期である冬の年中行事、ことに神事にはご馳走の一品として重視された。赤い色をしたダイジョが珍重され、季節の贈り物としても用いられた。

ダイジョ（と稀にはトゲイモ）が焼畑作物であったことは重要である。琉球弧ではこの事例が奄美大島の大和村大和浜から報告されており（野本　一九八四、五八三頁）、西表島の報告はそれに次ぐものである。昭和はじめまで西表島ではサツマイモと粟を焼畑に混植するのが一般的だったが、サツマイモの伝来（一七世紀）以前の焼畑の作物構成を推定するうえで重要な資料であろう。沖縄島では普通、焼畑にアワとサトイモを混植し、八重山ではアワとダイジョの混植がおこなわれるという地域差がサツマイモ以前には顕著だったわけである。

野生するヤマノイモ類のひとつキールンヤマノイモの利用が戦前まで盛んであった。田植えのご馳走としてはダイジョの優良品種よりもさらに珍重された。滋養があり、病人に食べさせた点は与那国島の例（安渓　一九八四c）と類似している。(3)

ヤマノイモ類の方名は、《ウム》または《ンム》で終わるものが多い。キールンヤマノイモの祖納での方名《カイム》の語尾も元来は《ウム》であったと考えられるから、食用になるヤマノイモ類を《ウム》または《ンム》と呼ぶのは栽培・野生の別にかかわらなかったことになる。(4)

B　イモと人間

本章で扱ったヤマノイモ類五種を、人間の活動との関係でとらえなおしてみると、それぞれに異なっていることに気づく。それらは以下のように配列可能である。

トゲイモ：ほぼ常畑にのみ栽培された。畑で越年できないので毎年植えつける必要がある栽培植物である。

ダイジョ：同じく栽培植物であるが、長期休閑タイプの焼畑で多く栽培された。焼畑放棄後も残存し、数年後の収穫が可能である。屋敷内に作る場合も数年間放置しておくとむしろ大きなイモが取れることが多い。

キールンヤマノイモ：まれに栽培されることもあるが、自然に繁殖する。ただし、集落内では、人間が定期的に保護を加えることを怠るとやがては消滅してしまう保護植物である。

ニガカシュウ：現在は利用されなくても、昔の人間が活動した所にだけ分布する人里植物。繁殖のために積極的な保護を加えなくても消滅しない。昔栽培されたものが放棄されて野生化した栽培逸出植物である可能性が大きい。

ソメモノイモ：現在や過去の人間の活動と関係なく分布すると考えてよいもの。野生植物であるが、その有用性のために採集の対象となる。

こうして西表島のヤマノイモ類は、純粋な栽培植物からほぼ純粋な野生と考えられるものまで、ドメスティケーション（栽培化）のさまざまな程度の種や品種を含んでいることがわかる。

西表島のサトイモ類についてもドメスティケーション（栽培化）の程度という視点で比較しておこう。西表島のサトイモ類には、前述のトゲイモのように毎年植え替えてやらなければならないものは存在しない。栽培種のほとんどは、畑のサトイモや芋茎《ずいき》を食べるハスイモ、水田に植えられるサトイモ（いわゆるタイモ）、また昭和になって導入されたヤバネイモ（アメリカサトイモ）も、ダイジョと同じように放置しても数年間は消滅しない性質をもっている。しかし、水田のサトイモは猪の食害で全滅しやすく、ハスイモもあまり遠い畑に作って世話が行き届かないと、いつのまにか消滅してしまうという性質があった。栽培されないタロイモ類には、サトイモの一変種で細長い匍匐枝（ランナー）を持ち、自然に繁殖できるもの（*Colocasia esculenta* var. *aquatilis* アクァティリス変種）がある。放棄水田などに繁茂しているのは、えぐみが強く猪の食害を受けにくいため、残存しやすい。この他に栽培されないタロイモであるクワズイモ属が三種あって、これらはいずれも人里植物である。現在は観葉植物になっているシマクワズイモは、時おり株わけしてやらないと葉が多く着きすぎて存続できない。西表島のサトイモ類はすべて渡来要素で、純粋の野生と考えられるものはない（堀田　一九八五、二六頁）

C　イモの来た道

西表島のヤマノイモ類やサトイモ類は、どこからどのようにしてもたらされたのであろうか。そしてその時期はいつごろであっただろうか。八重山・宮古への農耕文化の導入の径路については、南からの、あるいは台湾経由の道を重視すべきと再三いわれてきた（阪本　一九八三、渡部　一九八四a、安渓　一九八五a）。柳田国男（一九六一）が日本の初期稲作について提唱した「海上の道」の仮説が、日本の畑作物の系譜を考えるときに有効であることがしだいに認識されはじめているといえよう。

サトイモ類についての報告（安渓　一九八五a）でも簡単に触れておいたが、ヤマノイモ類を指す方言は、《ウム》または《ンム》を語尾に持つものが多い。これはイモを意味する言葉である。沖縄島では、《ウム》に類する言葉であるが、サツマイモ・サトイモ類・ヤマノイモ類のすべてを指す。今日、西表島で単に《ウム》と言えばサツマイモのことであるが、サツマイモは一七世紀以降に導入された新しい作物である。ところが、西表島の網取ではサトイモ類に対して《ウム》や《ンム》とはいわず、《ムチ》と呼ぶ（図15参照）。川平でも《ムチゥ》であり、宮古島でも《ムジゥ》と聞いた。八重山や宮古では元来《ウム》がヤマノイモ類を主として指す言葉であったことは間違いない。

八重山の《ウム》と日本語のイモやウモは明らかにつながりがあり、これらはさらに東南アジア島嶼部やポリネシアでヤマノイモ類を指す言葉ウビとも同系であって、オーストロネシア語の復元された祖形 ʔumbi（ウンビ）につらなるものであるとされた（村山　一九八〇）。この想定が正しければ、次のような結論が得られよう。タロイモとヤマノイモ類の呼び方について、東南アジアから東アジアにかけてつらなる島々の間には連続と不連続がある。ウビ・ウム・イモという一連の言葉でヤマノイモ類を指すことは明らかな連続である。本州をはじめとする北の島々ではサトイモ類にもこの名前を適用しているのに対して、南の島々ではサトイモ類が別の名前で呼ばれる場合が多かったことはひとつの不連続である。そして、この不連続はこれまで考えられていたように八重山とルソン島の間にあったのではなく、もうすこし北の宮古島と沖縄島の間に存在したのではないか。このような連続と不連続は、南島系の根栽農耕文化が島づたいに北上する途中でウビ系の名称がサトイモ類にも拡大されたことによって生じたのであろう（安渓　一九八五ａ）。

アジアで利用されるヤマノイモ類はその地理的分布からはっきり二つに分けられる（堀田　一九八三）。つまりヤマノイモとナガイモは東アジアの暖温帯の照葉樹林文化圏の植物であり、ダイジョ、トゲイモ、カシュウイモなどは熱帯から亜熱帯に分布する植物である。堀田が示した分布図によると、ナガイモは雲南を西端として中国大陸に広がり、朝鮮半島、北海道南端にまで分布する。さらに南に向かっては台湾北部と八重山を含む琉球弧全域まで広がっている（ただし、私はこれまでの調査から、八重山にはナガイモが分布しなかったと考えている）。一方、ダイジョは、インド、東南アジア、熱帯アフリカに広く分布するが、琉球弧に沿って著しく分布が北に突出し、九州全体と四国の一部にまで及んでいる。この分布パターンは、温帯に分布の中心をもつサトイモの三倍体品種群（コイモ群）と熱帯に広く分布する二倍体品種群（オヤイモ群）ともほぼ重なるはずである。前述のウビ（ウム）系の名称が琉球弧の南部ではヤマノイモ類のみを指すのに対して、沖縄島以北ではサトイモをも指す事実は、熱帯に起源した南島系根栽農耕文化と暖温帯の照葉樹林文化の伝播の波が琉球弧付近でぶつかりあい、交流しあった歴史を反映していると考えられるのである。

ダイジョをはじめとする熱帯系ヤマノイモ類栽培の系譜をたどるためには、琉球弧から東南アジアにかけての品種の収集と記載、さらにそれらの染色体やＤＮＡの研究が進められなければならない。現在、琉球弧では在来品種がその栽培と利用に関する伝統的知識とともに急速に消滅しつつある。たとえばイネについてはすでに大半の在来品種が失われてしまい、今後の研究の急速な進展は望むべくもない。サトイモ類やヤマノイモ類をはじめとするその他の栽培種についても、手遅れにならないうちに広汎な調査をおこなう必要がある。日本の農耕文化の一つの源流であったに違いない琉球弧の農耕文化の全体像をできるかぎり正確に把握することが、今日の南島研究のもっとも急を要する課題のひとつであろう。

注

（1）国頭地方などでは、内部まで赤く着色するこぶしよりやや小さいイモをつけるダイジョの品種（今帰仁村与那嶺の《はバーマーム》など）があるが、八重山ではまだ報告がない。

（2）扇型になるダイジョを国頭村安田集落では、《オーギマーン》（扇真芋）と呼び、今帰仁村与那嶺集落では、《オージウム》、すなわち「扇芋」と呼んでいる。那覇では《オージヤマン》（扇山芋）というのが普通である。ダイジョのことを《コーサー》に類する方名で呼ぶ地域が他にあるかどうかを知るためにBURKILL（1924, p. 209）の編んだ東洋におけるヤム品種名の一覧を見ると、東北インドのライプール周辺のダイジョの一品種にKosa kandaという名称があることに気づく。カーンダとはヒンディー語で食用になる地下部（イモ）一般を指す言葉であるが（CHATURVEDI and TIWARI, 1970, p. 96）、沖縄方言でカンダと言えばサツマイモなどのかずらのことである。驚くべき一致であるが、今のところこれだけでは、《コーサー》に類する方名が琉球弧以外に起源を持つかどうかはなんともいえないであろう。

（3）佐々木（一九七三b、一〇七頁）によると、一八四九年に沖縄島で著された『御膳本草』には、「かやいもハ薯蕷也。……やまいもハ仏掌薯也……」と記されているという。前者はキールンヤマノイモを指し、後者はナガイモの一品種である仏掌薯（ツクネイモ）ではなく、ダイジョである可能性が高い。仲吉朝吉（一八九五）は八重山に「佛掌薯」があると記しているが、これも同様の誤りであろう。

（4）西表島のヤマノイモ類の方名を与那国島のそれと比較しておく。与那国ではキールンヤマノイモのことを《ダマウンティ》（山ウンティ）という。単に《ウンティ》といえば今日ではサツマイモのことである。一方、与那国島ではダイジョを《ブン》と呼んでいる。《ウン》であれば八重山の他の島々と同じ語源であるが、なぜ《ブン》と呼ぶのだろうか。《ブン》を台湾東部でダイジョやトゲイモを指す言葉ボンbongと結びつける考え（國分一九八〇、二五五頁）もあるが、たとえば《ウンティ》（《ティ》は指小辞で、元来は「小さい芋」の意味であろう）と対比させた「大きい芋」を意味する推定形「ウブウン」などとの関連はないだろうか。今後の調査を期したいと思う。

初出：安渓遊地　一九八六a

後記：その後、吉成直樹・庄武憲子両氏が全琉球弧にわたる網羅的な調査をして、詳細な報告と考察をしている（吉成・庄武二〇〇〇）。そこで得られた結論には非常に興味深いものがある。たとえば、サトイモ類を「〜ウム」と呼ぶ地域と「〜ムジ（西表島の〜ムチ）」と呼ぶ地域を調べると、宮古島より北はウム優占圏で、南はムジ優占圏。境界にある宮古では「ウムムジ」と呼んでいるというのである。また、コーシャ、コーサーというダイジョの品種名は、薩摩藩が一八三一年に編んだ博物誌『成形図説』にも掲載があり、コーシャとは拳のことで、芋の形が人の拳に似ているからだと説明されているという。

9　島びとの語る焼畑

はじめに

研究の目的

本章は、日本列島の最南端の八重山地方の西表島で焼畑耕作がさかんにおこなわれていた時代の畑作の状況について、できるだけ詳しく、しかも自然科学的な分析や地域間の比較にも耐える精度をそなえた民族誌的記述をおこなうことを第一の目的としている。人と自然の関係を研究する場合に、目には見えない超自然世界や万物に魂が宿るとする南島の世界観を重視すべきであったことを最近になって痛感するようになった（第3章参照）。本章では、そうした心意の世界を語る言葉にも注意深く耳を傾けたいと思う。

八重山の西表・石垣・与那国などの、山あり川あり水田ありの「高島」の焼畑については、野本寛一（一九八四）が、石垣島川平について簡単に報告しているのがほぼ唯一の資料である。

研究の方法をめぐる覚え書き

一九九三年ごろのこと、私は祖納の那良伊正伸さん（表14のST氏）のお宅におじゃまして、雑談をしていた。その中で、なにげなく与那国島ではトウガラシを摘む前に、咳払いなどで木に合図をしてから採らないといけないと聞いたという話をした。すると、那良伊さんは、若いころまでは、野山の木の実を採るときには必ず《バーヌッティ　ヒリヨー》つまり、「私にいただかせてくださいね」と挨拶してから採ることになっていたとおっしゃった。出会って一九年目にして、はじめて耳にすることだったので、そんな大事なことをなぜもっと早く教えてくれなかったのかと尋ねたところ、「おまえ、何でいままで尋ねんかったか?」というのがその返事だった。

私は、農耕文化のフィールドワークにおいては、聞きとりと現在の生業活動への参与による観察を主な方法としてきた。しかし、聞きとり調査には、右記の会話からも明らかなように、「調査者は存在することを知っている事項についてしか質問できない」という根本的な困難がある。とくに現在すでにおこなわれていない習慣について質問することはむずかしい。

自然な形でそうした限界を打ち破ってくれたのは、気長なつきあいと日常的な雑談、世間話だった。たとえば右記の会話をきっかけに、西表島でも野山の幸をはじめとして山川、草木虫魚のすべてに霊的なものを見、敬虔に感謝をささげる習慣がほんの四〇年ばかり前まではかなり広くおこなわれていたことを知った（安渓　一九九五b、一九九六b）。これは、自然と人間の関係に焦点をあてて調査していたころには思いもしない世界であった。そうした世界は、島の人々と世間話ができるようになってはじめて開かれたのである（山田雪子述　一九九二）。

一　島びとの経験の語り

ここでは、西表島の西部の伝統的な集落のうち、一九七一年に廃村になった網取集落と、もっとも人口が多かった祖納集落での焼畑をめぐる語りを紹介する。その語りを通して、焼畑と常畑の性格の違い、集落内での分布、作物の種類、作期、焼畑の発展と終焉の歴史などを明らかにする。網取・祖納周辺の関連する地名を図16に示した。

網取は西表島でも最後まで焼畑がおこなわれた地域であり、一九五五年ごろまで連綿と続けられてきた。祖納では主として外離、内離の両島での焼畑だったが、一九三五年ごろには終焉を迎えた。したがって、網取での聞きとりが中心になり、それを祖納の聞きとりで補う形になる。なお、舟浮・干立両集落での聞きとりも適宜補足のために挿入した。

網取の中心的な話者は、山田雪子さん（Ae）と山田武男さん（AF）のお二人である。私と妻は一九年にわたって雑談でうかがった山田雪子さんの生活史を『西表島に生きる――おばあちゃんの自然生活誌』（山田雪子述　一九九二）として刊行させていただいたが、そのなかから焼畑に関連する事項を抜き出した。山田武男さんは雪子さんの弟で、網取の歴史と民俗を語る『わが故郷アントゥリ』（山田武男著　一九八六）の編集を通して、私たちに「話者が筆をとる」重要性を気づかせてくれた方である。祖納の中心的な存在は、祖納の郷土史家で三冊の書物（星　一九八〇～一九八二）を刊行し、多くの草稿を残された星勲さん（SD）である。私がもっとも長く話をうかがい、つねに教えを乞うた話者のお一人であった。

動植物には、日本語の日常の言葉による表記法のほか、方名（方言による名称）と、標準和名がある。一例をあげ

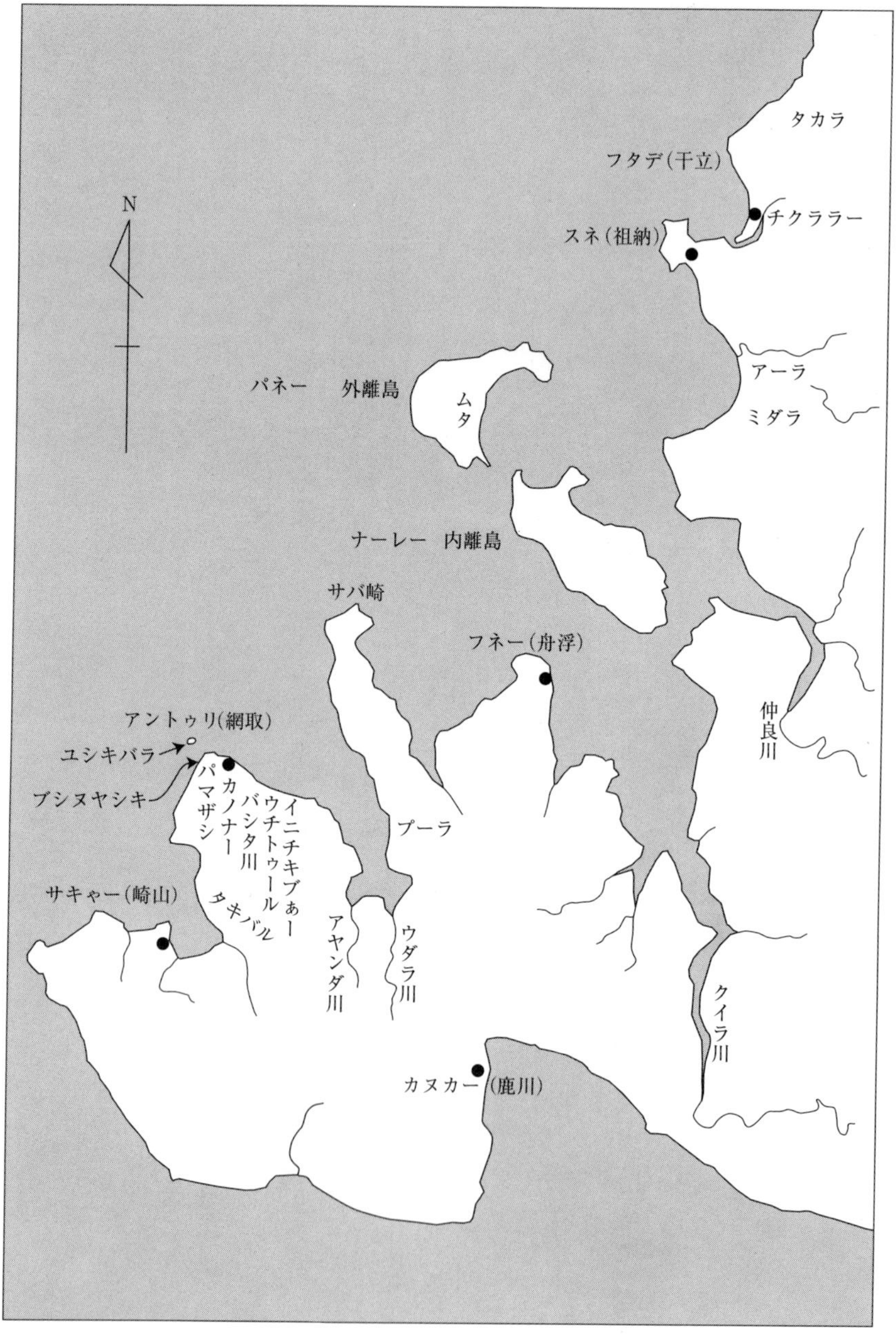
N
タカラ
フタデ(干立)
チクララー
スネ(祖納)
アーラ
ミダラ
パネー　外離島
ムタ
ナーレー　内離島
サバ崎
フネー(舟浮)
仲良川
アントゥリ(網取)
ユシキバラ
ブシヌヤシキ
パマザシ
カノナー
バシタ川
ウチトゥール
イニチキブぁー
プーラ
サキャー(崎山)
タキバル
アヤンダ川
ウダラ川
クイラ川
カヌカー(鹿川)

図 16　西表島西部

れば、松＝《マチキ》＝リュウキュウマツのような関係になる。植物の方名と標準和名の対応については、黒島・安渓（一九八一）によった。

畑の民俗分類

祖納では、畑を方言で《ぱテ》といいます。村から近い普通の畑は《ヤーヌマールヌぱテ》（言葉どおりには、家の周りの畑）ですが、畑を休ませて草が生い茂ったら《アラシ》という名前になります。《アラシ》というのは、《アラカイシ》（新返し）からきた言葉だろうと思います。《アラシカイシ》とも言い、野原の土を《かナパイ》（鍬）で起こすことです。そして乾燥したブルシ（土塊）を《かナパイ》の頭で割って太陽にあてるようにします。これを《ぱテバリ》つまり「畑割り」と称しています。火をつけることはありません。そうすれば、また《ぱテ》に戻ってサツマイモが植えられます。村の共同作業で《アラシカイシ》をするときは、《ぱテバリ》までを共同で、あとはめいめいでやります。新しく畑にすることを《アラジドゥアヒル》、つまり「新しい土地をあける」と表現します（SD）。網取では《ミーパテアヒ》、新畑開けといいます（AF）。そして畑になった状態が《ぱテ》ですが（SD）、しばらく作りつづければ《フーぱテ》、古い畑ということもあります（SE）。

それとは別に、もっと遠い所にある畑があります。近頃ではあまり聞かない方言ですが、《アラぱテ》といいます。これは、「新畑」ではなくて粗放な畑、「粗畑」の意味でしょう。そのうち山の中にあるのが《キャンぱテ》。字を当てれば「木山畑」でしょうか、木を倒して焼く畑です。これは《ヤマぱテ》（山畑）とも呼びます。焼いて畑にするので《ヤヒぱテ》（焼畑）という言葉も使いますが、これは《キャンぱテ》ではなく、一面に《ユシキ》（ススキ）が生えている原っぱを焼き払う《ユシキぱテ》を指すことが多いんですよ。《キャンぱテ》は一度開けば四年ぐらい作れますが、《ユシキぱテ》は三年止まりで短く、毎年の出来も《キャンぱテ》の半分からせいぜい八分止まりでした。

具体的な地名をあげると、祖納村の南のアーラとかミダラの水田の近くでは《キャンぱテ》を拓いていました。ぱネー（外離島）は《ヤヒぱテ》でした。ススキが多い《ユシキぱテ》です。外離島でもムタとヤナダは平坦地なので、《アラシ》にしていました。その他の所は、傾斜が強くて土壌が流れるから《アラシ》にはできません。ナーレー（内離島）は、《ガヤ》（萱、標準和名チガヤ）が生えた《ガヤぱテ》が多かったですね（SD）。

《ユシキぱテ》をするときは、火をつければどこまでも限りなく焼けますから、そのあとみんなでいって、《ユシキクイシ》（ススキの根をひっくり返すこと）して粟を蒔きました。ぱネーのニシパリでやったときは、せいぜい一軒で一反ぐらいの面積だったでしょう。これは土地の取り合いですから、力のかぎりどんどん《ユシキクイシ》をして、一日か二日で終わります。三日もかかっているようだと他の人が入ってきてしまいます。女だけの家庭などでは、あんな荒仕事はできません。他の人との境界に、ススキを一株残しておきます（SD）。

網取では、戦後は《キャンぱテ》をして芋を作り、切り干しにしたり《ウムヌムち》（サツマイモの餅）にして食べたりしました。サバ崎のプーラという場所を個人で《ユシキぱテ》にしたりもしました（Ae）。ここは上が切り立った崖になっていて、風があたらないし、土地は肥えていました。ここの畑は、木を切るのに二、三日もかかる広さでしたから、海辺の水田よりも広かったかもしれません。それでもまあ、二反（六〇〇坪）くらいでしたかね（AF）。

猪垣の内と外

山猪《やましし》を方言で《かマイ》（標準和名リュウキュウイノシシ）といいます。山猪を防ぐために、村を取り囲むように石で猪垣がしてあります。猪垣を《シー》といいますが、垣の村側を《シーヌウチ》（猪垣の内側）、山側を《シーヌふカ》（猪垣の外側）といって区別します。祖納の《シーヌウチ》は共有地で、一面の《ガヤヌーナー》（チガヤの野原）になっていて、その中に畑が点在していました（SD）。

《シーヌふカ》で《キャンぱテ》の場所を決めるときは、崖などを利用して猪よけの垣がしやすい地形を選んだものです（AF）。鹿川村の芋畑は、村からずっと東のナサマムドゥルという海辺の崖の難所を越えた所を焼いて開いていたそうです。崖があって猪が降りてこない地形なので選ばれたそうです（FA）。

焼畑をした場所

干立村の人の《キャンぱテ》は、村の後ろの山裾に点々とありましたが、多くはウナリ崎のほうにありました。大正三、四（一九一四・五）年ごろまでは作っていましたが、大正八、九（一九一九・二〇）年ごろまで一人か二人の人が作っていたのが最後でした。戦後また村の後ろの川の対岸のチクララーの山を《キャンぱテ》にしました（HD）。

祖納では、明治四〇年（一九〇七）生まれの私たちの時代には、もう《キャンぱテ》の経験はありません。私のおじいさんの時代には、タカラ地区の上のアダンがたくさん生えた場所を切り払って焼いて、芋を植えたと聞いています。山の中の平たい場所は伐採したそうですが、タカラ地区の平坦地でススキを焼いてきれいにスキかけて芋を作ったことはあります（Sf）。うちのじいさんは、《キャンぱテ》を作るのが上手でした。祖納の南のアーラという所に三反も四反もある《キャンぱテ》を拓いていました。私は枝集めを手伝わされただけです。割合平坦な山でしたから、木も大きくて、その木で垣を作ってありました（SD）。

網取村でのことですが、私が育った山田家の畑は、村の西のカノナーという所に三〇〇坪ほど、学校の東側に一〇坪、村の東のバシタ川の河口近くに七坪ほど、村の後ろの高台のブシヌヤシキ（武士の屋敷）という場所にも一坪ほどの畑がありました。ですが、これだけでは一家が食べるには少ないので《キャンぱテ》（山畑）を拓きました。それで豚も人も芋を食べました。《キャンぱテ》はヤンダという場所の田のそばに拓きました。山の高いところのタキバルという場所には村のみんなの山畑を拓きました（Ae）。

バシタでは皆で土地を分けあうので、水がある所に当たったら損です。私が嫁に行った入伊泊家が当たった畑がそうでした。低くて水が溜まります。仕方がありませんから、湿地によく生える野菜の《エンサイ》（標準和名ヨウサイ）を作りました。《エンサイ》は、家を新築する夏によくできますから、摘んでは「家造りの野菜です」といってあげられます。夏は野菜が少ないですからね、喜ばれますよ。ここは砂地だけど、土地が肥えていてジャガイモも作ったらよく太りました（Ae）。

網取村の東側の《バシタ》の川の出口は毎年変わります。それが西を向けば《ユガフ》（世果報、豊年）、東に向けば《ガシ》（飢饉、凶作）といいます。これはよく当たりますね。豊年祭の綱引きも必ず西を勝たせるのですからね（Ae）。

ウム（芋、サツマイモ）はタキバルで作ると上等な芋ができます。戦前は木がいっぱい茂った山でしたが、みんなで木を切って垣根を廻して山畑にしました。崎山村と網取村との共有の畑でした。タキバルを拓いたのは戦争のときです。ここには田もありますが、タキバルの畑は大きいですよ。戦争中は米は蓬莱米をつくっていましたが供出米といって出しましたから、村の人はタキバルの芋を食べて助かりました。ここは四、五年作って捨てて（放棄して）あとは《ヤマ》（藪）になりました。《ぱテドゥ　ぱギ　シティダ》（畑が禿げてしまったので捨てた）といって、草もあまり生えないほどになります。この後はめいめいで山へ行って小さい山畑を作るようになりました（Ae）。

《キャンぱテ》の拓き方

山の中を切り開いて倒した木を燃やして作る畑を、方言で《キャンぱテ》といいます。山の中で畑にする場所を決めたら、男が木を切って倒し、乾かしてから燃やします。火をつけるのは女もします。昔ながらの《キャンぱテ》（焼畑）は、三名から六名くらいで組んで共同で拓くものでした。わたしは、親戚二軒と一緒に合計三軒でやって区切りをしたことがあります。また、五軒で一つの山畑を拓くのに参加したこともあります。ひとりあたり、畳の長さ三枚の幅（五メートル強）で斜面の下から上まで拓いていくんです（Ae）。

畑にする場所は、村有地のなかで自分が選びます。風当たりのない所、日あたりのよい所、土地の肥えている所。木で猪の垣をするので、その都合を考えて選ぶことも大切です（AA）。網取では、芋を運び出すときの便利さを考えて、舟で簡単に運べる場所を選んで《キャンぱテ》をしました。ウダラとかアヤンダの川沿いの田の帰りによって、かますに芋を詰めてもって帰れるようなところです（AF）。

植物と畑のよしあし

松林はやせ地です。イニチキジという所には大きな松（標準和名リュウキュウマツ）があって落ちた種が育っていました。《ガヤ》がいっぱい生えていましたが、一度畑にするからと《ユイマール》して焼いたのです。でも土が全然だめで、みなと場所を決めたけれど、うちなんかもう耕しませんでした。表土は一寸あるかないかで《ガヤ》も焼いてしまって生えていないし、松の種が落ちてくるのですから。そしたらいつのまにかみんな松が生えてしまったんです。私なんかの若いころです（Ae）。竹やぶを焼いて拓いた畑は上等です。網取のヤンダにそんな畑がありました（AF）。《ガヤ》の生えているところは、松の種が落ちれば自然に松山になっていきます。これは珍しい気がしますね。近くに大きな松の木があれば、畑あとはすぐ松の芽がでて松林になります（Ae）。

網取には《ユシキ》が密生している所は少ないですね。網取の前の離れ小島のユシキバラは昔の畑あとですが、ここだけ《ユシキ》がいっぱい生えています。《ユシキ》は松が生えてくると株が小さくなって枯れていきます。そう、ヌチカという所の下にも《ユシキ》がいっぱいあります。ユシキバラに《ユシキ》が多いのは、崖になっていて潮風があたるからじゃないでしょうか。《ガヤ》は潮には弱くて潮にあたると枯れてしまいます。《ユシキ》はどんな所にも生えますし、波が寄せてきてしぶきがかかるような所でむしろきれいに生えます。あんな所は肥料がありま す。《ユシキ》のある土地はよく芋が太ります（Ae）。

《アダヌ》（標準和名アダン）の生えた所は拓いて畑にしても芋はだめです。伊泊のばあちゃんが粟なんかを蒔いてみたけれど駄目だったので捨てました。あとは海に洗われて砂浜になり、今はもう海になっています。パマザシのところです。アダンが生えていた頃はきれいな浜で、海亀もあがって卵を産むほどでしたがねえ（Ae）。

《ガヤぱテ》（チガヤの原を畑にした所）は肥料がないから何もできません。方言で《ユシキヌ　ホイル　マンカバぱテスソドゥ　ジョートー　マシアル。ガヤぱテ　シナ》と昔の人はいいました。《ユシキ》が生える所を畑にするのがいい、チガヤの生えている所を畑にするなという意味です。《ガヤぱテ》は私もやってみたけれど確かに芋はできません。肥料に《しクブ》（籾殻）や木の葉を切ってきて入れたりして、腐って土が変わってきたら少しはできるはずですが。《ガヤ》は七、八月ごろ根はあるけど上のほうがみんな枯れます。だから火を入れるときれいに燃えます。根っこまで燃えてしまいます（Ae）。

《ぴデ》（コシダ）が生い茂ったところを《ぴデヤン》といいますが、あれは畑になりません。祖納で実際に、戦後《ぴデヤン》まで焼いて畑にしてみた場所がありますが、サツマイモの葉が赤くなってまったく収穫できませんでした。捨てたら松が生えて、今では松山になっています（SD）。

網取の前のパトゥバナリ（鳩離れ）という島はユシキバラともいいますが、ここを戦前も畑にしていたからと、戦後共同で畑を開けてみました。そうしたら、《オイザー》（鼠）に喰われてぜんぜんだめでした。海の中の島だから山猪がいなくていいと思ったけれど、ものすごく鼠が多かったんです。その後、村の人が兎を放しました（Ae）。

女の仕事・男の仕事

畑は女の仕事ですが、田んぼの仕事や《キャンぱテ》を拓くのは男の仕事です。豚を養っていれば、芋（サツマイモ）掘りくらいは男も畑仕事を手伝ってくれます。田の仕事始めは《アローナ》（新打ち）ですが、畑に仕事始めはありません。畑は女の仕事で一年中やるものです。

畑の作物でいちばん大事なのは《ウム》（サツマイモ）です。芋は六月に植えたら一〇月に掘ります。草が早く生えてくるので、そのあと耕して《ジーサラシ》（地晒し）といって地面を日に晒して休ませます。でもすぐに植える人もいます。地面を休ませたら植えるのは正月から二月にかけてです。三月は植えないで、四月から六月にまた植えます。六月に植えるときは、芋と芋の間に《ダイクニ》（大根）を蒔くと、芋の蔓が出るまでに大根が生えてきます。大根を穫るまでは、大根のために畝の間を二〇センチくらい空けるように芋の蔓をめくりあげてやります。大根の手入れをしながら草を取ってやります（Ae）。

祖納では、サツマイモの《キャンぱテ》は、稲の収穫のあとですから六月から七月にかけて燃やしました。暇をみて早くから切っておく人もありました（SD）。網取の《かッツァンム》（ヤマイモ）畑では、一一月から一二月ごろに木を切っておいて、苗代づくりや田植えを終わって三月ごろ焼くようになります（AF）。

《キャンぱテ》を拓くことを、《キャンぱテケーリ》といいます。《ケーリ》というのは、「切り」という意味です。時期は、主に稲刈りの後です。田植え、稲刈りなどで忙しくなる前には、木を倒してけがなどしないように、みんなで戒めあいます。《インドゥミ》・《ヤマドゥミ》（海止め・山止め）の行事もそういう意味あいであったと聞いていますAF）。《プリヨイ》（豊年祭）をすませてから手をかけて、七、八月に田んぼの《アローナ》（初起こし）と並行して切ります（SD）。サツマイモの畑は面積が大きいので、暇をみて少しずつやります（AF）。

灌木を刈り、木を倒す

《キャンぱテ》すると決めたら、まず見当であらましの面積を見て（AF）、《シタふサ》（下生え）を刈って、次に木を倒します（AA）。《ふサ》とは草のことですが、《カサイ》（標準和名ウラジロアカメガシワ）や《ヤマジク》（不詳）なんかの小さい木も含めて《しタふサ》といいます。切る位置はできるだけ低く、高くても五寸くらいにおさめるようにします（AF）。長さ一メートル半以上に切りそろえて、枝も落としておきます。これは猪の垣にします（AA）。木の太さは、四寸ぐらいの太い木がある所もあれば、一寸から二寸の木ばかりの所もあります。太さが一尺五寸以上もあるような大きな木の場合は、切らずに残して、根っこを焼いてやります。やがてきれいに枯れますよ（AF）。

落とした枝は、細かく刻んで直径三尺ほどの山にして積んでおきます。こういう手間を惜しむ人の畑は、やっぱり焼けにくいですね。木っ端はできるだけ大きい切り株の上に積んで、すこしでもよけいに燃やすようにします（AF）。木の葉が枯れたら火をつけて焼きます（AA）。木の乾きぐあいを見ながら二〇日（SD）からひと月くらい乾燥させます（AD）。半乾きだと、《ヤヒクッチ》といって、半焼けになってめんどうなことになります（SD）。太い木は焼けてしまわないでどうしても残ります。半焼けで残った材木を垣にすると、朽ちにくくて長持ちがします（AA）。

垣根づくり

それから《かマイ》（リュウキュウイノシシ）を防ぐために《かシ》つまり垣を作ります。《ぱテかシ》（畑の垣）です。これは男も女も作ります。柵をするときは、縦だけでなく横にも二本の木を木の叉にかけ、蔓をまわして縛ります。こんな畑に入るには垣が高いから梯子で上り下りします（Ae）。

男が木を切って焼き、垣までします。垣をする仕事は、木を切る仕事の二倍くらいの手間がかかります。女は、男が垣をする間にサツマイモを植えます（AF）。ヤマイモの畑は一〇坪か二〇坪くらいしかないので、《たティかシ》という垣をします。《たティかシ》は、木を立ててかずらで横を編んでいく作り方で、手間がかかるんです（AA）。立てる木と木の間を手が縦に入るくらいの幅を開けて《クーち》（トウツルモドキ）の蔓で編んでいきます。横木は内側に入れます。横木を外側に出すと猪が足をかけて昇りやすいのでいけません（Ae）。

芋の《キャンぱテ》での垣根の作り方ですが、切った木を横に寝かせて柵にします。猪は、垣根の下から入るものなので、地面に接する所にはなるべく太い木を寝かせます。それが斜面を下へずり落ちていかないように、木の切り株にもたせかけてやります。ですから、あらかじめ見当をつけて、支えにする切り株は、一尺五寸くらい地面より高く残します。垣の両側に杭を立ててその間に横木をはさんでいきます。二、三本ごとに、《クーち》のかずらを三つか四つに割って、中の白いずいをとり除いたもので、杭にしばっていきます。杭には、《インダシカ》（シマミサオノキか）、《カンダシカ》（オオバルリミノキなどのルリミノキ類）などの丈夫な木を使いますが、横に積む木といっしょに火をつける前に取りのけておきます。前日には、《クーち》のかずらを準備しておきます。私の父は、《クーち》を前もって用意し、かまどの上に置いていました。すると黒く強くなります。使う前には、一〜二日間水に浸けておきます（AF）。

垣根の高さは、五尺はありました。出入りは一本の木を削って階段のようにして、それを内側と外側に立てかけておきます。焼畑が大きい場合、高さと幅が五尺の入口を作り、帰るときは、垣の隙間に横向きに木を差し込んで、真ん中には杭をたてて壁のようにして、かずらであちこちくくっておきます（AF）。

焼いたあとの手入れ

焼いたあとも大きい木は、高さ二尺ほどの切り株が残っています。《シーヌキ》（標準和名イタジイ）や《チパキ》（標準和名ヤブツバキ）なんかの木は切り株から《バイ》（萌芽）が出てきます。それを切り落とし切り落としをしていると二、三年でふくふくして（やわらくなって）切り株が枯れてしまうのです。《キャンギ》（標準和名イヌマキ）などは切り株からバイが出ないのでそのままにします。芋を植えるとき、掘るときに木の根にあたるたびに切るようにしていると、切り株も死んでしまいます（Ae）。

芋蔓（サツマイモのかずら）を村から持ってきて、木の根のない所へ植えていきます。細い木の根は芋を植えるときに切ります。やがて芋蔓が膝ほどの高さに伸びて畑いっぱいになります。《キャンぱテ》（山畑）は蔓で覆われて、草は生えません。木は種が落ちてからはじめて生えてきます（Ae）。

普通の畑には、草が生えます。仕事に追われて草がいっぱい生えてしまったら、草を《かニパイ》（鉄鍬）で耕してその上に《ミタ》（粘土）を乗せて《かニパイ》の頭で割っておけば、ほとんどの草は死んで肥料になります。《かブシ》（カヤツリグサの類）と《ノザシ》（標準和名ハイキビ）の二つが根っこから出てきます。《ノザシ》の根はショウガのようです。これはからからに乾いたら火をつけて焼きます（Ae）。

畑の助け合い

稲刈りのあと、《アローナ》（新打ち）まで田の仕事は休みです。私はこの間に畑の仕事をしました。《ぱテヌユイ》（畑の結い）といって、女が五、六人組んで山畑へ《ユイマール》（結い）をして行きました。私の《ユイマール》の相手はだいたい決まっていました。《ぱテヌユイ》のときはそんなに朝早くはありません。八時ごろに約束の人の畑で待っていると、みんなで間に合わせて来ます。遅れたら遅れた分をいつか来て、またやります。もし畑の主が遅れてしまったら他の人が遅れて来ても文句が言えません。でも同じ村の人間は《ぴトゥきム》（ひとつ心）なんだから遅れるのはやめようと申し合せていました。草がいっぱい生えて荒れている所を畑にするときはなるべく《ユイマール》します。一人でははかどらないからです。五人いても、荒れていない畑ならはかどるけれど、草が多いとたくさんはできません。畑に一〇時のお茶を持って行きます。一二時には昼ご飯、三時の休みをして五時ごろには帰ります。夕飯の支度があるからです。

山の高いところのタキバルの《キャンぱテ》に行くときは、女の《ユイマール》ですが、遠いからとっても朝早いんです。五時に起きてご飯を作って食べ、片づけて七時には家を出ます。大きい《キャンぱテ》に芋を植えるときは、苗にする芋のかずら（サツマイモの蔓）を縄でくくって鍬の先に下げたり頭に載せたりして持って行きます。畑に残っている木の根を切りながら蔓を二本ずつ斜面の下の方から植えていきます。山畑に芋を植えるといったら一抱えの蔓で午前中いっぱいかかります。一人で畳四、五枚の広さくらい植えますよ。昼過ぎは仕事になりません。きつい仕事だから（Ae）。

《キャンぱテ》には、猪が入って一晩でだめにしてしまうことがあるから、芋を二反は作っていないと、たちまち困ってしまいます（AA）。二反も芋の《キャンぱテ》があれば、順調に育てば掘っても掘っても減らないような状態です。ですから、網取では掘ったものを人にあげたり、掘らせてあげたりしました。そうすれば、またできた人がくれたりして、そういう助け合い、ゆずり合いが十分にありました。また、長く畑において腐りかけると、「豚にでも食べさせて」といって、掘ってもらいました。《イガムシ》という虫が入ると、苦くて食べられないようになりますしね（AF）。畑においたままにすると腐るまでには、六、七か月かかります（Af）。

暴風のときはタキバルの山畑はかげになって芋の蔓が吹き飛ばされずに残るので、風がおさまると行って蔓を取ってきます。タキバルのような山畑のない人も、暴風の後はタキバルから蔓を取って来て屋敷内に植えます。舟浮村からもらいにくることもあります。「蔓がないけど少しくれない」「うちの畑はどこどこだから取りなさい」と言います。ない人に分けるのが楽しみなんです。昔の人は心やすかったですね（Ae）。また、病気の人の畑なんかは、《ヤンピサリドゥ　ヤミブームヌアラン。ムールシ　ミリオイサナッカラ　ナラン》つまり、「病気したいと思って病気している者はいない。みんなで見てあげないといけない」といって、みんなでその人のために働くのが、網取での習慣でした（AF）。

植え方から収穫まで

芋（サツマイモ）の植え方は、《キャンぱテ》（山畑）とふつうの畑とでは少し違います。《キャンぱテ》の芋の蔓は少し長めにして、蔓の元のほうを水平に寝かせて土をかけます。一畝に両側からさしこむようにして植えます。つまり二本ずつ植え、二本の蔓の間は一〇センチくらいあけます。《キャンぱテ》でない、普通の畑は一本ずつ植え、蔓を斜めにさしこむような形に植えます。どちらの場合も土をかけたら、かけたところを足で踏んでおきます。砂地では肥料として木の葉を入れてやります。戦後すぐ講習会で千鳥植えというのを習いました。この方法はそれまでの方法よりもよくミが入ります（芋が太ります）（Ae）。

植えた芋の蔓は一か月くらいで根づきます。山畑では生長が早くて四か月くらいで芋が収穫できます。直径一〇～一五センチ長さ二〇センチくらいの上等の芋になりますよ。収穫は《かノーシ》（金串、鉄のヘラ）で掘ります。頭がのぞいている芋を目印にカノーシで周りを掘って芋を掘り取ります。その後に蔓を切って植えておきます。すると、また芋ができます。土がはじけて中から芋がもえ出たようなのを《ぱギジ》といい《ぴキバリシティ、ミーミル》（土にひびが入って、実が入る）といいます（Ae）。

ブシヌヤシキ（武士の屋敷）というわずかの土地にもうちの実家の畑があります。これらはもう畑らしい畑ではなく、みんなすごい傾斜の所なんです。山を切り払って焼いて山畑を少しずつ少しずつ作ります。あの畑の芋のよく太ることと。とくに《タイワンシリンム》という種類は大きくなります。崎山村の人が「あんたにもらった芋蔓を山畑に植えたらこんなに《ムイ》とったよ（太っとったよ）」と持って来て私に見せたことがありました。それは大きな丼よりもまだ大きかったですよ（Ae）。

《キャンぱテ》（山畑）は成長が早いので四、五か月もすると芋が太り、土から上にもりあがってきます。山畑の芋は、掘り取った後に小さい芋が残ります。ここへ蔓を引っ張りこんでまた植えておきます。すると小芋が太り、埋めた蔓にもまた芋ができます。《ぴキマシ　ウビチキリバドゥ　ティヌ　ウム　ウリル》、つまり蔓を引き廻して植え付けてこそ、手のように芋が地面の中に降りる、と言います。村の中の畑に作る芋は、山畑のように芋を掘り取るさきから次々に蔓を植えるようなことはしないで、いったん全部掘りあげてしまってから植えますが、一株全部掘っても笊に五、六個しかないほど芋が太りません（Ae）。

山で食べる焼芋と弁当

網取のタキバルの畑に行くときは、朝七時か八時ごろに女どうしで山田家の所の四辻で待ちあわせて、みんな鎌と篭を持って出かけます。行って芋を掘って、蔓を植えます。取れた芋は篭の下の方には丸い小さいものをいれ、大きいのは立てて入れます。《クーちちル》（トウツルモドキで編んだ篭）に五〇斤（三〇キロ）以上は担いだものです。山を下りるのに一時間かかりますから、帰るのは二時ごろから夕方になります。タキバルへは網取村から行くほうが遠いんです。崎山村は湾から上がればすぐですから。畑は網取と崎山と区切って植えます。網取は千鳥植えを知っていたのでよく芋の実が入りました。掘り取った芋を焚き火の上に置いて、その上を蔓で被っておくと《ヤヒウム》（焼芋）ができます。それはおいしかったですよ。あのおいしい焼芋を食べて村に帰ったら、もうご飯はいりません。普通は、畑の仕事にも田の仕事にもお弁当を持って行きます。夏なら、らっきょう、醬油かす、漬けものなんかです。冬はおかずを作りやすいですね。野菜も多いし。夏の稲刈りのおかずは小魚の《カラス》（塩辛）です。瓶に漬けたのをこのときまで取っておくんです。大きい魚の《カラス》は鍋で炊いてちょっと砂糖を振って《サキヌウサイ》

（酒の肴）にしたりご飯のおかずにしたりします。わたしは《カラス》を生のままでは食べられないので、炊いて《かサヌパー》（糸芭蕉の葉）にくるんでお弁当にします（Ae）。

山畑には、朝行ったら晩まで帰りませんからひとりでは行けません。帰りは、大きなざるに芋を入れて頭に載せ、着物の中にも芋をいっぱい入れて帰るんです。芋で体がふくれるほどね。芋を担いで帰る途中ですごくのどが乾くことがあります。途中に水はないし、休んでいると遅くなるから、かごを頭の上に載せたまま生芋をひとつとって、歩きながら鎌で削って水の代わりに飲んだこともあります。遠いからといって山畑に《シコヤ》（出作り小屋）を作る人はまれですね（Ae）。

芋の貯蔵

《かノーシ》で傷がついた芋は、腐りやすいので別にしておかないといけません。たくさんとってきたときは、日陰に穴を掘って入れ、上から砂をかぶせて蓄えます。置いておくと芽が出るので、《ナーシ》といって太陽の当たらない所へそのまま置いておく人もいます。《ナーシ》というのは、ながく置くと《シピリ　ンギッカラ　ファールン》（しわがよっているので食われん）ため、豚の餌にしかならなくなります（Ae）。

祖納では、四反もある《キャンぱテ》の芋がたくさんとれたら、《ぷシウム》（干し芋）を作るのに忙しいですよ。《キャンぱテ》の芋は、普通の畑の芋と違って、きれいです。洗って皮ごと鎌で削っていきます。かやで編んだむしろの上に干すとからからに乾きます。これを俵に保存しておいて、必要なときに臼でついて粉にします。この粉は、《ぷシウムヌクー》と言いますが、使い道が多いですよ。水でといてテンプラにしてもおいしいし、ご飯を炊くときに入れれば、黒砂糖が入ったようになります（SD）。

《かッツァンム》の栽培

干立では、田植えがすんだら山芋を植える時期です。山を切り払って、めいめいの食べる分だけ植えます（Ha）。山芋の畑は、一か所の面積が五畝（一五坪）かその半分ぐらいで、山の中のちょっとした台地を切り開いた畑です。網取のアヤンダ、ウチトゥール、イニチキブぁーなどにありました（AF）。

個人の小さな山畑につくるのは《かッツァンム》（山芋、標準和名ダイジョ）が多いです。山に拓いた斜面の、切った木と木の間に植えます。穴が掘りやすいからです。土をいったん六〇センチくらいの直径に深く掘り、土を戻して《シラ》（稲積み）みたいに高さ二五センチほど盛りあげ、そのてっぺんに種芋を植えます（Ae）。そして、山と山の間には、木の枝を置いていきます。これにかずらがからんでいくようにするわけです。かずらが地面を這うと、《ナーリ》（実。むかごのこと）ができてしまって、山芋が太らないからです（AF）。

芽が赤いのは《アハかッツァンム》です。芋の蔓が倒れないように木の枝で支えをします。倒れると蔓が土につきます。すると土についた蔓の部分に《ナーリ》（むかご）がついて元の芋が太らないからです。芋が苦くて食べられなくなります。《ナーリ》がつくから八重山（石垣島）では《ナリウン》といいます。《しマ》（網取）のものと比べて五寸もある大きい《ナーリ》がつきますね（Ae）。

タキバルの山畑では芋のほかに《かッツァンム》も作りました。《かッツァンム》は何十本も植えるから屋敷内の畑ではつくれません。種芋のあるだけ植えましたが、一〇〇本でも植えます（Ae）。一〇坪で二〇か二五株くらい植えた（AA）という人もありますが、あまり大きい穴を開けずに植えれば、一〇〇株で一五畳もあれば間にあいます。《キャンぱテ》の土地がいい所は肥料がいりません。《かッツァンム》を植えた所は、サツマイモほどには蔓が茂らないので、草が生えますが草取りはせず、鍬でがさがさ掻いて乾かすようにしておきます。《かッツァンム》畑の間には何も植えません（Ae）。一〇坪ほどの小さい山芋畑なら半日仕事ですよ。燃やしたあと垣をめぐらす作業は、倍ほど手間がかかります（AF）。

山芋掘りは、だいたい男の仕事です。山刀と鋸だけをもっていって、掘った山芋は、《クーち》というかずら（標準和名トウツルモドキ）でくくってもって帰りました。一月に一度は行ってみるもので、そうしないと知らないうちに猪にやられてしまい、収穫できないものでした。猪はショウガを食べないので、ヤマイモ畑の隅にはショウガを植えたものです（AF）。

山芋の食べ方

《かッツァンム》を食べるときに、芋の上部を長さ三寸くらい包丁で切って残し、種芋にします。種芋は切り口にかまどの灰をつけておくと腐りません。植え付けは旧二月で、その年の一二月か翌年の一月に掘ります。ちょっと掘ってみて芋が小さければ掘らずにもう一年畑におきます。こうして二年以上畑におくことを《ウチニー》といいます。《ウチニー》の《かッツァンム》は腐ったように見えますが、またミが入って（太って）大きくなります。《ウチニーシミチキッカラ　マイサナルン》（掘らないで一年寝かせたから大きくなった）といいます。《かッツァンム》を炊いてご飯にします。芋の皮をむいて切って鍋に入れ、水を入れ、味は醤油と塩を少し入れて炊いたら、もちもちしておいしいです。芋（サツマイモ）のご飯みたいにして食べます。茶碗に入れて汁も入れて箸でつついて食べます。とくに《アハかッツァンム》は香りがよくてむちむちしておいしいのです。お父さんはあれが好きで、人に炊いてあげて鍋の上の部分は皆にやって、下の部分は箸でつつくとぐずぐずしておいしいと自分が食べました。下の方は冷えると固まって、これがまたおいしいのです。味が《ッスーかッツァンム》とまったく違います。《ッスーかッツァンム》も皮をむいて炊いて食べるところは《アハかッツァンム》と同じですが、おいしくありません。《かッツァンム》は畑から掘り取って二月も放っておくと、中が黄色く苦くなってしまいます。家の片隅に穴を掘って埋めておけば上等です。置いておくと時期がくれば芽を出します（Ae）。

その他の作物

《とぅノウム》（ヤマイモの類、標準和名ハリイモまたはトゲイモ）という《かッツァンム》を屋敷内の畑にも《キャンぱテ》にも作ります。これは蔓にトゲがあります。《とぅノ》は卵という意味ですが、芋が卵くらいの大きさだからでしょう。とても風に弱いので、《とぅノウム》は風があたらない山畑に作るのがいいんです。一家に畳二枚の広さに植えるとたいてい足りますね。《ぴトゥムトゥ》（一株）でざるに一杯もあるので一度に一株分しか食べきれません（Ae）。

植え方は溝を掘って種芋を置き、上に丸く土を盛り上げて山のようにします。《とぅノウム》の《ナーリ》（芋）は普通は卵型ですが、砂地では大きくなって二股になります。炊くと半分に割れます。《ムちミ》（粘り）はないのですが甘味があります（Ae）。お父さんがタキバルの山畑に《とぅノウム》を植えていましたが、山猪に入られて種切れしたことがあります。そのときはうちの屋敷にあったのを分けてあげました。空襲のころ白浜から上地という人が来て、大ザル一杯分の種芋を分けてあげたこともあります（Ae）。

祖納の《ユシキぱテ》では、焼いて一年めに《ユシキ》（ススキ）の根がない場所に《ウム》（サツマイモ）を植え、四、五日したら《ウム》の間に《アー》（粟）を蒔きます。収穫したら、翌年は《ユシキ》の根を掘り起こし、そこにもサツマイモを植えます。掘った根は乾いたら積み上げて焼きます。サツマイモは二回かせいぜい三回しか穫れません。《キャンぱテ》でも同じように《ウム》と《アー》の組み合わせでした（SD）。

山畑には、《ウム》（サツマイモ）と《かッツァンム》と《とぅノウム》（いずれも熱帯系のヤマノイモ類）と粟しか作らないけれど、網取で作っていたその他の穀物類と豆についてもお話しておきましょう。昔は麦も作りましたよ。麦は九月に蒔いて、二月ごろ収穫します。六畳くらいの広さに作ります。この脱穀には、海の《チプルイシ》（丸い形のサンゴの類）を持ってきて、穂を石に擦りつけて落とします（Ae）。

それから《トーフマミ》（大豆）や《アカマミ》（小豆）はみんなが作っていました。網取では私は畑をたくさん持っていますから、《アー》（粟）、《ムン》（麦）、《キン》（黍）、《アウマミ》（緑豆）も作るんです。作ったらみんなにあげるのが楽しみです。麦と豆から《シタディ》（醤油）も自分で作ります（Ae）。

《キン》（黍）も作ります。《キン》を蒔くのは三月ごろ、まだ米が稔らんうちです。一〇畳敷くらいの畑に作ると相当できます。畑では倒れないように竹の支えをしてやります。《キン》は鳩の被害が大きくて、縄をひっぱってガランガランと鳴るものを作ったりするんですが、防ぎきれず、とうとううちは種を切らしてしまいました。キンを食べるときは《かサヌパー》（糸芭蕉の葉）に包んでせいろで蒸します。あれはいつまでも忘れられないほどおいしいものですよ（Ae）。

《アー》（粟）は、芋を所々に植えて、その間にバラ蒔きします。粟が生長して稔るころに芋が太ってきます。粟はあちこちに少しずつですが、《キン》よりもたくさん作りますね（Ae）。それから、《ヤンタンブ》（標準和名モロコシ、コウリャンのこと）も作ります。実が黒いから《フームン》（黒麦）とも言います。これは肥料を喰うから、畑に畝を作ってそのまん中に植えます。稔ったら、《イソーシ》（石臼）で挽いて皮を除いて水に浸して餅を作ります。これでご飯も炊きますが、《ミーピンター》（半分白い）といって半分皮から白い実が出ているので、臼で搗いたら簡単に実がはずれますが、精白はめんどうです（Ae）。

大豆は苗代で《トーフマミ》（大豆）は《ユシキ》（ススキ）の花が咲くころ、芋を掘ったあと《ジーサラシ》（地面を太陽に当てて晒す）してから植えます。一月に蒔いて夏、六月ぐらいに収穫します。「（正月の）十六日祭の餅を食べながら植える」と言うんですよ。《トーフマミ》は稲のように苗代を作ってから芋の間に移植します。豆を蒔くと

《ガラシ》（カラス）がほじくって食べるから、海岸ばたの砂地に苗代を作るんです。横には《マーニ》（標準和名コミノクロツグ）というヤシの葉を立て、上に糸を張って鳥を防ぎます。二〇日ほどで《マーパ》（本葉）が出たらすぐ移植します。芋の間に《トーフマミ》の苗を植えるときは、草を取りながら伸びてきた芋の蔓を両側の畝の上へあげてやります。豆を収穫するころには芋もしっかり大きくなります。一〇畳の広さに五寸おきに植えます。かため（密）に植えます。一斗か二斗しか収穫しません。醤油を作って、残りは豆腐にして、自分が食べる分だけを作ります。実ができてからもカラスの被害が大変です。網取にはとてもカラスが多いんです（Ae）。

焼畑のサイクル

《シーヌふカ》の畑は、みな《キャンぱテ》でした。《キャンぱテ》は、一か所で長く続けることはできません。よく続いても三年が限度です。二年たてばだいぶ切り替えますよ（AC）。《キャンぱテ》は、山を切り開いて畑にしてから三年までで放棄します。四年めには、猪よけの垣根の木も腐ってくるし、土地がやせてうまくできません。網取では、サツマイモの収穫は、二年めまでは変わりませんが、三年めからは収穫が減ります。粟は一年めがよくて、二年めもまあまあだけれど、三年めにはもう穫れません。《キャンぱテ》を捨ててから、四～五年では次の畑にはできません。一四、五年後に切るなら上等です（AA）。《ユシキぱテ》は、三年作ったら次は五、六年後でないと畑にしませんでした（SD）。

《キャンぱテ》（山畑）をしていたら真っ先に生えてくるのは《タビシキ》（標準和名アカメガシワ、以下かっこ内は標準和名）、《ゲタキ》（カラスザンショウ）なんかの落葉する木と、《カブリキ》（オオバイヌビワ）のような材の軟らかい木です。《キャンぱテ》を捨てないうちからこうした木が生えてきます。《ガヤ》にはこんな軟らかい木は生えてきません。松くらいです。《タビシキ》とか《ユシトゥキ》（ヤンバルアワブキ）が松の間にぱらぱらと生えるだけです

（Ae）。網取のプーラの《キャンぱテ》の跡には、《カブリキ》や《アカンギ》（アカギ）など、成長の早い木が直径三〇センチにもなって多く生えていました。《シンダン》（センダン）の木は、板を取ったりして使うのでなくなりますが、《アサングルキ》（フカノキ）とか《フクイキ》（ウラジロエノキ）など軟らかい木が主です。《タブキ》（タブ）も生えますが、直径がせいぜい二〇センチどまりです。《シー》（イタジイ）とか《かシ》（オキナワウラジロガシ）は生えてきません（AF）。

西表島での終焉と復活

《キャンぱテ》を私は自分でしたことがありません。父の代までのことです。山の木を焼いて垣をしてね。もともと《キャンぱテ》も《ユシキぱテ》も、放棄したら誰のものでもなくなるものでした。共有地がめいめいの所有財産に分けられてからは、《キャンぱテ》にしろ《ヤヒぱテ》にしろ焼くことはなくなり、《アラシ》だけになりました。私が《キャンぱテ》を見た最後は、一二歳のときです。そして大正末の二〇歳のころまでは、《ヤヒぱテ》をやっていました。戦後、昭和二五、六年ころから林野庁の制度が変わって、山を焼くことができなくなってしまいました（SD）。

祖納の人が、パネー（外離島）の畑に通わなくなったのは、戦争がひどくなって空襲があったりしてとても恐ろしくて渡れなくなったためです。パネーと集落内と合わせて二〇〇坪ほどの畑でいろいろな野菜を作っていました（Sa）。土地整理をして、畑が個人所有になりました。それでも、外離島では昭和に入っても畑を焼いていました。自分の命のあるうちに、世の中がこんなに変わってしまった。石垣島なんて西表よりも開けないところだったのに、今はあんなにビルが立ち並んでいるでしょう。時代の変わり目に生まれて損していると思います（SD）。

戦後の食糧難のときには、《しトゥチ》（標準和名ソテツ）を食べました。実だけでなく幹までも食べました。毒抜きが不十分なものを食べて、体がだるいとか吐き気がするとか中毒する人も出てねえ。もういちどあんな時代がまわってこない限り、あの苦労は今の人にはわからないでしょう。網取村の人々が、そんな「ソテツ地獄」から解放されたのは、また《キャンぱテ》を作るようになってからです（AF）。戦後一〇年くらいはやりました（Af）。町有地のほとんどは、戦後《キャンぱテ》になっていました。プーラという所には、部落共同の《キャンぱテ》を拓きました。めいめいの区分をしないで、掘りたい所を掘って芋を食べてもいいというようにしました。網取は小さな部落ですし、そういう助け合いの気持ちがあったんですね。掘ってきた芋を分けることもしょっちゅうでした。戦後は大山という人がプーラの自分の田の上に《キャンぱテ》を拓いていました。うちは、その他にアヤンダ川の所に個人の《キャンぱテ》を拓いていました（AF）。

営林署も、畑をするくらいのことでうるさく言うことはありませんでした。戦後世の中が落ち着いてきて、十条製紙がパルプ材の伐採に来たあと、造林しだしてからは少しやかましくなり、払い下げを受けてから畑にしろなどといわれるようになりました（AF）。最後まで《キャンぱテ》を続けたのは、AAさんです。アトゥクヌバダという所には戦前から作っていましたが、戦後はアヤンダ川に移り、最後にウダラ川の自分の田のすぐ上で《キャンぱテ》をしたのが最後になりました。戦後一〇年ぐらいまでですね。そのあとは、若者たちが離村するようになりました（AF）。

私たち自身は、戦前には《キャンぱテ》の経験がなく、今申し上げたのは、戦後復活したときの経験談です。でも、昔とやり方は同じでした（AF・Af）。

初出：安渓遊地　一九九八a

10　焼畑技術の生態的位置づけ

はじめに

人とイリオモテヤマネコが共存できる西表島でありつづけることを願って無農薬米を作っている農民たちから、今年も恒例の『ヤマネコＮＥＷＳ』が届いた。そこには、大自然と神への感謝の言葉とともに、次のような仲良田節《なからだぶし》の説明とその歌詞が添えられていた（ヤマネコ印西表安心米生産組合　一九九八）。

仲良田は仲良川流域一帯の肥沃な水田の名に由来しています。この仲良田節は神歌ですから日頃は決して歌ってはならないと戒められています。植え付けた苗が、神仏に守られ、豊かな自然の恵みによってすくすく成長し、初穂（シコマ）を迎えた日から歌い始めることが出来るのです。そして、豊年祭（プリヨイ）の月である七月（旧六月）に限って歌ってよいとされています。この神歌は、いつ頃から歌われるようになったかは不明ですが、村人たちは今も戒めを守り、毎年、心を込めて歌える日を待ちかねているのです。

ナカラダー

一、ナカラダヌマイン　パナリチジアーン
二、チジ　シラビミリバ　ミリクユガフ
三、アームリンマラシ　ウミシャグンチクティ
四、ワシタミヤラビヌ　チクティアルウジャキ
五、ウジャンナシシュヌマイ　ウスバユティウガマ
六、ウマチシドゥブダル　マチカニドゥブダル
七、アガラリルケンヤ　アガティ　タビミショリ
八、ククルヤシヤシトゥ　アガティシディラ
九、アシビ　イリムティヌ　フクイバラデムヌ
十、アシビザヌカジニ　ワサタミセミセナ
仲良田節

仲良田の米も　離島の頂きの粟も
粒を調べてみれば　豊年満作である
泡盛も蒸留し　御神酒も造り
私たち乙女の　造ってあるお酒
ようこそお役人様　お側で拝ませてください
お待ちしていました　待ちかねていました
どうぞ召し上がれるだけお食べください
心置きなく食べて若返りましょう
神遊びの西表は豊かな村です
遊びの座ごとに私の沙汰をなさいませんように
この半世紀ほどの間に西表島に起こった人と自然の関わりの変化の大きさは、目をみはるものがある。今では、仲良川沿いの水田はすべて放棄され、内離島、外離島の焼畑の煙も消えた。島で泡盛を造ることもなく、乙女が米や粟を口で噛んで御神酒を造っていた記憶もほとんど失われてしまった（安渓貴子　一九九五b、三〇五〜三〇七頁）。しかし、それでもなお、古い神歌をうたい継ぎ、自然の恵みに感謝しつつ、敬虔な祈りを忘れなかった島びとの精神がいまも脈々と息づいていることを、この便りがはっきりと示している。

島の生活のなかで変化してきた部分と容易に変化しなかった部分を考え、そこから未来へのヒントをつかみたい——これが、島びとたちに懇切な指導を受けながら西表島で地域研究を進めてきた私の基本姿勢であった。神歌・仲

良田節が示すように、西表島の農耕文化において、かつては稲作と並ぶ重要な位置を占めていた焼畑耕作がどのようにおこなわれ、そしていかにして消えていったのかを、人と自然の関わりの歴史のなかで捉えることが、本章のおもな目的である。具体的には、第9章で得られた島びとの語りの資料を生態的な諸条件の解析や、地域間の比較に耐える形にまとめて分析するとともに、語りから得られるものと歴史的な資料を関連づける可能性についても考察してみたい。

一　島びとの語りのまとめ

A　土地と畑の民俗分類

西表島の祖納と網取両集落の高齢者に、土地と畑についての民俗知識を聞きとりした結果（安渓　一九九八a、四七〜六六頁）をかいつまんで紹介する。まず、畑の民俗分類体系を示そう（図17）。ここではより複雑な体系の祖納集落を例示している。

図からわかるように、《ぱテ》（畑）には、火を使わない《ヤーヌマールヌぱテ》と火を入れる《アラぱテ》（焼畑）がある。《ヤーヌマールヌぱテ》は、人家の近くに多いが、しばらく耕作を休んで草が茂れば《アラシ》と呼ばれ、草の根を鍬で返して土塊を日に晒し、畑《アラシぱテ》に戻す。休みなく耕しつづける常畑といえるものは、自分の屋敷のなかの菜園だけである。一方、《アラぱテ》は、樹林を焼く《キャンぱテ》（長期休閑焼畑）と、草地を焼く《ヤヒぱテ》（短期休閑焼畑）に分かれる。さらに、《ヤヒぱテ》は、《ユシキヤン》（ススキ草原、ことば通りにはススキ

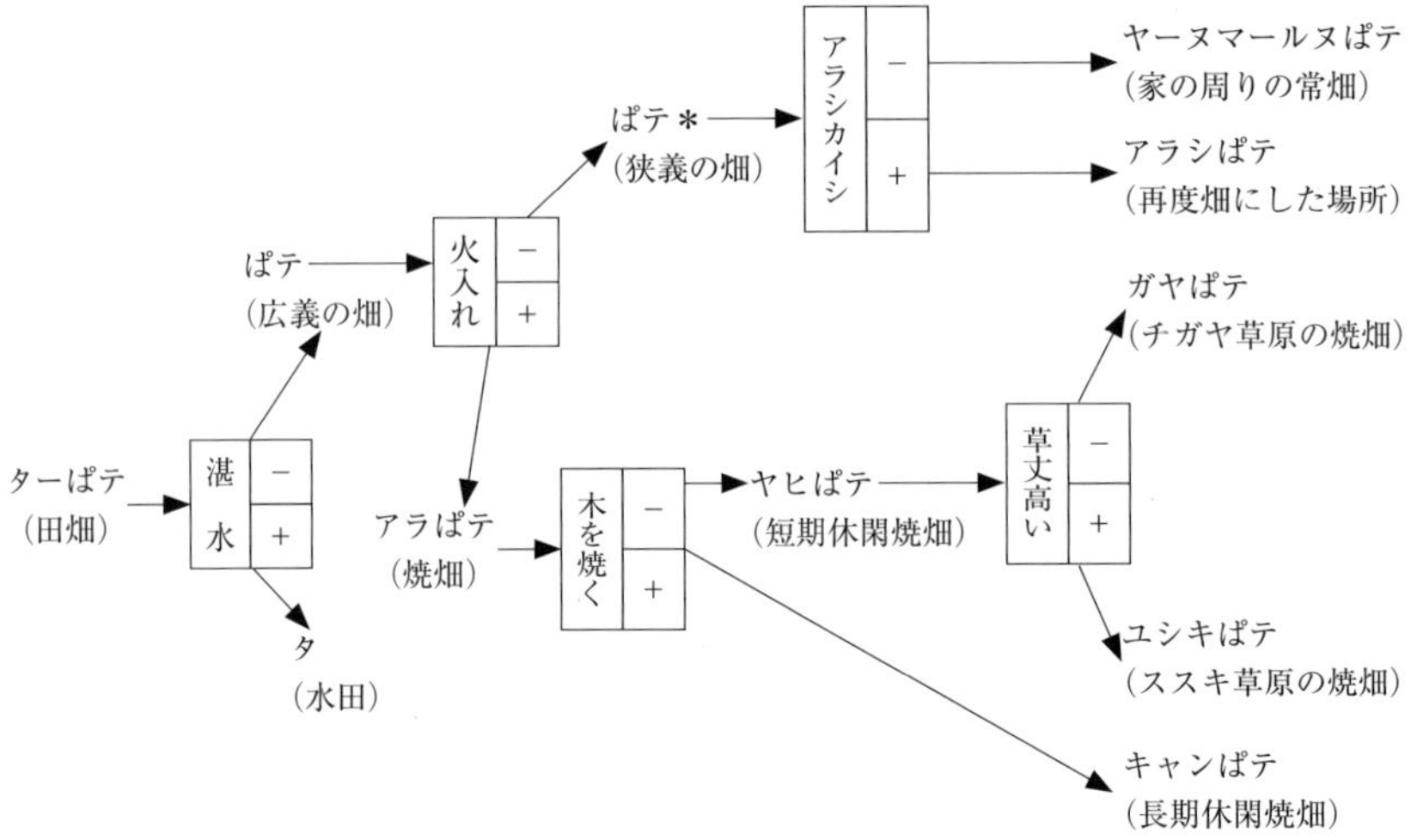

図 17　西表島祖納集落における畑の民俗分類

注：＊いわゆるResidual categoryであって，広義の《ぱテ》の中で《アラぱテ》以外の《ぱテ》を指す．

の藪）を焼く《ユシキぱテ》と《ガヤヌーナー》（チガヤ草原）を焼く《ガヤぱテ》に分けられてきた。

土地の傾斜は畑の性格を分ける重要な要素で、たとえば《アラシぱテ》にできるのは、土壌が流失しにくい、傾斜のごくゆるい場所に限られていた。それ以外の傾斜地はすべて焼畑用地であった。

西表島の西部では、猪の耕地への侵入を防ぐための大規模な石垣が各集落を取り囲んでいる。その総延長は、祖納集落と干立集落と合わせて約五キロ（星　一九八一、六六頁）、はるかに人口が少ない網取集落でも約二キロ、さらに南の集落であった崎山でも約四キロに及んでいる（川平　一九九〇、五七頁の地図）。

この猪垣を方言では《シー》と呼び、内側を《シーヌウチ》、外側を《シーヌふカ》と称して区別する。《シーヌふカ》の畑や水田には、原則として猪を防ぐ垣根を巡らす必要があった。祖納集落の《シーヌウチ》にあたる祖納岳の中腹は、現在では広葉樹が生い茂っているが、集落から見える範囲はすべて焼畑の跡と考えてよいという。

畑を拓くときには、そこに生えている植物相をよく観察す

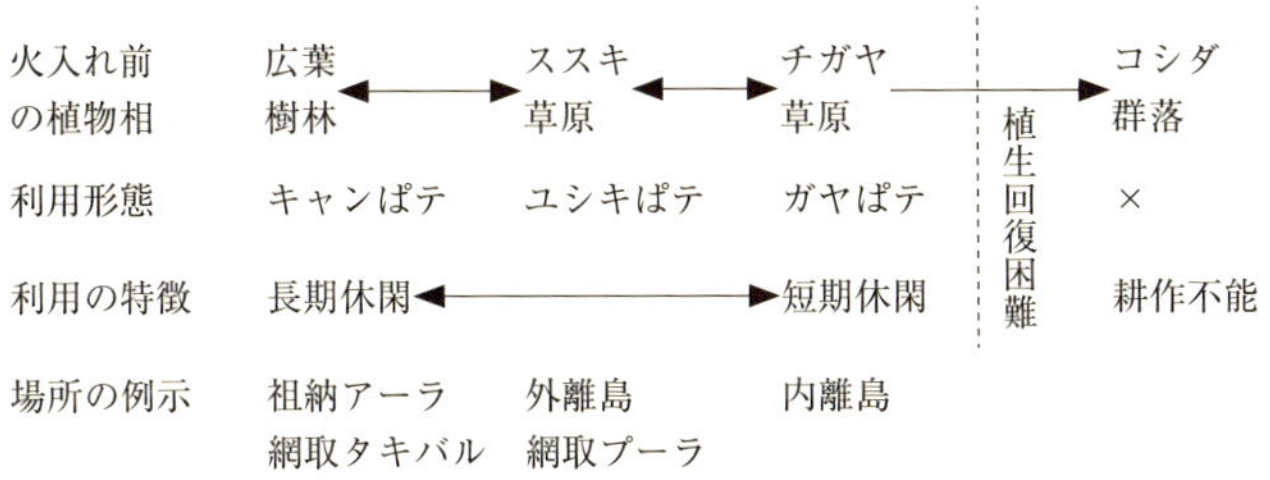

図18　西表島西部の焼畑をめぐる植物相のバランス

る必要がある。西表島では、木の生えた場所は畑にできる。ただし、松の木はだめである。それ以外の植物ではススキ草原がよいとされる。海辺に多く生えるアダンのある所は拓きやすいが養分がなく、チガヤ草原もやはり養分がなかったり、表土が薄かったりするためあまり勧められない。戦後の食糧難のときに拓いたというコシダの群生地は畑としては最悪で、植えたサツマイモがみな枯れてしまった（図18）。

B　焼畑のさまざまな技術

《キャンぱテ》は別名《ヤマぱテ》（山畑）ともいうように、人家のない山の中に分布していた。西表島ではとくに防火帯を設けずとも、広葉樹の多い山に火が燃え広がることはない。松林は燃えることがあるが、焼畑にしない。おもに内離島と外離島の草原に火を放つ《ヤヒぱテ》では、草の生い茂る場所はどこまでも燃えるにまかせていた。

《キャンぱテ》用地で木を倒したあとは、枝を細かく刻んで、大きい木の切り株の上に山積みにして少しでもよく焼けるように工夫する。《キャンぱテ》は、集落を取り囲む《シー》（猪垣）の外にあるので、木で高さ五尺もある垣を作らなければならなかった。垣には、木を横に積むやり方と、小面積の畑では木を立てて柵とするやり方があった。

切り株だけになっても多くの広葉樹は萌芽するので、二、三年間はその芽を切り落とし、根を切って切り株を腐らせるようにすることも大切であった。《キャンぱテ》ではあまり草が生えないので除草の必要がなく、山の木がたくさん生えるころには、そろそろ次の《キャンぱテ》を拓く時期が来たと判断された。

サツマイモを収穫するときは、常畑のように全部掘りあげることをせず、子芋を残すようにし、掘った穴には蔓を埋めておくとまた収穫できた。後に述べるように、ヤマノイモの焼畑もあったが、猪よけを兼ねて畑の隅にショウガを植えておくという工夫もなされていた。

祖納では、外離島の《ユシキぱテ》を焼いたときには、一面に焼けたススキの根を鍬で起こしながら畑を拓くが、どうしても根が残るし、隣の畑との境界としてもススキを残した。この根を翌年までかけて少しずつ掘っては乾かして焼き、肥料にもなるように工夫していた。すべての根を一度に取りのけることが仮にできたとしたら、土壌の流失は免れない。つまり、残っているススキの根には、土壌の流失を防ぐという役割もあったのである。

焼畑で使う道具は、《ヤンガラシ》(山刀)、《ノヒリ》(鋸)、《かナパイ》(鉄の刃の鍬)、《アブタ》(もっこ)、《ちィル》(かご)など、あまり多くなかった。

C　焼畑の作期とサイクル

人頭税の上納では男には主として米が科せられていたため、西表島では稲作が重視された。水田の仕事は、アローナ(初起こし)から始まり、さまざまな年中行事と密接に結びついたサイクルが確立している。これに対して、畑作は女性を中心とする個人あるいは少人数の仕事という面が強かった。

祖納では、稲刈りが終わったあとの六月から七月にかけて《キャンぱテ》の木を切る仕事にかかり、水田の初起こしと並行して暇をみて、サツマイモの焼畑を拓くことが多かった。《ユシキぱテ》では、焼いた一年めに《ウム》(サツマイモ)と《アー》(粟)を植え、二年めはススキの根を掘りあげて再

表20　西表島西部における焼畑の2類型

	耕作期間	休閑期間	垣根
長期休閑キャンぱテ	3～4年	10～15年	必要
短期休閑ユシキぱテ	1～2年	3～4年	不要

度サツマイモを植え、それを収穫したら放棄するか、まだ地力がありそうならもう一度サツマイモを植えた。《キャンぱテ》づくりの長い経験をもつ網取の話者AA氏によれば、《キャンぱテ》は、普通二年かせいぜい三年で放棄していた。四年めになると土地が痩せてくるし、それにも増して猪よけの垣根が腐るので、耕作を続けることができないのである。《ユシキぱテ》は、三年から四年休ませてまた畑にしたという。《キャンぱテ》は四、五年後では無理で、できれば一〇年から一五年休閑させることが望ましいとされていた（表20）。

D　作物と耕作面積

もっとも広い面積を拓いたのは、サツマイモの焼畑だった。網取では、垣を越えて猪が入る危険も勘定に入れて、二反すなわち六〇〇坪は作りたいものだとされた。方言で《かッツァンム》と呼ぶ、熱帯系ヤマノイモのダイジョは、個人で小面積の《キャンぱテ》を拓いて栽培する作物で、せいぜい一五坪ほどの畑があればよかった。同じく熱帯系のヤマノイモで、卵大のいもができる《とぅノウム》（トゲイモ）も《キャンぱテ》に植えることがあった。

外離島のススキ休閑焼畑の場合、焼いたあと競争して耕すので、面積は一軒あたり一反ほどがせいぜいだったという。あらまし耕したら、ユシキの根の間にウム（サツマイモ）を植え、四、五日後《ウム》の間に《アー》（粟）を蒔いた。《キャンぱテ》にも《ウム》と《アー》の組み合わせで栽培したが、戦後の食糧難のときは《ウム》が主体であったようだ。

E　結いと儀礼

網取の《キャンぱテ》は集落から遠い所が多く、一人で行くのは危険なため、たいてい女性が五、六人組んで同じ畑で働いた。これを《ぱテヌユイ》（畑の結い）と呼ぶ。祖納でも、外離島の《ユシキぱテ》に赴くときには舟を漕いで行ったため、やはり一人で行くことはなかった。

第9章の焼畑についての聞きとりでは、畑作の儀礼については何も語られていない。西表島では、村をあげて取り組む稲作関連の祭りや、さまざまな儀礼、禁忌はさかんであるが、畑作の儀礼はあまりさかんでなく、むしろ個人的なものであったようである(1)。

ただし、田畑に共通の祈願や儀礼には、注目すべきものがある。網取村の郷土誌を残された山田武男（AF）氏の記述を引用しよう。

旧暦の四月になるとムヌンといい、作物に害虫が付かないように作物の成長を祈願する行事がある。村人の大半が浜下りして小屋を造り一日を過ごし害虫の退散を念ずるしきたりである。フサパ（草葉）ヌムヌン、ポー（穂）ヌムヌン、カマイ（猪）ヌムヌン、オイザ（鼠）ヌムヌン、トゥミ（留め）ヌムヌンと五回おこなわれる。草葉というのは、稲の茎や葉のことで、穂は稲穂のことである。留めのムヌンの時にはできるだけ鳥獣やすべての害虫を作物に付いている姿のまま取ってくる。猪は土に残した足跡の形を土とともにすくいとってくる。鼠も本物が穫れない時には芋で鼠の形を作る。このようにして集めた害虫・害獣を芭蕉の幹で作った舟に載せ、「この島はあなたがたには狭すぎる。どうか食糧が豊富な西の大国へ行ってください。」と祈願する。芭蕉の舟には竹の筒に水も入れ、米や果物なども積み込む。これらはすべて害虫・害獣達が大陸に着くまでの食糧である。祈願のあと、芭蕉の舟が村の前の小島ユシキバラから船出して流れていくと、ムヌンの行事は終わりである（山田　一九八六、一七六～一七七頁）。

また、網取では、シーバン（猪垣の番人）という制度を作って、各戸もちまわりで毎日シーを一巡して、垣がこわされていないか、猪が侵入した形跡はないかを見回ることにしていた。そして、田と畑に猪が入らないように祈願するシーヌニガイ（猪垣の願い）を、毎年プリヨイ（豊年祭）のあと実施していた。これは、ジーヌカン（土の神様）への祈願で、各戸から泡盛とパナグミ（白米）とミシャグ（口噛み酒）を徴収して祈願ののち、約二キロのシーの全長にわたってこのパナグミを蒔きながら、「土の神様は、この米が芽を出すまで（つまり永遠に）猪が垣の中に入らないようにお守りください」という意味の祈りの言葉を述べた（山田　一九八六、一〇九～一一〇頁）。

F　戦後の復活と終焉

西表島の焼畑は入会地を焼いていたが、入会地が国有林とされたり、個人有地として分割されたりして、祖納ではまず《キャンぱテ》が大正時代半ばごろから、続いて《ユシキぱテ》が大正末から昭和のはじめにかけて消滅していった、と星勲氏は語った。そして、焼畑が終焉していくもう一つの原因としては、新品種蓬莱米の導入によって収量が二倍以上に増加したこと（安渓　一九七八）があったのではないか。

一方、網取では、AA氏らによって、《キャンぱテ》は戦争中もほそぼそと続けられていたようである。そして、戦後西表島に人々が戻り人口が急増したことによる食糧難に対処するために、網取の集落を挙げて《キャンぱテ》の復活に取り組み、サツマイモの増産に励んだ。

その後、祖納では営林署の指導が厳しくなり、昭和二六、七（一九五一、二）年ころからは草原に火を放つこともむずかしくなっていった。網取でも昭和三〇（一九五五）年ごろに焼畑は終焉を迎えた。

二　歴史的資料の中の焼畑

昭和三〇（一九五五）年ごろまで西表島で続けられていた焼畑農耕の歴史を考えるために、聞きとりで得られた資料と歴史的資料との関連について若干検討しておきたい。

金関丈夫（一九五五）以来、八重山の各地で出土する半磨製の石斧は、現在も畑での除草に使う鉄製の《ビラ》や、芋掘りに使う同じく鉄製の《クシ》と同じ用途をもっていたと推定されている（國分　一九八九など）。さらに、焼畑作物のうち稗・粟・陸稲などの穀類については、プラント・オパールなどの微小な植物遺体の分析から、焼畑の存在が立証できるのではないか、と日本各地で研究が始められている（藤原ほか　一九八八など）。八重山でもこうした研究が期待されるが、現在までのところ、焼畑の存在を考古学的に立証できていない。

一方、八重山の生活についての文書資料は、以下に述べるように一五世紀のものが最古である。

A　一五世紀末の記録——済州島民の漂流記

一四七七年に与那国島に漂着し、それから三年間にわたって琉球弧の島々を旅した三人の済州島民の聞き書きが、朝鮮李朝の公式記録に収められていることはつとに知られている（伊波　一九二七）。そこには稲作についてはかなり詳細な記述があるが、畑作に関してはごく簡単に触れているだけである。彼らの与那国島での見聞として「鍛冶屋はいるが、耒耜（すき）を造らない。小さい鍤で畠を剔り、草を取って粟の種をおろす」とあり、西表島の祖納では、「稲と粟とを用いる。粟は稲の三分の一ある」としている（末松　一九五八、三三一〜三三三頁）。

彼らが与那国島で見たのは焼畑ではなく、常畑か、西表島での《アラシぱテ》に相当するものであったと思われる。そして、用いていた農具は鍬ではなく、今日でも除草に用いる鉄のへらであったかもしれない。

B　一八世紀の記録

『慶来慶田城由来記』

王府時代、西表島の役人としてもっとも有力な家系であった慶田城《けだぐすく》家の当主によって書き留められたと考えられている、島の歴史やしきたりについての記録『慶来慶田城由来記《けらいけだぐすくゆらいき》』には、わずかながらも畑作をめぐるいくつかの記事が見える（石垣市総務部市史編集室　一九九一）。

まず、痩せた土地でも育つため、きびしい人頭税の取り立てに苦しむ八重山の農民の食生活を大いに改善してくれたサツマイモは、『慶来慶田城由来記』によれば、清国の康熙年間（一六六二〜一七二二年）のはじめころに西表島にもたらされ、猪の害を防ぎやすい舟浮村の桃原《とうばる》半島で手始めに栽培されたという。

また、一七二八年の記事として次のものがある。

> 外離島には、むかしからイノシシがいた。唐芋や木綿花、黍の類を、石や木で垣を造り栽培してきたが、雍正六年（一七二八年）から翌年までにイノシシを根絶して作地とした。内離島もさらに、その翌年までにイノシシを根絶して、まもなく両島に村中の上木（物品税のための）粟畑を開墾し、粟を蒔き入れて出来たので、三か月

の飯料を積み置いた。長さ一〇間、横四間の瓦葺きの蔵を慶田城・西表両村の本おいか屋の前に造り並べて粟を積んでおいたが、次第に世の中が衰微し、上納ならびに飯米の補いにしたので、払底してしまった（石垣市総務部市史編集室、一九九一による訳）。

この記事は、西表島の祖納・干立両集落の前の海に浮かぶ二つの小島である内離（ウチパナリ）・外離（フカパナリ）の両島での畑作の様子を伝えており、猪を根絶することで畑作の拡大が可能になったという内容である。祖納の郷土史家であった星勲（SD）氏は、この記録を補う伝承として、次のように伝えている（一九八二年聞きとり）。猪の追い立ては、大勢の村人が間隔をおいて横に並んで歩いておこない、外離島は丸一日で完了した。内離島はやや手間がかかったが、これも丸三日で終了した。内離島から猪を追い出したあとは、万一にも狭い海峡を泳ぎ渡ってこないように、村人から《バダリャチク》（渡場筑）と称する役を選び、内離島の南西端のマイザシという場所に小屋を掛けて夜も昼も番をさせた。それと同時に、新しい耕地を耕作するため、それまでマイザシの対岸にあったフナリャー（元成屋と当て字する）村を内離島に移して、新たに成屋村を建てた。この二つの島は傾斜地が多く、常畑や《アラシぱテ》をして土壌が流失しない場所は少ないという話であるから、文書には明示されてないものの拓かれたのは主として焼畑であったと推定することができる。

また、『慶来慶田城由来記』は、「山猪垣瀬」と表現しているが、「瀬」とは方言の《シー》に当て字をしたものであろう。昔は祖納の一部だけを囲んでいたが、しだいに広い範囲を囲うようになっていく。星勲氏によれば、現在残っている猪垣は四度めの造営によるもので、石垣島の蔵元の直営工事として一七七〇年に完成した。網取と崎山でも、このころ村々の労働力を集めて猪垣が建設されている（山田　一九八六、一〇九頁、川平　一九九〇、八六頁）。

舟を漕いで通う内離島・外離島は、天気が悪くなったりすれば数日間も帰れないので、通わなくてもいいように、集落の周りに猪垣を築くことにし、祖納岳の中腹の開墾が許可された、と『慶来慶田城由来記』は述べている。

『八重山嶋農務帳』

一八世紀後半に成立し、その後何回か改訂された藩政期の農業指導書である『八重山嶋農務帳』は、ひとりひとりが耕作すべき畑の面積を作物ごとに定め、それが不足する者については「野地」を「畠地」にすること、つまり開墾を認めている。(2) ここには、焼畑または切替畑を指す記述はとくに見当たらないようである。ただ、冒頭に「地面格護之事（農地の保全について）」として以下の記述がある。これによって、「山」すなわち林地を開墾して「野」つまり潜在的な畑地に変える傾向があったことと、林地が畑作以外の役割を持つものとして為政者が重視していたことがうかがえる（新城、一九八三a（冨川親方 一八七四）、一一八頁）。

「畑地の林野の境目がきちんとしていないと、だんだん林野に食い込んで開墾することになるので、後々になって牛馬の飼料、薪、屋根ふき用のかや、すすきが不自由になり、百姓が難儀するようになるので、溝や樹木などで山野の境目をはっきりさせておくこと」。

C 明治期以降の記録

『八重山島農業論』

仲吉朝助の『八重山島農業論』には、八重山地方の畑地について、あらまし以下のような記述がある（仲吉 一八九五、二二四～二二五頁）。

八重山の畑には（一）常畑と、（二）切替畑がある。通常畑は、石垣で囲んで「内畑」と称し、相続されるが、全畑地面積の三分の一強にすぎない。ここに植える作物は、サツマイモ、蔬菜、タバコである。

一方、切替畑は、方言で「アリバタ（荒れた畑）」と呼んでいる。夏場に雑草を焼き、平均三反、牛に鋤を引かせ、秋までに七、八回も耕して草の根を除いてアワや麦を蒔き、畑にする。広いものは一町もある。無肥料で三年から五、六年耕作することができる。休閑は、三、四年ないし六、七年である。放棄された切替畑は、村人であればだれでも開いてまた切替畑として使用できる。

この記述は、植松明石（一九七四）がすでに指摘したように、野猪の害を避けるという記事から主として八重山の高島に関するものであろう。西表島での聞きとりと対比させてみると、切替畑（焼畑）は長期休閑焼畑ではなく、ススキなどを焼く短期休閑焼畑が中心であったと考えられる。とりわけ西表島の畑では使われなかった鋤が使われていることが大きな相違点である。なお「内畑」は西表島西部の《シーヌウチ》（猪垣の内側の土地）にほぼ相当すると考えられるが、西表島では《シーヌウチ》がすべて耕作されていたわけではない。仲吉のこの記述は主として石垣島を対象としており、西表島の長期休閑焼畑に関する報告はないことがわかる。

『八重山歴史』

八重山の歴史と民俗の研究のパイオニアであった喜舎場永珣は、その著書『八重山歴史』（一九五四、三七七〜三七八頁）で、粟作の項で石垣島の焼畑を「移動農業」として紹介している。

往昔は粟作は稲作と併行して二大作物と称せられ祭式の時も粟で泡盛、米で御神酒を醸造して神前に供進していた重用な作物であった。従って其の耕作方法も田の農作とは異なっていた。即ち「ケーマ開（ア）き」と称して灌木や茅薄（ススキ）等の原野を薙ぎ倒ほし、枯れるのを待って火を点して焼き払い鋤で二、三回すき起こし、之れに粟を播種し所謂粗放農業をして大量生産の農法をやっていた。（中略）人口の割合に土地が豊富であったので二、三か年耕作して肥料が減退したならば、又地味の肥沃な新開地へ移動農業をやっていた。この移動農耕は遠くは七里余もある伊原間村までも進出して粟作をやっていたのである。だから、一旦開拓して三か年荒らしておいた畑は何人でも耕作してよい（後略）。

仲吉朝助の記事と比べると簡単ではあるが、石垣島で草だけではなく灌木をもなぎ倒して開墾する焼畑があり、それを方言で《ケーマアキ》と呼んでいたことが記されている。また鋤をかける回数を仲吉が七回としているのに対して、喜舎場は二、三回と述べている。別の箇所で、喜舎場（一九五四、三六四頁）は、牛力による鋤かけが八重山地方に導入されたのは、一六三二年に遡ると述べている。しかし、西表島で水牛を用いて水田に鋤をかけるようになるのは、新品種・蓬莱米が導入された昭和初期以降のことであり（安渓　一九七八、八六頁）、畑の鋤かけはその後も長い間おこなわれなかった。八重山の島々は歴史的には鋤をもたず、西表島では《キーパイ》と呼ばれる木の鍬を使ったり、田を牛に踏ませて耕耘する踏耕が普通であった。踏耕は、遠くマダガスカルまで含めた東南アジア島世界の共通の農耕技術であった（高谷　一九八四、五頁、田中　一九八七、二三〇頁）。

三　地域間の比較

A　西表島内での比較

聞きとり調査の結果から、同じ西表島の西部の集落でも、祖納と網取では焼畑をめぐる慣行や焼畑をめぐる方言語彙は、基本的には共通するものが多いが若干の差があったものと考えられる。違いのひとつは、おそらく表面的なものので、祖納では昭和はじめから敗戦までの間、焼畑耕作が中断されていたのに対して、網取ではほそぼそとではあるが、一九五五年（昭和三〇）ごろまで焼畑が続けられていたことである。当然ながら、網取のほうが、より豊富な実体験に裏付けられた話が多かった。いまひとつの違いは、祖納には内離島と外離島という猪のいない耕作地があったため、《キャンぱテ》（長期休閑焼畑）に頼らなくてもよい人が多かったらしいという点である。この点については、後により詳しく考察することにしたい。

B　竹富島での聞きとり

西表島の東に位置する竹富島は、低平な隆起サンゴ礁の島である。島きっての伝承家であり、郷土史家でもあった上勢頭亨さんにうかがった話から、畑作に関する部分を抜粋してみたい。

竹富島の水田は、みんな西表にありました。出作り耕作のときは、砂地でマラリアがない西表の小島である由《ゆ》布《ぶ》島に田小屋を建てて住んでいましたが、砂地だから作物が作れません。アダンばかり生えて。しかし、畑は西表には持っていませんでした。西表へ仕事にいっている間に食べるための豆、粟、イモはすべて竹富から持っていきました。天気の都合で帰れないときは、西表島の古見《こみ》集落で世話をしてもらいました。

サツマイモが竹富の人の常食でした。しかし、毎日イモばっかり食べてもおられませんから、麦も粟も豆も作らんといかんでしょう。それから、《クマミ》（緑豆）、胡麻も作りますし、換金用にタバコも作り、養蚕のための桑、織物の材料の《ブー》（苧麻）……。いろいろ作らないといけないので畑はいつも不足していました。

竹富では休閑はしません。島が小さいのですから。耕地はないし、作物の種類は多いしで、とても西表の人のような具合にはいきません。それで、ヤギを飼ったのです。堆肥を作って畑に入れるのが大きな目的です。普通の家で、小屋に一〇頭以上のヤギを飼っておったものですよ。

うちは一五頭ぐらいいました。学校から帰るとまずやらされたのはヤギのえさ用の草取りです。それからランプのほや磨き。相当の量を刈ってこないと、ヤギが鳴きます。晩方「マーマーマー」とヤギが鳴くと、じいさんに「夕飯抜き!」と言われました。私は、そんなときはヤギの口に塩を塗ってやりました。そうすると塩をなめて鳴かないのです。

竹富では畑中心の生活なので、部落から遠い所にヤギ小屋を持つ人もありました。ヤギの厩肥を積んで切り返してぼろぼろになるまで腐らせました。あとは煙(湯気)がたつようになるくらいまで、二、三回切り返すとりっぱな堆肥になります。

竹富では一軒にかまどが五つも六つもあって灰が豊富にありますから、畑の野菜などには灰を肥料に入れました。また、西表で作っている田んぼに《ハイダーラ》(灰俵)に入れた灰を持っていって肥料としてまくこともしました。

ここで語られているのは、一九一〇年生まれの上勢頭さんの少年時代には、ヤギの厩肥とかまどの灰を肥料とした常畑が竹富島の畑作の基本になっていた、ということであり、西表島と比べてはるかに高い人口密度からしても、竹富島の畑作は、一九三〇年ごろまでは焼畑に重点をおいてきた西表島と好対照をなしていた、ということであろう。

C 野本寛一の報告

野本寛一(一九八四)は、西表島と与那国島以外の有人島のほとんど(波照間島、竹富島、黒島、新城島上地、石垣島川平と平久保)で焼畑について広域の聞きとり調査をおこない、郷土誌と合わせて八重山の焼畑の変異に富んだ世界を示そうとした。野本が報告しなかった西表島と与那国島での私のフィールドワークと、前述の竹富島での聞きとり調査の結果を合わせて、八重山の焼畑の全体像と西表島の占める位置を改めて考察してみたい。

野本は、八重山の焼畑を示す言葉として「キャーマ」「ケーマ」系と「アーラシ」系があることを見いだし、前者は「木山」の意で樹林を伐採しておこなう本来的な焼畑を指し、後者は「新地」の意味で本来は切換畑系の焼畑地の第一年めを指す語だとみてよい、と述べている。そして、石垣島では「アーラシ」にあたる言葉がなく、逆に鳩間島と新城島上地には「ケーマ」にあたる言葉がないとしている。

西表島西部で焼畑に対しては《キャンぱテ》および《ヤヒぱテ》（《ユシキぱテ》と《ガヤぱテ》に分かれる）という言葉が使用されていた。本章ではそれぞれを「長期休閑焼畑」と「短期休閑焼畑」と呼ぶことにしたい。また、与那国島では、樹林を開墾する「キャーマハたギ」と放置された荒地「アリチ」のススキやカヤの草原の開墾が実施されていた（本書、三五二頁）。ちなみに、植松（一九七四、四一頁）の報告した新城島下地でも「アーラスパタイ」という言葉はあるが、「ケーマ」にあたる樹林を拓く焼畑はなかった。

野本は、八重山における長期休閑焼畑と、短期休閑焼畑の関係を次のように想定している。「八重山の焼畑は『キーパテ』と『アーラスピテ』があった。発生的には原生林を拓いていくキーヤマが初めであり、いったん拓いた地の大部分を効率的な、切換畑的なアーラスピテにし、一部をまたキーヤマにしていたと考えられる。（中略）新城島のように、樹林の少ない地はキーヤマが早く衰退し、アーラスピテのみになったのだった」。

この理解は西表島以外の島々には当てはまるとしても、西表島の方言語彙では野本の「アーラスピテ」に相当する《アラシぱテ》は、火をつけずに《ジーサラシ》（土と草の根を太陽に晒すこと）することであった。このような違いが生じたのは、短期休閑焼畑を、西表島では《ユシキぱテ》などの別の名前で呼んでいたためであろうと思われる。

また、野本は、石垣島の猪と畑作の関係を強調し、黒島・小浜島では立木のまま火をかけ、ハブ・毒虫・有棘植物の処理を図る技術があったことに注目している。そして、種取り、火入れの願い、畑屋の願い、草場の願い、カタツムリの願い、雨乞い、虫の願い、鼠の願い、穂の願い、穂祭りなど、主として粟作にかかわる一〇種類の儀礼・行事を挙げ、発掘・研究の必要を強調し、粟と焼畑技術の道、イモの道、猪の民俗と海上の道について論じてしめくくっている（野本　一九八四、五八七〜五八九頁）。

私は、一九七四年以来の西表島における研究（その多くは安渓貴子との共同研究であった）を通して、作物とその栽培技術の伝播は南につらなる要素が多く、その上に北からの道が重なっていることを論証してきた。それは、作物自体に導入の系譜がいわば刻印されていると見る自然科学の研究に支えられている。それに対して、農耕の技術は伝播の結果も大きいが、むしろそれぞれの島の環境への適応として理解すべき点が多いと考えられたのである。

四　生態的な諸条件とその歴史的変遷

A　土壌と植生

西表島は、丘陵地が海に迫る地形がことに西部地区には多いため、常畑に適した平坦地が少なく、わずかな平坦地は主として水田にするのが、在来の土地利用であった。焼畑をおこなってきた山地は、島の西部ではほとんどが第三紀砂岩層からなり、八重山の他の島と比べても地味が豊かとは言えない。山地には酸性が強く養分含有量の少ない乾性黄色土壌が多く、谷沿いには腐食に富んだ適潤性黄色土壌が分布している（沖縄県　一九八七）。後者の土壌に成立する森林は、島の方言で《モーヤン》と呼ばれ（安渓　一九八九a、三六頁）、焼畑の適地となる。祖納では山地を《ヤマナ》と呼び、それを細分化する方言は、私が知り得ただけでも《モーヤン》を含めて四四に達している（安渓　一九八九a、三七頁）。

安渓貴子は①焼畑、②牛を飼う牧場、③屋根葺きのためのチガヤを採取する場所、④戦後は猪を銃で撃つための場所が、いずれも人為的に火入れをする場であったことに注目し、廃村とその周辺での植物社会学調査をおこなった。それに基づいて西表島における火入れのあとの数十年にわたる遷移の過程について次のように推定した。人間が火入れをしなくなれば、これらの二次植生は二つの系列を経て最終的にはシイやオキナワウラジロガシ等の常緑広葉樹の極相林に達すると考えられる。一つはススキ草原を経てススキと広葉樹の混交林となる系列であり、いま一つはリュウキュウマツ林を経てマツと常緑広葉樹の混交林として遷移していく系列である（安渓貴子　一九八一、三六頁）。焼畑後の植物遷移にこの二つの系列があることは、以下にまとめるように島びとの間でも土地の肥沃度と関連して認識されている。

第9章の聞きとりに、《キャンぱテ》のパイオニア植物として、アカメガシワ、カラスザンショウ、オオバイヌビワが挙げられ、より土地が痩せた草原を焼畑にした場合はリュウキュウマツが主で、その間に点々とアカメガシワやヤンバルアワブキが生える程度だという指摘がある。《キャンぱテ》を放棄して年月がたつと、オオバイヌビワ、アカギなどは直径三〇センチを超す大木になる。

さらに、七〇年前にさかのぼって西表島の土地利用の復元を試みた研究（安渓　一九七七）でも述べたように、島びとの間に蓄積されている民族生態学（ethnoecology. 土地の自然のなりたちについての土着の知識と知恵の総体）ともいうべき知の体系を学ぶ必要が大きいことを強調しておきたい。

たとえばセンダンの木は、《キャンぱテ》を放棄するとアカギやオオバイヌビワといった二次林の木とともに成長するが、板材を取るために途中で伐採されることが多いという。このため、センダンはアカギなどよりも大木が少ないのだという。植物生態学や植物社会学の知識だけでは理解できない人と植物のかかわりの歴史が、さりげない形で語りにこめられている。そうした土地に密着した知の体系があればこそ、生えている植物から焼畑の適地が判断できるのである。

B　猪と焼畑のサイクル

猪（リュウキュウイノシシ）は西表島西部の方言で《かマイ》と呼ばれ、現在でも水田や畑に大きな被害をもたらす存在であるとともに、主として罠猟によって島びとの食卓や祭りをにぎわし、豊猟の年には貴重な現金収入源ともなっている。このように猪と人間は西表島で長い間共存してきた（花井　一九八九）。

西表島の焼畑にとっては、害獣の猪の存在はきわめて大きかった。第9章でも、網取集落では猪に柵を破られる場合を想定して、余分にサツマイモを作っていたと語られていた。対策としては、猪の通り道に《バナ》（罠）をしかけたり、飛び降りる場所に《グイ》という竹槍を埋め込んでおいたり、《ヌイムヌ》といって人間の臭いの染みついた布を下げたりする程度であって、水田のように泊まり小屋を作ったりすることはなかった。

また、害虫・害獣よけの《ムヌン》の儀式にあたっては、猪の足跡を掘り取ってきて、網取では舟に載せて食糧の豊かな「西の大陸」に送り出し、崎山では足跡を山奥に向けて、農作物に害を与えず山奥で暮らしてくれるように祈った（川平　一九九〇、一四三頁）。集落を取り囲む長大な猪垣の儀礼では、猪垣を一周しながら、それぞれの場所の《ジーヌカン》（土の神様）に、猪を《シーヌウチ》（猪垣の中）に入れないように祈願したことは、すでに述べたとおりである。このように西表島では作物に害をなす猪を防ぐために、人間として可能なあらゆる努力をはらい、さらに超自然の存在にも懸命に働きかけてきたのであった。

しかし、猪は島びとにとって、一方的に憎むべき存在ではない。作物を食べる猪を今度は人間が食べるのだから「おあいこ」だという意識が現在も祖納・干立では普通に語られるし、罠にかかった猪を撲殺する前にねぎらいの言葉をかけることがあると、私は猟へ同行を許されたときに知った。猪にかけられた言葉とは「ミーハイユー、ボーレー（ありがとう、お利口さん）。来年も掛かってくれよ」というものであった。

ここでさらに一歩踏み込んで、島びとの意識や言葉にはっきり上らないにせよ、猪の存在が西表島の焼畑の生産力を維持するうえで重要な役割を果たしてきた可能性を指摘しておきたい。そのことに気づいたきっかけは、本章の話者のなかでもっとも焼畑の経験が長い網取のAA氏の言葉にあった。《キャンぱテ》（長期休閑焼畑）は、長くても三年すれば木の垣が腐るため、猪を防ぐことができなくなり、放棄せざるをえなかったというのである。高温多湿の西表島では、木材腐朽菌とともに《しサリ》（シロアリ類）の活動も活発で、シロアリに食われない材は、《キャンギ》（イヌマキ）、《イゾーキ》（モッコク）など限られている。そうした木でなければ、柵に使う材が細ければ細いほど——すなわち休閑期間が十分でないか、地味が痩せている場合ほど——早く朽ちることになり、焼畑もそれだけ早く放棄される。つまり土地の土壌の流失が短期間ですむと考えられるのである。長期休閑焼畑が一四、五年に及ぶ休閑期間を確保していたのは、基本的には収量が低下するためであるが、人間の土地の過剰な使用を防ぐため、木材腐朽菌やシロアリ類、リュウキュウイノシシが存在するのではないかとも考えている。

こうして生態学的な立場から島の焼畑の歴史を再検討すると、一八世紀に重要な転回点があったことに気づかされる。第一の事件は、一七二八年から二九年にかけて起こった内離、外離両島での猪の撲滅である。先に『慶来慶田城由来記』を引用したとおり、その結果内離、外離両島では猪の害を心配することなく、焼畑に専念できるようになった。

先述したように、現在でも島びとたちの間では、島の生物たちと共存していける道をさぐるという考え方が有力であり（安渓　一九九二b、七六頁）、たとえ小島とはいえ、そこに住む猪を撲滅させるという計画が、一八世紀の島びとのアイデアであったとは考えられない。それは、その後多くの悲劇を生むことになる強制移民による新村の建設など同じく、食糧増産をめざす首里王府の政策に基づいて計画された事業であった可能性が高い(3)。

その後に起こったことを簡単にまとめれば、はじめは食べきれないほど粟が収穫できたが(4)、収量が急激に落ちてしまったと読むことができよう。『慶来慶田城由来記』の原文では、「次第に世も衰に相成」とある。和訳が「世の中も次第に衰えて」としているのは誤解を招きやすく、この場合の「世」は方言でいう《ユー》、直接的には作柄のことであろう。すなわち、焼畑の耕作期間の延長と休閑期間の短縮による地力の衰えを示していると考えるのが適切で、その原因は猪の駆除にあったのである。

もう少し具体的に見ると、両離島から猪を駆除した直後は、樹林を切り開く《キャンぱテ》が主であったろうが、垣が朽ちるという制約がないために休閑期間がどんどん短縮されていくうちに、やがてススキ草原を焼く《ユシキぱテ》に移行していき、外離島に比べて傾斜のゆるい内離島では、短期休閑焼畑のなかでも生産力の低いチガヤ草原を焼く《ガヤぱテ》になり、さらに牧場に変わっていった。一部の緩傾斜地では、焼畑ではなく、常畑に近い《アラシぱテ》さえ作られるようになったのである。

猪の駆除とそれに引き続く焼畑の収量の低下という問題は、対馬において一七〇〇年から九年間にわたって陶山訥《すやまとつ》庵《あん》が実施した猪駆除大事業のあと、まもなく気づかれていた。そして、その原因も地元の役人によって生態的にきわめて正しく把握されていたのであった。対馬では、猪を防ぐための垣根の維持という制限要因がなくなると、焼畑の耕作期間が延長され、その結果土地が痩せて収量が減少した。それを焼畑の経営面積を広げることによって補おうとしたため、ますます休閑期間が短くなり、土壌の流失が起こったのである。こうした土壌流失対策として、一人あたりの木庭(コバ、焼畑)の面積を制限し、森林を回復させることを当時の対馬の役人は提案している(陶山(山田訳)一九八〇、守山　一九九七、九四頁)。

『慶来慶田城由来記』は、宮地(一九八四)が言うように、「往古」には豊かな黄金時代を謳歌していた西表島の人々の暮らしが、しだいに衰微していくとする歴史観によってまとめられている。宮地を含めてこれまでの研究者は、そうした歴史観の主な背景として、名家であるにもかかわらず役人の立身を石垣島の分家に奪われていく慶田城本家の衰えで説明していた。

ここで私は、生態的な立場からの理解を加えてみたい。宮地が『慶来慶田城由来記』の作者と想定する第一〇代の用州は、先述の内離島と外離島の猪の撲滅が完了した一七二九年には一〇歳の少年であった。彼は、目の前の島で新たに拓かれた焼畑が豊かな食糧を産出し倉庫を満たすのを見ながら成長するが、まもなく生産力の急速な衰えをも経験する。そして、一七三九年の検地で西表・慶田城両村の田の割り当てが減らされるなど、苦しい生活を経験している。若いときに焼畑と水田における生産量の低下という事態を目のあたりにしたことも、用州が「万事うつりかはりの咄」(宮地 一九八四、九九頁)として『慶来慶田城由来記』を書いた背景の一つと考えることも許されるのではなかろうか。(5)

内離島・外離島の焼畑の生産力が落ちて以後と考えられるが、祖納集落の背後の猪垣をこのころから数次にわたって延長する工事が実施される。最後の第四次工事は、石垣島の蔵元(役所)による直営土木事業であったと伝承されているが、ここでも内離島・外離島と同じように土地の生産力を上回る使用の問題が起こっていただろうことは、想像に難くない。これは、昭和のはじめごろには、祖納の《シーヌウチ》が一面の《ガヤヌーナー》(チガヤ草原)になっていた、という祖納集落の星勲氏の証言でも裏付けられよう。

西表島西部の丘陵地のようなやせた土壌で畑作をするには、理論的には次の二つの方法が考えられよう。一つは、等高線に沿ってテラスを設け、厩堆肥などを投入して土地生産性を高める方法、いま一つは、傾斜地の木や大型の草の根を掘り取らず、粗放ではあるが土壌浸食を起こさずに労働生産性を高める、持続性を有する方法である。西表島の焼畑は、後者の典型であったと考えられる。今日われわれがその遺産に学ぶべき点は少なくないはずである。

事実、焼畑耕作が廃れた後、西表島では、農薬・除草剤と化学肥料を投入してパイナップルやサトウキビを作るという、永続性の観点からは焼畑にはるかに及ばない畑作が主流となり、大規模な基盤整備事業による農地の開拓も続けられている。しかしその結果は、地力の低下と流れ出した土砂、化学肥料と農薬による海とサンゴ礁の生物への悪影響として表れている。

注

（1）超自然の存在に対する個人的な行為が研究者によって観察されたり、島びとがそれを積極的に語ったりすることは多くない。実際には今日でもさまざまな畑作をめぐる儀礼がおこなわれている可能性はある。現在でも西表島には山や海で弁当を広げるとき、食べはじめる前に弁当の一部を捧げる習慣を守っている人がおり、他人に見られないように気をつけているという例がある。また、屋久島でも畑仕事の前には、むかし母親がやっていたとおりに、地神、水神、荒神への報告と祈願をし、一日の仕事が終われば感謝の祈りを捧げる習慣を続けている女性がいて、それを他人に気取られないようにしていると聞いたことがある。

（2）「八重山嶋農務帳」によれば、人頭税を納める区分として上男（二一歳から四〇歳）、中男（四一歳から四五歳）、下男（四六歳から五〇歳）と下々男（一五歳から二〇歳まで）があった。そして、上男から下男までの最低耕作面積は、畑三コージとされた。そのうち一コージ半は粟畑、一コージが芋畑、麦畑と菜種の畑が二〇尋角すなわち四分の一コージであった。下々男は合計で一コージ半とされていた。これは、人頭税を納めるための割り当て面積である。一コージは、方言で《クージ》という面積の単位で、一辺の長さが四〇尋の畑地を指した。喜舎場（一九五四、三六五頁）は一尋を五尺として約一一一一坪と換算している。納税義務のある一五歳から五〇歳の男はこの三コージのほか一人あたり木綿花畑を二〇尋角（四分の一コージ）作ることが義務づけられ、さらに自給用として老若男女を含めて一人あたり芋と苧麻の畑を一八尋角ずつ作ることとされていた。西表島西部では、コージあるいは《クージ》に相当する単位について記憶している話者に出会うことはできなかった。

（3）当時の沖縄の為政者が対馬における猪の撲滅事業について知る機会があったか否かの確認は今後の課題であるが、西表島の小属島である外離島と内離島における猪の撲滅事業が、その約二〇年前に完了した対馬藩の大事業にヒントを得たものかもしれない、というのは興味ある仮説である。しかし、休閑期間の短縮と焼畑面積の拡大によって、かえって急速な収量の低下が起こるという事実を、沖縄の役人たちが正しく認識していたかどうかはよくわからない。長大な猪垣の建設と、その中に猪を入れないための膨大な努力が、その後西表島で続けられたことはすでに述べたが、これは内離島と外離島における猪の排除と共通するアイデアであったと考えられる。

(4)『慶来慶田城由来記』には、収穫した粟を積むために、軒を連ねていた慶田城村(後の西表村)、西表村(後の上原村)の二つの村の役場の前に一〇間と四間の蔵を一つずつ建てたとある。稲束や粟束を積む《シラ》という方式を参考に、穂刈りした粟を高さ六尺ほどに積むとして計算すると、この二つの蔵には体積にして約二五〇〇石にも及ぶ粟束が積まれることになり、脱穀して正味の粟粒だけにしたとしても、その半分の一二〇〇石(二一六立方メートル)を大きく下回ることはなかったであろう。ところで、この記事からほど遠くない一七三〇年ころの人口は、両村を合わせてもせいぜい一二〇〇人程度であるから(安渓　一九七八、四四頁)、粟を仮に上納せずに全住民に平等分配すれば、それだけで一人一石になり、毎日三合食べても一年近くもつはずの量であった。

(5)　さらに付け加えるならば、一六世紀以降、石垣島に比べて西表島の政治的な地位が相対的に低下していった理由の一つは、第三代用尊(一五二七〜一五七九)のころに外国船が漂着してから島に広がったという口碑がある熱病(熱帯熱マラリア)の蔓延であろう。この熱帯熱マラリアの原虫を媒介する蚊(アノフェレス・ミニムスとアノフェレス・オーハマイ)は、山中の清水に太陽の光が射すような場所に生育する(千葉　一九七二)。一方、慶長の役(一六〇九年)の後、一六三七年に人頭税の米による上納を義務づけられ、西表島や石垣島北部の農民は山中の水田に泊まり込んで耕作するようになっていたのである。石垣島南部に対する西表島の地位の低下は、一七七一年の明和の大津波で石垣島南部と東部が壊滅的な被害を受けるまで続き、その後も回復することはなかった。

初出:安渓遊地　一九九八b

11 島の作物一覧

一　島の自然と農耕文化

西表島は北緯二四度から三一度にかけて広がる琉球弧のほぼ南端に位置する島であり、湿潤な亜熱帯気候である。南北二三度二七分を走る二つの回帰線にはさまれた熱帯のすぐ外側は、一年を通して中緯度高圧帯がいすわるため、サハラやゴビ砂漠のような極度の乾燥気候帯である。一年中降雨が期待できる湿潤な亜熱帯地域は、東アジアにだけ分布している。

とはいえ、琉球弧では夏の降雨は不安定で蒸発量も大きい。旱魃のおそれがない安定した降雨は一二月から一月にかけての短い期間しか期待できない。しかも、夏はくりかえし台風が襲う。したがって、冬の雨を利用する農業が中心にならざるをえない。しかし、稲などの寒さに強くない作物は、北に行くほど冬の栽培がむずかしくなる。このような特異な気候条件にある琉球弧の農耕文化の特質とその系譜についてこれまでに何がわかっているだろうか。

湿潤亜熱帯で育まれてきた琉球弧の農耕文化が、類型として北に連なるものであるのか、それとも南に連なるものであるのか、西表島に焦点をあてて考えてみよう。もちろん北か南かというような二者択一の問いが適切でないことは明らかであって、北からの麦、西の大陸からのサツマイモ、台湾を含む南からの稲といった作物構成一つをとっても、農耕文化の流れは多様である。ここでは、西表島の在来作物の総リストを作ることによって、その農耕文化が類型として湿潤熱帯の東南アジアの島々と湿潤温帯の「ヤポネシアの島々(1)」のどちらにより強く結びつくかを考えてみたい。

従来、沖縄の島々を昔から一つの文化的まとまりをもったものとしてとらえる傾向があまりにも強かった。さらに伊波普猷、宮良当壮といった沖縄学の先人たちは、沖縄の言語や文化が日本と同じ起源をもつことを力説してきた。人類学・民族学の両分野に巨大な足跡を残した金関丈夫（一九五五）は、南に連なる文化要素が琉球弧の南部（とくに宮古・八重山）に色濃く残っていると論じた。その後、國分直一（一九七三a）が、金関の研究を考古学・民族学の立場から発展させ、八重山にはすでに三五〇〇年も前からアワと熱帯系のヤマノイモ類を栽培する農耕文化があったと主張した。

しかし、農耕文化を実証的に研究するためには、作物自身の声を聞く耳が必要である。いいかえれば、作物の品種の特徴を正確に把握する農学の手法が不可欠である。しかも、現在栽培されている作物の品種や栽培法を手がかりにするだけでなく、歴史的な資料を扱うのでなければ農耕文化の系譜は明らかにできない。総合的で息の長い地域研究が必要な理由がここにある。私がこの研究に着手した一九七五年ごろには、琉球弧の農耕文化の研究は、佐々木高明（一九七三a　一九七三bなど）や植松明石（一九七四）らの努力にもかかわらず、非常に不充分だった。とくに琉球弧最南端の宮古、八重山についての研究の立ち遅れが目立っていた。沖縄学の伝統にのっとって琉球弧の農耕文化を一つと見なし、しかもそのほとんどが日本「本土」から南下したと考える風潮が十分な根拠のないまままかり通ってい

表21　八重山の各島の立地の比較

地域名	立地の分類	高島H 低島L	遠距離通耕の 有無と行先	有病地・ 無病地の 区分	備考
石垣南部	タングンシマ	H1*	石垣北部へ	無病地	三日熱マラリアは存在
石垣北部		〃	なし	有病地	
西表東部		H	河川流域へ	〃	
西表西部		〃	〃	〃	
与那国島		H1	なし	無病地	三日熱マラリアは存在
小浜島		H1	〃	〃	昔は西表島へ通った
竹富島	ヌングンシマ	L	西表東部へ	無病地	
新城島上地		L	〃	〃	上地・下地をパナリと総称している
新城島下地		L	〃	〃	
鳩間島		L	西表北岸へ	〃	
黒島		L	西表東部へ	〃	税として米を上納せず
波照間島		L	なし	〃	

注：H1は低島的部分を合わせ持った高島.

る状況は、現在でもそれほど変わっていないように思われる。

ここで私は、琉球弧のなかで宮古・八重山は長いあいだ沖縄島以北とは異なる独自の農耕文化を育んできたことを明示したいと思う。そして、渡部忠世・阪本寧男らの農学の立場からの研究を踏まえ、私自身が収集した資料にその歴史を語らせてみたい。西表島の農耕文化の系譜が、台湾を経由して東南アジアの島世界に連なる部分が大きいことを述べてみたいのである。単に日本の辺境の農耕文化の系譜が推定復元できるというだけではなく、日本列島の稲作の起源についても再考を迫るものになるはずである。

表21は八重山の島々の立地を高い島と低い島の対照から整理したものである。

琉球弧とその南北に連なる島々との比較研究をおこなうにあたって、自然と伝統文化がよく保たれた高島である西表の存在がもつ意味は大きい。しかし、たとえば一〇〇〇か所を超える地名など、西表島の自然と人の関係を示す伝統的な知識はほとんど受け継がれることなく、ひとにぎりの高齢者たちとともに消え去ろうとしているのが現状である。残された時間は少ないと言わざるをえない。

二　栽培植物の総リスト

戦前までの八重山（とくに西表島西部）で栽培されてきた作物の種類の同定と方言による呼称（方名）を一覧表にした（表22）。由来が比較的新しくても、在来と誤りそうなものも念のため収録した。ここでは便宜的に、A穀類、Bイモ類、C豆類、D果菜、E根菜、F葉菜、Gでんぷん・糖・油料類、H果物類、I工芸作物、J嗜好・薬用作物の一〇項目に分けて述べる。これはほぼ島びとの食生活にとって重要な順である。表22には、一四七七年、一八～一九世紀、一九世紀末という各時代の記録に登場する作物名との対応関係も示した。さらに、野生しているが人里では手厚い保護が加えられてきた保護植物や、もともと栽培されていた可能性があって田畑のまわりや人里近くに自生している植物についても触れておく。主として西表島での野外調査を通して収集した資料である。

A　穀　類

稲

八重山の在来稲の歴史は少なくとも五〇〇年を超えている。大正末から昭和はじめにかけて台湾から導入された水稲内地種は蓬莱米と称され急速に在来稲と置き代わった。八重山の在来稲の品種名や由来などについては第1章と2章を参照されたい。表22の粇《しゃく》米とは、方言でいう《サクマイ》つまりうるち米のことである。

表22　西表島の在来作物と明治中期以降導入の作物

種類	標準和名	西表祖納方言	文献の作物名	導入時期
A 穀類	イネ	マイ	稲米[a] 稲[b] 米[d] 釈《しゃく》米[d] 餅米[d]	4
	アワ	アー	粟[abd] 釈粟[d] 餅粟[d]	4
	コムギ	ムン	小麦[bd] 麦[d]	3〜4
	オオムギ	ムン	牟麦[a] 麰麦[a] 大麦[d] 麦[d]	4
	ハダカムギ	ムン	はたか麦[b] 裸麦[d] 麦[d]	3〜4
	トウモロコシ	トーヌキン	−	2
	モロコシ	ヤントゥワぁ	蜀黍[d]	3〜4
	キビ	キン	黍[ab] 真黍[b] 稷[d]	4
B イモ類	ダイジョ	かッツァウム ボーウムなど	薯蕷[ad] 山芋[b] ヤマウン[d] ボーウン[d]	4
	トゲイモ（ハリイモ）	とぅノウム	ナリウン[d]	4？
	※キールンヤマノイモ	カイム	カヤイモ[d]	自生種？
	サトイモ（水田の）	ターヌウム	田芋[b]	3〜4
	サトイモ（畑の）	キヌクウム	−	3？
	※サトイモ（野生変種）	パユム	−	4
	ハスイモ	かサムチ	蹲鴟[a] 白芋[d] スサモツ[d]	4
	ヤバネイモ	セイバンウム	−	2
	ムラサキヤバネイモ	セイバンウム	−	2
	サツマイモ	ウム	はんつ芋[b] 芋[c] 蕃薯[d] 唐芋[d] アコウン[d] 甘藷[e]	3
C 豆類	ダイズ（温帯系）	トーフマミ	白大豆[bd] 本大豆[b] 大和うち豆[b] 大粒豆[c] はやおつ豆[c]	3
	ダイズ（熱帯系）	ゲダイズ（石垣）	下大豆[bd]	3？
	アズキ	アハマミ	小豆[bc] 夏小豆[b] 赤豆[d]	3
	ササゲ	アハマミ	−	3
	リョクトウ	クマミ	緑豆[c] 青豆[d]	3
	ラッカセイ	ジーマミ	落地生[b] 落花生[c]	3
	ジュウロクササゲ	フルマミ	ふうらう[b] ふろう[b] フーロ豆[d]	3
	フジマメ	ピンティマミ	篇豆[b] へん豆[b] 扁豆[d]	3
	エンドウ	インドー（網取）	いんらう豆[c]	3
	ソラマメ	−	たう豆[b] 唐豆[c]	3
	ハッショウマメ	−	なはる豆[b]	3
D 果菜	トウガン	シプリ	冬瓜[ce]	3
	カボチャ	カブチャ	南瓜[d] ボブリ[d]	3
	ユウガオ	チプル	瓢[a] つふる[b] 瓢瓜[d]	4
	ヘチマ	ナーベラ	絲瓜[d] ナビラ[d]	3
	ニガウリ	ゴーヤー	苦瓜[d]	3
	キュウリ	キウリ	胡瓜[e]	3
	ナス	ナシピ	茄子[ae]	4
	スイカ	スイカ	水瓜[b] 西瓜[e]	3
	シロウリ	ウリャー	真瓜[ad] ?青瓜[b] 越瓜[e]	4

D果菜	?	−	耳瓜[d]	3
	パパイヤ	マンズミ	萬寺果[d]	3
	キダチトウガラシ	クース	蕃椒[d]	3
	ヒハツモドキ	ぴパーチ	ひはつ[c] 蓽抜[d]	3
E根菜	ダイコン	ダイクニ	大根[b] 莱菔[d] 蘿蔔[e]	3
	ハツカダイコン	ぱチカウブニ	紅大根[d]	3
	カブラ	カブナ	蕪[b]	3
	ニンジン	キンダイクニ	黄大根[b] 胡蘿蔔[d]	3
	ゴボウ	グンボー	牛房[b] 牛蒡[d]	3
	ハス	リン	蓮根[d]	3
	マコモ	マクム	−	1
	ショウガ	ソンガ	生薑[ad] 生姜[e]	4
	キョウオウ	アマソンガ	−	3 ?
	ウコン	ウッキン	おきん[b]	3
	ニンニク	ピル	蒜[a] ヒル[d]	4
	ラッキョウ	ダッキュー	らつきやう[b] ラキウ[d]	3
F葉菜	ニラ	ビラ	切にら[b] 韮ビーラ[d]	3
	ワケギ	シぴラ	仙本[b] 冬葱[d] 葱[e]	3
	?	−	すいひら[b] はいひら[b]	3 ?
	タカナ	ナズ	菜[d] マー菜[d]	3
	カラシナ	ッすナズ（干立）	芥子[b]	3
	スイゼンジナ	パンダぁ	ハンタマ[d]	3
	ヨウサイ	ウンツァイ	甕菜[d]	3
	ヤエヤマカズラ	カンダバ	−	3 ?
	シュンギク	シンキクー	春菊[b] 苘蒿[d]	3
	《フダ》ンソウ	スーギナ	ソーケ菜[d]	3
	シソ	シソ	紫蘇[d]	3
	ウイキョウ	ウッキョウ	茴香[d]	3
	ホウレンソウ	ホーレンソー	ふうれん[b]	3
	※ヒユ（野生を含む）	ぴナ	ヒイナ[d]	3
	ミツバ	ミチパ	ミツバセリ[d]	3
Gでんぷん・糖・油料類	※ソテツ	しトゥチ	鉄蕉[d]	3
	アロールート	アルオルト	−	2
	キャッサバ	タビオカ	−	2
	サトウキビ	キッツァ	萩[b] 甘蔗[d]	3
	ゴマ	グマ	こま[b] 胡麻[d]	3
	ナタネ	−	菜種[c] 菜種子[d]	3
H果物類	バナナ	しマバサ	唐芭蕉[d] トウバシャー[d]	3
	ヒラミレモン	クンガニゃ	柑[d] ク子ブ[d]	3
	フサラミカン	ふサラー	柑[d]	3
	?	かバふノー	柑[d]	3
	モモ	ターモー	−	3〜4
	バンジロウ	ぱンシル	番石榴[d]	3

H果物類	※フトモモ	フードー	蒲桃[d]	3～4
	バンレイシ	シャカトー	−	2
	リュウガン	リンガン（干立）	−	2
	パイナップル	パイン	−	2
I工芸作物	イトバショウ	バサ	はせを苧[b] 芭蕉[cd]	3
	※カラムシ	トーブー	苧[ac] 唐苧[b] 苧麻[d] 麻苧[d]	4
	ワタ	バダ	木綿花[bd] 草綿[e]	3
	シュロ	シュル	宗呂[b]	3
	アイ	ヤンバルアイ	藍[c] 蓼藍[d]	3
	リュウキュウアイ	ヤマアイ	嶋藍[c] 山藍[d] カラアイ[d]	3
	タイワンコマツナギ	インドアイ	−	3？
	ベニバナ	タラマバナ	紅花[b]	3
	シチトウイ	ビー	為[b] 藺[d]	3
	イ	ビング	備為後[b]	3
	※アオガンピ	カビキ	−	自生種
J嗜好・薬用作物	チャ	チャ	−	3
	コーヒー	ケーマ	−	2
	タバコ	タボー	たはこ[b] 煙草[d]	3
	キナ	−	−	2
	デリス	デリス	−	2

注：※は野生状態でも見られるもの．導入時期は，1：第二次世界大戦後，2：明治36年以降，3：16～18世紀（人頭税時代），4：15世紀後半（1477年）以前を示す．

出典：a「成宗大王実録 第2」第104・105巻（末松　1958），b「農業之次第」（新城　1983a），c「富川親方　八重山嶋農務帳」（新城　1983a），d 田代安定（1886）の「八重山嶋巡検統計誌」と「八重山群島物産繁殖ノ目途」，e『八重山島農業論』（仲吉　1895）．

アワ・麦類

アワは、どの集落でも《アー》という。モチ品種は《ムちアー》、ウルチ品種は《サクアー》と区別するが、より詳細な品種の区分はなかった。この点は、稲作に適さない低島の竹富島で一七もの品種が区別されていたのと対照的である。しかし、米が不作の年には人頭税(2)を粟で代納することが認められていたため、稲についで大切にされた。旧暦の九月から一〇月に蒔き、三月から四月に収穫した。焼畑にもサツマイモの蔓を植えたあとに散播した。西表では米の飯に混ぜて炊いたり、餅を作ったりした。

一七二五～四五年に西表島で作成された地方文書である『慶来慶田城由来記』(3)によると、イネがもっとも古い作物で、アワと麦と「真きん」（キビのこと）は、一七世紀にサツマイモがもたらされたのと前後して栽培が始められたとあるが、済州島民の漂流記によれば、少なくとも一五世紀後半にはすでにいずれも栽培が始まっていたことがわかる。

西表では、麦類を昔からほとんど栽培しなかった。栽培してもネズミの被害が著しく、収穫できなかったという。済州島民の記録でも麦は低島の特産であったことがわかる。主に作ったのは大麦であった。ハダカムギの導入は大正時代以降で、精白するため臼でつくと飛びちるので困ったが、水を少し加えてからつくことを石垣島の人から教わってうまく精白できた。網取では旧暦の九月に播いて二月に収穫した。イネより少し早めに収穫できる。煎って粉にした《ユヌクー》をお湯で溶いて食べたりした。麦とともに醤油づくりに使われる大豆も、主に黒島から籾との物々交換で入手していた。

その他

トウモロコシを指す《トーヌキン》とは「唐のきび」という意味で、西表では大正時代の導入である。モロコシを指す祖納方言の《ヤントゥワぁ》とは「やまと粟」という意味らしい。干立では《ヤントゥウバン》(やまとご飯)というので、あるいは祖納でももとは《ヤントゥウワン》(やまとご飯)といったのかもしれない。《トームン》(唐麦)と呼ぶ人もある。網取では《ヤンタンブ》といったが、波照間島で《ヤタフ》(語源不詳)というのとつながりがあろう。網取では穂が赤紫に着色している品種を《フームン》(黒麦)と呼んだ。これは、石垣島での呼称と同じである。用途は、臼でついて粉にし、しとぎ餅を作ったり、精白は面倒だがご飯のように炊いたりもした。

済州島民の記録では低島に「黍」があるが、おそらくキビのことであろう。もう一つ可能性のあるモロコシは「やまと」で始まる方名からしてもかなり新しい導入と思われるからである。粟よりおいしいが、西表島ではほとんど栽培されなかった。神事に使うために神女《チカ》が作る程度だった。与那国島では、土地を消耗させる傾向が強いとしてあまり土地の肥えた場所には植えなかった。

B　芋　類

ヤマノイモ類

西表島の根茎をもつヤマノイモ科植物は、二つの栽培種と少なくとも三種の野生植物からなる。栽培されるのはダイジョとトゲイモである。これらについては、第8章に詳しく述べた。

サトイモ類（タロイモ）

現在、西表島の西部地区で利用または栽培されているサトイモ科の植物は、サトイモ属・ヤバネイモ属・クワズイモ属の三属である。クワズイモ属は食用としないが、オセアニアでは食用となる種もある。多くの品種は、染色体が二倍体で、まれに三倍体を含む。

これらの性質の聞きとり資料については第6章、琉球弧における導入の歴史については第7章を参照されたい。

サツマイモ

サツマイモを西表方言で《ウム》または《ンム》という。石垣島では《アッコン》というが、これは赤芋という意味である。前述の『慶来慶田城由来記』によると、一六六二〜七〇年ごろに沖縄島から「はんついも」がもたらされた。沖縄島に遅れることおよそ六〇年である。これは、一六〇五年、野国総官によって中国・福州から沖縄島にはじめてもたらされたものと同じく、白い肉質の品種だったらしい。福州には、一五九四年にルソン島から持ちこまれたことがわかっている。西表島では舟浮集落の北の半島部の桃原が試作地に選ばれたが、猪を確実に防ぐことができる場所だったからだと伝えられている。また石垣島の士族、波照間高康は中国に漂流し、一六九五年に鎮海から安南渡来の「きはんすいも」をもたらしたという。この黄色い肉質の品種は、沖縄島では《トーウム》などといわれ、薩摩をへて全国に広まっていった（沖縄タイムス社　一九八三）。

夕方イモを掘りとってきて洗い、翌朝ゆでてザルに入れて食べた。皮は豚の餌にした。臼でついて丸めたものも作った。焼畑の芋は甘味は少ないが、病気にかかりにくい。焼畑の芋を薄く切って干し、臼でついた粉を《ぷシウム》（干し芋）といい、壷に入れて蓄えた。芋の澱粉より廃棄率が少なく、ご飯にかけると甘みがあっておいしかった。

芋の皮には赤紫と白があり、内部の色も赤紫と黄白の品種があった。わかっているものについては、かっこの中に記しておく。もっとも古いと考えられている品種は、《かナンウムワぁー》（皮赤中白）である。《ウムワぁー》というのは、小さい《ウム》という意味で、親指のように細いがおいしい品種だった。味は粉っぽい。竹富や与那国でもカナという名前を一部にもつ品種があって、竹富では人名に由来するといっている。その他の由来のわからない品種を列記すると、《アハウム》（皮赤中白）。《アカウキ》。《シルウキ》（いずれも芋が地表近くに浮いてくる）。《ウミツぁンム》（人名に由来）。《シルツぁンム》。《サンダンンム》（芋を掘りとった下にも芋の層があり、それが三層ほど重なって見えることから、三段芋と名付けたもの。古い品種）。《アハサンダンンム》。《ぱチカンム》（皮赤中白。葉は丸い。植えて二〇日で収穫でき、柔らかく養豚に向く）。《シンクルー》。《ナガハマ》（かたくて味がよくなく、澱粉用。宮古島の長浜某が広めたという）。《ビントーウム》（皮赤中赤。弁当に向くので弁当芋という）。《マタヨシ》（皮赤中白。柔らかくて美味。現在栽培中）。

以下は、西表では比較的新しい導入の品種である。《トゥマイクルー》（皮白中赤。泊黒の意味。美味。小浜島でよく栽培された）。沖縄一号（皮赤中紫。現在栽培中）。沖縄一〇〇号（皮白中白。第二次世界大戦中奨励された品種）。《イナヨー》（皮赤中白。葉は裂ける。沖縄一〇〇号同様新しい品種。粉っぽい味。あまりおいしいので「人に言うなよ」というのが語源であるという）。《キーロイモ》（皮白で中は黄色い）。《ジューサンゴー》（沖縄十三号か。皮白。芋が重なって縄をなったように付いた）。世界一（皮白中紫。敗戦後役場から奨励）。《タイワンシリンム》／《タイワンイモ》（どんな畑でも太る。大きくて柔らかく、ブタの餌に最適）。南洋イモ。《ベニンム》（戦後入った。かずらは赤いが、中は白い。大きないもができる）。

祖納集落での名称と表22には取り上げなかった網取集落の名称を比較してみた（表15、本書第8章参照）。網取集落は他集落から遠く離れていたため、古い表現をよく残している。サトイモ類はムチ系の名前で呼ばれ、ヤマノイモ類を指すウム系の名前で呼ばれることはない。これは、波照間島の南のバシー海峡以南でヤマノイモ類だけがウビ系の名前で呼ばれているのに対応しており、南島根栽農耕文化の北上を裏付ける資料の一つであると考える。なお、サトイモを《マーンム》などとウム系の名前で呼ぶ地域が多い沖縄島でも、西表の《ムチ》に対応する《ムジ》という言葉はあるが、これはずいき（いもがら）だけを指すという。

琉球弧でももともとはヤマノイモ類だけを指していた《ウム》あるいは《ンム》は古い時代にサトイモ類にも適用されるようになったあと、一八世紀に中国からサツマイモが導入されてひろまった結果、この新来の作物にお株を奪われてしまったのである。

C 豆類

ダイズは豆類のなかではもっとも重要で、主な用途は醤油と豆腐である。大正時代までは播種後二〇日ばかり苗代で育てる移植栽培法が普通だった。大豆の苗代は《マミナッス》（豆苗代）と呼び、集落ごとにまとめて一軒に二坪から五坪ほどを砂浜に作った。新暦二月播種で二〇日ほど苗代におき、六月ごろ収穫する。苗代にする主な理由は、カラスの被害を避けるためだった。八重山には、下大豆（ゲダイズ）という小粒で蔓性の大豆が多く栽培されたが、西表島では知られていない。普通の大豆は蔓なしで、蔓ありの品種でも一定限度しか伸びないのに対して、これは蔓が限りなく伸びていく大豆の一生態型であるインド・シネンシスであって、東南アジアの島嶼部に広く見られる。

前述の『慶来慶田城由来記』は、「大豆」と「小豆」がサツマイモと前後して一七世紀にもたらされたとしているが、稲が古い作物であると主張するための文章であって、導入の時期がこのとおりであったかどうかははっきりしない。

アズキとササゲの二つを西表島では区別せずに《アハマミ》（赤豆）と呼んでいるが、ほとんどはササゲである。赤飯用に一軒に一升ほど作っただけであった。《グンガチャー》という品種は、二〜三月に播種し、五月に収穫した。《ハチンガチャー》は、四月に播種し八月に収穫する。豆の色に赤・白・黒の三種類がある。現在、野生化したものが道端や空き地に多く生えるので採集される。

リョクトウは《クマミ》、別名《クママミ》ともいう。《クマ》とは小さいという意味である。方言で《クマ》と呼ばれる小浜島の名物だからという人もある。網取集落ではお盆にはよくもやし《マーミナー》を作って食べた。

ラッカセイはまれに栽培した。西表は砂地が多くて不向きだった。胡麻豆腐と同じように細かくすりおろして固める《ジーマミトーフ》は最近作るようになったものである。

ジュウロクササゲは一二月に播種して五月から七月まで食べつづける。赤い豆と黒い豆があるが赤いのが在来。薩摩でも「ふらう」とか「不老」という名前で記録に表れる。野菜としてさやごと炒めもの等を作って食べる。

フジマメはさやごと食べる野菜で、少量を畑の縁の木に這いのぼらせた。方名の《ピンティ》とは、豆がさやの中でふくれて見えることを指すという。

エンドウ、ソラマメ、ハッショウマメ（なはる豆）はbやcの文献に見えるが、西表ではほとんど作られていない。「なはる」とは、多和田真淳氏のご教示によると「なばん」つまり南蛮を意味する言葉であるらしい。

D 果菜

八重山では、表に示すように一〇種以上の果菜が栽培されてきた。これらは、葉菜が栽培できない夏場に利用された。パパイヤの導入はそれほど古くないと思われるが、果物としてよりも未熟果を野菜として調理するのが主な用途である。一五世紀の済州島民は、瓢・茄子・真瓜を見た。茄子は三、四尺の木になっていつまでも収穫できると述べているが、実際に昔の西表の茄子は多年生で、人間の背丈を越える木になって一年中収穫できたという。田代安定は(4)「耳瓜」というものを記録しているが、何を指すのか明らかではない。キダチトウガラシも一年中収穫できた。ヒハツモドキの実は乾燥させて粉にして香辛料とされ、葉も《ズーシ》(炊き込みご飯)などに使われる。

E 根菜

太くなる沖縄大根も作っているが、《ワンチャ》といって在来のものと区別している。人参を《キンダイクニ》というのは黄大根という意味である。『農業之次第』(新城　一九八三b)に記録されている紅大根と蕪は西表では栽培が知られていない。

各戸でニンニクは一斗、ラッキョウは三~四斗も塩漬にして保存していた。田での弁当のおかずとしてラッキョウはよく用いられた。済州島民が見た「蒜」はおそらくニンニクであり、ショウガと並んで古い栽培の歴史があることを示している。ニンニクは儀式にも大切で、魔除けの力があると信じられている。塩と同じく清浄なものの代表であり、正月に神棚に供える。肥大した根を筍のように調理して食べるマコモは戦後、台湾から導入された。

F 葉菜

ネギ類は《シぴラ》と総称され、冬に作る《シンムトゥ》（表では仙本）と通年栽培できる《トキナシしぴラ》が区別されている。「農業之次第」に「すいひら、はいひら」と記されているものは、その語尾からネギ類の品種名かとも思われるが、よくわからない。ニラのことを同文献が「切にら」としているのは、首里・那覇での方名《チリビラ》を表記したものだろう。

ネギ類以外の葉菜は《ナズ》と総称される。栽培品に限らず、小川に自生して葉が食用になる水生植物ミズオオバコは《カーラナズ》（川菜）と呼んでいる。祖納では単に《ナズ》というと、タカナを指すことが多いが、カラシナを含めていくつか品種があるらしい。葉が赤みを帯びたものを《アハナズ》、無着色のものを《ッすナズ》と呼ぶ。網取では、一度植えれば種子がこぼれて何年も収穫できたという。夏場は日照りと害虫が多いために栽培できる葉菜はほとんどないが、ヨウサイとスイゼンジナは湿地に作るので年中収穫できる。スイゼンジナの葉は紫色で、貧血や便秘に薬効がある。シュンギクは、祖納・干立では古くからあったが、網取には昭和になってから導入された。

G でんぷん・糖・油料類

澱粉を方言で《しトゥ》というが、《クチ》（葛か）という言葉もある。西表島で伝統的な澱粉源としてもっとも重視されたのはソテツである。実から取れる澱粉を毒抜きして食用にし、ひどい飢饉では幹まで食べた。ソテツの導入については、一五三五年に中国から沖縄島の西の慶良間諸島の座間味村の阿真の比屋なる人物がもたらしたとする記録がある（沖縄タイムス社　一九八三）。したがって、現在のソテツは一見野生のように見えても、もともと人為的に植えられたことになろう。西表島でも、人頭税時代には各集落にソテツ畑《しトゥチぱテ》があって、救荒用の食料にされた。しかし、西表では奄美の島々のようにはソテツを重視しなかった。奄美ではサトウキビ栽培が強制され、畑で農民の主食を生産することがむずかしかったのに対して、西表島では常畑と焼畑の両方にサツマイモを作ることができたためだろう。

このほかに、表には出してないが、野生の澱粉源としては、イタジイ（方言で《シーキ》）の実（とくに《フグ》と呼ぶ）をよく食べた。煎って粉にしてはったい粉のようにして食べたり、味噌を作ったりした。オキナワウラジロガシ《かシキ》の大きな実《アデンガ》も利用したが、ソテツの倍も水さらしの手間がかかり、苦くておいしいものではなかった。

アロールートの根を臼でついて水でもみ洗いするときれいな澱粉が採取できた。明治の末にはすでに島で生産していた。最近は作る人も稀である。

キャッサバは毒抜きをしなければならないので《ドクウム》（毒芋）という人もある。《タビオカ》というのは、キャッサバ澱粉を指すタピオカが語源である。おろし金ですりおろしたものを水さらしして澱粉をとる。カスも別に食べた。この芋の導入は一九三五年（昭和一〇）前後であった。

サトウキビを方言で《キッツァ》という。西表島で製糖が始まったのは戦後である。昔は、《ソール》（お盆）の飾り付けに使う分を台所の排水の近くに一株くらい植えるだけだった。《ウヤぴトゥ》（祖先の霊）の杖になると言われた。古い品種は、《ユシキ》（ススキ）のように細く、《ユシキキッツァ》と呼ばれた。このほかに《トーキッツァ》（唐蔗）という品種があった。皮が赤みを帯びていたので別名《アハキッツァ》（赤蔗）ともいった。石垣島で製糖が始まると、製糖用の品種である《オガサワラ》が入ってきた。これは分蘖《ぶんげつ》する性質がある。在来のものより太くて甘かったので、夜陰に乗じて盗むこともあったという。

サトウキビと同じ属の野生植物ナンゴクワセオバナは、《グイ》と呼ばれ、地下部にかすかな甘味があるので子どもがおやつ替わりに食べたものだった。

油を採る作物は、あまり栽培されなかった。伝統的な食用油脂は豚や猪の脂肪であった。ゴマ（白と黒）は栽培された。タカナと同じように、一度播けばその時期になれば自然に生えてくる性質があった。菜種は西表では栽培されなかった。田代安定の資料では、人口一二六四人の大川村で四斗（種子の量であろう）とあるが、わずかな量であり、油を絞ったかどうか疑わしい。

H　果物類

食用バナナは《バサ》というが、イトバショウと区別するためにとくに《ナリバサ》（実芭蕉）ということもある。在来のバナナは《しマバサ》と呼び、田の畦などに植えた。親指よりひとまわりほど大きな実を付けた。明治になってから四尺芭蕉や七尺芭蕉といった品種が入り、さらにオガサワラという新品種ももたらされた。また、台湾からきた《タイワンバショウ》もあるが、実が赤みを帯びているので区別できる。

在来の果実で重要なのは、方言で《ふノー》と総称されるミカン類である。そのうちもっともよく利用されてきたのは直径三センチばかりのヒラミレモン（沖縄島で《シークヮシャー》という）である。まだ青いものを絞って刺身醤油に加える。炭坑があった戦前は熟したものを袋に詰めて売ることもあった。文献dに「ク子ブ」とあるのは、クネンボ（九年母）という別種のミカンが語源であろうが、実の大きさがよく似たヒラミレモンを指していると考えられる。《ふサラー》（臭いもの）という名前のミカンもある。大きいばかりで変なにおいがあり、種が多くておいしくなかった。これを独立の種と認め、標準和名をフサラミカンとした植物誌もあった。香りがいい《かバふノー》（香り蜜柑）という種類もあった。このほか祖納では瓜のような細長い形になる《サンジューふノー》という拳ほどの大きさのミカンがあって、蔓のように田の縁などにはわせて栽培したという。網取では《トーふノー》（唐蜜柑）という名前も聞いた。与那国島ではタチバナが栽培されているが、西表島では確認していない。

モモは干立では《ターモー》と方言で呼ばれる。前大（二〇〇二）は《ターモ》と表記している。大粒の梅ほどの大きさにしか育たない。野生の《ヤマムム》（ヤマモモ）もあり、愛好された。

バンジロウは牧場などに逸出してたくさん生えている。一九八〇年代に入ってミカンコミバエが撲滅されるまでは、果実に多くのウジが入って食べにくい果物だった。

フトモモは川沿いなどに野生状態で見られるが、これも栽培逸出かもしれない。西表島では、野生の果実や堅果で食用になるものが多く、お盆にはこれらを盛った《ムリムヌ》というものを作り、仏前に飾るのがしきたりである。

現在見られる熱帯果樹のうちバンレイシやリュウガンは、大正時代に入って台湾との交流が盛んになった時代にもたらされたものである。バンレイシの別名《シャカトー》は、ぶつぶつのある果実の表面を仏頭に例えたものである。西表島西部の基幹産業のひとつとなったパイナップルは、一九三九年か一九四〇年ころに導入されたが、当時の品種は実が小さく、島びとは、《タイランプ》などと呼んでいた。パパイヤとスイカは果菜の項に収録した。

I　工芸作物

繊維用作物

イトバショウを普通は単に《バサ》というが、網取では種があるため《たニバサ》（種芭蕉）ともいった。果実の中に多くの種子があり、食用にならないが、幹から繊維を採って芭蕉布の原料にした。これまでムサ・リュウキュウエンシスという独立の種とされてきたが、バナナの原種のひとつ、ムサ・バルビシアナそのものであることが近年明らかになった。東南アジア一帯に広く分布するが、島々に伝播したのはそれほど古いことではないらしい。少なくとも、済州島民の一五世紀の漂流記は八重山でイトバショウを記録していない。また、多良間島に伝わる土原氏家譜によると、一八世紀に沖縄島からイトバショウと芭蕉布の技術を導入したという。昔の西表島では、焼畑にできない急傾斜地を、谷あいは《バサぱテ》（芭蕉畑）として利用し、水のない所は《しトゥチぱテ》（ソテツ畑）にするのが習慣だった。

　繊維作物としてイトバショウよりも古い歴史をもち、済州島民の漂流記にも登場するのが、《ブー》（チョマ、カラムシ）である。女に課せられた人頭税である上布の原料でもあった。栽培される品種は多く、竹富島では今でも三〜四品種を区別している。西表では、畑で原料供給が追いつかないと、野生のものも使った。祖納から数時間もかかる鹿川村まで野生品種の採集に出向いたといい、鹿川湾にはブーピキイリャー（苧麻引洞）という小さな洞窟がある。

　綿の導入は、一六一一年に薩摩から沖縄島に持ちこまれたのがはじめである（沖縄タイムス社　一九八三）。八重山への導入は、これより遅れたであろう。また、大正時代半ばの一時期、養蚕《カイクチカネー》をずいぶん盛んにやったことがある。野生のクワの葉を探して蚕に食べさせたが、蚕の病気が発生しやすい亜熱帯の気候に適した養蚕技術や品種が用意されていなかったためか、すぐに下火になってしまったという。

　シュロは西表島では観賞用で、シュロ縄（古文書では「赤次縄」）を作ることはしなかった。濡れても丈夫な縄を作るには、ヤシ科の野生植物《マーニ》（コミノクロツグ）の葉鞘の繊維《マーニふガラ》か《アダヌ》（アダン）の気根を細かく裂いたものを使った。前者がいわゆる「黒次縄」である。野生の繊維で綱や穀物袋を作ることは昔からやっていて、このような繊維を《かシヌカー》と総称している。《ユーナ》（オオハマボウ）、《アウダラ》（アオギリ）などの樹皮が利用された。

染料用作物

アイには三つの種類がある。田代安定は、石垣・大川村で「山藍」が七畝余、「島藍」が同じく七畝余栽培されていると記録している。前者はリュウキュウアイ、後者はタデ科の蓼藍であるらしい。田代安定は、西表島の仲間村では「山藍」だけを記録している。干立の藍畑は上原にあったといい、畑のまわりにデイゴの木を植えて、アイのための日陰と防風に役立てたという。これらとは別に、竹富や小浜には昔からインドアイがあった。これは、マメ科の灌木である。ベニバナは、多良間島の特産で《タラマバナ》と呼ばれたが、網取では花を煎じた汁を保健薬として飲んだ。この他の染料は、ソメモノイモ、マングローブの樹皮、ヤマモモの樹皮などほとんど野生の植物から採取するものであった。

その他

畳表を作る藺草を《ビング》と呼んだのは備後表の意味であろう。山の中の谷間の小湿地を利用して栽培した。このような田を《ビングタ》（藺草田）と呼んでいた。平地に作ると、《かター》（バッタ）の被害で収穫できなかったという。明治時代まで庶民は《ビー》と呼ばれる、断面が三角のシチトウイまたは《アダヌ》（アダン）の葉の敷物を使った。

アオガンピは紙漉きの原料として使用されたため、《カビキ》（紙木）ともいうが、《ちヌマター》というのが本来の名前であるという。野生状態で見られるが、栽培もした。首里王府が宮古・八重山に人頭税を課していた旧藩時代には干立の《カビヤ》（紙屋）などに紙漉き場があった。

表には載せなかったが、竹も種類が多く、食用や道具・建築材料として栽培したり、野生のものを採取したりしている。《イガダイ》（ホウライチク）は篭作りや、砂糖樽のたがとして重視された。食用としては、《しヌル》、《マとぅク》、《アヤたキ》（別名《チブダキ》）などがある。

J　嗜好・薬用作物

茶は旧藩時代の役人の飲用にわずかに栽培された。祖納と干立の丘陵地の斜面に《チャーぱテ》（茶畑）という地名が残っている。コーヒーは《ケーマ》（「小さい木」の意味という）といわれ、明治時代に試作されたものが戦後まで残っていた。これは「タビオカ樹」（キャッサバ）や《キナ》と並んで田代安定の「八重山群島物産繁殖ノ目途」（田代　一八八六d）に収録されている。

《キナ》は、明治ごろから西表島に植えられたが、沖縄戦の戦中戦後に爆発的に流行したマラリアを治療するため根まで掘りとって煎じて飲んだため、現在は見られない。デリスは、営林署が防虫剤の原料にと試作したが、《ササ》（魚毒、魚を酔わせる薬）としてすばらしい効き目がある。この漁法は現在禁止されている。

三　古層の農耕文化

以上の作物の由来を踏まえ、八重山における古層の農耕を考えてみよう。金関丈夫、國分直一、佐々木高明らの先学は、八重山の農耕文化の基層にはアワをはじめとする雑穀類とおそらくはヤマノイモ類を栽培する文化があったと想定した。私もこれに賛意を表するものである。

まだ結論を述べられる段階ではないが、古くから栽培されている作物は概して東南アジアの島々と直接（または台湾を経由して）共通し、しかも九州以北では珍しいものが多い。北あるいは中国大陸からの作物は遅れて導入されたと考えられる。南から伝播したと考えられる作物には、八重山の人々の生活にとって重要なものが多かった。済州島民が一四七七年に西表島で見たと推定される作物のうち、在来品の性質から東南アジアあるいは台湾経由の導入であろうと考えられるものを列挙してみると、ブルに類するフェノール反応プラスのイネ、宮古諸島に残存するフェノール反応プラスのアワ、熱帯系のヤマノイモ類であるダイジョ、もっとも導入が古いサトイモ科作物のひとつであるハスイモなどである。麦以外の主要な作物のすべてが南につながりを持つらしいことが、近年の研究で明らかになってきた。このほかに東南アジア由来であることが明らかな作物には、ゲダイズと呼ばれた大豆の品種群がある。布の原料にしたイトバショウや澱粉をとったソテツは、南の島々にも広く分布するが、八重山へは比較的近代に沖縄島経由で伝えられたらしい。

麦は、北の島々または中国大陸北部からの導入であろう。このような北からの農耕文化が八重山の低島に入り、高島にはもっぱら南からの農耕文化が入った。このことは、八重山のような比較的小さな人口の地域でも、安易に文化的に均一だと扱えないことを示している。この視点に立てば、多様な立地の島々からなる日本がひとつのまとまりある農耕文化を持つという考えは虚構に基づくとする坪井洋文（一九七九）の指摘もうなずける点が多い。

隣り合っていながら、異なる農耕文化の八重山の低島と高島が没交渉でなかったことは興味深い。昭和はじめまで黒島と西表島西部の間で続いてきた麦と米の物々交換の関係は、すでに一五世紀の段階で成立していたと考えられる。利用できる自然環境の違いゆえに異なる農耕文化を受け入れた人々は、互いに交渉し依存しつつも、容易に同化してしまうことはなかったのである。

作物構成以外からも、西表と東南アジアの島嶼部の農耕文化は共通する要素が多いことがしだいにわかってきた。そのいくつかは歴史的には南九州あたりまで広がっていたらしい。イネについては、東北モンスーンを利用する水稲作・踏耕・インドネシアのブルに類する稲という要素がある。また、ダイジョを焼畑に作ることは奄美大島でも報告されているが、それより北からは報告がない。日本の他地域のヤマノイモ類（温帯で栽培化されたナガイモなど）が主食とならず、副食の地位に甘んじているのに対し、西表島では熱帯系のヤマイノイモであるダイジョを主食として食べる場合があったことは、湿潤温帯の農耕文化と湿潤熱帯の農耕文化のはざまにあって、湿潤亜熱帯の八重山の農耕文化が南に結びついてきたことを示す。畑作を含め土地利用全体についてみれば、集落・果樹園・常畑・焼畑とその休閑地・牧場・森林のおりなす景観が東南アジアのそれと明治時代以前の西表島はきわめて似ていると高谷好一は指摘する。

ここで、一五世紀末に済州島の漂流民が見た八重山の主要作物（表17）をもう一度参照してほしい。当時の八重山ではアワが低島と高島の両方に分布し、麦（主としてオオムギ）が低島だけに、イネが高島だけに分布していたが、これはどのような経緯によるのだろうか。まだ、よくわからない点も多いのだが、ごく簡単に述べてみよう。

アワ、イネ、オオムギのうち、もっとも古い作物はアワである。西表島ではアワが焼畑作物だったからである。焼畑は古い伝統の技術であって、常畑（オオムギ）や水田（イネ）に先行したと考えるのが自然であろう。また、八重山の在来稲の主流であった（タイプⅠの）イネは、渡部忠世の説によれば水陸両用品種であり、元来は焼畑に作られたがのちに水田に植えられるようになったという。

このアワが八重山に導入された時代やその由来はよくわからない。考古学遺跡からアワが出土したという例も知られていない。しかし、國分直一は放射性炭素14を用い今から約三五〇〇年前の遺跡とされる波照間島の下田原貝塚から出土した土器、石器より、アワを主体とする農耕文化がすでにこのころから八重山に存在したと述べている。また、宮古には台湾山地とつながりをもつ古い品種があったことを考慮すると、琉球弧南部のアワは、かなり古い時代に台湾を経由してもたらされたとみてよいようである。

こうして、いつのころか、アワ（とおそらくは、熱帯系のヤマノイモ類）を栽培していた八重山の島々が、北から導入された麦主体の常畑の島と南から伝わった稲の水田耕作をおこなう島に分かれていったのである。その分化の時期は明らかではないが、一一世紀より古い遺跡からは炭化米や炭化麦が見つかっていないことは、時期を特定する手がかりになるかもしれない。畑作物であったイネが焼畑から水田に降りてくる過程が八重山で進行したのか、あるいは八重山に伝来する以前に進行したのかは明らかではないが、八重山の焼畑の稲作の歴史は思いのほか古いのかもしれない。

八重山の稲作は、陸稲的なイネの栽培から始まったとする渡部の想定が正しければ、水田稲作以前の西表島の状況は、次のようなものであっただろう。時期は、一応考古学的に炭化米が確認される上限の一二、三世紀よりもさかのぼると考える。当時の生活活動の推定には、現在もおこなわれている自然資源の利用の仕方が参考になる。

集落は、水場と舟着場としての浜が確保できる場所にある。悪性の熱帯熱マラリアはまだ伝播していないので低い場所でもそれほど不健康ではない。マラリアが猛威をふるうのは、一八世紀の明和の大津波以降である。島びとは外敵を避けてやや高台に住むことも多かった。集落に近い山のふもとから中腹にかけて焼畑がある。猪の侵入を防ぐために木の柵を巡らせてある。焼畑にはイネとアワが栽培され、ダイジョをはじめとする熱帯系のヤマノイモ類も混植されている。農耕具としては、山の木を倒して畑を開き、猪を防ぐ柵をつくるため、山刀がもっとも大切である。鉄器は貴重であるから石器も使う。人口の割に土地が広い西表島では、低島の耕地のように岩が多く、耕作をくりかえして堅くしまった土壌を相手にする必要がない。新しい焼畑の土壌は、柔らかく養分に富んでいるから耕耘も施肥も必要ない。二年くらいで放棄すれば除草も不要である。したがって、集落近くの常畑では除草具は必要だったが、焼畑では木製の掘り棒程度で十分仕事ができる。そこには一五世紀に済州島からの漂流民が見ることになる作物の一部が栽培されている。サトイモのような作物があるが、これはハスイモである。湿地帯の一部には自然に繁殖できるサトイモの野生変種が繁茂している。タイモは、猪の被害が大きいので作れない。サトイモの野生変種が繁茂している所でイネを作るのはまだ先のことである。アダンなど、火をつけるだけで枯死させられる植物が生い茂った、海岸近くのマングローブ帯の背後の湿地が先に水田として利用されるだろう。

犬は、猪を狩るときに重要な役割を果たすので大切に飼われている。牛は見当たらない。牛をたくさん飼うようになるのは、水田を牛に踏ませて除草と漏水防止をする踏耕が始まってからだ。焼畑は持っているが、採集と漁撈と狩猟に大きく依存した生活が続いている。シイの実やあく抜きすれば食べられる大きなオキナワウラジロガシの実などの野生の食糧に恵まれている。このほかにもサンゴ礁での魚とり、浅瀬での貝ひろい、海藻の採集、川でのウナギ採り、マングローブ帯でのカニや貝掘り、山に住む猪を捕獲したりして一年中、食糧に恵まれた島の生活が続いている。

注

（1） 奄美に住んだ作家島尾敏雄の造語で、日本列島が南のインドネシアやミクロネシアなどの島世界に連なる性格を持つことを表す言葉。

（2） 一六三七年から宮古・八重山地方にだけ施行された差別的税制で、検地をすることなく、性と年齢、士族・平民の別だけに基づいて税をとりたて、首里王府の収入を一定にする方法。

（3） 一五世紀末から一六世紀はじめにかけて西表島祖納を本拠地に活躍した英雄慶来慶田城用緒の第九代の子孫が作成したものであるが、公的な文書でなく、マラリアと厳しい人頭税で疲弊する以前の、豊かだった往古の西表島とそのアイデンティティを子孫に伝えようとする目的で書かれたもの（須藤　一九四〇a、石垣市総務部市史編集室　一九九一）。

（4） たしろ・あんてい。植物学を修め、明治一八年という早い時期に八重山を踏査し、多くの記録を残した。初めて西表島を横断し、探検家の笹森儀助にも助言を与えている。『沖縄結縄考』など、文化人類学的な著作も多い。

初出：安渓遊地　一九八九b

後記：南島の貝の道の歴史については、熊本大学の木下尚子氏が実証的な研究を進めている（木下、一九九六など）。また、琉球弧の農耕文化やわが国へのイネの導入についても、新しい論稿が公刊されている。たとえば、佐々木（二〇〇三）はこれまでの研究を集大成しながら海上の道の仮説を実証しようとしているし、小林（二〇〇三）は、本書ではあまり扱えなかった八重山の低島や奄美諸島の農耕文化について報告している。佐藤（二〇〇二など）もDNA考古学という新しい手法で、縄文時代すでに稲作が日本列島で開始されていたことを実証しようとしているところである。しかし、南の島々と九州を結んだ海上の道が、はたして縄文時代にイネを運んだかどうかについては、考古学的な証拠はなかなかつかめていない。高宮（二〇〇五）は、これまでの発掘では見のがされていた微細な植物遺物をとらえるためのフローティングという新しい手法で調査をおこなったが、同様の手法で八重山の古代文化の研究が進められることを期待したい。

第Ⅲ部　橋をかける――島々の交流をめぐって

12　与那国農民の生活

はじめに

南西諸島あるいは琉球弧の島々は、ふつう北から南へ、奄美・沖縄・宮古・八重山の四島嶼群に分けられる。しかし、ひとくちに八重山といっても多くの島々があり、地域差は予想以上に大きい。「八重山」にあたる言葉は、西表島でヤイマ、与那国島ではダーマであるが、実は島の人々がこの言葉で指しているのは、ほとんどの場合石垣島のみである。だが石垣島が八重山地方の政治的中心であるからといって、石垣島中心の八重山研究では、多くの重要な問題を見落とす恐れがある。復帰直後までは、八重山の島々を歩くと、ほとんど集落ごとにといっていいほどに、各島が独自のたたずまいを見せていることに気づかされたものであった。コンクリート建ての家がどの島にも立ち並ぶようになった現在でも、注意深く観察するならば、島の景観から地域差を感じとることは不可能ではない。石垣博孝は、水と人のかかわりあいに焦点をあて、島々に伝わる歌謡をひとつの足がかりに、八重山各島の性格の違いを印象的に描きだしている（石垣　一九七九）。

八重山の高い島のなかでも、与那国島は他の島々と比較すると、その隔絶した位置ゆえに特異な点が多いと予想される。この章執筆のための私の与那国島滞在は一九七八年から合計四回延べ一五泊で[1]、その期間は西表島における調査に比べてまことに短い。伝統的な生業形態の研究には、自然環境と島の歴史・風土についてのトータルな知見が不可欠であることは言うまでもない。不充分な調査に基づいた報告は差し控えるべきであろうが、島の方々のご教示を聞き書きの形で提出し、これまでの調査でわりあい詳しくわかっている西表島の資料との対比を試みたい。

一　与那国島の伝統的生業——聞きとりを中心に

表23　与那国島における話者

略号	性別	生年	出身集落	履歴と現在の職業
A	男	1893	祖　納	1914年から現在まで理髪業.
B	男	1899	祖　納	1947～49年町長. 故人.
C	男	1907	祖　納	1939～46年台湾在. 農業.
D	男	1909	祖　納	元農業委員.
E	男	1914	祖　納	農業共済組合理事. 農業.
F	男	1921	祖　納	町役所勤務を経て現在農業.
G	男	1905	比　川	元農業.
g	女	?	比　川	G氏夫人.
H	男	1912	比　川	元農業.
I	男	1912＊	比　川	西表島に12年滞在. 農業.
i	女	?	西表網取	I氏夫人.

注：＊は大正元年.

表23は、お話を聞かせていただいた一一名の方々の性別・生年・出身集落・島外滞在の履歴などを示している。今後必要に応じて、この略号を用いてデータの出所を明らかにしつつ、聞きとりを紹介していく。時代は、聞きとりという方法上の制約から、明治末期以降に限られる。ここでは、水稲内地種いわゆる蓬莱米が与那国に導入されて伝統的稲作の体系が大きく変化してゆく昭和六（一九二一）年ごろ（B氏による、以下単に（B）のように書く）までの話を中心に述べる。現在の与那国島の生活については、矢沢湊の優れた報告があり、サトウキビ畑・水田・自然放牧場の分布図も示されている（矢沢　一九七四）。

環境の民俗分類

生業活動を土地利用・海水面利用として与那国島の自然環境と結びつけて理解するために、表24に自然の民俗分類を示した。与那国方言は《　》で表す。[2] この表は以下の聞きとりのまとめでもある。昔の生業についての一八九二年ごろの統計資料によって聞きとりをある程度裏付ける。

与那国島のことをドゥナンチマあるいは単にドゥナンと呼ぶ。現在、ドゥナンには祖納《そない》・久部良《くぶら》・比川《ひがわ》の三集落がある（図19）。集落は《ムラ》と呼ばれるが、《チマ》ということもある。《チマ》とは「島」に相当する言葉である。《ムラ》の中には石垣《グシく*》で区切られた屋敷《ドゥフ*》が道《アミてィ》をはさんで並んでいる。家《ダー》の囲いの中は《ダーヌカグ》と呼び、野菜畑として利用してきた。御嶽《ウがン》も《ムラ》の中にあるが、《ムラ》から遠く離れた《ウがン》も存在する（I・G）。八重山の他の島と同様《ウがン》を移転してその跡地に学校を建てた例がある。

現在、与那国の《ムラ》は内陸部に立地せず、すべてが海に面しているため、《ムラ》の前は海《ウンナガ》あるいは《トゥー》になっている。沖のほうは《ウブトゥー》と呼び、岸辺近くは《ハマバタ》という。リーフを《ヒー》、波が砕けている所を《ヒーヌブリ》という。砂浜を《ハマ》といい、岩が海中に突出していて歩くことができないような所を《ハナ》という。魚が多い浅瀬は《スニ》である。潮の干満によって潮水が入るような川を《カラ》という（I）。久部良集落の近くには周囲半里ばかりの潮水の入る池があって、クブラミとゥと呼ぶ。

《ムラ》の近くを、《ムラヌとゥマル》という。たとえば比川集落ンディムラならンディムラヌとゥマルという。墓《ハが》などがあり、ここを外れると野原《ヌー》や「山」《ダマ》が広がっている。《ヌー》は地籍上「原野」と記されている荒れ地に相当する場合が多く、石が多くて畑に適さない箇所やチガヤなどの草本が生えている所を指している。これに対して人の背丈を越すような植生に覆われている所は《ダマ》である。アダン《アダヌ》・ビロウ《ク

表24　与那国島の主な環境の民俗分類と伝統的利用形態

与那国方言	説明	伝統的利用の諸形態
ウンナガ／トゥー・ハマ	海・浜	魚捕り，浜で塩を炊く
カラ・ミとゥ	川・池	上流から水を取る
ムラ	集落*	住居，拝所，井戸
ムラヌとゥマル	集落の周辺	墓地など
ター・タブル	田・田の集まり	稲作，刈取後牛馬の放牧，魚を捕る
ハたギ	畑	畑作，畑小屋で雄牛と雄馬を飼う
マてィ	牧場	雌牛と雌馬の放牧
ヌー	野原・原野	カヤ取り，土を田の肥料にする，放牧
ダマ	植生に覆われた所	薪，建材，竹，ビロウの葉採取

注：*祭祀などに際して１つの集落が複数のムラに分かれることがある．

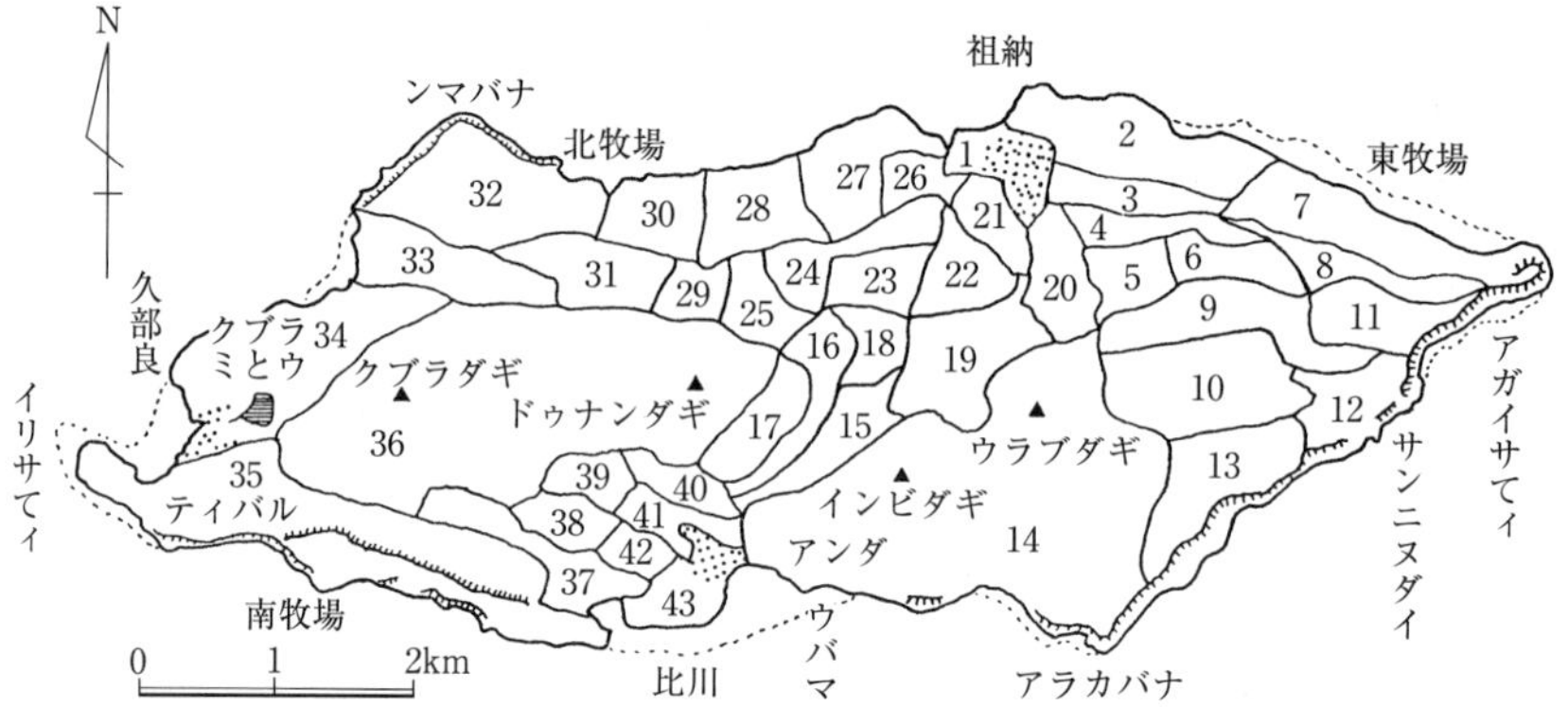

図19　与那国島の主な地名と小字

番号	小字名	方言による読方	番号	小字名	方言による読方	番号	小字名	方言による読方
1	祖　納	トゥマイムラ	16	真　嘉	マガブル	31	立田神	タたガン
2	北浦野	ニチウラヌ	17	西真嘉	イリマガブル	32	驤　原	サンバル
3	浦　野	ウラヌ	18	盤　田	ハンダ	33	桃　原	トゥーバル
4	南浦野	ハイウラヌ	19	貢　原	クンバル	34	久部良	クブラ
5	貢　馬	クンマ	20	田　原	タブル	35	樽　舞	タルマイ
6	浦　田	ウラダ	21	田原西俣	タブルイリマタ	36	満田原	マンタブル
7	屋手久	ダティク	22	野　底	ヌスク	37	上　里	ウイダとゥ
8	北帆安	ニチンダン	23	島　仲	ンマナガ	38	赤　崎	アガサてィ
9	帆　安	ンダン	24	野武原	ヌンバル	39	真嘉武謝	マガンダ
10	南帆安	ハインダン	25	嘉　田	カタ	40	与那国嵩	ドゥナンダギ
11	割　目	バルミ	26	内　道	ウてィミチ	41	内之田	ウてィヌタ
12	阿陀尼花	アダニバナ	27	潮　原	スバル	42	比川田原	ンディタブル
13	帆安上原	ウイバル	28	桃田原	ムたブル	43	比　川	ンディムラ
14	宇良部	ウラブ	29	綾　神	アヤガン			
15	久　座	クダ	30	所　野	トゥグルヌ			

注：字の境界は与那国町役所作成の資料による．

バ》など、生えている植物を冠して《〜ヤマ》(語中では《ダマ》が《ヤマ》になる)と呼ぶ場合もある。《ダマ》は西表島で「ヤマ」といっているのに対応する概念で「山」に相当するが、標高が高いことをいうときには《タギ》という言葉が使われる。もっとも、与那国の山地はすべて樹木に覆われているから《ダマ》でもあるわけである。山裾の部分を《ダマバタ》、山奥のほうを「山の底」《ダマヌスグ》といっている(I)。

耕地は《ハル》と総称され、畑《ハたギ》と田《ター》に区分される。山の中にも戦前は畑を作っていた。田には「天水田」《ティンチダ》、「畑田」《ハたギダ》、「水田」《ミンタ》・《ナマミンタ》、「深田」《カーダ》、「浅田」《アギタ》などの区分があり、それぞれ異なる耕作方法がとられてきた。多くの《ター》が集合している場所は、「田原」という意味で《タブル》という。《タブル》は固有名詞でもあり、祖納集落の後方の田原川沿いの深田を《タブルミンタ》あるいは単に《タブル》と呼んでいる。苗代田は《ナース》である。島の北部と南部には大きな牧場《マてィ》が分布している。放牧されている牛と与那国独特の小型馬は伝統的稲作体系ではほとんど不可欠の位置を占めていた(B・C・F・G)。ただし、後述のように、牛馬は一年中《マてィ》に入れられていたわけではない。

田《ター》

稲作《マイくイ》は昔から与那国の一番重要な仕事で、明治末から昭和はじめにかけて、畑は二八〇町歩程度だったのに対して、水田は四〇〇町歩ほどもあった(B。明治二五年の統計(崎山　一九七五)によると、与那国の水田の面積は一七〇・八町歩、畑の面積が二二〇・六町歩と記録されている)。

田返し《ターキシ》から順に稲作の一年間の仕事を述べていこう。旧暦の六月に稲の収穫が終わりしだい、田起こし《アラニ》を始めた。祖納の田原川沿いの《タブルダ》などの深田は牛が入れず、人力だけで田返しをした。草が生えていない状態に保つため、木製の鍬《パがイ》を使ってひと月に二度から三度、前後七回も耕した(D)。天水に頼る田では、雄牛に引かせて犂かけをし、七~八月の台風や一〇月以降の雨季を待って牛に田を踏ませて《ターンミ》田返しと水の確保をした。雨が降りそうなときは、雌牛を牧場から集めて五頭ずつ角を縛り合わせ、大切な雨が降るのを田で待った。牛を持っていなければ人に借りて、雨が降れば夜でも松明をともし、蓑笠を着けて一晩中続けた。田の底《ニラ》が踏み固められ、水が漏らないようになるまで三回から五回以上踏ませた。充分に牛に踏ませたかどうかが収穫を左右したので、「田の肥料は牛の足」だと言ったものだ(G・C)。土が固い田に薪の灰を入れると土がどろどろに溶けた(D)。天水に頼らず、牛や馬を持たなくても収穫が保証されている《タブルダ》は、蓬萊米の時代になっても無肥料でよくできた(B)。牛を借りると、その手間《ティンマ*》相当分を働いて返すが、雌牛は三頭(あるいは四頭)で人間一人一日分としていたのに対して、鞍をつけて犂を引かすような雄牛は一頭で人一人分だった(G)。人頭税のころは、牛が足りなければ人が手をつないで踏んでいたと伝えられている(C)。

苗代は《ムラ》に近い所にあって、人力で水を汲み上げて苗を育てた。豚小屋の肥えを入れたり、畑小屋《ハルヤ》が近い人はそこで飼っている牛の刈り敷きを苗代に入れた(F)。大寒に田植え《タービ》を始めた。旧一〇月の種蒔《タナドゥリ》から七〇~八〇日めにあたる(B)。苗代期間は五五~六五日だった(C)ともいう。苗取り《ナイトゥイ》は男の仕事で、午前三時ごろから夜明けまでかかって苗を取った(大正一〇年生まれのF氏は、女と年寄りの男が苗取りをしたと言っている)。あまりに寒さが厳しいときは、畦で藁束を燃やして田のおもてに煙を流した(D)。普通は一人五株ずつ植え、植える人の熟練の度合によって株数を増減した(F)。風が強いときは、なるべく体の右後方から風を受けるようにして植えた。そうすれば、手を差し込んだ穴に泥が流れ込んで浮き苗が少なくなる(F)。連日の田植えで腰が痛くなると、「腰の痛みの薬は酒しかない」といって、朝から泡盛を飲みながら植えた(F)。

田草取り《ターヌツァートゥイ》は田植えの一月後から始めて、少なくとも二回はやった(B)。ただし、祖納のタブル田は草を取らなかった（A）。田の畦《アブチ》はいつも焼き払って、草が生えないようにしていた（F）。
稲刈り《マイカイ》は旧の五月から始まり一月くらいで刈り終えた（B）。刈り取った稲は、いちおう田の畦《アブチ》に積んでおき、持主がその傍で泊まりで番をして翌朝は太陽に干した。番をしないとせっかく刈った米を盗まれることがあった（A）。干しあがった稲束は、いくつもの稲叢《シラ》に積んだ。精米作業に都合のいい、風がいつも吹く所を選んで《シラ》を積んだ（F）。稲刈りは田植えと同様、いまでも結い《ドゥイ》でやっている（g）。旱魃のない年には、稲刈りの終わったあとの天水田に《ターンガイ》と称して水を満たしておくと、自然に淡水魚が殖えるのでザルですくって食用にした（F）。

稲の収穫の高は、束数で数えた。右手に持った鎌《イララ》で刈って左手が一杯になると《カタてィ》と呼び、二つ合わせて束ねたものを「一束」《とゥタバ》という。一五束でひとまず束にしてこれを《イシか》といい、《イシか》が二つ集まると《マルてィ》と呼ぶ。一〇〇《マルてィ》は《カラ》である（F）。男一人一日分の手間賃は、一《マルてィ》と決まっていたものだ（C）。一《マルてィ》から何升の玄米《ヌーマイ》が取れるかが収量の目安になっていた。普通の在来米は一《マルてィ》五升で、とくにおいしい品種で《マーヌマイ》というものは、籾《シブグ》が厚くて四升しか取れなかった[3]。比川のG氏の経験では、最高で八升まで取れたという（G）。祖納のD氏は糯米一《マルてィ》で最高一斗二升の収穫を得たことがある（D）。比川にある天水田ではH氏が耕作していた一か所だけ一《マルてィ》一斗五升と大豊作だったことがある。あまりにも並外れた収穫で、あとで必ず不幸な目に遭うと皆が心配したが、充分祈願をしたので不幸を免れることができた。旱魃さえなければ、概して天水田のほうが《ミンタ》などの水の切れない田よりは収穫が多かった（H）。

明治末から大正時代にかけて米が一俵四円だったころ、一〇〇俵の玄米が売れれば税金など家の経費はだいたいまかなえた（G）。四町歩余りの田から二二《カラ》の米が穫れたときは、一二〇俵ぐらい売ったこともある。一俵は三斗二升入りで、穫れた米の半分以上は島外に売った（C）。

畑《ハたギ》

サトウキビ畑は、一九六七年には空前の四一四ヘクタールの栽培面積を記録したが、換金作物としてのサトウキビ栽培は一九六〇年に製糖工場ができてから盛んになったものである（渡辺・植松　一九八〇）。サトウキビ《アマダ＊》は大正のはじめころに与那国に導入され、しだいに天水田の稲と置き換わっていった。土地台帳上の地目は水田のままサトウキビ畑が増えていった。与那国の畑作はもともとサツマイモ《ウンてィ》栽培《ウンてィくイ》が中心だった。サツマイモは主食であり、家畜の飼料としても大切だった（B）。

山《ダマ》を拓いて作る畑も昔は随分盛んだったようで、周りに石を積み巡らせた跡や畦の跡が山の中に残っている（C）。《キャーマハたギ》という言葉も記憶に残っているが、[4] これは「木が生えた山を焼いて作る畑」という意味だ（I）。「山の中の畑」という意味で《ダマヌナガヌハたギ》ともいい、比川の東側の《ウバマ》の上や《アンダタギ》の山の中の畑は終戦後まで作っていた。こういう畑を作るときは、木を全部根から切って倒し、葉が枯れてから焼き払う。昔はりっぱな鍬《パがイ》もないので、細かい木の根を掘り取るのは重労働だった。山を拓いた一年めは、焼いたあとの木の切株から出てくる芽を切り捨てながらアワ《アー》を蒔く。二年めからは木の根が腐るので思うようにサツマイモを作ることができた（G）。畑を作らないで休ませてある荒地《アリチ》を再び開墾するときは、そこがススキ草原《ドゥシキヤマ》であれば焼いてから鍬で耕して畑にした（I）。チガヤ草原《ヌー》は焼いたあと、木や石のない所であれば《クラブ》という旧式の犂を雄牛に引かせて耕した。《クラブ》が沖縄島から来る前は《ダマ》という犂を使っていた。犂で引けない所はもっぱら鍬を使った。譬えて言えば「昔の畑は鍬が肥料」だった。というのも、起こしたばかりの土はまだ生で、作物が稔らないから、充分耕して土を太陽と雨にあて、チガヤの燃え残りなどを腐らせて地味を肥えさせることがぜひ必要だった（G）。

畑は荒れ地《アリチ》にせず、なるべくは常畑のイモ畑を持っているほうがありがたかった（G）。畑の広さは人によってずいぶんまちまちで、二町歩ばかりも持っていた人（F）もあれば、自分の畑を持たず他人の畑を借りて耕作していた人もあった。他人の土地を借りて畑を三枚開墾したら、二枚は持ち主に返し、残る一枚は自分用に使っていいことになっていた（H）。挿木してイモを殖やすためのイモかずら《ウンティヌカンダ》は農民にとってもっとも大切なもの、いわば生命線だった。各品種のイモかずらを取りそろえて子どもに見せては、名前を覚えさせた。(5) 夜の間に畑からイモかずらを盗まれることさえあった。イモかずらを採取する畑は北風のあたらない、地味の肥えた所に作った。畑に北風があたらないように防風林を作っていた（E）。防風林のことを《ニチカたガ》と呼んでいるが、これは「北側の蔭」という意味である。北岸の岸壁に打つ波のしぶきから畑作物を守るためにアダン《アダヌ》を植えて《ニチカたガ》とすることが多かった。幹が五尺以上あるアダンを切ってきて埋め、根づかせた。あちこちに生えていた高さ一丈に余るようなアダンの多くは昔の人が植えたものだったが、ほとんどが土地改良で伐採されてしまった。そのせいで土地改良後は潮風の被害がひどく、もともとよい畑だった所もすべて他の畑と同じようになってしまった（D）。

《ウンてィ》以外の畑作物もいろいろ作ってきた。人頭税が明治三六（一九〇三）年に終わると米が換金作物になったので、畑作物はいずれも基本的には自給用だった（B）。山裾《ダマバタ》に生えているイトバショウ《バス》の幹の内側の繊維を昔の人は自分たちの着物を織るのに使ったが、外側からとった粗い繊維を昭和のはじめごろまで移出していた。これが米以外の数少ない換金作物だったといえよう（g）。

穀類としてはアワ《アー》・キビ《チンてィ》・モロコシ《タガチン》・トウモロコシ《ンマヌマラタガチン》・ムギ類《ムン》があった。糯性のアワは《ムてィアー》と区別して呼んでいる（B）。キビはアダンの生い茂った所《アダヌヤマ》を焼き払い、そのまま種を蒔くだけでよく稔った（E）。アワとムギは畑に蒔くが、悪い土地でもよく育ち、土地を選ばない。アワとキビは食べられるようにするまでの手間が大変だ。キビはイネと同じころ収穫でき、田を持たない貧乏な人が糯米のかわりに作っていた。粉にして沸騰した湯に入れ、《イビラ》という杓子でこねて食べた。たいへんおいしくて、これを食べたら米のご飯《マイヌイー》のほうがまずいような気がしたものだ（G）。

ヤムイモの一種《ブン》（西表で《かッツァンム》と呼んでいるダイジョの仲間であろう）は丸いのや、平たくて掌のように伸びる種類があった。《ブン》はトロロイモにしても食べるが、ゆでて四角く切りそろえ、祭り《マチリ》などの節日《シチビ》のお祝い料理の一品として重箱に入れる。サトイモ《ムダ》も畑に作っていた。二銭銅貨くらいの大きさの《ムダ》が一番おいしい。田に作るイモはなかった（E）。栽培品でないイモに自然に生えるヤマイモ《ダマウンてィ》があった。畑の縁や《ムラヌとゥマル》の砂地でできたものは腕ほどの太さで三尺ほどにもなることがあった（C）。体が弱る夏の時期に必ずマラリアがでたから、栄養をつけるためにこれを擂鉢でおろし、黒砂糖を混ぜて飲ませた（G）。

豆類《マミ》には「下大豆」と称する小粒のダイズ《トゥブマミ》・もやし用のリョクトウ《クマミ》・アズキ《アガマミ》・ラッカセイ《ディーマミ》・ササゲ《フルマミ》などがある（B）。《アガマミ》は収穫の時期によって《ニンガチラ》と《ハチンガチラ》に分けられる（E）。《マミ》はサツマイモとは別の畑に作ることが多かった。一番土地が痩せている所に《マミ》を蒔いた。肥えた所に蒔こうものなら、かずらばかりが増えて稔らない（G）。

野菜は、ニガウリ《グーヤ》・トウガン《チブイ》・カボチャ《ナンク》・ヘチマ《ナビラ》・ヒョウタン《ンブル》・パパイヤ《マンドゥイ》・ナスビ《ナン》・ダイコン《ウブニ》・ニンジン《キンダグニ》・ゴボウ《グンブ》・ラッキョウ《ダッきュー》・ニンニク《ヒル》・ネギ《チンダ》・ニラ《ンダヌハ＊》・トウガラシ《クス》などがあった。家から遠い畑に野菜を作ると盗まれることがあった。「食うに困って必要だから盗るのだろう」と気にも留めなかったが、なるべくは屋敷内の畑《ダーヌカグヌハたギ》に作った（G）。

一八九二（明治二五）年の統計によると、当時の与那国島には三七九戸の世帯があり、全畑地面積は二二〇・六町歩で、農家一戸平均では四・五反であった。二町歩の畑を持っていた農家は平均をはるかに上回っていたことがわかる。同資料によれば煙草の栽培があり、一八九三年に与那国を訪れた笹森儀助（一八九四）は「木綿花二〇〇斤・唐アイ四〇〇斤・真苧（カラムシ）一〇〇斤」と記している。聞きとりをした人たちの記憶によれば、与那国では藍と綿を栽培せず、木綿のかせは沖縄島から買い、カラムシ《ブー》も台湾との交流が盛んになってからはもっぱら台湾から買ったという（C・G）。

牧場《マてィ》と原野《ヌー》

与那国で大きな牧場は、比川から西崎にかけての「南牧場」ハイヌマてィと現在の「北牧場」とゥグルヌマてィだった。ハイヌマてィの西側はてィバルヌマてィ、東側はンディヌマてィと呼んでいたが、ずっとひとつづきの牧場で、大正の半ばごろまでの久部良一帯は住む人も少なく、全部牧場だった（図19参照）。大正から昭和のはじめごろは両方の牧場に組合員が約一〇〇名ずついた。とゥグルヌマてィは祖納の人々のもので、ハイヌマてィには比川・桃原・祖納の人々が家畜を持っていた。牧場の周りは石垣を積み上げて垣根とし、崩れれば役員が修理した。このほかに個人有の牧場がサンニヌダイあたりに点在している（D・G）。

牛《ウチ》は雄牛を《ビギウチ》、雌牛を《ナーミヤ》という。まだ乳を飲んでいる子牛は《ウンナガ》、《ビギウチ》の若いのを《ナークッてャ＊》、壮年を《クッてャ＊》、老年の大きな雄牛を《ウブてャ＊》という（B）。与那国馬は《ンマ》と呼ぶ。牛馬は田ごしらえをするのに必要なので各戸が飼っていた。ただし雌馬はもっぱら繁殖用で、牛や雄馬のように農作業には使わなかった。《マてィ》には雌牛と雌馬が放してあった。毎年四月に新しく生まれた子牛と子馬の耳に切れ目を入れて持主の印「家判」《ダーハン》を付けた。雄馬は家で飼い、雄牛は畑小屋に繋いでいたので一年経ってから《ダーハン》を付けた。牛は馬よりたくさんの草を食うので、草刈りが大変で、通常一軒で一頭しか養えなかった。普通の人はこのほかに雌牛を二〜三頭と雌馬を一〜二頭飼っていた（D・H）。しかし、牛や馬を飼えない農家もあった（H）。一九六〇年ころまで、小学生は夕方には牛の草を刈りに行かされ、翌朝牛の腹がへこんでいたりすると親に叩かれたものだという。

在来米の収穫が六月に終わると、祖納の牛は牧場から出され、宇良部岳の東の帆安（ンダン）一帯の天水田地帯で放し飼い《ンダシ》された。このあたりは畑が少ないので、点在する畑には柵をめぐらせ、《ムラ》の入り口には二〜三か所とびらを作って、牛が集落や畑に入らないようにした。雌牛は田の中も自由に歩きまわり、稲の再出葉《マタバイ》を食んだ。こうして七・八月から時には次の田植え準備が始まるまで放し飼いを続け、牧場に牛を戻さないこともあった（D）。台風の大雨を生かして牛に田を踏ませることを「早踏み」といった（C。牛を天水田地帯に放し飼いすることで少しでも地味を肥やし、牧場からわざわざ牛馬を連れてくる手間を省いていたのだろう）。牧場外の野原《ヌー》に牛馬を繋ぐこともよくあった。個人所有の《ヌー》に繋ぐときは持ち主に一言断ってから繋いだ（D）。昔の家は茅葺きだったし、小屋《ダティ》の壁などもチガヤ《カヤ》を編んだものだったから《カヤ》をとるための《ヌー》は大切にしていた。葺替えのときに《ヌー》がない人は、他人の《ヌー》で《カヤ》を刈らせてもらった（D）。《ヌー》は稲作にとっても大切な役割を持っていた。八月になると《カヤ》の生えた野原を焼いてよく耕してから土をもっこ《ウダ》で田に運んだ。昔の稲作はあまり肥料というものを使わなかったが、この「土入れ」《ンたイリ》がほとんど唯一の肥料がわりだった。「結い」《ドゥイ》を組織して二〇人も人を集め、一つの田について四〜五年に一度、一坪あたりもっこ一杯ずつの土を入れた。現在、山沿いの斜面に木も草も生えていない所があるが、毎年のように土を取られつづけてやせてしまったのだ。《ヌー》は収穫した稲束を干すためにも必要で、持たない人は集落の周りの空き地まで稲束を持ってきて干した（D）。

前掲の統計資料（崎山　一九七五）によれば、一八九二年ごろの与那国島の牧野面積は一五七・三町歩で、牛は雌牛が四八八頭、雄牛が三六二頭の計八五〇頭、馬は雌馬が二三八頭、雄馬が一七九頭の計四一七頭と記録されており、「農家一戸あたり雄牛一頭」という聞きとりと一致している。

山林《ダマ》

毎日の薪《てィムヌ》を取りに《ムラ》に近い山の麓《ダマバタ》へ行った。小学生がもっぱらこの仕事をやらされた。畑の周辺のじゃまな木も薪にした。与那国の山には茅葺きの家の建材になるくらいの太い樹木が生い茂っていたが、大正はじめの丑年の大きな台風でみな折れてしまった。(6) 生木を伐り出す山《キーヤマ》も、今では畑小屋の柱ぐらいにしかならない木ばかり生えている。真っ直ぐな木は山奥《ダマヌスグ》に行かないと手に入らなかった。しかし、瓦葺きの家《カラダ》に使う上等の建材は、多くの場合、西表島へ行って伐ったり、人から買ったりした（D・G）。家を建てるには大量の竹材が必要で、自分の竹山《タギヤマ》や借地契約した村有地から切り出した。ザルの材料になるホウライチク《ンダダギ》を山の中に植える人もあった（I）。屋根や床の竹を編むトウツルモドキ《ダマイとゥ》は与那国の山のいたる所にある。ビロウ《クバ》ばかりが生えている《クバヤマ》でとった《クバ》の葉を利用した道具はきわめて多い。昔は山を伐り開いた所にイトバショウ《バス》を植えた。《バス》の繊維は農民の着物の原料で、とくに在来米を収穫するときは長い芒が刺さりにくい《バスキン》（芭蕉布）を着なければかゆくてたまらなかった。いまでも山の中や麓にイトバショウがたくさん残っているが、山の中に生えたものはとくに《ダマバス》といって、繊維の腰が強かった（G）。

海《ウンナガ》と浜《ハマ》

比川のG氏は若いころ、海へ出て魚を捕るのが好きで、よく出かけた。西崎の南側のハイカマてィという漁場でクリ舟に一杯捕ったこともあるし、夜のイカ釣りや、《ンダイヒ》といって夜の引潮に松明を点けて魚やタコを突くこともよくあった。しかし、「海に行くような人間に家庭など持てるものか」と父親に叱られどうしだった。たしかに、三〇歳を過ぎて田畑の仕事が忙しくなると、なかなか海に行く暇を見つけることができなくなった（G）。昼は暇がないので、海が荒れていない夜は祖納から東崎やサンニヌ台まで行って釣りをした。一～二時間でおかずになるくらいの魚は間違いなく釣った（D）。

雨が少ない夏場に、南牧場の下の岩場のくぼみには太陽の熱で濃縮された塩水がたまっている。これを汲んできて牧場で煮詰め、塩をつくったこともある。この塩は「干塩」という意味で《チーマス》と呼んでいた。比川の近くの浜《ハマ》では比川の人がもっと本格的な製塩をやっていた。戦前、一時は五軒もの塩焚き小屋《マスヤ》があった。塩は《クバ》の葉に五升ずつ包んで一つ五〇銭で売った（I・G）。

前掲の一八九二年の統計資料によれば、当時与那国島にはわずか一二隻のクリ舟しかなく、それらを使う漁師も二一人しかいなかった。「農民は舟を持たない」（I）というのは与那国島の昔からの傾向であるようだ。

《ムラ》の生活

比川は昔からよい湧き水と井戸水に恵まれていた。一方、祖納は水が悪く、塩気の混じらない井戸は稀だった。東村の上のほうはとくに井戸水の塩気が強いので洗濯ぐらいにしか使えず、飲み水は田原川の上流から汲んできていた。天水も溜めていたが、北風が潮水を吹き寄せる時季には塩辛くて飲めなかったし、潮が入った水はすぐ腐ってしまった（D）。

《ムラ》では、女が機織りをして人頭税に差し出していたそうだが、もうあのころのことを覚えている人はいない（H）。その他の仕事は、雄馬や雄牛が家の近くに繋いであるときはその世話があったし、ヤギ《ヒビダ＊》を飼っている家もあった。どの家でも豚《ワー》を一～二頭は飼い、養豚《ワーガナイ》をやっていた。イモの皮《ウンティヌカー》を炊いて食べさせ、一二〇斤から最高で三〇〇斤（一八〇キログラム）もある豚に育てて、久部良にいた仲買人《ワサ》に売った。台湾行きの定期便ごとに買ってくれたが、こちらで「何斤の豚だ」と言ってもろくろく量らずに持って行くぐらい、豚はいくらあっても足りなかった。ただし、台湾へ売るような太った豚は、脂が強すぎて与那国の人の口にはあまり合わなかった（G。前掲の統計資料によれば、一八九二年当時の与那国島の豚は五一一頭、ヤギは二八八頭である）。

若い人は夜明け前にはもう家にいなかった。そしてたいてい暗くなるまでは仕事から帰って来なかった。働く時間が長いから、朝食は二度とるのがあたりまえで、夜明け前に食べるのを《ヒリャ》といい、田や畑で午前一〇時ごろに食べる二度めの朝食を《ヒリ》といった。昔は米を食べることは稀で、毎食イモ《ウンティ》だった。夕方掘ってきたイモの皮を夜のうちにむいておいて、翌朝炊いて杓子《イビラ》でこね、こぶしより一回り大きい玉にしたもの《ウンティヌイー》一個で一回分の主食だった（D）。米は生年祝いや焼香などの行事に必要で、屋敷の中の稲叢《シラ》に蓄えてあった（G）。

病気でもしないかぎり、百姓が休むことはなかった。祖納のA氏は少年のとき、病弱の母親の手助けをするために、田畑での男の仕事のほかに、炊事や裁縫をはじめイトバショウの繊維をつなぎあわせて績む仕事まで、機織り以外のほとんどの女の仕事をやったという（A）。比川のG氏は、なんとか子どもに一人前の服を着せたいと、自分は破れた着物にワラ縄の帯を締めて懸命に仕事をした。けれど、人並み外れてよい着物を子どもに着せるのは人の羨みを買うから、決してすべきことではなかった。みんな男の子どもをたくさんほしいと願っていて、四人も男の子のいる人などは「自分は《ウヤギンとゥ》(財産家)だ」といばっていた。口ではそういう人も実際の生活は苦しく、「金さえあれば比川の鍛冶屋《カンチャ》に鍬や山刀や鎌を作らせることができるのに」と言って嘆いていた(G)。しかし、自分が食べるための畑も拓けないというのは怠けぐせのある人ぐらいで、ソテツ《トゥディチ*》まで食べなければならないということはめったになかった(D)。

仕事は共同でするものが多かった。《ドゥイ》を組織するときは、働いてもらった日数だけこちらも働いて、借りた「手間」《ティンマ*》を返した。《ドゥイ》は田植え、稲刈り、現在ではサトウキビの植付けや刈り取りのときに組織している。このほかイトバショウの繊維を取って店に買ってもらっていたときも《ドゥイ》でやったし、焼香のご馳走作りの手伝いに女が集まるときなど、人手が余るようだとカラムシ《ブー》の繊維を績む仕事などしてその家の手助けをする年寄りもいた。家を建てるときは、「手間」を返さないで三〇人ほどに手伝ってもらった。これを《バグ》といい、規模が大きくて《ムラ》中が手伝うような作業を《ムラバグ》と呼んでいる(7)。このほかに《ウヤダイ》と呼ぶ《ムラ》単位の共同作業があった。これは各戸から一人ずつ出て、道の修理などをした。旧暦の八月には大きな《ウヤダイ》があり、祖納・久部良間の道路の修理などを二週間ぐらい毎日やった。この間は農作業もしなかった(D)。

沖縄の他の島と比べてみても与那国が一番いい。友達の家に行けば、二〜三日はただで食べさせてもらえる島が他にあるだろうか。《ドゥイ》で集まってくれる人たちからはどんなに長い時間働いてもらっても文句が出ない。それにひきかえ、金儲けのために農作業する最近の人は扱いに困る。人件費はどんどん高くなる一方なのに、一人前の仕事もできない人間が、男だからというだけで男一人分の賃金を要求してくる。せめて人件費がいまの三分の二くらいなら、サトウキビの値段を上げなくてもやっていけるのだが……(D)。

二　与那国島と西表島の対比

水——雨と川と海

西表島の水源をなす中央部の森林地帯に降り注ぐ雨は年間四〇〇〇ミリを超すといわれる。与那国島の平均降水量一九〇〇〜二三〇〇ミリと比較すると、その差は非常に大きい。天水田にいかに水を深く溜めるか腐心してきた与那国農民と、鉄砲水で田が埋まることを心配しなければならなかった西表農民の水に対する関心は、同じ「タングン島」といいながら時に正反対だったといえよう。与那国の天水田では積極的な客土がされてきたが、西表では山地からの水流がもたらす養分だけで田の地力を維持できた。豊かな雨量と溺れ谷が多い沈水地形を反映して、西表島には満潮時に舟で一キロメートル以上遡ることができる河川が一〇本余り存在する。こうした西表島の河川流域には水田が多く分布していた。したがって戦前までの西表では農作業の行き来に松の刳り舟を使うのは普通で、与那国の農民とは対照的に「農民だからこそ舟を持たなければならない」事情があった。現在では河川沿いの水田は放棄されて舟で通うことはなくなったが、山仕事などで山奥に入る場合はエンジン付きの舟を使用して川を遡っている。

舟を持っている西表の農民が海に行くことは日常茶飯事で、田植えなどの「結い」の折には必ず男が海へご馳走の材料を取りに行き、しかもその仕事は田植えなどと同じ男一人分の「手間」と勘定される。海へ行くのが好きで父親に厳しく叱られたという与那国のG氏の経験とは逆に、魚獲りは西表の生活に不可欠なのである。

風――潮風と台風

与那国の聞きとりではかなりの頻度で風にかかわる話が出てくる。これに対して西表では、田植えのときにどの方向から風を受けるようにといったことまでは気にかけていないようだ。これは、風を弱めてくれる山地に乏しい与那国島と、背後に四〇〇メートルを超す山並のある西表島の違いによる所が大であろう。周囲を絶壁に囲まれている与那国島は、サンゴ礁が八重山の他島より発達しておらず、打ち寄せる荒波が直接波しぶきとなって吹き寄せてくる所が多い。海水の雨がいつも降り注ぐため、「潮原」《スバル》という名の小字もあるぐらいである（図19の27）。

与那国の山は、建材さえ取れたのに一九一三年（大正二）の丑年の台風でほとんどの木が折れて、昔の山とは違う山になってしまったという。大きな台風という自然の出来事がその後数十年にわたって人間の生活に影響を与えつづけた例である。西表でもリュウキュウイノシシの捕獲数が大型台風のあとは激減する（花井　一九八三）という報告がある。与那国の比川ではたび重なる高潮の被害で家屋や田畑が砂に埋まるため、これが原因で離村した人も多かったという。自然災害による被害は偶然に大きく左右され、しかもその影響は島ごとにさまざまで安易な比較を許さないといえよう。

生物相――イノシシ・カラス・ハブと西表の照葉樹林

与那国島を訪れると、西表島と比べて生物相が相対的に乏しいと感じる。両島の生物相の相違は、自然環境に直接左右されうる生業形態や男女の仕事の分担のあり方に相違をもたらしているばかりでなく、稲の束の大きさや畦の草払いの有無といった、生物相とさほど関係がなさそうな部分にまで密接に関係している。

両島の生業形態の相違に直接影響を与えていると考えられる生物相の最大の違いは、西表島に多いイノシシ（リュウキュウイノシシ）が与那国島には棲息しないことである。西表島の古い集落はどれもイノシシの侵入を防ぐための長大な石垣を集落の背後に作っており、人頭税の時代には毎日この猪垣を見回る役目の農民がいた。田や畑の周りにも柵を巡らせなければならず、イノシシを防ぐに充分な柵を毎年作って維持・管理するには与那国の島民が必要としない厖大な労力がかかった。男手だけでこの仕事をまかなうことはむずかしく、西表の女は猪垣作りの仕事をはじめ、田や畑の作業の多くを分担してきた。

このほかにも西表では戸外での女の仕事が多く、二〜三月には線香原料のタブの皮を剥ぎに山奥に分け入ったり、炭坑に売るための茅やコシダを刈ったりした。これに対して与那国の女の仕事は家事が中心で、西表の女ほど田畑で激しく働く必要がなかった（i）という。西表の豊かな生物相が、豊かな有用植物を利用する面と激しい鳥獣害から作物を守る面から、与那国よりも女性に多くの労働を課してきた。西表島に長く暮らしたことのある与那国比川のI氏は、与那国でやっていたように西表島でも朝から畑で働いていたところ、「男が畑をしている」と西表の男たちに笑われた（I）という。与那国の男が午前三時から田畑へ出ていたのに対して、西表の男たちの田畑での労働時間が短かったのは事実であるようだ。しかし「与那国では雨の日でも外で仕事をするのに、西表の男は怠けている」（i）と決めつけてしまうのもやや一面的かもしれない。雨の降るときこそ与那国の農作業にとってもっとも大切であり、一方、猛毒のサキシマハブが活動するまだ暗い朝方に田畑へ出ることは、西表ではきわめて危険であるが、与那国島にはハブがいないという条件も考慮しておくべきであろう。

丑年の台風で山々を覆っていた森が浅くなって以来、与那国の鳥類はずいぶん少なくなったという。しかし、稲作に及ぼしている鳥類の影響は西表島のほうが与那国島よりも常にはるかに大きかったことは間違いない。西表では田植えのあと、サギ類に踏まれて倒れた苗を鳥と根比べするように植え直しているのをよく見かける。稲がない部分を放置しておくと、穂が稔るころ上空から見える水面めがけてカモ（カルガモ）が下りてきてさらに広範になぎ倒してしまうともいう。与那国ではたえず焼き払う田の畦を、西表ではなるべく稲刈りの直前までは草を残しておく。畦が刈られるやいなやキジバトの大群が舞い下りて稲をついばむからだという。

稲三〇束を与那国で《マルティ》というのに対して、西表西部では三〇束の稲を《マルシ》と呼んでいる。第二節で述べたように、与那国では一《マルティ》の在来稲から平均で五升の玄米が取れ、時として一斗以上も稔ることがあったという。これに対して西表では一《マルシ》は平年で三升、よく稔った場合でも五升どまりだった（安渓 一九七八）。西表の収量が与那国の半分程度であったように思えるが、両島で長らく稲作に携わってこられた比川のI氏によれば、単位面積あたりの収量に大差なかった。《マルティ》は《マルシ》とは明らかに同一の語源を持ち、同じように稲三〇束を指す。ところが、実際は与那国の稲と苗の一束は西表の一束の二倍近い太さがあったのである。I氏が西表に住みはじめたころ、西表では男が一人で三〜四《マルシ》も担ぐと聞いて「与那国では雄牛でも四《マルティ》の稲しか積めないのに」と、驚いたものだという。男一日分の日当が与那国では一《マルティ》であったのに、西表では二《マルシ》であったというのもうなずける。鎌で刈るとき、西表では一株ずつ刈るのに、与那国では三株ぐらいまとめて刈り、鳥の巣のようにそろわない束を作っては刈り株の上に置いた。西表では小さい束を刈り株の間にしっかり挟み込むようにして刈る。カラスにつつかれると水の上に落ちてしまうから、与那国のような稲束の置き方はできない（i）。西表には戦前までものすごい数のカラス（ハシボソガラス）がいたと言われている。

おわりに

与那国の伝統的生業の聞きとりを西表の場合と対比すると、八重山群島に属する《タングン島》という共通性にもかかわらず、数々の相違点がある。第二節ではそのうち自然環境に影響されてきたと考えられる諸点を列挙した。自然環境それ自体のより具体的な把握と歴史的背景等の知見に基づく、より精細な比較は今後の課題である。

咸豊七年（一八五七）に八重山を訪れた首里王府派遣の検使は『翁長親方八重山嶋規模帳』を残したが、この史料はとくに与那国に言及した箇所が多い。たとえば「織女が織布のあき間を利用して農業に精勤すべきところ耕作を忌避してこれに従事しない」という指摘がある（高良　一九八二）。このことは「与那国の女は、西表の女ほど働かないでもいい」（i）という島民自身の言葉とあい通ずる部分があると考えられよう。与那国での田畑の仕事において、女性労働の役割が比較的低かったこととその背景については前節で指摘した。

また、一四七七年に与那国島に漂着した朝鮮人の記録によれば、当時の八重山群島の人々はいずれも鶏を食用にせず、さらに与那国島だけは牛を飼っていながらもこれを食用としてなかった（李　一九七二）。今日、与那国最大の祭りである《マチリ》では、四足の動物を屠殺することの禁忌が存在し、さらに、祭事に直接かかわる人は約三か月間四足の動物を食べないという精進を守っている。こうした禁忌は八重山の他島からは報告されていない。この二つの事実を安易に結びつけることは慎まなければならないが、牛を祭祀用の存在とし、食用を禁忌とするような傾向が、その度合を弱めながらも、五世紀の歳月を越えて与那国島に受け継がれてきたと想像できるだろう。与那国比川には、幼いころから一切の肉類（四足獣と鶏）を口にしたことがない女性が現存し、（おそらくそのゆえもあって）霊的な存在を見る能力を持つと信じられている事実は、こうした想定を裏づけてくれるものではあるまいか。

この二つの事例が示していることは、次の二点に集約できよう。すなわち、島の生業様式は各島の自然環境と人間の営みの相互作用の産物であり、一世紀程度の時の流れを経ても、各島の特徴は容易に変化しなかったこと。もうひとつは、一つの島にみられる慣習がかなり長い期間にわたってその島だけに保存されてきたという可能性である。西表の生活に関してもこうした歴史的連続性をいくつか指摘できるが、詳細は他日を期したい。八重山の島ごとの風土の違いに根ざした独自の歴史は、戦後の与那国島を賑わせた大密貿易の時代や西表島の数十年にわたる炭坑時代を経ても、とぎれることのない連続性を保ってきたのである。

同じものを指しているかにみえる言葉が、島ごとに非常にかけはなれた意味を持つ場合があるという事実は重要である。収穫や植付けの単位となる稲束と苗束の大きさが、与那国では西表の約二倍あったという事実を知らなければ、収量の比較は不可能に近い。一つの島から得られた基準を全沖縄に当てはめようとすることはきわめて危険である。民俗語彙を採集しているだけでは気づきづらいようなさまざまな差異が島ごとに存在すると考えねばならない。

島ごとの地域差についてのこのような印象は、調査を積み重ねていけばいくほど深まる。私は一九七四年以来、西表島西部の調査を進めてきているが、島の自然環境・歴史的背景・言語と文化の諸相をつぶさに調べていくほどに、その経験が八重山の他の島では通用しないことが多いと痛感させられている。こうした事情は八重山に限らないらしい。宮古群島の池間島で長期にわたって調査した野口武徳も、「隣りの部落では、今まで経験した部落で得た認識や概念にもとづく推論が通じないことを知りがくぜんとした」と述べ、その点にこそ沖縄の地域研究のむずかしさと興味深さがあると指摘している（野口　一九七五）。琉球弧を独自の自然・風土と歴史の歩みを持つ島々の集合体としてとらえ直し、比較を試みることで、今後の南島研究の新たな発展が期待できる。

注

（1）調査期間は、第一回が一九七八年二月二六日から三泊、第二回が一九八一年一一月二五日から六泊、第三回が一九八二年八月二七日から三泊、第四回が一九八三年三月二五日から三泊である。第二回調査はユネスコ東アジア文化研究センター主催の共同調査である。

（2）加治工真市（一九八〇）によれば与那国方言の子音にはｋとｔに有気非喉頭化音と無気喉頭化音の対立があり、無気喉頭化音には軽い促音がともなって聞こえる。本章では、加治工先生のご示唆により、有気非喉頭化音と対立する無気喉頭化音はひらがなで表記し、これ以外のすべての音をかたかなで表記することにするが、記載の誤りの責任は私にある。鼻音は《が》などと表記して、与那国でおこなわれている「シア」などとはしない。与那国方言に＊がついているものは高橋俊三（一九七五）からの引用である。

（3）安渓（一九七八）で報告した与那国在来稲の名前に訂正・補充すべき点があることに、再調査によって気づいた。もともとの一覧表に《ダイラシュ》・《クヮーマイ》とあるのは削除すべきであった。これは話者A氏の思い違いで、前者は「在来種」の与那国的発音、後者は《サグマイ》ともいい、粳米のことである。表6の2に相当する《アガムてィマイ》、15の《ダニマイ》、29の《ムとゥルマイ》、42の《トゥームてィマイ》は与那国でも作られていた（G・H・I）。この結果、与那国島にあった在来稲の数は一二となり、訂正前より二つ増える。孤立しているようにみえた名称が二つ減り、汎八重山的分布を示す15が与那国にもあったと確認された。なおこの点については、元論文を本書に再録する段階で訂正してあることをお断りしておく。

（4）大正三（一九一四）年生まれのE氏によれば与那国には山を焼いて作る畑はなかったという。

（5）サツマイモの品種として比川の人は次のような名前を挙げている。《カナンウンてィ》・《トゥーウンてィ》・《ユンタンダクラガー》・《アガクラガー》・《ミークラガー》・《ナガシルウンてィ》・《ナガハマウンてィ》・《シルナガハマ》・《トゥマイクルー》・《サクガー》・《ジューニゴー》など。はじめの二つが与那国の古い品種だという（G・H）。

（6）琉球政府（一九六三）によれば、一九一三（大正二）年、丑の年、七月一四日から八六時間吹き荒れた台風によって、与那国島では死者二名を出し、家屋の五分の四以上が全壊した。

（7）「手間」返しの有無に注目してみると、サーリンズ（SAHLINS, 1965）のいわゆる「平衡的互酬性」に基づく伝統的労働交換システムが《ドゥイ》であり、「一般的互酬性」に基づく伝統的労働交換システムが《バグ》である、と理解できよう。

初出：安渓遊地　一九八四c

後記：正しい盗み方と正しい盗まれ方

この後、与那国島を訪れて祖納在住の方のお話をうかがう機会があったので、次のような質問をしてみた。その結果「人の命を支えるものについては、正しい盗み方と正しい盗まれ方がある」という非常に味わい深い回答を得た。

安渓『南島の稲作文化』にのせた「与那国農民の生活」をまとめていて気づいたんですが、与那国島では、遠い所に野菜畑があると野菜を盗まれるとか、刈った稲束を盗まれないように夜は泊まって番をするとか、農民の生命線のサツマイモの蔓までも盗まれることがあったと聞きました。ところが、八重山一般どこもそうだったと思うんですが、たとえば波照間島では、道に財布が落ちていたら近くの石垣の上に載せるけれど、財布の色があせて模様がわからなくなるまで置いてあっても誰ひとり盗る者はいないと聞きました。この二つはどういう関係になるんでしょうか。

――それはね、両方ともあるわけ。矛盾はしないのよ。畑のものは人の命を支えるものでしょう。これには、正しい盗み方と正しい盗まれ方があるのよ。

あなたが畑を持っているとして、その畑に出かけてみたら、誰かがあなたの畑のものを盗っていたとするでしょ。そのときは面とむかって叱ることはできないのよ。咳払いとか大声で歌をうたいながら近づくとかして、相手に持ち主が来たことを気づかせるようにしないといけないのよ。それが正しい盗られ方。

わたしが、父に連れられて、初めて正しい盗み方をならったのが、小学校の二年生くらいのときだったかしら。台風で枯れてしまったイモカズラを畑に植えるために盗みにいったことがあったわ。被害を受けている所は多いのでなかなか探せないけれど、よく考えて切り取るわけ。とってもドキドキしたけれど、父が「どうせ盗るなら、ちゃんといただくのだ」と励ましてくれたので、そういうものかと思って一生懸命にとった。

その後、ひとりでウサギの餌を採りに行ったときの話。なかなか草が探せないので、ある人の畑でイモの蔓を盗らせてもらうことにしたのよね。長さ二尺ぐらいずつ、あちこちからイモの成長に響かないように、切り取っていたら、持ち主が出てきて、いきなり「コラーッ」と叱るのよ。正しい盗られ方を知らない人だと思って、私も腹がたった。それから畑の両側に立って押問答したわ。

「ちゃんと盗らんか！　おまえは」と大声で叱られるから、「ちゃんと盗ってるのに！」と言い返したら、持ち主が、「これが、ちゃんとか⁉」とどなるので、見にいったら、幅一メートルぐらい、長くビーッと鎌で刈り取られているわけ。でも、「これは、私のしたことじゃあないわよ！」と反論して、いつまでも言い合いをしていたことがあったわ（笑い）。

これはね、どんなに貧しい境遇にある人でも、飢えて死なせるようなことをしては絶対にいけないという、すばらしい与那国の知恵だと思うな。

13　高い島と低い島の交流

はじめに

A　研究の目的

本章は、八重山の島々の現金をともなわない交易活動（物々交換）について聞きとり調査をおこない、経済人類学の視点によって分析したものである。こうした主題の重要性に気づかせてくれたのは三度にわたるアフリカでの経験であった。

中央アフリカのコンゴ民主（旧ザイール）共和国で野外調査をする機会に恵まれた私は、物々交換がさかんにおこなわれている現場を目撃した。たとえばコンゴ川沿いの漁民とその近くに住む焼畑農耕民の間には、魚と農産物を定期市で直接交換しあう習慣が広く認められる。研究の結果、以下のようなことが明らかになった。アフリカのある地域では、植民地化以来、長らく現金を使ってきた経験があるにもかかわらず、物々交換が選択される場合がある。漁民の集落では、食料を物々交換で入手する量が現金での購入量を上回ることもまれではない。隣りあって暮らす漁民と農耕民の食物の物々交換は、政府の弾圧にも屈することなく生きのびてきた。大幅なインフレで紙幣に対する信頼が失われている昨今は、新設される物々交換市さえみられる（安渓　一九八四a、一九八四b、一九八六b）。

コンゴ民主共和国で私が見たような物々交換は、けっして過去の遺物ではなく、一定の経済的役割を今日も果たしている。また、それは単に経済的に重要なだけでなく、人的交流により言語の同化と共通の帰属意識をもたらすこともあり、民族集団の形成と変容にも重要な役割を果たしてきたと考えられる。

メラネシアのトロブリアンド島におけるマリノフスキーの研究以来、交易交換の研究はさかんになった。しかし、交換の社会的あるいは象徴的意味についての議論は多いが、食物など生活必需品の非儀礼的な交換の研究は少なく（CHAPMAN, 1980）、とくにその方法や等価を定める要因についての信頼するに足る報告はきわめて少ない（HERSKOVITS, 1965 (1952), SUNDSTRÖM, 1974 (1965), VAN DER PAS, 1973）。マリノフスキー自身も、貝の腕輪と首飾りの儀礼的交換であるクラの研究に注いだ情熱に比べて、彼が「純粋な物々交換（pure barter）」とみなした食物の交易であるギムワリについては、不充分な記述しか残していないのである（MALINOWSKI, 1922, SMITH, 1983）。

日本では、お金を使わない取引があった記憶さえ薄らいでいるのが現状であろうが、ごく近年まで各地でおこなわれていた。瀬川清子の労作『販女』（瀬川　一九七一（一九四三））は、日本各地の伝統的な物々交換の例を、漁村と農村の関係を中心に多数紹介している。物々交換に関する記述は、瀬川が引用しているもののほか、松川（一九二八）などがあり、多くの民俗誌にも散見される。沖縄県に関しては『沖縄の民俗資料第一集』（琉球政府文化財保護委員会一九七〇）に「交易」の項があり、地域間の比較に便利である。しかし、これらの報告はいずれも断片的で、地域研究として日本の物々交換を正面からとりあげたものを寡聞にして私は知らない。これが、本章で数十年前の遠い記憶の中から八重山の物々交換の実体をすくいあげ、できるだけ詳細な記録を残そうと試みるひとつの理由である。EINZIG（1966（1949））も、伝統経済の研究が重要かつ緊急の課題であることを強調している。

現在生きて機能しているアフリカの物々交換市を見た目で、かつての日本の伝統的経済の復元を試みれば何が見えてくるだろうか。本章は、この設問に答えるための第一の足がかりである。ここでは日本の最南端の島々をとりあげたが、今後は他の地域での調査も予定している。その中心的課題は、異なる生活環境に住み、異なる生業形態を持つ複数の集団が生活必需品の物々交換を通して相互に深く依存しあっている事例の復元と分析である。したがって、一集落の内部でおこなわれる品物や労働の交換、あるいは遠隔の地域を結ぶ交易活動、さらには専業的な仲買人や小売商人の活動などは、本章ではやや副次的な興味の対象ということになる。

B 研究の方法

既存の文献がある場合は参照したが、私が解明したいと考えているような近距離の交易についての記録はきわめて少なく、具体的な像を描く役に立たないことがほとんどであった。

野外調査にあたっては聞きとりだけに頼らず、島の生態的基盤を把握することに努めた。しかし、交易にかかわる物質的な証拠などはほとんど残っておらず、聞きとりを通して人々の記憶をたどるという方法が中心にならざるをえなかった。さらに、話者の経験によって話の内容にも食い違いがみられ、話者がどういう経験をしてきたか明らかにしながら記録し、考察を進めてゆく必要が、これまで私がおこなってきた農耕文化の調査よりも大きいことが痛感された。野外調査は、一九七四年から八六年にかけて、延べ二二か月間実施した。物々交換に関する集中的な聞きとりは、一九八四年に着手した。

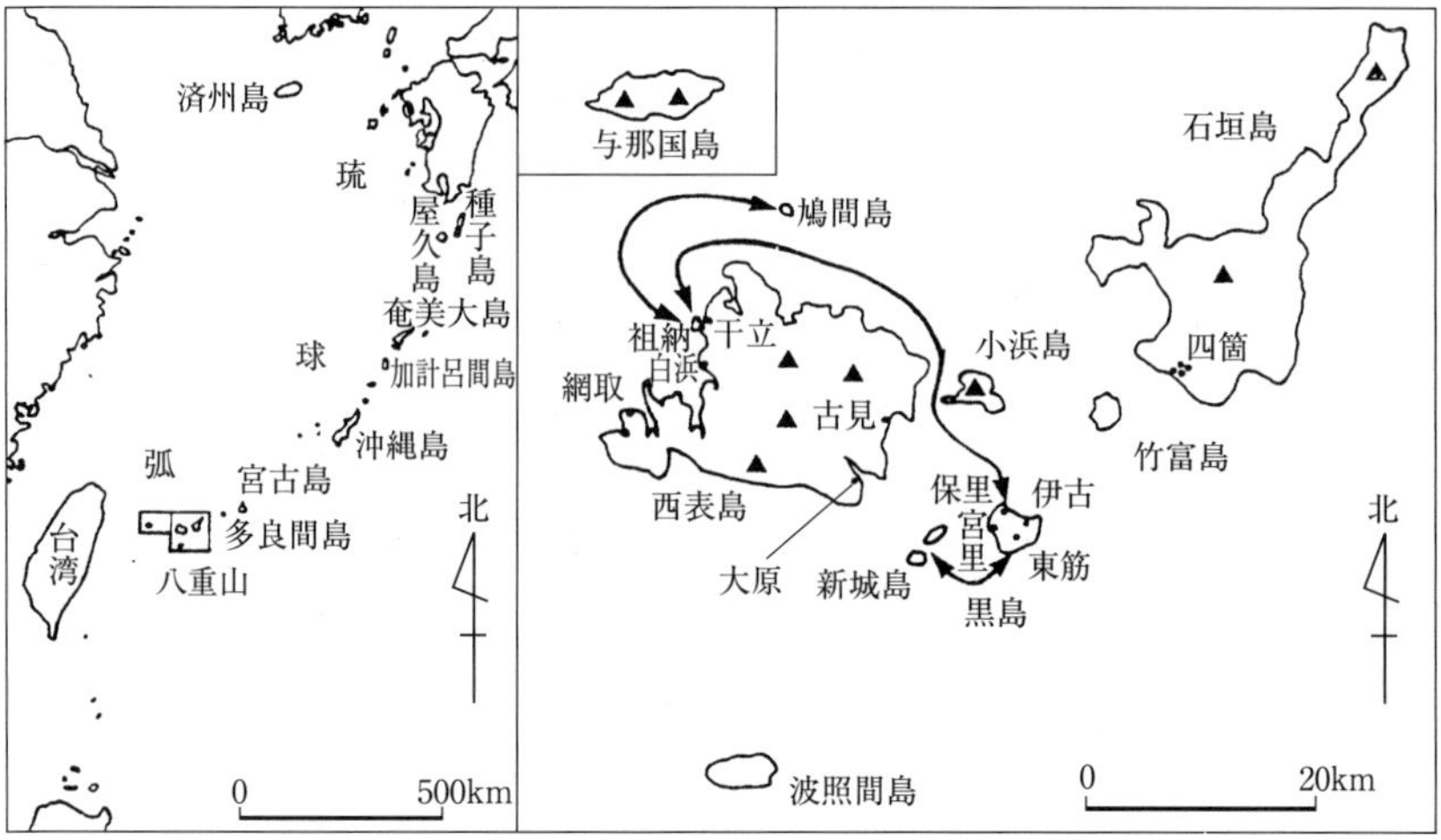

図20　西表島と黒島を中心とする交易網（大正時代）

注：八重山の地図中，▲の記号がある島は高島.

なお、議論を進めるにあたり、何が物々交換で何がそうでないかという定義は、貨幣とは何かという問題とともに避けて通ることができない。実際、贈与と物々交換、あるいは狭い意味の物々交換といわゆる「原始貨幣」の範囲は、それほど簡単に区切ることができない。

CHAPMAN（1980）は、「純粋な物々交換」の定義を与えてはいるが、同時に実際の物々交換は生身の人間がおこなうため、社会的・心理的状況を反映してつねに「不純」であることを認めている。彼女は、物々交換に少なくとも五つのやり方がありうるとした。それは、①駆け引き、②決まった交換比率の適用、③駆け引きも決まった交換比率もない交換、④信用すなわち後払い、⑤価値基準としての「貨幣」の使用である。これらは必ずしも互いに排除しあうものではない。最後の「貨幣」はいわゆる「原始貨幣」を指している。POLANYI（1957）は、これを限定目的貨幣（limited-purpose money）と呼んで、現在われわれが使っている近代ヨーロッパ起源の貨幣である一般目的貨幣（general-purpose money）と区別した。

EINZIG（1966）は、貨幣を、「客観的または抽象的な単位で、物々交換を容易にするための勘定の単位としての役割だけを果たすもの」と定義した。この定義に沿って、従来「貨幣」とは考えられてこなかったようなもの（中世ノルウェーのバターや一九世紀オーストラリアのラム酒など）を含むきわめて多くの事例を「貨幣」の使用と認めた。私も前述のコンゴ川沿いの伝統的な定期市では、交易されるもののなかで魚がもっとも強い購買力を持ち、借りを返済する用途にも当てられることから、漁民の側に魚を一種の貨幣として使おうとする意図が働いていると指摘したことがある（安渓　一九八四ａ）。

物々交換や「貨幣」の理論的定義にあまりこだわると、実際におこなわれていた生活活動の多様性を見逃すおそれがないともいえない。ここではまず、島民自身の概念をなるべく忠実に記録し、理論的な問題点についても考察することにしたい。

表25　西表島西部と黒島の話者

生年	西表島西部の集落 西１＝祖納　西２＝干立 西３＝網取	黒島の集落 黒１＝東筋 黒２＝保里
～1900	西2a	黒1Q
1901～1910	西2B 西2C 西1d 西1e 西1F 西1g 西2H 西1I	黒2R 黒1S 黒1t
1911～1920	西1j 西1K 西3L 西3m	
1921～1930	西2N 西2o	黒2u
1931～1940		
1941～1950	西1P	

注：アルファベットの大文字は男性，小文字は女性．同じ島ではアルファベットの順番が早いほど高齢．

対象とする地域は、西表島（方言でイリムティ）と黒島（フシマ）である。この二島は八重山地方に属していて、九州と台湾の間の島々のつらなりである琉球弧の最南部に位置する（図20）。琉球弧の特徴の一つは、その著しく大きな地域差にある。ある集落で得た概念が、隣りの集落でさえまったく通用しない場合があることも指摘されているし、隣りあう島でも言葉が通じないほど違うことが珍しくなく、また、明らかに同じ語源の言葉が違うものを指していることもありうる（安渓　一九八四ｃ）。したがって、本章は、東アジアの物々交換経済研究の第一歩にすぎず、そこから得られる結論をたとえば琉球弧全体のなかに位置づけるためには、綿密な比較研究を積み重ねる必要がある。

黒島で五名、西表島西部では一六名の話者の方々から物々交換の経験をうかがうことができた。話者の個人的な経験の差が大きいので、すべての聞きとり資料に話者の略号をつけることにする。表25は話者の略号の一覧である。表でそれぞれ話者のおおよその年齢、性別、出身集落がわかる。話者は、出身集落の略号にアルファベット一文字を加えて示す。アルファベットの順番が早い話者ほど年齢は上であり、大文字は男性、小文字は女性を示す。集落別の略号は以下のとおりである。西1は西表島西部祖納集落、西2は西表島西部干立集落、西3は西表島西部網取集落を示し、黒1は黒島東筋《あがりすじ》（方言でアースン）、黒2は黒島保里《ほり》（方言でプリ）集落である。それぞれの集落の位置については、図20を参照されたい。

話者のなかで多くのお話をうかがったのは、祖納の西1F（星勲）氏と保里の黒2r氏で、このおふたりは実際に相手の島へ物々交換しに行った経験がある。干立では西2C（黒島英輝）氏、東筋では黒1t氏が中心的な話者である。なお、祖納の西1K氏は、次に引用する『沖縄の民俗資料　第一集』の話者である。この五名の話者は、物々交換がおこなわれた大正時代から昭和のはじめに長期間島を離れることがなかった。

一　高い島と低い島

A　西表島と黒島

八重山の島どうしの物々交換としては、黒島と西表島西部の間のものが知られている。『沖縄の民俗資料　第一集』は西表島西部の祖納集落での報告として次のように述べている。傍線部分は私の聞きとり調査の結果と一致しないが、訂正はのちほどおこなう。

・当地の特産品は米である。ほとんど自給自足の生活をしたが、やはり米のほしい竹富、黒島の人たちが当地の人の喜ぶような産物を持ってきて交易した。

・竹富船、黒島船をもって交易にやってきた。麦・豆（大豆、小豆）、あおさ（海産物）などを持ってきて米とかえていった。

・西表の水田は土質が窒素分に富み、カリ分が不足しているので木灰が必要であった。とくに黒島の木灰はよくきくとの評判が高いので、こちらから米を持って黒島へ木灰買いに出かけていた（琉球政府文化財保護委員会　一九七〇）。

石垣島をはじめとする八重山の多くの島では、人の住む島を二つの種類に分ける習慣がある（表21、三一九頁）。それにしたがうと、黒島は《ヌングン島》で無病地であり、西表島は《タングン島》の有病地であった。ただし、今日の西表島西部では《ヌングジマ》とはいうが《タングン島》にあたる言葉は知られていない。ただ、稲の島の意味で《マイジマ》という場合がある。

B　生業経済の対比

交易活動や市の研究にあたっては、交易活動や市を詳しく観察するだけでは不充分である。一般に交易活動は、参加者の生活誌の一環として研究しないかぎり充分な理解は望めない（安渓　一九八六a）。そこで、やや遠回りのようではあるが、二つの島を結んだ交易活動の具体的説明に入る前に、それぞれの島の明治末から大正時代にかけての生業経済の特徴を対比させておくことにしたい。

西表島

西表島は東部と西部とに分かれ、方言も伝統文化も異なっている。一九七七年に北岸道路でつながるまでは、別の島といってもさしつかえなかった。西部最大の集落は祖納、東部は古見《こみ》（クン）であった。ここでは西表島西部を調査地としている。

西表島西部では、他の《タングン島》にもまして、水田稲作が重視された。人頭税の時代には男は玄米を、女は《グイフ》（貢衣布）と呼ばれる布を上納することが義務づけられていた。明治三六（一九〇三）年に人頭税が廃止されたあとも、玄米の平均収量は、反あたり七ないし八斗程度という低い水準にとどまっていた。そのため、昭和のはじめに新品種・蓬莱米《ほうらいまい》が台湾から導入されて広まるまでは（安渓　一九七八）、畑作もかなり重要であった。常畑のほかに、長期休閑をする焼畑と、低島と基本的に同じやり方の短期休閑の切り換え畑とがあった。主な作物はサツマイモと粟と若干のダイジョ（熱帯系ヤマノイモ類）、および水田に作るサトイモ（いわゆる田芋）であった（安渓　一九八五a、一九八六a、安渓貴子　一九八七）。

西表島の生業形態の特徴は、一年を通じて海と山を多角的に利用してきた点にある。専業的漁民はいなかったが、海藻や魚介類を採って自給したし、山の動植物に対する深い知識に支えられて、犬や罠を使ったリュウキュウイノシシの狩猟や野生の食用植物の採取も頻繁におこなわれてきた（安渓　一九八四e）。

労働交換の制度があって、田の荒起こしや田植えはほとんどの場合《ユイ》（相互的労働交換）でおこなわれた。稲刈りは家ごとにしたが、加勢を頼むときは、日当として二《マルシ》（一《マルシ》は周囲約六寸の束を三〇あわせたもの。普通作で白米約三升に相当）の稲束を手渡すことになっていた（本書六九頁）。畑仕事などの場合は、二食を提供したうえ、白米三升を与えるのが普通だった（西1F）。

人頭税時代には二つの社会階層があった。一つは《ユカリぴトゥ》と呼ばれ、平民である《ブザ》と区別された。

《ユカリぴトゥ》は、原則として公認の家系図（家譜）を持ち、役人になる道が開けていた。また、人頭税の負担も《ブザ》より軽かった。しかし、役人を務めた経験のない下級の《ユカリぴトゥ》の日常生活は、《ブザ》と大差がなかった（里井　一九八七）。一九〇三年の統計によると、西表島西部の祖納と干立では、《ユカリぴトゥ》（士族）の割合が四三パーセントと高く、石垣島の四箇字《しかあざ》に次いでいた（里井　一九八七）。

人頭税時代には、西表島の広大な山林は役人の管理下におかれ、島民が勝手に処分することは許されなかった。周辺の島々が必要とする建材等は、山林をわりあてて伐採させた。したがって、高島と低島で材木を介する物々交換は成立しなかったと考えられる。

大正も半ばを過ぎると、島の面積の九割近くを占める森林から産出される材木や染料・線香の材料など、山仕事が島民に多くの現金収入をもたらすようになる（西1F・西2C）。西表島西部では明治半ばから石炭の採掘が始まり、日本各地や台湾から連れてこられた坑夫たちが過酷な強制労働に従事していた（三木　一九八五）。住民は炭坑に坑木や野菜などを供給した。ただ、これによって得られたものは、換金できない炭坑切符であって、炭坑の売店でしか商品を購入できなかった（西1F）。このように大正半ばから西表島西部は急速に外部とのつながりを持つようになり、自給自足の体制も崩れていくことになる。

黒　島

波照間島以外の《ヌングン島》には水田がなかった。しかし、竹富・新城・鳩間各島の住民は、人頭税時代から西表島に水田を持ち、片道一〇キロ以上を舟で通って耕作した。この遠距離通耕は戦後まで続いていた（浮田　一九七四）。つまり、八重山の島々で黒島だけが稲作のない島であった（表21、三一九頁参照）。

生業の中心は畑作で、自給用としてもっとも重要だったのは一七世紀末に導入されたサツマイモだった。そのほかに麦・粟・モロコシ（タカキビ）などの穀類とさまざまな豆類を栽培した。ヤギの飼養も盛んであった。人頭税は粟と貢衣布で納めた。島の中央にある東筋《あがりすじ》（方言でアースン）集落などには少数の漁民もいるが、おおむね畑作が生業の中心であった。このほかに、半農半漁の保里《ほり》プリや漁業専業に近い伊古《いこ》（方言でユク。明治末ごろに沖縄島糸満の移民が建てた）などの集落がある（黒1t）。明治三六年に黒島の士族は人口の一一パーセントで、《ヌングン島》としては平均的な割合であった（里井　一九八七）。

集落内では多様な労働交換の制度があった（琉球政府文化財保護委員会　一九七〇）。労賃の支払いにもさまざまな物をあてた。東筋では、漁師のサツマイモの畑作りを請け負って、一人一日につき五斤（三キログラム）の鮮魚を受け取ったり、あるいはヤギの肉の炊いたもの小鍋ひとつ分を畑仕事の「一日手間」として受け取ったりした（黒1t）。大正時代までは、現金の使用は稀であった（黒1t）。大正七、八（一九一八〜九）年ころには小売店ができたが（琉球政府文化財保護委員会　一九七〇）、昭和のはじめまで店の支払いにも鶏卵やモロコシや縄などをあてることが普通だった（黒2u）。現金収入としては、サトウキビから採れる黒糖や、大正時代に一時さかんだった養蚕などが挙げられる（黒1t）。現在は肉牛の飼養がさかんであるが、これは昭和に入ってから始められたものである（琉球政府文化財保護委員会　一九七〇）。黒島は、八重山の造船の発祥地とも伝えられ（須藤　一九四〇b）、杉板を剥ぎあわせた天馬船と称する大型の船が多く用いられ、この時代の西表島では松（リュウキュウマツ）のくり舟の使用が一般的だったのとは対照的であった。

二　物々交換の品目

お金を使わない品物と品物の交換のことを黒島・保里では、《コーカン》といった（黒2r）。西表島西部でも《コーカン》という（西1K・西2N・西3L）。もうすこし老年の話者によれば、これは比較的新しい言い方であって、昔は《カイ》あるいは《トゥリカイ》といった（西1F）。なかには（アメリカ風に）《バータ》あるいは《チェンジ》という若い人（黒2u）もいる。

A 稲束と灰

灰が黒島と西表島の交易の最重要品目だった。黒島の保里集落では、母屋から離れた炊事棟の中に灰が山積みにしてあった（黒2r）。かまどの後ろの一画が別の部屋のようにしつらえてあって、やや湿り気を帯びた灰が積まれていた（西1F）。

黒島には薪をとるような森林がないので、炊事には木以外のものを燃やした（西1F。したがって、『琉球の民俗資料第一集』に「黒島の木灰」とあるのは不正確である）。木を燃やした灰なら西表にもあるが、それでは稲の肥料として効果が低い（西1F）。

それでは何の灰であったか。この点で、黒島へ行った経験のない西表島の話者は、「小豆や大豆の蔓」（西1e）といったり「豆やサツマイモの蔓と麦ワラ」（西2C）という。しかし、実際に黒島へ物々交換に行った経験のある話者によれば、西表島の農民が求めていたものは《しトゥチヌパイ》、つまりまだ枯れきっていないソテツの葉を燃やした灰であった。黒島のソテツの灰は稲の《クイ》（肥料）として強い効きめがあった。水田に撒くとはじめは効果が見えないが、穂が出てから違いがでた。《シぴダマイ》（しいな）が減るのである。実際にはススキを主とした他の灰も混じるが、西表側からみるとそれは黒島側の策略であった。物々交換の現場で、西表側が「ススキの灰で相当水増ししてある」と文句をつけるのに対して、黒島側が「ソテツだけだ」と言い争う場面も見られた（以上、西1F）。

以下は、話者のなかでただひとり黒島への物々交換に出かけたことのある西1F氏が語る交易の状況である。彼は、一七、八歳のころに近所の大人に連れられて一〇度ばかり黒島へ行った。西表から黒島へ行く季節は、海が凪ぐ四、五月の《ウルちム》（陽春）のころが多かった。しかし、一二月の田植えの前に行く人もあれば、六、七月の農閑期にもらっておく人もあった。灰を入手するため一年に三度も黒島に行く人があった（黒島側としても、一年分のかまどの灰を貯蔵する場所はなかっただろう）。大人とまだ充分漕ぐことができない若者との二人でくり舟を漕いで、早朝に発てば西表島の北側を通って午後三時には黒島に着く。風向きがよければ帆もかけた。南まわりは、潮の流れが速いので避ける。黒島には一泊から三泊ぐらいするのが普通だった。一人前に漕ぐこともできない若者である西1F氏をよく連れていってくれたのは、今にして思えば、客にふるまわれる黒島名産の粟の酒（泡盛。ふつうは米でつくる）の飲み代が増える楽しみのためだったのかもしれない。酒を飲まない若者は、もっぱら粟の飯とサツマイモを食べさせられた。灰は桝がわりの箱で量った。三升入りくらいの箱だったと思うが、正確な記憶ではない。受け取った灰は、西表島で籾を発芽させるのに使う《ターラグ》（チガヤ製の上が開いた俵状の容器）を容器にして、くり舟に積んで持ち帰った。ススキの葉を敷いてから灰を入れれば、漏れたり風で飛んだりすることはなかった（西1F）。

黒島に来る西表島の男たちは、「灰を売ってください」と言って各家を訪ねてきた。これに対して黒島側が灰をただで渡すと、そのお礼に稲束をくれたものだった（黒2r。この発言は、話者の少女時代の記憶であるが、灰と稲束を贈りものとしてやりとりするのが一般的であったかのように語られている。しかし、西1F氏が記憶するように、交換の前に計量したり、灰の品質について口論したりしていたことから、灰と稲束のやりとりは贈与ではなく、交易としての物々交換が中心だったと考えるべきであろう）。

灰と稲束の物々交換のために黒島から西表島に行った経験のある話者には会うことができなかった。逆に、黒島から西表島に来た人を記憶している西表島の話者は少なくない。毎年一度は、五、六人が乗り組んだ大型の天馬船が黒島から千立と祖納へ来た（西2C）。二斗ばかり入る、西表島のものより大きい《ターラグ》に灰を詰めて満載していた。時期は稲刈りのあとの海が凪ぐころだった（西1F）。黒島で灰を先渡ししておいて、あとから西表島西部まで稲束を受け取りに来ることもあった（西2B）。黒島からわざわざ来るのは「灰が売れ残った」ときだった（西1F）ともいう。灰と交換に《プーマイ》（穂のままの米）を渡した（西2C）。西表島の男たちが黒島へ行った目的のひとつが酒をごちそうになることだったのと同じように、黒島人の西表島での最大の楽しみは、米の飯をただでたらふく食べることだった（西1F）。

灰と稲束の交換率（barter rate）については、正確な記憶を持つ話者が少ない。そのなかで、千立の西2C氏の証言は貴重である。彼の義父は千立に来た黒島の船から、灰がおよそ二斗ずつ入った《ターラグ》一五俵を受け取り、それに対して一五《マルシ》（四五〇束）の稲束を渡した。結局、西表島で物々交換するときは、《ターラグ》一俵の灰と稲束一《マルシ》が一対一で交換されたのだろう（西2C）という。しかし、稲束を手製の天秤で計ることもあった（西1F）。これは、一《マルシ》の標準は白米三升であったが、品種・豊凶・刈り手によって変動がありえた（安渓一九七八）からであろう。

交易を終えて帰る黒島の船は、稲束を一五〇《マルシ》（四五〇〇束）も積むことがあった。西表島の《マチキブニ》（松のくり舟）ならせいぜい一〇〜二四《マルシ》しか積めないのだから、その大きさがわかる（西2C）。保里の黒2r氏の家の後ろには、家ほどの大きさの《アージラ》（粟の束を積んだもの）の傍らに小さな《マイジラ》（稲束を積んだもの）があった（黒2r。このように、黒島が灰の物々交換で得ていた稲束は無視できない量であった）。

西表島の側が物々交換で入手した灰は、田植え前の田に入れて牛に踏ませた（西1F。踏耕の方法については、安渓一九七八を参照）。浦内《うらうち》川流域のミナピシ（西2C）や、祖納集落の南のミダラなどの浅い、地味のやせた田を中心に黒島の灰を入れた。とくに水不足で割れた田は、灰を入れなければ収穫は望めなかった（西1F）。また、田植え後の風のない日に手で撒くこともあった（西2C）。

西表島の一軒の農家が、黒島から入手して水田に入れる灰の量は、二斗入りの《ターラグ》に一〇～二〇俵だった（西2C）。水田一反につき四、五俵程度（すなわち八斗から一石ほど）の灰を入れたものだった（西1F）。西2C氏の記憶では、彼の義父が大きな《ターラグ》に一五俵の灰を入手した年、義父が耕作していた水田の面積は全部で一町ほどだった（西2C。つまり、一反につき灰はわずか一俵半ほどだったことになる）。

当時一反の田の収量は前述のように平年でせいぜい七～八斗、つまり二三～二七《マルシ》程度だった（本書七八頁参照）。そのうち二割近い四～五《マルシ》も黒島の灰の入手にあてたとは考えにくい。おそらく、すべての田に撒いたのではなく、地味のやせた特定の水田にだけ集中的に撒いたのであろう。在来稲が主流だった当時は、田を分散して持ち、それぞれの立地に適した品種を多数栽培して凶作が個人に集中しないようにしていたからである（本書八八頁参照）。

また、西表島の一軒につき一〇～二〇俵の灰ということは、一〇～二〇《マルシ》の稲束が提供されていたことになる。西2C氏が目撃した、黒島に帰る船が一五〇《マルシ》ほどの稲束を積んでいたということは、黒島から乗り組んできた五、六人が一〇軒前後の西表島の農家と物々交換した結果であったと推定できよう。

稲束と灰の物々交換の参加者は誰だったのか。集落間・個人間の交易による結びつきの実態はどのようなものだったのだろうか。西表島祖納に交易に来たのは、もっぱら黒島からだった。同じ《ヌングン島》でも、たとえば竹富島からは来なかった（西1e・西1F・西1K・西2C。『沖縄の民俗資料　第一集』で「竹富島から来た」と語ったとされる西1K氏も含めてこの点で西表島の話者の証言は一致している。したがって、右記の資料中の竹富島からも交易に来たという部分は誤りである可能性が高い）。竹富島の明治三三年生まれの話者にうかがっても、竹富島の農民は西表島の東部に多くの水田を持っていたから、わざわざ西表島西部まで行くことはなかっただろうとのことであった。ただし、干立の西2o氏によると西表島の稲籾と鳩間島の海産物の物々交換はあったという（後述）。

黒島からは祖納にも干立にも来るが、祖納の人がよく黒島へ出かけたのに対し、干立から黒島に物々交換に行くことはなかった（西2C）。八重山では黒島の住人を《フシマガラシ》（黒島カラス）というあだ名で呼ぶことがある。これは、知り合いになると、始終やってきて尻の穴まで食い荒らされる、油断もすきもない、という意味だ（西1F）という。しかし、西表島西部では、黒島の人々は竹富島や小浜島の人のように弁舌さわやかではないものの、正直で人情が深く、他の島の住人よりも縁が深いと感じられていた（西1F・西1K）。結局、交易を続けるためには、互いに仲よくしたほうがよく、《フシマガラシ》という定評も気にしなかった（西1F）ともいう。

黒島がなぜ海路四〇キロあまりを隔てた西表島西部と交易したかについて、西表島の東部には大きな集落がなかったことを、干立の西2B氏は理由に挙げた。実際の物々交換にかかわった家どうしの関係を調べてみると、さらに別の要因もあったことがわかる。それは、西表島西部方言で《ウトゥザ》あるいは《ウトゥザマリ》という親戚関係である。以下に述べるように、この親戚関係は《ブザ》（平民）と《ユカリぴトゥ》（系持ち、のちの士族）の間を結ぶものであった。

灰と稲束を物々交換した相手集落として、祖納・干立では保里が挙げられる（西1F・西2o）。干立の西2B氏は、物々交換した相手を、保里の家三軒、東筋の家一軒挙げた。黒島最大の集落であった宮里《みやざと》（方言でメシトゥ）との付き合いはなかった（西1F）。物々交換はすべての住民がするものではなかった。たとえば干立では《ユカリぴトゥ》を主とする約一〇戸で、全戸数の半数以下にとどまっていた（西2C）。

西表の干立・祖納と黒島の保里の間には強い血のつながりがあった（西2o・黒2r）。西2C氏から三代前に干立の《ユカリぴトゥ》が役人として黒島に赴任し、当時の習慣にしたがって（西表島西部方言で《マカニャー》という）《ブザ》

の現地妻をめとった。この役人は西表島に帰ったのち、本妻に子どもがないので、黒島から息子三人、娘三人の《グンボーフぁー》（《ユカリぴトゥ》が《ブザ》の女に生ませた子ども）を連れ戻した。子どもたちはそれぞれ跡を継がせたり、干立集落内で嫁にやったりした（西2C）。黒島の側では、子どもを無理やり奪い取られた苦しみを今も語り継いでいる（黒2r）。祖納・干立の《ユカリぴトゥ》は、《ブザ》がほとんどの保里などの人に昔はいばっていたものだ（西2C）。黒島から西表島に来たのも、もともとは、《グンボーフぁー》のつながりを頼ってのことだった（西2C・西2o）。こうした身分差別がなくなったのは、大正八（一九一九）年ごろになってからのことだった（西1F）。

西表島西南部にあり、一九七一年に廃村となった網取集落は他の島との交易関係をもたなかったが、戦後に人の動きが多くなり、黒島から嫁入りがあったのをきっかけに交流を持ち、物々交換を始めた（西3L）。

稲束と灰の物々交換に関与するのは男が中心だった。祖納の西1e氏は、夫が物々交換をするのは見たが、自分は関与しなかった（西1e）。黒島から独身の娘を含む女たちが来ることもよくあったが、結婚に結びついた例はない。親戚以外でも、《ドゥシ》といわれる親友どうしの付き合いから贈り物をしあったり、物々交換したりする関係はできていった。《ドゥシ》がよく行き来して付き合いが深くなると、《ウトゥザマリ》と呼びあうこともあった（西1F）。

B　稲束・白米と麦・豆・海藻

灰のほかに、黒島から西表島にはムギ（主として大麦）、リョクトウ、ササゲなどの畑作物と、両島の方言で《アーサ》（標準和名ヒトエグサ）という海藻（西1e・西1K・西2C・黒2r）、他に黒島の主作物であるアワが交易された（西1F）ともいうが、記憶にない人が多い。『沖縄の民俗資料　第一集』に黒島から大豆がもたらされたとあるが、その事実はなかったようである。(1) これらは稲束と物々交換することもあったし（西2C・黒2r）、白米を渡すこともあった（西

1F・西2B)。灰は必ず稲束と交換したが、その他の品物は白米でも稲束でもよかった(西2B)。ただし、《アーサ》は白米と交換するのが普通だった(西2o)。精白にかかる手間は大きく、三《マルシ》の稲束を精白して約九升の白米を得るのに、女一人では六時間もかかった(第1章)。したがって、大量の物々交換の際に白米を与えることは実際にはむずかしかったと思われる。

黒島・保里の女性黒2r氏が一五、六歳のころに西表島西部へ物々交換の旅について行ったときの体験談を記しておこう。天馬船に一〇名ばかり乗り込んで黒島を発った。そのうち女は二人だった。船には麦俵を積んでいった。黒2r氏の持ち分は三斗入りの麦俵二つだった。追い風でないときは途中で一泊しなければならず大変だが、幸いこのときは風に恵まれた。祖納では交換に稲を穂のままもらった。《ぴキ》(天秤)にかけて、米何斗分といって計ってくれた。比率は麦と米と一対一だったと思う。稲束を頭に載せて慣れない坂道を歩き、船の積み込みにこきつかわれ、期待していた炭坑の見学もできなかった。祖納に三、四泊したが、干立の親戚の家にも行ってお茶を飲んだ(黒2r)。

《アーサ》(海藻)は汁の実として喜ばれたから、黒島のアーサが来たと聞くと、逃さないように急いだものだ(西2o)。《アーサ》は白米と交換し、比率は一升桝を使った一対一であった。ただし、乾燥したアーサは桝の上に盛り上げ、白米は《トーカキ》(斗掻き棒)でならさずに、心持ち盛り上げて量った(西2o)。

西表島側の記憶では、《ムン》(ムギ)だけを単品で持ってくることは少なく、リョクトウと組み合わせで入手することが多かった。黒島から入手したムギと豆は、もっぱら醤油を作るために使われた。味噌は米でできたが、麦を作らない西表島西部の人々は醤油の原料を黒島に頼っていたのである(西1K。したがって、西表島が麦や豆を灰ほど大量には必要としなかったことも理解できる)。

ムギや豆との交換の比率は体積比で一対一だったらしいという話者はいるが(黒2r・西1F)、正確に記憶している人はいない。干立では、たとえば黒島のムギ五升とリョクトウ一斗、それにササゲを三合から五合というような組み合わせでもらう年が多かった（西2C）。お返しは、ムギ五升には《しツ》（土産）としてイネを一〜二《マルシ》、リョクトウ一斗には三《マルシ》ぐらいを渡した。ササゲはごくわずかだから、とくにお返しとしては何も渡さなかったと思う（西2C）。これを仮に物々交換の交換率と見なすと、麦と豆類をあわせた量一斗五升あまりに対して、四〜五《マルシ》の稲束、つまり白米に換算して一斗二升〜一斗五升を渡したことになる。ほぼ体積比一対一だったといえるかもしれない。しかし、話者が「《しツ》として」と言っていることから、実際には贈与の交換であった可能性が高い）。

黒島から西表島に物々交換に行ったら、ムギや豆をまるで《ウハチ》（初穂）をあげるようにまず親戚の各戸に配るものだった（黒2r）。これをもらう側も、《しツ》（土産）として持ってきたものには、だいたいそれに見合う白米をやはり土産として返し、交換はこれとは別におこなった（西2B）。親戚なら他人よりも多めに与えるのは当然だった（西2N）。

物々交換にともなう贈与の対象は食べ物だけにとどまらなかった。祖納の西1J氏の父親が黒島に物々交換に行く際に土産として携えたものは、糯《もち》稲の藁であった。糯稲の藁はしなやかで藁細工を作るのに適しており、黒島の豊年祭の船漕ぎ競争の折に海中を走るのに必要な草鞋《わらじ》を編むためのものであった（西1J）。

C　魚　貝　類

一九三三、四年ごろまでは、西表島の祖納には、黒島から泊まりこみで漁にくることがよくあった（西1F）。夏になると、青年たちが一〇名ばかり連れだってやってきて、浜に近い家を借り、魚を採った（西1K）。黒島の保里集落の青年が多かった（西1F）というが、保里の黒2r氏は祖納へ泊まりこみで行って漁をする人がいたことを記憶していない。祖納の西1e氏はこの青年たちと友人になり、一束二束と稲束の重さを計っては魚と物々交換した（西1e）。また、彼らは小魚をとって一斤三銭で売っていた。それでこの魚のことを《フシマヌサンシンイユ》（黒島の三銭魚）と呼んだ（西1F・西1g）。

黒島の漁師といっしょに食事の支度のために若い女たちも来ていた。彼らが泊まっている祖納の家に西表島の青年たちが遊びにゆき、夜ごとにサンシン（三線）を弾いてそれぞれの島の歌を教えあったりもした（西1K）。物々交換のために西表島に泊まるときも同様であった（黒2r）。

三　黒島・西表島以外の物々交換

A　黒島と他の地域

黒島の東筋集落の農家は、北海岸の専業的漁民の集落・伊古と毎日物々交換をしていた。東筋の女は早朝から伊古へ交換に出かけた。サツマイモを入れた篭を頭に載せた女たちは、それぞれ数軒をまわって魚を入手していた。貝と換えることもあった。夕方になると、今度は伊古のほうから女が篭を頭に載せて魚を売りにきた。八重山の言葉ではなく、出身地の糸満の言葉で《イユーコンツォラーニー》（魚を買ってください）と呼ばわりながら来た。魚が多いときは、男二人が棒に篭を下げて売りに来ることもあった。この物々交換があったから、漁をしなくても東筋では毎日魚を食べることができた。イモ畑は物々交換にまわす分も考えて余分につくったものだ（以上、黒1t）。

東筋集落では西表島とのつながりはむしろ希薄で、南側の新城島との物々交換がさかんだった。他の島とも付き合いはしたが、新城島には親戚が多いのでたくさんの人が交換に来た（黒1t）。この物々交換関係は明治のころからあった。保里集落へも新城島から交換に来た（黒2r）。昭和のはじめごろには新城島から頻繁に稲の束を持ってきて、東筋の泡盛や味噌や醤油と交換していった。一度に持ってくる束の数はわずか四、五束だった。親戚には交換の比率を多めにして渡すことが多かった（黒1t）。

また、新城島の人が一斗でも二斗でも米を持って毎日のように保里集落にやってきて泡盛と換えていった。彼らはたいへんな酒のみだった。しょっちゅう手ぶらで来てサツマイモを無心していくような人もあったし、日に焼けた赤い髪と赤い顔でなんだか異様に思えた。こんな人を指して《パナリアカブザ》（新城島の文盲、土百姓）とあだ名した（黒2r）。

B　西表島と他の島

昭和のはじめごろ、西表島西部とすぐ北側の鳩間島の間でも物々交換があった。鳩間島には西表島に通って水田を作る人もいたが、鰹節用のカツオ漁の専業的漁民が多く、漁師が頻繁に干立に来たのである（西2o）。《アーサ》（海藻）と白米の物々交換の方法は、黒島が相手のときと同様だった。当時、西表島では《アーサ》などは《データカムン》（高価な物）だったが、米はいくらでもある《レティムヌ》（捨て物）と考えていた。ことに農繁期には海へ行く暇がないので、鳩間島からもってくるおかずは重宝だった。鳩間島から二人乗りの舟が着くと、大急ぎで白米や籾を持って交換した。《アーサ》以外の交易品は、鰹節工場からでるカツオの頭や、はらわたや卵の《カラス》（塩辛）、イカの墨入り塩辛であった。頭は生のことも、塩漬けのことも、乾燥させてあることもあったが、一軒で二〇個も求めてだしを取ったり、煮て稲刈りの折のおかずにしたりした。カツオの頭は現金で買うこともあった。鳩間島との交易は、戦後まもなくカツオ漁が下火になるまで続いたという。鳩間島の人は、親戚をあてに交易することはなく、誰の家とも物々交換していた(以上、西2o)。

この物々交換は、大正初期に鳩間島で鰹節製造業が開始されて以降の、新しい習慣であろう(喜舎場 一九五四参照)。米が「いくらでもある物」と意識されるようになったのも、昭和のはじめに稲の新品種が導入されて収量が三倍近くになった(本書七九頁)あとのことに違いない。

四 物々交換の衰退と二島間交易の終結

A 稲束と灰の場合

灰を中心に黒島の農産物や海産物を西表島の稲束や白米と物々交換する習慣は、戦後は見られなかった。それでは最終的な消滅の時期はいつだったのだろうか。また、この交易方法が衰えた理由は何だったのだろうか。

祖納の西1F氏によれば、昭和五(一九三〇)年ごろに稲束と灰の交換はなくなったという。西1K氏が小学校を卒業した昭和四(一九二九)年にはまだおこなわれていた。他の話者の記憶でも、だいたいこのあたりで黒島から灰を持ってくる習慣は絶えたようである。一方、黒島の東筋集落の黒1S氏は、西表島から黒島に灰を取りに来なくなったのが、大正七、八(一九一八、九)年のことだっただろうという。西1F氏が実際に祖納から黒島へ物々交換の旅に同行した最後が一八歳のとき(大正一二年、一九二三年)だったから、少なくとも大正末年ごろまでは行くこともあったのであろう。稲束と灰の物々交換は、しだいに西表島側の参加人数が減り、昭和に入って黒島からの訪問も途絶えるにいたったのであった。

灰の交易が下火になったのは、一つには大正半ばから過燐酸石灰という化学肥料が出回り始めたせいであった。はじめのうちはそれほど使われなかったが、西表島では昭和に入って黒島からの灰に置き換わっていった。この動きは、大正末から昭和にかけて導入が進んだ蓬莱米が、それまでの在来稲とは比較にならないほど高い施肥反応性を持つ品種群であり（渡部　一九八四a）、化学肥料の使用を前提として普及された（本書八一頁）ことと対応している。西表島で蓬莱米の普及がほぼ完了するのが、昭和六（一九三一）年ごろである。新品種の普及による稲作体系の変化が、灰の交易を不用にしたのであった。また、穀粒がこぼれやすい新品種・台中六五号が昭和四年以降普及しはじめると、それまでのような稲束での保存はできなくなり、交易や労働の支払いに籾が用いられるようになった。

麦や豆の物々交換も、店で醤油が買えるようになると自家製の醤油とともに消えていった。西表島西部では、炭坑の売店で外来の食品を購入する習慣が大正時代を通じてしだいに広がっていき、自給自足体制はほころびはじめていたのである。西表島の話者には、黒島の《アーサ》が現金で売れるようになったから、もう黒島から物々交換に来なくなったのだという意見の人もあった。しかし、西表島と鳩間島の間には戦後まで《アーサ》の交換が続いていたのだから、この説明は不充分である。稲束と灰の物々交換が衰退するとともに、遠い西表島西部まで来る必然性が薄れていったと理解するのが適切であろう。

組織的な物々交換は消滅しても、物々交換で培われた人間関係までが消え去ったのではなかった。祖納の西1K氏によると、戦争が始まるまで、折につけ黒島の人が西表島西部にしばしば来たものであった。

蓬莱米の普及によって、八重山の稲ははじめて移出作物となる（喜舎場　一九五四）。その結果商人による籾の青田買いが起き、西表島の多くの農民がこれに苦しむようになった（西1F）。現金使用がひろまったことが、物々交換が衰退する直接的な原因ではなかった点は、物々交換と現金使用の関係を考えるにあたって注目しておいてよい。

B 戦中・戦後の状況

間遠になった二つの島の交易に決定的な打撃を与えたのは、戦時の経済統制であった。干立の西2B氏によると、黒島から物々交換にやってきた公職にある有力者二人が西表島西部で逮捕される事件があった。手に入れた稲籾を積んで舟を出してまもなく、折あしく憲兵の乗った舟とすれちがい、籾は没収のうえ籾を与えた農民ともども強制労働の罰を受けたのであった。

他の島と交易すべきものが減ったあとも、稲作をおこなわない黒島の住人が米が欲しいことに変わりはなかった。干立出身の西2H氏によると、戦後しばらくは収穫の時期がくるごとに、黒島の人が西表島西部の稲刈りを手伝い、最後に籾をもらって帰る姿が見られた。東筋では、戦前から小浜島で稲作の手伝いをする人はいたが、戦後はとくに小浜島へ稲刈りの加勢に行くことが多くなった（黒1Q）。

戦争中と敗戦直後は、再び物々交換がさかんになった。戦争中、低島の人々は西表島へ強制疎開させられた。黒島は、西表島東部のカサ崎という所に避難小屋を作ったが、煙草を持って行って、古見《こみ》や大原集落の人に籾を物々交換してもらった（黒1S）。保里集落では、戦後、サツマイモの蒸留酒を密造して小浜島や西表島西部までも売り歩き、籾と交換した（黒2u）。

戦後二、三年間、与那国島が台湾、香港との貿易の一大基地となった（石原 一九八二）のと時を同じくして、黒島では、台湾に干しナマコを出し、かわりに砂糖を受けとるという物々交換があった（黒2u）。ダイナマイトを使った漁が頻繁におこなわれたが、冬に大量の《ミジュン》（イワシ類）を採った黒島の漁師が西表島西部に来て籾と物々交換していくこともあった（西2N）食べ物が豊富な西表島でも、田畑をもたない外来者が食うに困って、着物をサツマイモと物々交換する光景が見られた（西2a）。医者の支払いなども米ですることが多かった。新薬の注射一本が白米三斗もした例がある（西1F）。

米で店の物を買う習慣は、西表島では昭和三〇（一九五五）年ころまで続いていた。当時小学校六年生だった西1P（石垣金星）氏は、毎週一回約五升の白米を背負わされて、一里あまりの山道を越えて白浜《しらはま》集落の店に行き、ソウメンや砂糖などと交換してもらった（西1P）。おそらくこのあたりが、西表島で定期的におこなわれた最後の物々交換だったと思われる。

五　考　察

A　交易の生態的基盤

伝統的に《タングン島》《ヌングン島》と呼びわけられた、高島の西表島と低島の黒島の間で、昭和はじめまでさかんに物々交換がおこなわれていた。高島の水田稲作と低島の畑作という差異に基づき、それぞれの島の特産物が交易された。

もっとも多量に交換されたのは稲束と灰である。黒島の灰は西表島の水田、とくに浅くてやせた水田の肥料として有効であった。黒島の灰を入れると不稔の実が減ったというから、花と種実の充実に貢献するカリ肥料が中心だっただろうと推定される。しかし、カリウム分ならば、西表島の木灰にも充分含まれているはずだ。わざわざ黒島から灰を求め、しかもできるならソテツの葉の灰を望んだのはなぜだろうか。

結論を先に言うと、カリウム分とともに、第三紀砂岩層が大半を占める西表島の土壌に不足がちなカルシウム分の補給が重要だった可能性が高い。カルシウムは、カリウムの吸収と植物体内の移動を助ける役割を果たすことが知られている。全島が隆起サンゴ礁でできた黒島の土壌およびそこに生える植物は、西表島のそれよりもはるかに多くの無機成分を含んでいる。ことにソテツは石灰岩が露出したやせ地に好んで生えるので、その植物体の中にはとくにカルシウム分が多く含まれていることは想像にかたくない。その他の微量成分がソテツの葉に含まれている可能性もあるが、これはいまのところ憶測の域を出ない。海の静かな季節が交易に選ばれた。灰は、西表島の稲束の蓄えが乏しい田植え前に必要であるから、黒島側は灰を貸しておき、収穫後に改めて西表島に稲束を受け取りに来ることが多かった。こうして、交易にはっきりした季節性があったことと、灰の前貸しという習慣があったことが理解できる。

また、同じく低島であっても、高島に通って稲作をする島（新城島）とそれをしない島（黒島）の間には、稲束または米を介した物々交換関係が成立しえた。一つの島の内部でも、農村と漁村の間では、サツマイモと魚が毎日物々交換された例がある（東筋と伊古）。つまり、生活環境が違う集団が隣りあっているからといって、無条件に交易が成立するわけではなく、生活環境が同じでも、異なる生活の技術を背景とした交易は成立しうる。

B　西表島と黒島の物々交換の歴史

西表島でも黒島でも物々交換の起源についての伝承は得られなかったし、黒島の灰が西表島の水田の肥料として有効であるという発見の経緯についても何も語られなかった。

西表島と黒島との物々交換を物語る最古の歴史資料は、一四七七年、朝鮮李朝の『成宗大王実録』の記録である（末松　一九五八）。貢納のミカンを積んだ済洲島民が難破して与那国島沖まで漂流する。金非衣ら三名が救助され、島伝いに送られる。西表島・宮古島・沖縄島・長崎などを経由して帰国するが、島々の産物と生活についての記述は具体的で貴重である。彼らは、与那国島と西表島西部で稲と粟が栽培され、波照間島、新城島、黒島では麦（主としてオオムギ）と粟と黍（キビかモロコシ）が栽培されているのを観察した[(2)]。これは、一七世紀に入って、サツマイモの栽培が広まる点と、西表島でもわずかなキビおよびモロコシを作っていた点を除けば、本章で扱った明治末から大正にかけての西表島と黒島の主要作物の構成と基本的に同じである。そして、波照間島、新城島、黒島は、所乃島（西表島）と稲米を貿易すると述べている。低島と高島の間の農耕文化の差に基づく交易活動がこのころすでに見られたのである[(3)]（末松　一九五八）。

一五世紀後半の八重山に存在した、西表島を中心とする米の交易圏（生田　一九八四）は、新城島が西表島東部への通い耕作を始め、波照間島で天水田による稲作が開始されるにいたって著しく縮小し、ほとんど黒島のみがこの古い慣行を保ちつづけた。このような八重山の低島の住人によるかなり無理をした稲作は、米の上納と関連して人頭税時代に入って開始されたものであろうと思われる。

低島の灰が西表島の水田のよい肥料になることは、新城島や竹富島の住人が西表島東部に通って水田を作るようになってから気づいた事実であろう。だから、低島から高島への通い耕作がない一五世紀後半には、黒島の灰の交易はまだおこなわれていなかったと推定される。一五世紀の西表島が米（あるいは稲束）と交換に周囲の低島から何を受け取っていたか、漂流記には書かれてはいない。しかし、まだ灰の交易がないとすると、低島の特産品である麦が西表島との交易品に入っていなかったとは考えにくい。海藻類がもたらされていたかどうかは不明であるが、稲束と麦や豆の物々交換が一五世紀にはすでにおこなわれていたと考えてよいであろう。

西表島の祖納・干立と黒島とは海路四〇キロあまり隔たっている。はるかに近い西表島東部にも水田はあったのに、明治末から昭和のはじめにかけてわざわざ西部に出向いていた。その理由として、西表島の話者は、東部に大きな集落がなかったことを挙げた。東部の集落は、人口減少のため明治末から大正はじめにかけて大半が廃村となっていた（大浜 一九七一、安渓 一九七七）。しかし、一七世紀には東部の古見は、八重山でも有数の大集落であった。

明和八年（一七七一）、大津波が八重山と宮古を襲う。八重山では、人口のほぼ三分の一にあたる九〇〇〇人強が死亡する（牧野 一九八一）。西表島東部も壊滅的打撃を受け、その後のたびかさなる流行病と地域の納入額を一律にするという人頭税の重圧によって、人口は明治にいたるまで回復しない（大浜 一九七一）。明治・大正時代に黒島が西表島の東部と交易した形跡がないのは、島の東部が衰退し、西部に西表島の中心が移った（安渓 一九八六c）ことと結びついていたのである。しかし、人頭税の開始（一六三七年）から明和の大津波にいたる約一世紀半の間には、黒島と西表島東部で稲束をめぐる交易があったと推定される。(4)

済州島民らが漂流記を残した一五世紀後半には、黒島が西表島の東部とは交易せず、西部との交流のみをもっていた可能性もあると考えられる。その手がかりは、金非衣らが島伝いに送られた径路にある。彼らは与那国島から西表島西部に送られ、そこからもっとも簡単に行ける西表島東部へではなく、はるか南の波照間島へ送られ、新城島・黒島を経て、石垣島は経由せずに、多良間島などを経由して宮古島へ送られた（末松 一九五八）。当時、八重山の島嶼間には、宮古を通して支配を及ぼそうとする首里王朝に対抗する勢力と受け入れる勢力の対立があった。金非衣らは、親宮古・首里勢力下の島々を通って護送されたからこそ朝鮮まで帰りつけたのではなかったか。一五世紀後半の八重山の島嶼間の物々交換のネットワークは、伊波普猷（一九二七）も指摘したとおり、こうした政治的状況によっても左右されたと考えられる。(6)

C　社会関係・贈与・交換率

黒島の島内の物々交換が女に支えられていたのとは対照的に、黒島・西表島間では参加者の大半は男だった。この交易活動は親戚関係と友人関係の上に成り立つ場合が多かったが、その親戚関係は、人頭税制下の役人とその現地妻という、差別的・半強制的な結びつきに端を発していた。したがって、その後続いた物々交換関係もまったく平等で互恵的なものだったという保証はない。こう考えると、黒島から干立集落へは頻繁に来るのに、その逆がなかったことも理解できよう。もっとも、人頭税時代以来の八重山の士族と平民の関係については、今後の研究によって明らかにしなければならない点が多いことを付け加えておく。

現在記憶されている範囲では、物々交換しあう関係から結婚に発展した例はなく、網取のようにその逆が戦後に起こった例もある。結婚した例はなくとも、物々交換によって結ばれた人間関係は、芸能やその他の産物の交流もともなっていた。物々交換によって強まった友人関係は、擬制的な《ウトゥザマリ》（親戚）呼ばわりに結びつくこともあった。八重山では、集落ごとに、あるいは島ごとに互いをけなしあうあだ名が発達している（喜舎場　一九七七）。物々交換をしあう島どうしも例外ではなかった。しかし、たとえ悪口を言い合っても、相互の信頼関係がなければ、貸し借りを含む交易活動が長続きするはずはなかった。

同一の相手に対して、贈与には贈与を返し、物々交換には物々交換で応えたことから、この二つのやりとりがきちんと区別されていたことがわかる。量的に交易の大半を占めた灰は贈与の対象にならなかったらしく、取引の場で灰の品質をめぐって論争が起きたことが記憶されている。等価性が常に問われる物々交換と、値踏みを禁止する贈与の区別は、おおむね明確であったと考えてよい。いずれにせよ、贈与の交換、および来島者への特産物による饗応は、経済的に重要な交易活動を円滑にする機能があったが、人によってはふるまい酒が目当ての「楽しみとしての交易」の域に達していた場合もあった。

畑作物と米の交換率は、体積比で一対一であった。灰に対しては、脱穀しない稲束を重量を計って与えた。灰の場合は、稲の伝統的単位である《マルシ》（三〇束）に対して、俵一つ分の灰をやはり一対一に交換したのである。つまり、交換率は固定されており、駆け引きの入る余地はほとんどなかったといえよう。当時は、灰で稲束を手に入れた黒島の人間は得をしたと思う、と語る西表島の話者（西1K）がいる。しかし、これは、米や肥料が現金で買えるようになった現時点から歴史を見下ろす発言で、当時、地味のやせた水田を持つ西表島の農民にとって、黒島の灰はかけがえのないものだったかもしれないのである。

相手との血縁の濃さによって交換率を変えていたようにいう話者がいるが、「普通より多く持たせて帰す」という表現自体、ある標準的な交換率の自覚が常にあったことを示すものである。つまり、通常の交換率で物々交換する品物とは別に、贈り物としてなにがしかの余分を与えたのであろうと考えられる。小豆やササゲのように、ごく少量でもたらされたものは、もっぱら贈り物用だったと考えるのが自然である。

灰の俵の大きさがどのように決定されたか、その大きさに変動がなかったかといった等価性にかかわる問題は不明のまま残された。

D　貨幣としての稲束

西表島の側でよく聞かれた表現に「黒島へ灰を買いにいく」といういいまわしがある。第二節の冒頭に引用した『沖縄の民俗資料　第一集』にも「買いにでかけていた」と表現されている。黒島の現場でも「灰を売ってください」ということがあった。逆に灰を持ってきた黒島側が「稲束を（灰で）売ってください」ということはなかったらしい。また、黒島からは、いろいろな品物がもたらされるのに、西表島側が与える物は、常に稲束または米であった。このように稲束を持つ者と灰を持つ者の立場は同一ではなかった。

先に灰をもらい、稲の収穫後に稲束で借りを返す物々交換はあったのに、その逆は知られていない。この違いを、収穫時期が限られているからという生態的側面だけで理解するのは、やや早計であろう。稲束を持つ者は灰を借りることができ、灰を持つ者は稲束を借りることができなかった、あるいは稲束には借りを返す能力があるのに、灰にはそれがなかったと理解することもできるからである。

このように考えると、黒島との交易における西表島の稲束を貨幣（「原始貨幣」、限定目的貨幣）として扱うことができるのに気づく。稲束は、《マルシ》という単位を持ち、灰や麦をはじめとするほとんどすべての品物と優先的に交換され、唯一借りを返す力を持ち、何年にもわたって貯蔵され、大きく積んだ稲叢は富の象徴であった。すなわち、貨幣の性質である交換の媒体、交換の基準、後払いの手段、価値の保蔵の機能を稲の束は備えていたことになる。白米のほうが、明確な単位（升）を持っており、大正時代には《マルシ》の換算にも使われたが、物々交換の現場では米よりも稲束が多用された。また、湿潤な気候のもとでの価値の保蔵の機能は稲束がまさっていた。玄米を貢納の基準に用いた人頭税制度のもとで、外部の経済との接触の度合いが強いほど、稲束よりも米が使われる傾向があったのかもしれない。

EINZIG（1966）はその著書で“Rice Money in Japan”について一章を割き、第二次世界大戦以前まで、日本の中央から遠く離れた村々で、村内では米が貨幣としての役割を果たし、村外の支払いにはじめて現金を用いたと指摘している。昭和のはじめまで現金を使うことが少なかった八重山の島々も例外ではなかった。ただし、黒島の人々は、西表島や新城島との物々交換で入手した稲束を貯えはしたが、それをさらに交易に用いることはなかったと思われる。

米は黒島にとって貴重ではあるが、あくまでも食物に過ぎなかった。この点で、二つの島の物々交換の場で稲束は貨幣ではあったが、西表島から黒島へ一方向にのみ流通するものであった(7)。

少々の現金が入りこんでも、稲束や米を貨幣として使う意識が容易に変化しなかったことを象徴する事例がある。明治時代の八重山では現金を使うことはめったになかったが、明治末には一升の玄米の価格が五銭に定められていた。人々は、五銭白銅貨を「一升銭」の意味でイッシュジンなどと呼んだ（琉球政府文化財保護委員会　一九七〇）。商品が貨幣単位で呼ばれることはあっても、貨幣が商品単位で呼ばれることはありそうにない。はじめて現金を見た八重山の民衆の心の中に「米こそが貨幣であり、新しく来た白銅貨は、米で買うことができる商品である」という意識が生じたと考えるのはうがち過ぎであろうか。

ある社会でもっとも広く、かつ強く求められる品物が、逆にもっとも大きな購買力を持ち、それが交易や市の展開にともなって貨幣となる。これは、メアリー・ダグラスが注目したカール・メンガーの貨幣起源論であるが(DOUGLAS, 1967, MENGER, 1892)、明治時代の八重山では、まさにメンガーのいう意味において、米や稲束が現金よりも強い購買力を持つ貨幣であった。

貨幣を手にした者は、交易においてより大きな選択の幅を享受することができる。黒島の住人は米を食べたいがためにかなりの努力をしてきた印象が強い。それに対して、黒島から物々交換に来ても干立からは行かないなど、西表島の側が尊大にかまえていたことが言葉の端々にうかがえた。これは、《ブザ》が多い黒島を見下した《ユカリぴトゥ》意識だけの問題ではなかったであろう。

本章で「稲束と灰の物々交換」と呼んできたものは、ここにいたって「稲束という限定目的貨幣を使用した灰の購入」だったということになるが、こう言いかえても生活誌としての交易活動の記述が豊かになるわけでも精密になるわけでもない。ただ、多様な交易品のうち、もっとも強く求められるものがあり、それを持つ者はあからさまな対立

(FOSTER, 1978参照)を引き起こさず相手に対してより強い立場に立てるという事実は注目に値する。どの品物が限定目的貨幣として使われているかを明らかにすれば、そうした社会関係の分析と地域間比較にとって有効な手段となりうるであろう。

E　中央アフリカとの対比と今後の課題

ソンゴーラの物々交換の特徴

コンゴ民主共和国のソンゴーラと自称する人々の間では、熱帯降雨林で焼畑農耕を営む人と川沿いで専業的漁撈を営む人の交易が見られる。品目はキャッサバ芋をはじめとする農産物と魚で、交易の頻度は毎週一、二回。物々交換専用の市がもたれる。生活必需品の物々交換を通じた、異なる生業形態を持つ集団間の相互依存は、生物種の共生にも似た関係をかたちづくっている。

異なる生活環境で異なる生業形態を持つ隣りあう集団間の物々交換は、八重山にも存在した。黒島の東筋の農民と伊古の漁民の物々交換関係は、漁民の主食を確保するための頻繁な交易という意味で、ソンゴーラの例と基本的に共通している。魚を現金で販売できるようになる前は、農業をおこなわない専業的漁民が生活していくためには、農耕民との共生的関係が不可欠であった。それに対して、西表島の稲作民と黒島の半畑作・半漁労民の間で見られた交易は季節的なものであり、その頻度はせいぜい年に数度であった。単に互いの集落を訪問しあうだけの八重山の方法と比べると、複数の集団の生活空間の接点に定期市を設けるソンゴーラの交易は、より整った制度として確立されているように思われる。

ソンゴーラの土地で、伝統的に物々交換市の制度が存続している理由は、植民地政府による現金使用の強制や物々交換市への弾圧に対抗する防御の機構を作りあげることができた点にある。具体的には、政府が作った現金を使う市とは離れた場所で、現金を原則として禁止する物々交換市を別に開催しつづけたのである。こうした対抗措置を可能にしたのは、裁判権を有する伝統的首長をひとつの頂点とする政治組織の存在であった。

八重山の場合は、首里王府による人頭税を納めるための低島の通い耕作が、島どうしの生活環境と農耕文化の違いに基づく交易を不用にした。また低島の灰にかわる化学肥料の導入などをきっかけに相互依存の体制は崩れ、やがて二つの島の交流関係も消滅した。

ソンゴーラの物々交換市にはほとんどの世帯から毎週一人は参加する。漁業と農業の担い手の違いを反映して、市は漁民の男と農耕民の女が出会う場にもなっている。このことは、農耕民から漁民への嫁入りが多く、その逆が少ないことと関係があるかもしれない。起源を異にする複数の集団が、このような相互依存の関係を通じて言語を同化してきた例は多く、熱帯アフリカの狩猟採集民であるピグミーが固有の言語を失ったのはこのためであろうと推定されている。文化的な同化現象にもかかわらず、依存しあっている交易相手とその生活様式について、「あんなにみじめな暮らしはない」などと漁民と農民が互いに陰口をたたきあうことは珍しくない。ソンゴーラの北東に住むムブティなどのピグミーが農耕民と保っている共生的関係（KAZADI, 1981, 市川　一九八二、安渓　一九八五ｂ）においても、こうした対立はよく知られている。

生業形態の違いや言語の壁を越えて通婚する中央アフリカの人々（TERASHIMA, 1987など）と異なり、八重山の場合は、役人が《マカニャー》を持ったことを除くと島を結ぶ婚姻関係はごく稀であった。そのため、集団間の融合は容易には起こらなかった。人の移動を妨げてきた大きな要因は、人頭税制度下での移住の禁止であった。このように、今日のソンゴーラの社会を形作るにあたって強力に働いた、共生的関係を通した言語と帰属意識の同化の力は、八重山では微弱であったように思われる。宮古・八重山で島ごとに大きく異なる方言が成立した背景には、三世紀近くにわたって人頭税制度が移住の自由を認めずに島々の交流を妨げ、《ユカリぴトゥ》と《ブザ》を対立させた政治的な力が働いていた。

ソンゴーラにおける交換率は、品目の組み合わせごとにほぼ定まっており、その日の需要と供給によって変動することがない。交換率は、品目ごとに単位を決め、それを一対一に交換しあうことで一定となる。魚のひと山など単位の大きさにかかわる駆け引きは存在するが、両者の経験が互角ならば、標準から大きく逸脱することがない。同じ一単位とされる交易品を生産するのに要する平均労働時間は品目ごとに大きく異なり、熱量で比較するとその差は一〇倍に及ぶものもある。八重山でも、交換率が固定制であったこと、品目がなんであれ一単位どうしを交換しあったことは、ソンゴーラと共通している。

ソンゴーラでは集落移転するため焼畑を持たず、頻繁に物々交換市を利用する漁民集落では、総摂取熱量の六割強がこの市に由来していた。物々交換と現金使用の均衡は、国内および国際的な経済の状況によっても影響される。八重山では、畑作をおこなわない糸満漁民のように、主食のほとんどを物々交換に依存した集落もあった。一方、灰と稲束の物々交換では、いずれの集落も基本的な食料は自給が可能であったので、専業漁民のように必須とはいえない。集落の全世帯がおこなったわけではないことも理解できる。物々交換の頻度の違いは、共生的な関係の強さとも結びついており、世界の物々交換経済の比較の基準のひとつとして使うことができると考えられる。

ソンゴーラの農耕民側は、多様な食品を少量ずつ取り合わせて贈り物にし、漁民からお返しに魚が贈られる。漁民にとっては、贈与で受け取る以外に入手しがたい食品も少なくない。全取引重量の八割を占めるキャッサバ芋は、普通は贈与の対象にならない。贈与交換や事前に契約した取引を黙認すると、参加者の平等な物々交換を損なう恐れがあるとして市の監督が介入する場合がある。また、親戚・友人・他人という人間関係の親疎と贈与・物々交換・現金使用というやりとりの区別とは直接的に対応はしないが、深く結びついている。交易以外で市にくる人もあり、その目的は友人・異性との出会いやヤシ酒を飲むことである（安渓貴子　一九八七b）。

西表と黒島の物々交換の特徴

西表島と黒島の間の贈与交換については、先述したとおりソンゴーラと多くの共通点がある。比較的少量ではあっても、他の方法では入手がむずかしい品物（醤油の原料）が主であったことも一つの共通点である。また、両者ともに酒の魅力は交易活動の非経済的機能として重要であることがわかる。

ソンゴーラの物々交換市において、魚は限定目的貨幣（いわゆる「原始貨幣」）であると結論された。農作物を前借りして魚を後払いにあてることが習慣化しているが、逆は見られない。魚を持っていれば、他のすべての品目を入手できる。しかし、農耕民にとっては魚はおいしい食物にすぎず、この「貨幣」は一方にしか使われずに食べられてしまう。

ソンゴーラ漁民の魚と同じように西表島の稲束は限定目的貨幣として扱われていた。この状況は、限定目的貨幣を受け取る側が、それを単なる食料と見なしていたことなど多くの類似点がある。腐りやすいソンゴーラの魚と西表島の稲束は保存性に大きな差があったが、これは湿潤熱帯（コンゴ民主国）と湿潤亜熱帯（八重山）の生活の違いとして理解できる面があるかもしれない。

こうして八重山と中央アフリカ・ソンゴーラの間の地域と時代の差を越えた対比の結果、次のような暫定的な結論が得られる。

・異なる立地、異なる生業といった生態的な基盤があるだけで、そこに共生的関係が成立していると期待することは誤りである。ただし、逆に生態的基盤なしの緊密な物々交換関係を想定することはむずかしい(8)。

・物々交換経済が栄え、滅びる要因は、地域や時代により多様である。その消滅を一概に現金経済化の結果とかたづけてしまうのは一面的すぎる。

・共生的関係にある集団間には、アフリカのソンゴーラやピグミーのように言語の同化が起こることもあるが、通婚が妨げられるなどの理由で、こうした変化を経験しない場合もある。こうした共生的な相互依存関係が民族集団の形成に果たした役割に注目し、比較研究することが今後に残された課題であろう。(9)

・交換率にはなんらかの標準がある場合が多く、品目ごとに決まった大きさの単位を一対一に交換して達成される。交換率の長期にわたる変動があるか、あるとすればそれは何と連動しているか、という設問は、物々交換経済の研究においておそらくもっとも重要であるが、長年にわたる克明な記録によってしか答ええないであろう。

・ある品物が限定目的貨幣として使用されるようになるには、その品物を供給する側が相手との社会関係において優位に立つこと（あるいは優位に立ちたいと願うこと）と関連している。限定目的貨幣の使用により強められる優位・劣位の関係を、贈与交換が一時的にせよ中和する場合がある。ただし、初穂の持参といった上下関係を確認するような贈与もあるので、贈与と限定目的貨幣使用（さらには現金の使用）を単純な対立の図式として理解するのは適当でない。

伝統的経済活動を、生態的基盤と歴史的諸条件・政治状況の制約のなかで営まれてきた社会生活のひとこまとしてとらえようとする前述の研究の方法は、現在生きている物々交換の実態をとらえるためであったが、過去の経済活動の復元にもおおむね有効であったと思う。

日本の南島研究には、多くの放置された課題がある（たとえば、安渓　一九八四e、一九八六e、一九八七a を参照）。経済人類学的に未開拓の分野を指摘して、本章のしめくくりとしたい。琉球が東アジアと東南アジアを結ぶ貿易国として活躍した時代の遠距離の交易については、古文書による研究がさかんにおこなわれてきた。しかし、琉球弧内部の交易については、あまりにも多くのことが解明されていない。沖縄島の南部を起点として、島の北部から奄美諸島の南部までを活動の範囲としたヤンバル船や、種子島から沖縄島への交易の旅であった琉球旅など、いわば中距離の交易活動の実態、さらに本章で扱ったような近距離の隣りあう《しマ》（島と村落の双方を指す）どうしの交易と交流は、今ならまだ聞きとり調査による研究が可能である。時代を下って、沖縄戦で貨幣経済が消滅したあとドル紙幣が広く使われるようになるまでの、物々交換を含む交易活動の変遷の記録（たとえば石原　一九八二）も、理論的にも重要な側面を含んでいる。さらに、現在各地で開かれている市を詳しく見ることによっても、多くの発見が可能である（たとえば、安渓他　一九八二、石毛・ラドル　一九八七）。

私は、八重山の物々交換の研究に引き続いて、琉球弧の伝統的物々交換経済の地域差を明らかにし、島々を結んだ交流の網目の全体像を把握することを次の研究目標にしている。すでに、八重山の北に連なる多良間《たらま》島、沖縄島北部の今帰仁《なきじん》村と国頭《くにがみ》村、奄美大島と加計呂間《かけろま》島、種子島と屋久島の各地で予備調査を実施した。本章では答えを出せなかった、なぜ稲束が貨幣として選ばれるのかという点をも論じてみたいと思う。

注

（1）『沖縄の民俗資料　第一集』の引用の中で傍線をひいて指摘した、西表島と黒島の物々交換に関して誤りと考えられる部分をまとめて示す。①竹富島から西表島へ物々交換に来たことは記憶されていない。②大豆ではなく、方言で《クママミ》などというリョクトウが交易された。③小豆は、方言で《アハマミ》などと言われるが、この言葉はササゲも含む場合が多い。栽培された量はササゲのほうがアズキよりはるかに多かった。④「あおさ」はアオサ科の海藻ではなく、ヒトエグサ科のヒトエグサである。⑤黒島がもたらしたのは木灰ではなく、草の灰だった。⑥黒島の灰と交換されたのは稲束であって「米」ではなかった。記載の誤りと考えられる右記の点の多くは、方言の不適切な翻訳にともなう問題であったと理解される。《アーサ》を発音の近い和名「あおさ」に置き換え、米と稲の両方を指す《マイ》を「米」と訳すように。

（2）こうした農耕文化の違いは、稲作が南から伝播したあとに成立した（安渓　一九八七b）。渡部忠世は、八重山の稲の起源を非常に古くみる説を発表している（渡部　一九八七）。それによると、東南アジアの島嶼部でいまも作られるブル

（ジャバニカ）品種群に似た稲が、「縄文晩期をさらにさかのぼる時代に」、南島沿いに北上して日本のもっとも古い稲作を形成したという。

（3）李（一九七二）は、「所乃」をソネと読んでいる。現在の西表島西部方言では、祖納集落をスネというので、「所乃島」は「祖納島」、すなわち祖納を中心とした西表島西部を指したと考えられる。また、李（一九七二）は、新城島について「稲あり」と訳しているが、小葉田（一九四二）の翻刻および末松（一九五八）の影印本には「無稲」とあるので、他の低島同様に稲がなかったことを確認しておきたい。同資料に新城島の住人が「稲米貿易於所乃島」と記されていることについて、佐々木（一九七八）は西表島への通い耕作を交易と誤認した可能性を示唆したが、黒島と西表島の稲束をめぐる交易の存在が明らかになった以上、原文通りに解釈するのが適切である。

（4）人頭税とならんで八重山の島々を疲弊させた流行病のうち、もっとも大きな影響を残したのは熱帯熱マラリアであった（千葉　一九七二）。大航海時代の波が日本にまで及ぶころ、この病気は八重山の高島に伝播したと考えられる。この病気は八重山では《ヤキー》と呼ばれたが、西表島の伝承では、南蛮船が西表島西部の舟浮集落にもたらしたものであるという（石垣　一九八七）。金非衣らが、五か月も西表島に滞在しながら、死亡者を出していないのは、比較的症状が穏やかな三日熱マラリアなどはすでにあったにしても、一五世紀後半の八重山にはまだ熱帯熱マラリアが分布していなかったからだとも考えられる。外来者が熱帯熱マラリア地帯に滞在したあとの惨状については、石原ゼミナール（一九八三）に詳しく、山田（一九八六）でも触れられている。

（5）済州島民の漂流記は、八重山の低島と多良間島が、西表島から建材を「取る」と記している。稲の場合は「貿易」と書かれているので、材木は物々交換の対象にならなかったものと推定しておく。西表島では、人頭税開始以前に宮古島の首長から材木の伐採を強制されたことが伝えられている（安渓　一九八六c「雨乞川」の項）。人頭税時代に材木を物々交換の品目とすることがなかったと考えられることについては、本文中に述べた。

（6）金関丈夫は、八重山の古代文化と南方とのつながりを具体的に指摘する重要な貢献をした。しかし、済州島民が漂流記を残した一五世紀後半に石垣島が無人島だったかもしれないとする金関（一九五五）の推定は、その後の考古学的発見によって否定されている。

（7）須藤（一九七二）は、旧藩時代の八重山・宮古では、「貨幣は全く流通せず、すべて物々交換の社会であった。そして等価物として米が使用された」と指摘した。その根拠として、沖縄島には金銭を表す結縄があったのに、八重山・宮古では穀物による上納に関する結縄だけが存在したことと、貢納布の米への換算率を示す一覧表が存在したことを挙げている。

本章では西表島と黒島の交易において、稲束も米とならんで等価物の扱いを受けていたことを示した。

(8) 今井(一九八六)はザンビアのバングウェウル・スワンプの漁民が農耕もおこなうと述べている。こうした半農半漁の経済が成立するか、あるいは共生的関係で結ばれた複数の集団が居住するかどうかを決定している条件が何かを一般的に述べることはむずかしい。

(9) 共生的関係によって生業の分化は逆に促される。その結果、異なる生活様式を持つ隣りあう集団の間には心理的な反発も働くようになる。一つの民族集団としての帰属意識は、言語の同化によって強められ、生業形態の分化によって弱められる可能性がある。このような同化と異化の二つの力が均衡を保つとき、つかず離れずの共生的な関係が維持されるのであろう。よりひろい文脈でいえば、デュルケーム(DURKHEIM, 1986 (1893))が提示した交易集団間の対立と連帯という問題の一部として考察することも可能であろう。

初出：安渓遊地　一九八八

14　島で農薬散布が始まった

一　「本土なみ稲作」と農薬の一斉散布

一九七二年の「本土復帰」以来、沖縄産の米については品質を問わずに一律の値段で買い取るという復帰特別措置が実施されてきた。この特別措置が一九八七年から切れることになり、一九八五年からは仮等級制を導入して値段に格差をつけるようになった。AからDまでの四ランクのうち、最下級のDランクは一九八七年からは等外米つまり買い取り対象にならないとされた。稲の単作を長年続けてきた西表の伝統的集落の農民たちは大きな試練に立たされることになった。一方、島の東部に集中する平坦な台地ではサトウキビ栽培が、西部に戦後入植した集落ではパイナップル栽培がおこなわれているが、いずれも国際価格の低下と円高できわめて苦しい経営状態にある。

西表西部の伝統的集落である祖納・干立では、仮等級制施行一年め（一九八四年）はほとんど農薬や除草剤を使わないこれまで通りのやり方でAとBランクが過半を占めた。石垣島にある農業改良普及所からは、農薬の一斉散布をするよう強く指導されたが、この年も次の年（一九八五年）も農薬を使わない農家が多かった。ところが一九八五年は落胆と怒りの年になった。農民の目には前年と同じ品質と映った米が軒並みDランクになったのである。そして、一九八六年三月の田植えの時期には、改良普及所・農協・食料庁から職員が派遣された。彼らは、田植えを終えたお祝いの席でポスターを配った。そこには「カメムシの一斉防除でウマイ米を」と書かれており、沖縄県の全稲作集落ごとに昨年の米のランクがグラフで示してあった。農薬の一斉散布をしなかった集落にC、Dランクが集中していることは明らかだった。カメムシ類が吸った米は斑点米になる。斑点米が少々まじっても精米して飯にすると区別できないが、豊作で米が余る年には等級を低くする口実にされる傾向がある。このあとおこなわれた説明は、農薬の一斉散布をしないかぎり、来年から等外米ばかりになることはまぬかれないと思わせるような内容であった。

おそろしいことに、農薬の急性・慢性の毒性についての説明はこの席では一切なされなかった。多くの農民は、農薬に対して漠然とした不安は感じていたが、具体的な知識を持つ者は少なかった。ある青年は、たくさん撒けばそれだけよく効くと考えた。彼はマスクもせず普段着のまま素手で農薬を撒いた。またある青年は、田植えを明日に控えまだ雑草も生えていない田に除草剤を撒いた。ある老人は、農薬を撒けば消毒になり、体にもいいと信じていた。農薬を散布したあと、中毒で三日も寝込む人が出た。これは、一斉散布以前に個々の農家がおこなった農薬散布の例である。

後日、私はこのポスターが推奨する政策を補助金を通じて支えているはずの農水省に、その意図を東京の友人を介して確かめてもらった。すると、ある役人は「沖縄ではいまどきこんなことをやっているのか」と絶句したという。すでに「本土」では一斉防除や大規模基盤整備事業（いわゆる土地改良）がかなり前から見直されているのに、末端では現在も進行していることが彼を驚かせたのである。

西表の水田は谷間に散在する。田の周辺は、樹木に覆われた山地かマングローブ帯である。農薬散布の影響が水田だけにとどまらないことは明らかであろう。農薬が天然記念物の動植物にどの程度の影響を与えるかの予測は本章の主題ではないが、生態系の食物連鎖の頂点にあるイリオモテヤマネコが、体内に農薬を蓄積した小動物を食べることによって破滅的影響を受ける可能性は高い。もっとも心配されるのは、海と川から日常のおかずを採取する生活を営んでいる住民の体に農薬が蓄積することである。西表の海は一年中休むことなく海藻や貝や魚やエビなどを提供してくれる。石垣島の白保の住民がいうようにまさに「海の畑」である。元来、農業は多彩な生活活動の一部であった。海藻から上がる現金収入はほとんどの「農家」にとってもきわめて重要である。生活の一部にすぎない稲作だけに注目し農薬を投入しようとする考えは近視眼的であり、危険が潜んでいる。

一九八六年三月、祖納の前泊の浜に異変が生じた。ほとんど採れなくなっていた《ぱモリ》（イソハマグリ）が舟溜まりの浜で小一時間で鍋に一杯採れるほど大量に発生したのである。隣家からおすそわけをいただいて味噌汁を炊いた私は、貝が強烈な機械油の臭いを放っていることに気づき、すぐに捨てた。おそらく、水洗便所などの普及による海の汚れと関係があるのだが、臭いに気づいて幸いだった。これが農薬であれば、気づかずに食べたに違いない。

西表の住民は、すでにかなりの量の有機塩素剤を体内に蓄積している可能性がある。マラリア撲滅のためアメリカ民政府が屋内でＤＤＴ水和剤を噴霧したからである。一〇年以上にわたって毎年少なくとも二回、家の内部がすべて白くなり、食卓の上にぽたぽた白い液が落ちるほどＤＤＴ液が吹き付けられた。古い木造家屋の天井などには今も白い部分があって、そこから採取した粉は鼻を突く臭いを放つ。このような環境に住むことを余儀なくされた人々の体内にどれほどの化学物質が蓄積しているのか、島の人の健康維持のためにぜひ検診する必要がある。その結果がシロと出ないうちはマラリア撲滅を真に祝うことはできないだろうし、農薬の使用にも他の島の住民以上に慎重にならなければならないはずだ。このような事情を踏まえてみると、いま、西表島の稲作がおそるべき岐路に立っていることに気づくのである。

二　有機農業への道

西表島の稲作にかすかながらも希望の光があるとすれば、無農薬を積極的にセールスポイントとすることであろう。すでに西表島と石垣島には無農薬玄米の産地直送をおこなう青年たちがいて、それなりの収益を上げている。斑点のついた西表の無農薬玄米を私も食べているが、見かけの悪さにもかかわらずじつにおいしい。三歳になる愚息は、無農薬玄米を食べ始めてわずか二か月で「茶色いごはんのほうがいい」といって、白い飯を好まなくなったほどである。稲作そのものよりも売りさばくのに労力の半分以上が費やされるという。安定した販路の確保が最大の問題である。現在の沖縄県の米の自給率はわずか三パーセント程度にすぎないことを考えると、このような農業を広めるのは農協の対応いかんでそれほどむずかしいことではない。すでに沖縄のある生協から、大量に西表の無農薬米を買いたいと打診が来ているという。

現在、日本各地の先進的な地域で農薬を減らす農業が進められている。福岡県では一九七五年から一九八五年の一〇年で農薬の使用量は約半分に減った。このような低農薬・無農薬稲作をバックアップしているのがその地方の農協である。農薬なしの農業はありえないといった旧態依然とした考え方を、農協の職員自身がいかに乗りこえていくことができるかに多くがかかっている（荷見・鈴木　一九七七）。

八重山の稲作は昭和のはじめまでは、東南アジアの島々とたくさんの共通点を持っていた。昭和初期に台湾で栽培に成功した内地種（蓬萊米）を導入して今日の姿になった。現在も、農民が独自に台湾から病害虫に強い多収品種を導入して広め、県の農業試験場や農協を慌てさせたりしている。もっとも遅れていると考えられていた西表の稲作がもっとも先進的な稲作になる可能性を秘めている。九州以北の農業をモデルにした「本土なみ」指向は、亜熱帯気候にある西表島の自然と人間の双方に荒廃をもたらしかねないと危惧している。

こうしたなか、一部の心ある人々の手で模索されている運動がある。この運動が目指すところは、西表島の自然と文化を守り育て、地場産業を興していくことである。その精神を私なりに要約すると、①住民が主体となった自然環境の保全と回復可能な自然資源の節度ある利用、②伝統文化の継承と新しい地域文化の創造、③地元主導の地場産業の振興を通した地域のゆるやかな発展である。具体的には、豊かな原材料と水を生かした染織り、手漉き和紙などの手工業、無農薬玄米の生産と産直による稲作の見直しなどの進展が注目される。西表島の「開発」の現状はけっして楽観を許すものではない。だからこそ島の自然と人間の共生関係の再生を目指す運動が期待されるのである。さらに、石垣島の白保空港反対運動など他の地域の運動とも連帯していくことができるならば、われわれの未来のひとつの希望となるに違いない。

初出：安渓遊地　一九八六d

15　自然利用の歴史

一　高い島と低い島――八重山の風水土

西表島は、水の豊かなヤマジマである。サンゴ礁でできた竹富・黒島・新城などの平坦な島とはずいぶん風水土（風土・風水）も違っている。この違いは今に始まったことではない。五〇〇年以上も昔の記録（『李朝実録』）を見てもそれがわかる。

一四七七年に韓国の南側にある済州島から年貢のミカンを積んで東に向かった船が嵐にまきこまれ、はるか与那国沖まで流された。島を目前にして船が壊れ、一四名中一一名までがおぼれ死ぬ。金非衣ら三名は魚とりをしていた与那国の男たちに助けられ、半年の間手厚い保護を受ける。稲が稔るころに西風が吹いたので次の島に送られた。島の名前は所乃島。「所乃」を韓国の言葉ではソネと発音するそうだ。今の西表島祖納集落（スネしマ）のことに違いない。一行三名は、西表に五か月も滞在してさまざまな見聞を残している。このあと、波照間・新城・黒島・多良間・伊良部・宮古・沖縄などに順次送られて、薩摩・長崎・対馬を経て故郷に帰りつくまでに丸三年を要したのだが、この漂流記は、ヤマジマ・西表とそのまわりの平坦な島々の生活の違いを次のように描きだしている。

西表は、稲作がさかんで粟もあるが（人々は粟を）あまり喜ばない。これに対して波照間・新城・黒島の各島は麦と粟をおもに作っている。そして、米がないのでこれを西表島と貿易する、と書いてある。材木も西表島から調達している。西表島では、サトイモの仲間とようやく頭に担げるような巨大なヤマイモを見ている。また、西表では犬と槍を使ってイノシシをとっている。牛も飼っていて田圃を踏ませたり、食べたりしている。

こうして、すでに一五世紀から山と川と水田がある西表島と野原ばかりの周辺の小島の間には大きな生活の差があり、それに基づいて特産品の物々交換がおこなわれていたことがわかる。それにしてもイネの島とムギの島という違いはどうして生まれてきたのだろう。

私は西表の稲作と畑作の歴史を研究した結果、次のようなことに気づいた。人頭税を納めるために、まわりの島々から西表島へ通って稲を作るようになる以前は、西表では南から伝わった稲作が農業の中心であり、周辺の低い島では北から伝わった麦作が重要だった。このように、八重山の高い島と低い島の農業の違いは、たんなる自然環境の差だけではなく、それぞれが異なる道筋で栽培植物を受け入れたという歴史が反映されているのである。

二　在来の土地利用と外来の土地利用

本書の序論で触れたように西表島の豊かな自然を《しマ》独自に細かく認識し、名付け、その知恵に基づいて節度ある利用をしてきたのが在来の土地利用の特色であった。大正時代には《マキ》（牧場）ではウシを飼い、水田の耕起・除草（踏耕）に用いた。山地では《かマイ》（リュウキュウイノシシ）を狩り、野生の有用な植物を採取した。海とマングローブ帯《ぷシキヤン》と渓流部では魚介類や海藻を採取する。これらの活動が農作業・祭りと溶けあっているところに西表の生活の魅力がある。かなり変化したとはいえ、その魅力は基本的には今日もまだ失われていない。

大正時代以後の西表島の土地利用の歴史をふりかえってみよう。島の外から持ちこまれた最大の産業は、なんといっても戦前まで栄えた炭坑だった。強制的に連れてこられた多くの炭坑夫が働かされ、島の集落からも石炭の積み込みや坑木切り、野菜の供給などに行って現金や炭坑切符を手に入れることができた。この切符を炭坑の売店へ持っていき、大島紬を買って着たり、大きな塩ザケを買って食べたりした、というのもこのころの話である。

島の先輩の方々から「あのころは西表島のほうが石垣島よりよっぽど開けていた」「何をしても金になった」と炭坑の全盛時代を懐かしむ言葉を時々耳にする。たしかに、炭坑が西表島の集落に及ぼした経済的波及効果は大きなものがあっただろう。しかし、逆にこうもいえるのではないか。炭坑の経済効果と引き換えに、農業が不作でも「いざという時は炭坑に行けばなんとかなるさ」という安易な考えが西表に芽生えたのはこの時期だっただろうし、織物は自分で織らずによそから買うようになったのもこの時期だっただろう。方言と伝統的な知恵の体系が西表ほど急速に滅び、受け継がれていない地域は沖縄でも珍しい。どんなに「普通語（共通語）」がうまくなっても、それと引き換えに方言を失ってしまったのでは寂しすぎる。今日から当時をふりかえると、西表炭坑の影響は文化的にはプラスの面だけではなかったと思うのである。

そのほか新しく島外からもたらされた例を挙げると、大正時代にアダン《アダヌ》の葉を利用してパナマ帽子を製造する工場や、マングローブ類《ぷシキ》の樹皮からカッチという染料を煮詰める工場ができたが、原料を取りつくしたりしていずれも二、三年で廃業してしまった。復帰前まで続いた製紙会社によるパルプ工場は伐採の後のリュウキュウマツ植林地がススキ草原に覆われた状態で放置され、現在は中断されている。島を横断する林道建設は中止されたものの、著しい土砂の流出と植生の破壊を招いた。炭坑自体も、薄い炭層が掘りつくされて採算がとれなくなり、戦後まもなく放棄される。外から移入された土地利用形態の多くが、一時的には島の経済を潤しはしても結局は長続きしなかったといえる。

三　島ぐるみ観光のゆく末

バブル経済のころ、竹富町は町の「一〇〇年の大計」として西表島の東西にリゾート・ホテルをつくり、観光による島の開発と経済の発展をはかると主張していた。自然の観光的な価値をあてこんだリゾート開発に町の将来を委ねる計画らしいが、五〇〇年以上の歴史を持つ《しマ》の文化、悠久の昔から生きつづけてきた島の動物・植物の将来をわずか一〇〇年先までしか考えていないのだろうか。一〇〇年はおろか一〇年も続かないのではないかと私は心配している。トカラ列島諏訪之瀬島に飛行場ごと作ったリゾート・ホテルが、まったく使われていないという例もあるのである。ホテルの経営者は口では地元への利益の還元をうたう。しかし巨大資本の経営者たちは、実際には島びとをガードマンかせいぜい民俗舞踊ショウの出演者以上には考えていないようだ。

私はすべての観光を否定するものではない。ただ本当の観光とは、その土地の自然と人が共に生きる命の「光を観る」ことだと思う。観光にとっての最大の資源は、美しい自然のみならず地元住民の安定した生活に支えられた暖かい心づかいではないだろうか。このような心づかいこそ、じつはきわめて簡単に破壊されうる資源なのである。これまでどおり住民不在のまま観光開発が進められるならば、この先どうなるだろうか。世界中のすれっからしの観光地や、汚染された海岸などを見れば、多くを語る必要はない。

「西表をほりおこす会」の石垣金星会長は「昔タンコー、今カンコー」という。昔炭坑のために《しマ》が失ったのと同じかそれ以上の文化的な被害を、今度は島ぐるみの観光化によって被る恐れがあるという指摘である。小浜島のヤマハ・リゾートの民謡舞踏ショーに出演するために、公民館の行事に出席しない人も現れたと聞く。島外の大資本による観光開発によって得るものと失うものを、じっくり見すえなければならない。

四　「ヤマネコか人か」から「人もヤマネコも」へ

西表島の横断道路の建設が、そのずさんな土砂の処理などから、環境破壊が大きいという理由で差し止められたとき、「イリオモテヤマネコの保護が大事か、住民の福祉の向上が大事か」「ヤマネコか人か」という議論がまきおこったことは記憶に新しい。しかし、この設問の立て方は、自然保護と住民の生活がいかにあるべきかを考えるうえでつまづきのもとであったと思われる。西表の人々は「俺たちがヤマネコを守ってきたんだよ」という。ヤマネコが住めないようにすることなど簡単だともいう。この言葉にはやや誇張もあるが、住民の自然資源の利用形態が、必ず深い認識をともない一定の節度をもっていたからこそ、今日の自然が保全されてきたといえるだろう。沖縄大学の新崎盛暉教授も指摘するとおり「人もヤマネコも」が正しい解答でなければならない。「島の人びとは、島の動植物と共存共栄するかたちで伝統的生活様式をつくり出してきていたのであるから、もし天然記念物の動植物を絶滅させかねないような問題が新しく出てきたとすれば、それはむしろ島の人びとの伝統的生活様式をも同時に破壊する要因にほかならなかったのであるが」(『毎日新聞・夕刊』一九八二年二月一〇日号)。

日本唯一の亜熱帯原生林に覆われた西表島の自然の資源を活用するにあたって、自然をよく知らない計画はいずれもむざんな失敗に終わってきた。その主な原因は、一見限りなく豊かに見える資源を回復できないようなスピードで使い果たしてしまうことにあった。とくに、国の中央で計画され、島外から移入された土地利用形態は、例外なく無残な失敗に終わった。押しつけられるさまざまな基準や政策が本当にこの島に適合するかどうか、それはたとえば台湾の新品種の稲の導入に苦労した地元の方々はすでに気づいておられることではないか。

五　「地元」とはなにか

「ほりおこす会」や研究者の方々のご協力でできあがった『西表島関係文献目録』（安渓　一九八六e、一九八七a）によれば、西表島を対象とする研究論文は、およそ一〇〇〇点にも達している。しかし、残念なことに住民の生活と深く結びついた地域研究と呼びうるものはほとんどない。民族学・民俗学に的を絞るとその傾向はますます明らかになる。西表島東部におけるこの分野の報告は十指に余るが、そのほとんどは古見集落に伝わる豊年祭「アカマタ・クロマタ」の記録と考察に集中していた。地域研究会「西表をほりおこす会」では、これらの論文を里帰りさせ、地域の発展のために活用することを目指している。調査によって得られた知恵を、まず地元で利用できるようにするのが当然だからである。

『西表島関係文献目録』には「開発論」の項目がある。島の開発を目的とする計画は、大は琉・米・日合同で一九六〇年に立てられた総合開発計画から、小は一観光企業の開発計画まで多数にのぼっている。それらのほとんどが実を結んでいるとは言えない状態である。ここで、丸杉孝之助編の『西表島開発方向調査』の指摘を思い起こしておこう。「『定住する住民のため』になされた開発は、この三〇〇年間に一つもなかった」のである。島の自然を本当に守ることができるのは、多大の犠牲を払って島に住みつづけてきた人々だけである。いわゆる自然保護にしても、自然の観光的な価値をあてこんだリゾート開発にしても、西表島がまるで無人の島であるかのような扱いがあまりにも多かった。「保護」も「開発」も住民の福祉の向上をかえりみない形で進められるならば、けっして実りあるものとはならないであろう。

ここで、「地元とは何か」というきわめて重要な問いが生まれる。私は、石垣島・白保に計画されている新空港建設の是非をめぐって反対する白保住民と推進する側の市の役人たちが意見を交換しあう場に居合わせたことがある。もっとも印象的だったのは、次のようなやりとりであった。航空会社が石垣島に完成させたばかりの八重山最大最高級のホテルの支配人が、「これからは、私どもも地元の一員として地域の振興のために努めていきたいと思います」と言った。これに対して白保の住民の一人が立って「みんな今の言葉を忘れるな。昨日来た者が今日はもう地元だという。われわれは、このような言葉をけっして許さない」と述べた。これほどわかりやすくはなくても、「地元」にはさまざまな段階がある。人が住みはじめて少なくとも五〇〇年を数える集落がある。開拓四〇年を迎えた集落がある。リゾート予定地にこの三、四年で人家がたてこんだ集落もある。私は、古い集落の肩ばかりをもつのではない。しかし、永住をかたく決意している人々と、そうでない人々との間には、同じ「地元」といっても自然との関係を築くにあたってきわめて大きいな違いがあることは否定できないであろう（安渓　一九九五a参照）。

六　いま伝統の知恵の掘りおこしを

伝統的な西表島の食生活の特徴は、山の幸・海の幸・川の幸が食卓をにぎわすところにある。《しマ》におれば現金はなくても食べるには困らないと言われるとおりであろう。しかし、もしもこの豊かな自然の恵みがない、食べられないとなればどれだけの損失であるか考えたことはあるだろうか。《ガサン》（ノコギリガサミ）も《キゾ》（シレナシジミ）も《チクラー》（ボラの幼魚）も《シドゥリ》（フトモズク）も食べられないとしたら、毎日の食卓は、祭りのご馳走は、財布の中身はどれだけ寂しくなるだろうか。

　これは架空の話ではない。海・川・山の野生の食べ物に農薬が入り込めば現実となる。現在西表島で押し進められているカメムシ防除のための農薬の一斉散布は、水田のまわりの山地にまで徹底的に散布しなければ効果はおぼつかないと島の農民はいう。農薬を撒いても等外になったとこぼす人もいる。どれだけ農薬を注ぎこめば一〇〇〇粒中斑点米が一粒までという一等米にできるか。考えるだけでも恐ろしいことではないか。被害は、農薬を撒く当人もさることながら子どもたちに集中するだろう。「人もヤマネコも」共存共栄できるはずの《しマ》が、「人もヤマネコも」死に絶える島になる恐れがあると、女性が一番敏感に感じとっているはずだ。ヤマネコが農薬づけの蛙や鳥を食べて死ぬころには、人間も安心してものが食べられなくなっているのではあるまいか。

　農業の近代化の名のもとに東京から押しつけられるさまざまな枠にがんじがらめにならないために、農民自身が発想を大転換する必要がある。島の伝統の掘りおこしと新しい意味づけ、北に向けてきた目を南にも開くことがいま求められている。安心して食べられる食べ物を買いたいという消費者がたいへんな勢いで増えている。農産物の産直が伸びる理由である。山形県の遊佐《ゆざ》町の遊佐農協では東京・神奈川の生活クラブ農協一二万世帯にササニシキ一五万俵を産直している（安達　一九八六）。農協がやる気になれば、農薬を使わない西表の安心して食べられる米を那覇の消費者と提携して産直できないわけがない。すでに買入れ希望はある。等外米になるはずの米に一等米程度の値段がつくのだから、これを見逃す手はない。町ぐるみで「有機農業の町」運動を進めている福島県三島町のような例もある。経営不振で閉鎖された竹富町農協スーパーは巨額の赤字を残した。農協は、農薬の売上で稼ぐのではなく、農民が作ったものを売って利益をあげるという本来の姿に戻ることもできるはずだ。農民が儲かるようになれば農協も自然に立ち直るにちがいない。

たとえ農協が腰をあげなくても方法はある。一九八七年九月に、食糧庁は化学肥料や農薬を使わない特別な米に限って、消費者と生産者が直接取引できる「特別栽培米」制度をスタートさせた。いまのところ購入量その他について若干の条件付きだが、どんなグループでも食糧事務所へ申請するだけで堂々と「西表安心米」の産直ができる。「特別栽培米」の実績は一年で一〇倍の伸びを記録している。しかも、末端の取引価格は白米一〇キロあたり四〇〇〇円から一万円（トンあたり四〇万円から一〇〇万円）なのである（『毎日新聞』一九八八年一〇月二六日）。斑点米が混じっても見かけが少し悪いだけで味には影響しない。むしろ、少々斑点のある米のほうが自然で安心して食べられるというように、消費者の意識も変わりはじめている。最近の報道によると、九州山地での林業・産直と結びついた儲かる焼畑（西表の《キャンぱテ》）、町と村が連携した児童の長期留学制度など、無農薬米のほかにもいろいろなアイデアがあることがわかる。ありきたりの計画ではうまくいかないことだけは確かである。

フランスの西北のブルターニュ地方の乳牛農家に一〇日ばかり居候して学んだことがある。食べ物はなんでも自給でき、その味はどれもパリのレストランをしのぐ。だが、牛乳の生産調整のため、ここ数年で牛の数を三〇頭から一三頭に減らさなければならなかったという。豊かな生活を破壊され、経済的にきわめて苦しい立場におかれているのは、なにも日本の農民だけではなかったのだ。世界を一つにしようとする今のグローバル化の流れに押し流されていくならば、なにが「地元」であるかがあいまいになり、伝統的な自然の活用の知恵が忘れられ、地名も軒並み観光向けに変更され、方言をはじめとする伝統文化の多くも失われていくであろう。将来、イリオモテという名前ではあっても、自然も住民もすっかり入れ換わった島に変わるのではという心配もまったく根拠のないものではない。そのような名前だけのイリオモテ島にならないために、島のみなさん、とくに青年や女性の勉強と奮起におおいに期待したい。

初出：安渓遊地　一九八九d

16　無農薬米の産直が始まった

――島を出た若者への手紙

Ｉさん、はじめまして。お元気ですか。

私があなたの生まれた島、西表に通って、島に伝わる自然との付きあい方の数々を勉強させてもらうようになって、いつの間にか長い年月がたちました。あなたのことは、いつもご両親やあなたの同級生だった人たちからうかがっていました。

今日は、西表島で今起こっていることをあなたにぜひお伝えしたくて筆をとりました。

一　合鴨で田草とり

今年の三月末に島の西部を歩いて、一月から二月に田植えをした水田の一部にたくさんの水鳥が群れているのを見ました。祖納集落の那良伊《ならい》孫一さんが飼っている、鴨とアヒルをかけあわせた合鴨のひなでした。五〇〇羽入れたという合鴨たちは、那良伊さんの三ヘクタールの水田の草をみごとに食べつくし、虫も食べ、毎日田に糞をしては、泥をかきまわしていました。手づくりの除草機で懸命に田草を取った昨年までの苦労が嘘のようです。おいしい卵も食べ切れないほどとれました。

「電気柵をして合鴨が逃げないようにしてあるけれど、それでもヤマネコが時々くわえていくし、カンムリワシも上空からねらっているよ。ヤマネコだって、給餌といって役所からもらう廃鶏よりは、おいしくて安心できるってわかってるんだろう」と那良伊さんは笑います。

特別天然記念物・イリオモテヤマネコは水田や湿地帯の近くが餌場です。「俺たちが餌を作ってヤマネコを守ってきたんだ」、これは長い間、農薬も化学肥料も使わずにお米を作ってこられたあなたのお父さんの口癖でしたね。

合鴨は、卵をどんどん産むのだから、孵卵器さえ安く手に入れられるよう援助してもらえれば、ヤマネコやワシに少々捕られても何でもないし、ヤマネコに餌をやるにしても、こんな形のほうが自然ですね。行政としても少ない予算で保護の実があがるすばらしいアイデアだと思いませんか。そして、無農薬の田んぼの安心な餌だけで育った合鴨の肉も八月には冷凍で出荷したい、と那良伊さんや同じ仲間で北海道出身の加藤廣一郎さんたちは意欲満々です。

那良伊さんは、一九五四年生まれ。石垣島の高校を出たあと東京で半年ほど暮らしましたが、大都会の生活に見切りをつけて島に戻り、なんとか農薬や除草剤を使わない稲作を続けよう、広めようと今日まで苦労してきた人です。那良伊さんら、志を同じくする七人の仲間たちが無農薬の稲作に取り組んでいるのは、自分の子どもや将来の孫たちが安心して暮せる西表島を守りたいという一心からだといいます。そしてそれはヤマネコのためにもなるのです。万一、ヤマネコが滅びるようなら、島の自然を宝として大切に利用してきた島びとの暮らしも滅んでしまうでしょう。たしかに、田んぼのすぐ下は川であり、サンゴ礁の海です。食卓には、そこでとれた魚や貝や海藻が毎日のように並びます。田んぼの農薬は海で薄められますが、生き物の生理によって濃縮されて食卓に帰ってきます。那良伊さんらの取り組みの大切さがおわかりいただけるでしょう。

二　無農薬米栽培のあゆみ

西表島でいつ稲作が始まったかご存じですか。最近の研究では、三〇〇〇年以上も昔だという説もあるんですよ（安渓　一九九二a）。確実にわかっているのは、一四七七年からです。済州島の三人の漂流民が祖納村に半年近く滞在してくわしく見ています。一九二五年ころから台湾の新品種・蓬萊米が入り、二期作が始まりました（安渓　一九八七b）。

一九二七年に台湾で交配された蓬萊米の一品種、台中六五号をあなたのお父さんは、数年前まで作っておられましたね。日本の稲品種の平均寿命は一五年程度だそうですから、じつに優秀な品種だったことになります。しかし、六〇年もたてば昔の優秀品種も色あせてきます（渡部　一九八四a）。一九八一年の秋、八重山地方の稲作農民たちが台湾へ旅行して、そこで見つけた稲の品種をもらい受けてひそかに持ち帰ったことを、お父さんから聞いておられますか。その一つをタイコウ（台光）と名付けて、那良伊さんたちは現在の主力品種にしておられますが、収量が多くておいしく、背が高くて湿田に向き、病害虫や台風にも強いというすばらしい品種です。暑くて湿り気の多い気候で保存しても味がなかなか落ちない品種というのは、沖縄島や本州などの北の島々が奨励する品種には少なかったのです。

そして、わが家は、このお米のおかげですっかり玄米党になってしまいました。北国でとれる有名なブランド米の無農薬玄米と食べ比べたこともあるのですが、タイコウは皮が薄くて軟らかく炊け、ほんのりと甘みがあって比較にならないほどおいしいのです。これまで南の米はまずいという思いこみが西表島出身者にさえありましたが、あちこちの知人に食べてもらってもおいしいといわれます。これは、日本の農学と農政が、西表のような亜熱帯の湿田に向く品種や、玄米で食べておいしい品種を開発する努力をほとんどしてこなかったのに、台湾では一つの基準にとらわれず、多様な稲を育ててきたということではないでしょうか。

短くみても五〇〇年もの間、無農薬でやってきた西表稲作に一九八四年ころから異変が起こりました。「本土並み」の名のもとに、農薬を半ば強制的に使わせようという上からの圧力があったのです。心ある人々は抵抗しましたが、農薬を使わない米は値段が半分程度にされるので、多くの人が仕方なく「指導」に従うようになったのです（安渓　一九八六d）。一九八八年の秋に石垣金星さんを代表とする地域研究会「西表をほりおこす会」は、日本生命財団から研究助成金をいただいて、西表島でシンポジウム「西表島の人と自然――昨日・今日・明日」を企画しました。この場で、私は無農薬米を適正な値段で産直することは可能だし、島が育む多くの命と人の生活を破壊するような農薬散布をする必要はないはずだと島の方々に申し上げ、賛同を得ました（安渓　一九八九d）。

その後、那良伊さんたちは、島の西部に無農薬米の生産組合をつくり、折から食糧庁が発足させた新制度「特別栽培米」にのせて無農薬・無除草剤米の産直にのりだしたのです。一九八九年の春のことでした。そして、減農薬稲作を福岡県で推進している宇根豊さんにも来ていただいて、「西表の水田は、益虫・害虫・ただの虫のバランスがとれていて、農薬を使わなくても害虫が大発生しにくい」と教えてもらいました（宇根　一九八七）。

特別栽培米というのは、特栽米ともいいますが、無農薬や無化学肥料など特別の作り方をしている米に限って、生産者と消費者との個人的結びつきによる産直を認めましょうという新しい制度で、消費者一人につき年間一〇〇キロまでという制限はありますが、これまでむずかしかったお米の産直を可能にしました（『What's 特別栽培米?』大成出版社）。那良伊さんらの呼びかけに応じて、那覇市の西表ファンを中心に、西表島の無農薬米の消費者友の会が結成されました。代表は那覇市議の高里すずよさん、事務局長は西原町議の与那嶺義雄さんが引き受けてくださり、交流と産直が始まりました。値段は生産者と消費者が相談して毎年決めています。食べる人の体と西表島の自然を守ってくれるお米ですから、農薬を使うお米よりは少し割高になることを消費者友の会も理解してくださっています。今年から会員が東京や山口にも広がりそうな勢いです。

消費者と生産者を直結する産直ですから、はじめのうちは制度の趣旨を理解されない農協などとの摩擦があり、それが原因で関係する役所の理解も得にくかったりとつまずきましたが、今では那覇の食糧事務所もとても好意的に対応してくださっています。たとえば、私が一消費者として那良伊さんとの産直を山口の食糧事務所を通して申請したら、わずか八日後には沖縄から承認の書類が届きました。那良伊さんたちは、今年は二〇トンほどの出荷を予定しているそうです。電話で聞いたら、群発地震と旱魃に苦しんだ去年よりも順調に育っていて、六月末から七月にかけての刈り入れを待つばかりだということでした。

あなたも、都会の生活に疲れたら、休暇をとって島に帰り、合鴨といっしょに田んぼに降りてみませんか。そして、海と山と田畑という、あの雄大な自然の中で人が生きることの大切さをもう一度よく味わってみてはいかがでしょう。あなたのご両親がしっかり受け継いでおられる西表の自然との付きあい方が、これから輝いてくる時代が来ているような気がしてなりません。

三　農的な暮らしへ向けて

西表島から届いた無農薬のお米を炊くと、黒っぽい斑点のあるごはん粒が少し混じっていて驚くことがあるかもしれません。私はいつもそのままいただいていますが、これは毒でもないし、味も白いものと変わりません。あなたが小さいころ食べておられたごはんには、斑点がある米が混じっていたはずです。

斑点米の「犯人」は、西表で《ポー》と呼んでいる、カメムシという昆虫です。この虫が穂について栄養分を吸うと米粒が黒くなります。でも、収量が下がるほど繁殖することはありません。今の米の等級制度は、お茶碗一杯のごはんの中にわずか三粒斑点米があると、一等米になれません。このカメムシを殺すため、稲の穂が出る時季に、日本全国で殺虫剤を撒くことになっているのです。

私たちの食べるごはんがいつのまにか真っ白になったのは、なぜでしょう。それは私たちの生活がしだいに農の現場から切りはなされ、味よりも安全性よりも見かけを大切にする不自然な基準を知らず知らずのうちに受け入れてしまったためではないでしょうか。農薬だけでなく朝シャンなどの習慣も典型的ですが、みんなが必要以上にきれいであることを目指してかえって汚染を広げてしまう――こんな風潮を阪大工学部の森住さんは「流行性清潔病」という面白い言葉で呼んでおられます（森住　一九九〇）。

無農薬米を食べていると、もうひとつ大切なことに気づきます。長くおくと、お米に小さなコクゾウムシが発生してくることがあります。でも、ニンニクを二かけほど入れて防いだり、虫のわいたお米を平たい容器に広げて三〇分くらい太陽に当てて逃がしてやればいいだけなのです。私は、安全な動物性タンパク質だと思って、ごはんにたまに混じっているコクゾウムシを気にしないで食べることにしていますが、別の面白い用途もあります。農薬への耐性がほとんどないと考えられる西表産のコクゾウムシは、いま問題になっているポストハーベスト（収穫後の農薬処理）の手軽な判定に使えるからです。コップにお米や小麦粉などを入れて、同じ数のコクゾウムシを放し、針穴を開けたラップで覆って時々観察するだけでいいのです。小若順一さんがオーストラリアで買った小麦粉で実験した例では、七〇匹のコクゾウムシが三日後には死滅しました（小若　一九九二）。

山口市でこのビデオを見た一八、九歳の女性たちの言葉に、西表島の無農薬米の取り組みの意味が集約されているようです。「日本は経済大国とかいっていばってるけど、健康を悪魔に売ってしまったような気がします」「これからは、穴のあいたキャベツを喜んで食べよう。しばらくほっとくと虫のわく小麦粉に感謝しよう。二一世紀の目標は、住みやすい都市づくりではなく、食べて安心の畑づくりだな」。

すばらしいふるさとを持っておられるあなたに、この言葉をかみしめていただきたいと願っています。西表島の無農薬米に触れたことをきっかけに、私も約六〇坪の畑を借りて家族とともに野菜を作るようになりました。小さな農業の意味やお金とは無縁の農業の大切さを問い直そうとする人々が手をつなごうという「日本耕作者会議」にも加わりました。こんどは、小さな農を通して見えてきた世界のこともお伝えしたいと思います。

またお便りします。ごきげんよう。

初出：安渓遊地　一九九二b

地域が学校、地元が先生——西表研究の三〇年

一　「バカセなら毎年何十人も来るぞ」

初めて島を訪れて以来ずっと、西表の島びとは「地域で研究するとはどういうことか」「心得ておくべきことは何か」を親身になって教えてくださっている。以下に紹介するのは、大学を出たばかりの私への島びとの言葉である。

「《フリムン》（馬鹿者）！　人が弁当を食べている時にそんなにつぎつぎに聞いたら、この人は食べられんでしょうが。ちょっとは考えなさい」「おまえ、何をしに来た。なに調査だ？　バカセなら毎年何十人も来るぞ」「イリオモテヤマネコ保護のために人間を追い出せと言った学者が島に来たら、ヤマネコを守ってきたおれたちが山刀で叩き殺してやる」。

大学の教員になってからも教育は続いた。

「おい、メガネ！　いったい誰のおかげで大学の先生様になれたかわかっとるか?」「島のことを書いて稼いだ金のせめて半分は、島に直接還元してもらいたい」「いやあ、あんたは、よう長いこと島を研究してきてえらい。……ついては、うちの村の祭りの旗が古くなっとるから、まあ何年かかってもいいから、ひとつ新品を寄付してくれよな」。

珍しくほめられても後がある。「あんたのつくった『西表島関係文献目録』（安渓 一九八六e、一九九七a）は、盗品リストとして使える。ほとんどの学者や物書きは調べていったきり、地元には音沙汰なしなんだから」。

「こんどの集まりでは島にとってガクモンが一体なんぼのものであるのかをじっくり見せてもらおう」。一九八八年一一月に西表島で開催した「西表島の人と自然——昨日・今日・明日」シンポに、身のひきしまるはなむけの言葉だった。会場では、地元青年から「ふるさとと思う気持ちが少しでもあるなら、世界の宝であり、ぼくらの生活の基盤であるこのすばらしい自然を守るために、もっと研究を進めて、もっともっと力を貸してもらいたい」と注文も受けた。

シンポジウムが終わってすぐに、石垣島で発行されている『八重山毎日新聞』（一九八八年一一月二六日）に「山口大・安渓先生に物申す！」と題する匿名の投書が載った。私はシンポで無農薬稲作など地域の伝統の知恵を活かした地場産業を起こしていく意味を訴え、外部資本による大規模リゾートに疑問を呈したのだが、それに反発した投書だった。「いまや国をあげてリゾート法のもと各市町村と地元が必死になって取り組もうとしているリゾート産業について、実態とあまりにもかけ離れた議論を先生とやらがおこなっているのを、冷やかな目で見た人も数多くあろう」というのである。それに対して私は同紙（一二月六日号）で「島びとの生活水準と宿泊者の生活水準の極端な違いを前提にした豪華なリゾートは、本質的に植民地的なもの。一部に潤う者が出はしても、究極的には地域の自律的な発展を破壊し、島びとへの差別を助長するだけなのでは」と数字を示して答えたが、再反論はなかった。シンポジウムで提案した無農薬米の産直が翌年、西表で実際に始まると、私はそれまでの「なるべく多くの人から話を聞いて論文を書く」という研究者の姿勢を放棄せざるをえなくなった。種子をまいた責任が生じたのである。そして、「有農薬稲作」を推進する側では「あいつは西表のガンだ」という評価が定まったようであった。

一九九二年の夏、北海道・二風谷の「萱野茂アイヌ記念館」を訪れる機会があった。萱野さんのお言葉は研究者のはしくれである私にとってたいへん厳しいものだった。「アイヌ側からはっきり言わせてもらうと、シャモのそういう学者たちは、さもさも、来て寝たり食ったり泊ったり連れて歩いたりしたら、それで友達になったように一方的に思うけれども、アイヌから見てそんなに、ああいいなという、そういうふうに思ってはいません」（現代企画室編集部一九八八、八九頁）。

沖縄でも、「良いマレビト」などと自称するよそものがいるようだが、恥ずべきことだと私は思う。台湾から遠くないある島を題材によくエッセーを書いているTという作家がいる。彼の最近の記事に実名で登場した島びとの電話によると、取材を拒否したのに、知らない間に三度にわたってプライバシーを公表されてしまったという。被害者は精神的ショックで何日も寝込んでしまい、今も仕事が手につかない状態である。原稿の段階で当事者に見せて了解をもらうという、当然の手続きが無視されたから起きた出来事だろう。地域のためを思って誠意をもって書けば、何でも許されると思い込みがちなよそものとしての自戒をこめて、被害にあわれた方の悲しみの言葉を引用しておきたい。

「種子をまくことは誰にもできる。大変なのは草取りと収穫。そして、いちばん難しいのは、かきまわされて荒れた土をもとに戻すこと」。

初出：安渓遊地　一九九二c

二　伊谷純一郎先生と西表地域研究の歩み

A　伊谷学派の特徴

パイオニア精神と「すきま産業」――それが、一九七〇年代のはじめに「生態人類学」の旗を掲げて文化人類学へなぐり込みをかけた、伊谷純一郎率いる京大自然人類学派の特徴だった。伊谷は言った。「あのなあ、アメリカの人類学いうもんは、まあ言うたら焼畑農耕民みたいもんや。あるテーマが面白いとだれかが言い出したら、みんなでわぁーっとそのテーマを競争で調べて、しばらくしたら、ここはもう面白うないといわんばかりにみんな別の分野へ行って、もとのテーマには見向きもせん。わしらは、そんなのやのうて、もっと息の長い仕事をしよう」。私は、動物学教室の書庫に入って合州国の人類学雑誌 *American Anthropologist* を片端から広げてみた。戦後のものしかなかったが「アウストラロピテクスは歌ったか?」「むかし、人はビールのみで生きていたのでは」といったその後はほとんど忘れられたような問いを、一九五〇年代のはじめに大家といわれるような人がしているのが印象に残った。

長年の研究に裏打ちされた膨大な文献に打ちのめされていては、なぐり込みはできない。英語はもちろん、フランス語やドイツ語や、場合によってはオランダ語やスペイン語やポルトガル語の知識が必要などといっていては、何らかの研究ができる前に人生が終わってしまうかもしれない。東大の名物教授だった大林太良氏が、どのようにして世界の文献を読み、あのたくさんの神話の論文を次々と書いたか、その秘密をご本人からフィールドで聞いたことがある。あるとき、所用でご自宅を訪ねたところ、大林氏は彼の城ともいうべき書庫へ案内してくださった。近くのマンションを借りて、ぎっしりと本棚が並び、風呂場にまで本が置いてあった。晩年になって、大林氏が蔵書のうちスペイン語とイタリア語の本だけは民博に引き取ってもらったという話を聞いた。老眼が進んで辞書の小さい字を読むのが苦痛になったから、日英独仏のような辞書の要らない（！）本だけを手もとにおくことにしたのだった。伊谷は、そういう他人の業績にくまなく目を通すやり方を学生には勧めなかったが、自分ではしていた。「霊長類の社会構造」の業績でハックスレー賞をもらうことになり、その記念講演の準備にまる一年をかけて二〇〇種に上るすべての霊長類社会に関する報告を読み直した。しかし、それは傍目にもつらそうな仕事で、彼が「ジャンジャン」と呼んだ、西表島での藪こぎ沢登りを、鎌を片手に意気揚々と楽しんでいるときのさっそうたる姿とはだいぶ違っていた。

文献目録などは隙間を読むのだ、ということを伊谷に教わった気がする。つまり、これまでにどういう研究の流行があったかを大まかにつかんで、その人たちが気づいていない別のテーマを探し当てるのである。大学院では、講義らしい講義は受けなかったが、週一回のゼミの発表を通して指導された。「地域を決めたら、なにを取り上げるにしてもある全体を覆うような網をかける。荒い目の網でかまわない。そうしたら、これまで誰も手を着けていないテーマに気づくだろう。そこを深く掘れ。もう今の道具や方法ではこれ以上は掘れないという岩盤に届くまで掘ったら、それをまとめる。それがその時代のパイオニアとしての仕事になる」――これは、ひとつの「すきま産業宣言」でもあった。全体に網をかけると、当然さまざまな学問への越境が必要になることが多い。それは伊谷の研究室の属していた理学部だけではとうてい収まりきれないものであり、学部や学問の壁をできるだけ低くして創造性を育てるという京都学派の底力と今西錦司以来の厚い人脈を生かすことで実現されていた。

しかし、この「すきま産業路線」には時として落とし穴があった。「すきま」が大きすぎて、既存の学問にはほとんどかすりもしない場合があるのである。研究者を目指す大学院生の論文が、まったくどの学会でも理解されそうにないこともあった。今西錦司の予言した「人間以前の文化」の存在を実証すべく、高崎山の猿のコミュニケーションを調べた成果を伊谷は学会で発表した。その発表に対して、当時の日本の人類学者のほとんどが非常に懐疑的で、猿でもない伊谷にニホンザルの鳴き真似を要求したのは有名なエピソードである。

B　西表島で廃村調査

修士課程で伊谷の研究室に入った私がまず与えられたテーマは、西表島の廃村を舞台とする「近世の考古学」だった。人が住んでいないから、文化人類学者は相手にしない。明治時代は新しすぎて普通の考古学の対象にもならない。「しかし、いま世界の学会ではニューアーケオロジー（新しい考古学）というのが注目されてるらしい」と伊谷はいった。

「口は悪いが心はもっと汚いぞ」と自称する西表島の若者たちにしごかれながら、自らのルーツである廃村に想いをよせる心優しい大人たちの話を聞き、人里まで道なき道を歩いて八時間（途中雨のマングローブ林で虫にかまれながら野宿したこともある）かかる現地にキャンプして調査を始めた。フィールドワークの合間に大学に戻って文学部の考古学実習を受けたりしながら、私は「新しい考古学」についてもビンフォードらの著作を読んでみた。そして、これが新しい方法論を目指す動きであって、当時勃興してきた「新しい民族誌」などに呼応するものであり、「新しい時代を対象とする考古学」とはほぼ無関係であると知ったのだった。

伊谷は人をほめてその気にさせるのが実に上手であった。「君の見つけたことは、こんな重要な課題と結びつく可能性があるんだ、そこをもう少し掘り下げてごらん」。そんな励ましを受けながら、なんとか二年間の修士研究をまとめた。伊谷の懇切な添削を通して、私は生まれて初めて日本語の実用文を書く技術を教えてもらったのだった。

元住人がまだ生きている廃村という遺跡を調査し、考古学と人類学をつなごうとする伊谷のもくろみはエスノアーケオロジーの試みとしてそれなりの成果を挙げたとはいえるが、ひとつの新しい研究ジャンルとして次々に学生を投入できるものにはなかなか育たなかった（ただし、最近は屋久島で全国から集まった学生たちと廃村調査を重ねる機会があった。安渓・安渓 二〇〇四など参照）。そんな中途半端な状態で博士課程に進むことになった私は、伊谷に問うたことがある。「西表島でいろいろ調べていますけれど、研究室の主な目標の人類の進化とか、学問の新しい理論とか、そんなものにはつながりそうにありません。自分がなんだか西表島の郷土史家になりかけているような気がするんですが……」。これに対して、伊谷は「うーん。本当はそれではいかんのやがな……」とだけ答えた。

学問よりも何よりも伊谷（一九六〇）の著作『ゴリラとピグミーの森』にあるような、アフリカのフィールドワークにあこがれて伊谷研究室に入った私だったが、結局博士課程の三年になるまで海外調査の機会はもらえなかった。ひとつには、廃村の総合調査で測量・実測図・貝類や陶磁器、植生調査、聞きとりなど、いろいろ手がけたが「何をやっても素人」（伊谷の言葉）の域を出ず、専門的技能をもった研究者のチームで即戦力としては使いにくかったからかもしれない。

博士課程に入っても西表島通いは続いた。伊谷流の「越境」と「すきま産業」でこれまでの自分の調査の壁を越えることはできるだろうか。亜熱帯の木から年輪を読みとる方法とか集落の街路樹の比較による移民村と在来村の区別など、いろいろ試みたが、発表できるような研究にはつながらなかった。

C 稲作文化の研究へ

廃村をめぐる生活誌の聞きとりのなかで、在来の稲作についての情報が多いことに気づいた。それは、これまで西表島で研究した先輩たちが手がけていない分野でもあった。そこで「西表島の稲作文化」を調べてみようと思い立ったのである。しかし、私の属していた自然人類学研究室では、聞きとりだけでは論文として認められず、必ず物的な裏付けが必要とされていた。なにしろ「理学部動物学教室」に属している研究室なのだ。昭和初期には終わりを迎えたという、在来の稲作を裏付ける物的証拠は手に入るだろうか。そんな不安を抱えて沖縄に向かった私は、沖縄島の名護市にある県立の農業試験場を訪ねた。そこで系統保存されている八重山在来稲を含む七品種の穂をいただくことができたのである。これさえあれば、農学部に行って稲の性質を調べることもできるだろうし、高齢者のお話を具体的に引き出すこともできるだろう。那覇から石垣島に向かう船に乗った私は、興奮してなかなか寝付けなかった。

当時の西表島については、資料が少なかった。たとえば水田の土質を調べたいと思えば、持ち主にお願いして田に深さ一メートルの穴を掘った。湿田に穴を掘るのは容易ではない。半身泥に埋まったまま、昼食のパンをほうばっていると、暑い日ざしでも田の表を吹き渡る風が涼しい。居眠りを交えてまる一日かけて掘り上げたあとは「これがすき床層、これはグライ層」と教科書を読みながらスケッチしていく。延べ七日を使って七か所を掘らせてもらったものが、論文では葉書の半分ほどの大きさになる（本書二八頁）。農繁期には農作業の手伝いをした。稲の品種は改良されたものに変わっても、基盤整備されていない田での作業には昔ながらの部分が多い。下手だと叱りながらも、みなさん熱心に教えてくださるし、仕事のあとで聞く話や古謡の内容にも実感がこもる。在来稲の作り方については、西表の郷土史家の星勲さんを先生に、一年のサイクルに沿ったマンツーマンの勉強会をしていただいた。まる二日にわたる話を終えた星さんが「この方面の話も意外に面白いから調べてみよう」と笑われたのが印象的だった。

西表島にもっていった本は、民俗学の柳田国男と農学の盛永俊太郎らが中心になって進めた研究会の記録『稲の日本史』（柳田・安藤・盛永、一九六九（一九五五））だった。稲と人間を結ぶ世界の広大さと深さに圧倒されながら読んだ。

稲の道の研究では日本の第一人者であった渡部忠世先生の研究室にも、教えを乞いに通った。京大農学部の図書館には、膨大な稲作研究の本があって助かった。ある時、渡部先生が「いま西表で作られている台中六五号という品種は異常な長命だ。だいたい日本の稲の品種の寿命というのは一五年ぐらいなんだよ」とおっしゃった。「はい、嵐嘉一先生の『近世稲作技術史』（嵐　一九七五）にそう書いてありましたね」と答えたところ、「何、出たばかりの本をもう読んだのか⁉」と言われたことを思い出す。「理学部の動物学教室の学生にできることが、なんでおまえたちはできんのだ」と農学部の学生たちが叱られて迷惑したというのは後に聞いた話である。

D　研究の広がり

同じ研究室の池田次郎教授の指揮のもとイランに行って古人骨の発掘をするか、タンザニアのチンパンジー研究基地の近くの村の跡を調べるか、それとも、畑中幸子氏についてポリネシアの調査をテーマにするか。さまざまな選択肢から、私はやはりアフリカを選んでしまった。安渓貴子とともに、アフリカでもやはり「すきま産業」を目指し、漁民と農耕民の物々交換市場の研究で理学（！）博士号をいただくのだが、これはまた別の話になる（安渓・安渓二〇〇〇）。

一九七八年から足かけ二年のアフリカ通いが一段落して、その後も西表島には通いつづけた。稲作研究と同じ手法を畑作に適用すればどうなるか、南からの道と北からの道の仮説にどのくらい迫れるか。それが論文のおもな課題だった。小さな村で村長の養子として暮らしたコンゴ民主共和国から帰って、研究の手法もより現地密着型に変わった。以前はほとんど気がつかなかった島の精神世界の大切さに目を開かれるようになった。廃村の記録を残したいと願う山田武男氏の手記をまとめるうち、自分の聞きたいことだけを聞き出す「尋問調査」（宮本常一　一九七二の言葉）ではけっして得られなかった世界に触れたことがきっかけだった。在来稲作に使われた道具の図を私は一九七八年の論文に書いている（本書七六頁）。そこで一つだけ抜けている大切な農具があった。小さな笛なのだが、その笛のもつ霊的な力をめぐって初めて報告（本書第3章）を書いたのは、一九九六年のことであった。

西表島の稲作の研究によって、研究の対象は西表島から八重山全体に広がった。渡部先生の研究会に参加させていただくことで、与那国・種子島・対馬と場所を変えながら、日本農耕の南方的要素をめぐるフィールドワークを重ね、渡部忠世・佐々木高明、大林太良、下野敏見、飯島茂、佐原真、高谷好一、石垣博孝、応地利明、松山利夫、田中耕司などの先学から多くの刺激と励ましをいただいた。山口市の國分直一先生のお宅の近くに大学の宿舎があり、頻繁に子連れでおじゃましては、高齢の先生からいつも圧倒されるような学問への情熱と限りなくやさしく強いお人柄で研究を励まされたのも、飯島茂氏の言葉を借りれば「人生のボーナス」のようなものであった（國分　二〇〇六）。

一九八六年から八八年にかけて一年半、国際文化会館の新渡戸フェローとしてパリに滞在した。アフリカ研究所や自然誌博物館に通うかたわらまとめたのが、西表島西部と黒島の間の稲束と灰の物々交換についての論文（本書第13章）だった。これは、一つの島の研究にとどまらず、島と島を結ぶ研究の可能性を考える新しいテーマの発見という性格を持っていたので、時間をかけて丁寧に書き上げた。その後、同様の課題を調べるために、琉球弧を北上し、屋久島・種子島にまで到達した。そういう調査から生まれた生活誌の聞き書きは別に発表したが（たとえば、安渓・安渓　二〇〇〇）、研究論文としての調査報告はまだできていない。

E　いくつかの曲がり角

一九八八年一〇月にフランスから戻ってから、わが家と西表島との関係は一変する。これまでの研究をまとめ、地元に報告することを目的として、石垣金星氏の「西表をほりおこす会」主催で現地シンポジウム『西表島の人と自然——昨日・今日・明日』を企画し、その年の一一月末に実施したが、そこで提案した無農薬を掲げた「ヤマネコ印西表安心米」が、翌年の夏には実際に産直を開始するのである。私も行きがかり上、「古代稲作研究家」の肩書きを捨て、にわか米屋の番頭のような役割を引き受けることになった。商売の世界は、これまでの学問の世界よりもはるかに手強く、あやうく大切なお米を詐欺師にだましとられそうになるなど何度か危ない橋も渡った。

一九九〇年五月の第二六回日本民族学会の研究大会で、研究者のモラルについてのシンポジウムをするので話をせよという誘いが祖父江孝夫先生からあった。「今は、西表島のお米の宣伝しかできません」とお断りしようとすると、「いや、それで結構です」といわれた。そこで「バカセなら毎年何十人も来るぞ——西表の島びとの言葉集」と題して、西表島の状況や地域との関わりを学会員のみなさんに話した。座長の祖父江先生は「西表安心米は、私もいただいておりますけれども、たいへんおいしいお米かと存じます」とコメントしてくださった。そのあと、フロアから厳しい質問が出た。「地域のためによかれと思ってやったことがもしも失敗したら、研究者の責任はどうなりますか」。私は答えた。「自分が第二のふるさとと思っている地域の危機的な状況を目の当たりにして、自分が師と思う人たちならどのように行動しただろうか、とよくよく考えたうえで決断して、幸い家族にも応援してもらって取り組んでいます。去年はご心配のように、ひょっとしたら首を吊るしかないかもしれないという綱渡りの状況もありましたが、今は、全国の皆様に食べていただけるまでにこぎつけました。ですから、先生もどうぞご安心のうえ、五キロでも一〇キロでもお申し込みくださいませ」。一見学問的なタイトルであっても、西表に関する論文がどこか無農薬米の宣伝になっていたのはこのころである（安渓 一九八九a、一九八九c、一九九〇、一九九一b、一九九二b）。本書には、そこに至る前史（安渓 一九八六d）を含めて、三つのエッセーを収録した。その後、西表安心米生産組合の那良伊孫一・宇子さんらの誠実な努力のおかげで、西表五〇〇年の伝統ある無農薬米の火は消えず、ほぼ一五年かけて借金も返しおえた。この運動を通して出会った、建築家・真喜志好一さんのような「西表応援団」のみなさんとの絆は、私にとっての大切な財産となった。

安心米運動と前後する一九八六年から九三年にかけて、西表島の廃村の方々のふるさとへの熱い想いに背中を押されて、安渓貴子との共同編集で「わが故郷《シマ》シリーズ」として三冊の本を出した（山田武男　一九八六、川平永美　一九九〇、山田雪子　一九九二）。「話者が筆を執る」という試みに、一方的調査からの脱却の可能性を強く求めた（本書第4章と5章）。そして、聞き書きが心ない著者に盗用された結果起きた人権侵害に対し是正を求めるという立場から、「立松和平対策事務所」の活動にも参加することになった（安渓　二〇〇二a参照）。

一九九〇年から九一年にかけて二度目の転機がくる。ある南の島を訪ねて、そこで人間を対象とするフィールドワークそのもののあり方について完膚なきまでに批判されるのである。そのとき受けた衝撃を文化人類学の学会のみなさんにお裾分けしようと書いたのが、「される側の声――聞き書き・調査地被害」であった（安渓　一九九一a）。その「される側の声」になんとか答えるための考え方をまとめたのが、「『研究成果の還元』はどこまで可能か」（安渓　一九九二d）である。屋久島の雑誌『季刊・生命の島』に聞き書きを連載させていただくようになってからは、南の島の匿名のP子さんとP夫さんの教えをできるだけ守り、話者かご遺族の了解をいただいてから発表するようになった（安渓　一九九五b、一九九六b、安渓遊地・安渓貴子　二〇〇二b、安渓貴子・安渓遊地　二〇〇四など）。その一部をまとめたのが『島からのことづて――聞き書き・琉球弧の旅』（安渓・安渓　二〇〇〇）である。本書の冒頭に内容をできるだけわかりやすく説明するため「西表島を愛するみなさまへ」という一文を置いたのも、P子さんの教えによっている。

F　島へのご恩返し

私の西表島の農耕文化の研究も、話者の多くが亡くなられ、焼畑のほかはそろそろ種が尽きていた一九九六年、沖縄文化協会から「西表島の農耕文化の研究」に比嘉春潮賞を与えるという知らせをいただいた。授賞式では審査委員の小川徹先生から「これは、早く研究を完成させなさいという励ましの意味で差し上げるものです」というありがたい言葉をいただいた。こうして受賞者の義務としてまとめたのが、『沖縄文化』に掲載された二編の焼畑の論文（本書第9章と10章）であった。しかし、八年間休んでいたアフリカ行きを、焼畑の論文を書き上げた直後から再開したために、この本のまとめはまた遅れることになる（安渓　二〇〇六）。

西表島の自然資源利用と地名についても、いろいろと調べてきた。いまは膨大な資料を、まずは地名からまとめようとしている段階である（安渓　一九八一、一九八六c、一九九四a、一九九四c、二〇〇五など）。また、最近は二〇〇二年頃から始まった、浦内川河口のトゥドゥマリの浜での大規模リゾートの影響を懸念する立場から、おもに日本生態学会を活動の場としてさまざまな取り組みをしてきている（安渓　二〇〇三a、二〇〇三b、二〇〇三c、安渓・安渓　二〇〇三a、二〇〇三b、馬場・安渓　二〇〇三、安渓　二〇〇四bなど）。これについても事態は進行中であり、本書ではほとんど触れていない。

現在私たちは山口市の田舎に住み、西表島やアフリカで学んだ小規模・分散・循環型の生活様式を実践しようと努力しているところだ（安渓・安渓　一九九四b、二〇〇二b、安渓　二〇〇三d、二〇〇四a、二〇〇四c、安渓編　二〇〇六、ANKEI, 2002, ANKEI & FUKUDA, 2003, ANKEI, ANKEI & KAHEKWA, 2004など）。木のいのちを使い捨てにしないよう家を地元の木で建て、木を伐る前には西表式に挨拶をする（安渓　一九九五b　二〇〇四d、ANKEI, 2002）、暖房と風呂は自分の山から薪をとって焚き、自給できる程度の完全無農薬米も作りつづけている（安渓・安渓　一九九七）。二〇〇五年には、スペイン・ナバラ州に五か月滞在して、風車や麦ワラ発電などで電力需要の七割をまかなう州の自然エネルギー政策とそれを生かしたエコツーリズムの実情を勉強した（安渓・安渓　二〇〇六）。

それらすべての出発点となった西表島に、ことに私たちにあんなに一生懸命伝承や自然と付きあう知恵を教えてくだくださった高齢者の方々に何らかのお返しができればという気持ちで、本書をまとめた。島の若い方々が、本書の「島からのことづて」をしっかり受けとめてくだされば と願っている。

引用文献

日本語の文献は著者の五〇音順、欧文はアルファベット順に配列

新城敏男（翻刻・現代語訳）、一九八三a「八重山嶋農務帳」『日本農書全集』三四、一一五〜一六八、農山漁村文化協会
嵐嘉一、一九七五『近世稲作技術史――その立地生態的解析』農山漁村文化協会
天野鉄夫、一九七九『琉球列島植物方言集』新星図書出版、那覇
安達生恒、一九八六『いま、食い改めるとき――食と農への私の提案』ダイヤモンド社
新城敏男（翻刻・現代語訳）、一九八三b「農業之次第」『日本農書全集』三四、二一九〜二三七、農山漁村文化協会
安渓貴子、一九八一「西表島における植生の遷移（予報）」『八重山群島の伝統的生業に関する生態人類学的研究』文部省科学研究費補助金研究成果報告書、京都大学
安渓貴子、一九八七「沖縄・西表島のサトイモ科植物の形態と染色体数」『沖縄生物学会誌』二五、一〜一一
安渓貴子、一九九三「トカラ列島中之島のサトイモ類の外部形態と染色体数」『沖縄生物学会誌』三一、二一〜二八
安渓貴子、一九九五a「屋久島のサトイモ類の外部形態と染色体数――民俗知識との関連において」『沖縄生物学会誌』三三、三一〜四一
安渓貴子、一九九五b「沖縄の多彩な米の酒」山本紀夫・吉田集而編著『酒づくりの民族誌』三〇五〜三一二、八坂書房
安渓貴子、一九九六「サトイモの来た道――西表・トカラ・屋久島の調査から」劉茂源編『ヒト・モノ・コトバの人類学――國分直一博士米寿記念論文集』一四九〜一六〇、慶友社（本書第7章に改稿）
安渓貴子・安渓遊地、二〇〇四「島を守って半世紀――西表島の神司・田盛雪さんのお話」『季刊・生命の島』六八、

五三〜六二、上屋久町
安渓遊地、一九七七「八重山群島西表島廃村鹿川の生活復原」伊谷純一郎・原子令三編著『人類の自然誌』三〇一〜三七五、雄山閣
安渓遊地、一九七八「西表島の稲作、自然・ヒト・イネ——伝統的生業とその変容をめぐって」『季刊人類学』九(三)、二七〜一〇一(本書第1章に改稿)
安渓遊地、一九八四a「原始貨幣としての魚——中央アフリカ・ソンゴーラ族の物々交換市」伊谷純一郎・米山俊直編著『アフリカ文化の研究』三三七〜四二一、アカデミア出版会、京都
安渓遊地、一九八四b「コンゴ川上流部の物々交換市」『民族学研究』四九(二)、一六九〜一七三
安渓遊地、一九八四c「与那国農民の生活——西表島との対比から」渡部忠世・生田滋編著『南島の稲作文化——与那国島を中心に』二九五〜三二三、法政大学出版局(本書第12章に改稿)
安渓遊地、一九八四d「与那国関係文献目録」渡部忠世・生田滋編著『南島の稲作文化——与那国島を中心に』三三四〜三三九、法政大学出版局
安渓遊地、一九八四e「島の暮らし——西表島いまむかし」木崎甲子郎・目崎茂和編著『琉球の風水土』、一二六〜一四三、築地書館(本書序論に抜粋)
安渓遊地、一九八五a「西表島のタロイモ——その伝統的栽培法と利用法」『農耕の技術』八、一〜二五(「西表島のサトイモ類——その伝統的栽培法と利用法」と改題して、以下に再録。渡部忠世監修、一九九八『琉球弧の農耕文化——農耕の世界、その技術と文化(V)』八三〜一〇七、大明堂、本書第6章に改稿)
安渓遊地、一九八五b「狩猟採集民と漁労民の生活の比較——食物の分配と交易の問題をめぐって」河合雅雄編『アフリカからの発想』九三〜一〇六、小学館
安渓遊地、一九八六a「西表島のヤマノイモ類——その伝統的栽培法と利用法」『南島史学』二八、二二〜四三(本書第8章に改稿)
安渓遊地、一九八六b「物々交換が結ぶ森の民と川の民——ソンゴーラの生活」伊谷純一郎・田中二郎編著『自然社会の人類学——アフリカに生きる』二四九〜二七七、アカデミア出版会、京都

安渓遊地、一九八六c「西表島の地名」『角川日本地名大辞典　四七 沖縄県』角川書店
安渓遊地、一九八六d「西表島で農薬散布が始まった――人にもヤマネコにも体内蓄積のおそれ」『エコノミスト』九月一六日号、七八～八三（本書第14章に改稿）
安渓遊地、一九八六e「西表島関係文献目録（前編）」『南島文化』八、五五～九〇、沖縄国際大学南島文化研究所、宜野湾
安渓遊地、一九八七a「西表島関係文献目録（後編）」『南島文化』九、七一～一〇〇、沖縄国際大学南島文化研究所、宜野湾
安渓遊地、一九八七b「南島の農耕文化と『海上の道』」渡部忠世編著『アジアの中の日本稲作文化――受容と成熟』（稲のアジア史　三）一三九～一七二、小学館（本書第2章に改稿）
安渓遊地、一九八八「高い島と低い島の交流――大正期八重山の稲束と灰の物々交換」『民族学研究』五三（一）、一～三〇（本書第13章に改稿）
安渓遊地、一九八九a「西表島における生活と自然に関する総合的研究」『季刊環境研究』七五、三三～四一
安渓遊地、一九八九b「西表島の農耕文化――在来作物はどこからきたか」『季刊民族学』四九、一〇八～一二二（本書第11章に改稿）
安渓遊地、一九八九c『西表の地域づくりと沖縄の課題』沖縄問題研究シリーズ第一〇四号、一～四〇、沖縄協会
安渓遊地、一九八九d「自然利用の歴史――西表をみなおすために」『地域と文化――沖縄をみなおすために』五三・五四合併号、六～一一、ひるぎ社、那覇（本書第15章に改稿）
安渓遊地、一九九〇「西表島の挑戦――自然を守り消費者と提携する稲作」（上中下）『沖縄タイムス』二月一二、一四、一五日号
安渓遊地、一九九一a「される側の声――聞き書き・調査地被害」『民族学研究』五六（三）、三二〇～三二六（安渓・安渓、二〇〇〇『島からのことづて』の冒頭に再録）
安渓遊地、一九九一b「自然への畏怖と信頼――西表島生活誌」『ＦＲＯＮＴ』七月号、三六～三八、リバーフロント整備財団

安渓遊地、一九九二a「西表島の稲作と畑作――南島農耕文化の源流を求めて」谷川健一編著『琉球弧の世界』（海と列島文化　第六巻）、五七五～六〇一、小学館

安渓遊地、一九九二b「無農薬米の産直が始った――島を出た若者への手紙」『エコノミスト』七月二一日号、七六～七九（本書第16章に改稿）

安渓遊地、一九九二c「バカセなら毎年何十人も来るぞ」『新沖縄文学』九四、八～一〇（本書あとがきに改稿）

安渓遊地、一九九二d「『研究成果の還元』はどこまで可能か」『民族学研究』五七（一）、七五～八三

安渓遊地、一九九四a「間違いだらけの西表島の地名」『情報ヤイマ』九四年九月号、二～三、南山舎、石垣

安渓遊地、一九九四b「野外調査《フィールドワーク》から野良仕事《フィールドワーク》へ」『地平線』一七号、広島KJ法研究会

安渓遊地、一九九四c「西表島の地名――その知られざる魅力」『ヤマナ・カーラ・スナ・ピトゥ――西表島エコツーリズム・ガイドブック』西表島エコツーリズム協会、西表島

安渓遊地、一九九五a「島は誰のもの――ヤマネコの島からの問いかけ」『月刊地理』九月号、古今書院

安渓遊地、一九九五b「木にもいのちがある――沖縄県西表島・松山忠夫さん聞き書き」『生命の島』三三、三七～四二、屋久島産業文化研究所、上屋久町（本書序論に抜粋）

安渓遊地、一九九六a「『くだ』の力と『つつ』の力――西表島のふたつの稲作具をめぐって」劉茂源編『ヒト・モノ・コトバの人類学――國分直一博士米寿記念論文集』一二七～一三七、慶友社（本書第3章に抜粋）

安渓遊地、一九九六b「カシの木に救われる――西表島の洪水」『季刊シルバン』七、三六～三九、季刊シルバン編集委員会、仙台

安渓遊地、一九九八a「西表島の焼畑――島びとの語りによる復元研究をめざして」『沖縄文化』三三号、四〇～六九（本書第9章に改稿）

安渓遊地、一九九八b「西表島の焼畑（二）――生態的諸条件とその歴史的変遷をめぐって」『沖縄文化』三四号（本書第10章に改稿）

安渓遊地、一九九八c「あなたがたは差別しようとするのです――あるコンゴ女性の声」『ふくたーな（日本学術振興会ナイロビ研究連絡センター通信）』四号

安渓遊地、一九九九「裸になる知恵——西表島の自然とのつきあい方」『環境情報科学』二八（一）、五〇～五一（本書序論に抜粋）
安渓遊地、二〇〇二a「聞き書きと人権侵害——立松和平対策事務所の一〇年」『山口県立大学国際文化学部紀要』八、六九～七八
安渓遊地、二〇〇二b「西表島での伊谷純一郎先生語録」『日本生態人類学会ニュースレター』第七号
安渓遊地、二〇〇三a「西表島の聖なる川とリゾート開発」『季刊Ecoツーリズム』六（一）、一三
安渓遊地、二〇〇三b「南島最長の西表島浦内川誌（上・中・下）」『琉球新報』五月一二日～一四日号
安渓遊地、二〇〇三c「ワニのいた聖なる川——南島最長の浦内川のものがたり（一～五）」『八重山毎日新聞』一〇月八日から一二日号
安渓遊地、二〇〇三d「周防灘の自然と上関原子力発電所建設計画——生態学会の二つの要望書をめぐるアフターケア報告」『保全生態学研究』八、八三～八六、日本生態学会
安渓遊地編、二〇〇四a「やまぐちは日本一——山・川・海のことづて」弦書房、福岡
安渓遊地編、二〇〇四b「南島の聖域・浦内川と西表島リゾート」『エコソフィア』一三号、八二～八九
安渓遊地、二〇〇四c「瀬戸内海がよみがえる日——上関原子力発電所計画と周防灘の未来」『地平線』三七号、一～一九
安渓遊地、二〇〇四d「生き物に語りかけてみる——実践アニミズム入門」『Biostory』二、九四～一〇五、昭和堂
安渓遊地、二〇〇五「西表島・仲良川の生活誌——流域の地名を手がかりに」南島地名研究センター編『南島の地名』第六集（仲松弥秀先生カジマヤー記念号）、ボーダーインク、那覇
安渓遊地、二〇〇六「フィールドでの『濃いかかわり』とその落し穴——西表島での経験から」『文化人類学』七〇（四）五二八～五四二
安渓遊地編、二〇〇六『続やまぐちは日本一——女たちの挑戦』弦書房、福岡
安渓遊地・安渓貴子、一九九七「『日曜百姓のまねごと』から——第三種兼業の可能性をめぐって」『農耕の技術と文化』二〇号

安渓遊地・安渓貴子、二〇〇〇『島からのことづて――琉球弧聞き書きの旅』葦書房、福岡
安渓遊地・安渓貴子、二〇〇二a「けんか一代――西表島の黒島英輝さんの台湾・中国経験」『季刊・生命の島』五六号、上屋久町
安渓遊地・安渓貴子、二〇〇二b「流域の思想を生きる」『季刊・生命の島』五八号、一一六頁、上屋久町
安渓遊地・安渓貴子、二〇〇三a「ダチクの力――島じまの聖なる植物としてのダンチクを追って」『季刊・生命の島』六三、三一～三七、上屋久町（本書第3章に抜粋）
安渓遊地・安渓貴子、二〇〇三b「ワニのいた川――西表島浦内川の昨日・今日・明日（上）」『季刊・生命の島』六四、五四～六一、上屋久町
安渓遊地・安渓貴子、二〇〇三c「聖なる川に抱かれて――西表島浦内川の昨日・今日・明日（下）」『季刊・生命の島』六五、五三～六一、上屋久町
安渓遊地・安渓貴子編、二〇〇四「屋久島最高の村・石塚の今――過去に学んで未来を見つめる」『第5回屋久島フィールドワーク講座報告書』上屋久町・京都大学理学研究科二一世紀COE
安渓遊地・安渓貴子、二〇〇六「スペイン北部の山村の風土を生かして――ナバラ自治州で出会った持続可能な暮らしへの挑戦者たち」『山口県立大学大学院論集』七号、一～二九
安渓遊地・安渓貴子・具志堅進・喜友名英男・植田新二・当山今日子、一九八二「那覇第一牧志公設市場調査報告」『郷土』二〇号、一～八六、沖縄大学沖縄学生文化協会、那覇
池原貞雄・加藤祐三、一九九七『沖縄の自然を知る』築地書館
李《い》熙永《ひよん》、一九七二「朝鮮李朝実録所載の琉球諸島関係資料」谷川健一編『沖縄学の課題』四三五～四六九、木耳社
飯沼二郎・堀尾尚志、一九七六『農具』法政大学出版局
生田滋、一九八四「対外関係からみた琉球古代史――南島稲作史の理解のために」渡部忠世・生田滋編著『南島の稲作文化――与那国島を中心に』九四～一二五、法政大学出版局
石垣金星、一九八七「西表の歴史の可能性――地域づくりの活動の中で歴史・文化をどう考えるか」『地域と文化――沖縄をみなおすために』第四〇・四一合併号、三～一三、ひるぎ社、那覇

石垣金星、一九八九「〈資料紹介〉稲葉川——人と自然との関わり（仮題）」『地域と文化——沖縄をみなおすために』五三・五四合併号、五一〜五三、ひるぎ社、那覇
石垣市総務部市史編集室、一九九一「慶来慶田城由来記」『石垣市史叢書』一、一〜二四
石垣島測候所、一九六三『石垣島気象災害資料』石垣島測候所、石垣
石垣博孝、一九七九「八重山の離島——風土と属性」『沖縄アルマナック』一
石垣博孝、一九八〇「西表のシィクマ」『八重山文化論集　二』八重山文化研究会、石垣
石垣博孝、一九八四「平得村の播種儀礼」喜舎場一隆編『南島地域史研究』第一輯、文献出版
石垣稔、一九九三『八重山在来米栽培体験記』著者発行
石毛直道・ケネス＝ラドル、一九八七「石垣島の公設市場——アジアの市場」『季刊民族学』四一、四八〜五八
石田英一郎、一九七〇（一九六三初出）「偉大なる未完成——柳田国男における国学と人類学」『石田英一郎全集』第三巻、筑摩書房
石原ゼミナール・戦争体験記録研究会（石原昌家監修）、一九八三『もうひとつの沖縄戦——マラリア地獄の波照間島』ひるぎ社、那覇
石原昌家、一九八二『大密貿易の時代』晩聲社
磯永吉、一九二五「水稲内地種」『台湾総督府中央研究所農業部彙報』二五
磯永吉・伊藤勝治、一九二三「水稲内地種栽培試験並に調査成績」『台湾総督府中央研究所農業部彙報』一四
磯永吉・畠山等、一九二九「蓬萊米の品質特に乾燥肌擦と貯蔵及乾燥と食味の関係に就て」『台湾総督府中央研究所農業部彙報』六四
市川健二郎、一九六一『東南アジア稲作技術の系譜』アジア経済研究所
市川光雄、一九八二『森の狩猟民——ムブティ・ピグミーの生活』人文書院、京都
伊波普猷、一九二七「朝鮮人の漂流記に現はれた尚真王即位当時の南島」『史学雑誌』三八（一九七三年『をなり神の島』平凡社に改題して収録）
伊波普猷、一九七四（一九三八初版）「南島の稲作行事について」『伊波普猷全集　第五巻』平凡社

今井一郎、一九八六「スワンプ漁撈民の活動様式——ザンビア、バングウェウル・スワンプの事例から」『アフリカ研究』二九、一～二八
上江洲均、一九七四『沖縄の民具』慶友社
上江洲均、一九八二『沖縄の暮しと民具』慶友社
上勢頭亨、一九七六『竹富島誌——民話・民俗篇』法政大学出版局
植松明石、一九七四「新城島の畑作」『八重山文化』二号、三六～四四、東京八重山文化研究会
浮田典良、一九七四「八重山諸島における遠距離通耕」『地理学評論』四七（八）、五一一～五二四
宇根豊、一九八七『減農薬のイネつくり——農薬をかけて虫を増やしていないか』農山漁村文化協会
上井久義、一九六九「芋作と儀礼——沖永良部島を中心として」『日本民俗学会報』五九、三六～四五
大浜信賢、一九七一『八重山の人頭税』三一書房
大林太良、一九九三『海の神話』講談社
大山麟五郎、一九六八「田芋の発見」『名瀬市誌』上巻、一五八～一六三、名瀬市誌編纂委員会、名瀬
小川学夫、一九八一『奄美の島唄——その世界と系譜』根元書房、那覇
岡彦一、一九五三「稲品種間の各種形質の変異とその組合せ　第一報　栽培種の系統発生的分化」『育種学雑誌』三巻二号、三三～四三
沖縄県、一九八七『土地分類基本調査・西表島地域』沖縄県
沖縄県立農試『大正七年度業務功程報告』一九一九（直接参照できなかったため、盛永・向井、文献一九六九から引用）
沖縄タイムス社、一九八三『沖縄大百科事典』沖縄タイムス社、那覇
小野武夫、一九六九（一九三一初出）『近世地方の経済史料　第七巻』吉川弘文館
小葉田淳、一九四二（一九七七年復刻）「李朝実録中世琉球史料」『南島』二、一～三八、南島発行所、台北
鹿児島県立博物館、一九八〇『鹿児島県植物方言集』鹿児島県立博物館
笠原安夫、一九四一「フェノールおよびパラクレゾール染色法による米の品種鑑識に就きて」『日本作物学会紀事』

一三巻一号
笠原安夫、一九四二「白米のアルカリ検定に就て」『日本作物学会紀事』一三巻一号
加治工真市、一九八〇「与那国方言の史的研究」黒潮文化の会編『黒潮の民族・文化・言語』角川書店
金関丈夫、一九五五「八重山群島の古代文化——宮良博士の批判に答う」谷川健一編、一九七七『起源論争』三一～一一〇、木耳社に再録
金関丈夫、一九七八『琉球民族誌』法政大学出版会
川平永美述、安渓遊地・安渓貴子編、一九九〇『崎山節のふるさと——西表島の歌と昔語』一～一九八、ひるぎ社、那覇
川平永美述、安渓遊地・安渓貴子編、一九九二「ふるさとを語る(1) 崎山村での暮らし」『地域と文化——沖縄をみなおすために』七一号、一五～二一、ひるぎ社、那覇（本書第5章に抜粋）
川平永美述、安渓遊地編、一九九六「西表島にワニの足跡を追って（下）——話者が筆をとる時」『沖縄タイムス』一〇月四日号
神崎宣武、一九八一「ひとことの集積」『宮本常一——同時代の証言』日本観光文化研究所
喜舎場永珣、一九三四「八重山に於ける旧来の漁業」『島』昭和九年前期号
喜舎場永珣、一九五四『八重山歴史』八重山歴史編集委員会、石垣
喜舎場永珣、一九六七『八重山民謡誌』沖縄タイムス社、那覇
喜舎場永珣、一九七〇『八重山古謡（上）（下）』沖縄タイムス社、那覇
喜舎場永珣、一九七七『八重山民俗誌』上巻下巻、沖縄タイムス社、那覇
木下尚子、一九九六『南島貝文化の研究——貝の道の考古学』法政大学出版局
熊沢三郎・二井内清之・本多藤雄、一九五六「本邦における里芋の品種分類」『園芸学会雑誌』二五巻一号、一～一〇
黒島寛松著、安渓遊地編、一九八一「西表西部植物方名目録」伊谷純一郎編『八重山群島の伝統的生業に関する生態人類学的研究』昭和五五年度文部省科学研究費補助金（一般研究C）研究成果報告書、三～一七

現代企画室編集部編、一九八八『アイヌ肖像権裁判・全記録』現代企画室
國分直一、一九五五「我が国古代稲作の系統」『水産講習所人文篇紀要』一、一五～五二頁（改訂して『環シナ海民族文化考』慶友社、一九七六に再録）
國分直一、一九七〇（一九五七初出）「芋と粟と稗」『日本民族文化の研究』九二～一〇二、慶友社
國分直一、一九七三a「南島古代文化の系譜」國分直一・佐々木高明編著『南島の古代文化』毎日新聞社
國分直一、一九七三b「コメント（一）下野氏論考によせて」『民俗学評論』一〇、四一～四三
國分直一、一九七六「海上の道」『環シナ海民族文化考』慶友社
國分直一、一九八〇「日本基層文化における南方的要素」『東シナ海の道――倭と倭種の世界』法政大学出版会
國分直一、一九八五「南島と古代学――『海上の道』をめぐる諸問題」『古代学への招待Ⅰ』大阪書籍
國分直一、一九八六「基層的生活文化の構造」『日本民俗文化大系』第一巻、小学館
國分直一、一九八九「八重山の古代文化覚え書き――特にシナ海南域とのかかわりをめぐって」『地域と文化――沖縄をみなおすために』五三・五四合併号、一二～二〇、ひるぎ社、那覇
國分直一、安渓遊地・平川敬治編、二〇〇六『遠い空――國分直一、人と学問』海鳥社
国立国語研究所編、一九六三『沖縄語辞典』大蔵省印刷局
小林茂、一九八四「南西諸島の『低い島』とイネ栽培」『民博通信』二三、七七～九〇
小林茂、二〇〇三『農耕・景観・災害――琉球列島の環境史』第一書房
小林嵩、一九六一「琉球西表島の土壌に関する研究」『鹿児島大学農学部学術報告』一〇
小若順一、一九九二『ビデオ・ポストハーベスト農薬汚染』学陽書房
斉藤毅・坂口彰、一九七二「喜界島のミズイモ栽培に関する文化地理学的考察」『鹿児島地理学会紀要』二〇（一）、七五～八六
阪本寧男、一九八三「日本とその周辺の雑穀」佐々木高明編『日本農耕文化の源流』六一～一〇六、日本放送出版協会
崎山直・新城敏男、一九七六「八重山嶋農務帳」『八重山文化』四、東京・八重山文化研究会（新城敏男、一九八三

aにも収録）
佐々木高明、一九六六「東南アジアの焼畑の輪栽様式と人口支持力——南アジアの焼畑の作物構成と生産力に関する生態学的試論」川喜田二郎・上山春平・梅棹忠夫『人間　人類学的研究』中央公論社
佐々木高明、一九七三a「南島根栽農耕文化の流れ」國分直一・佐々木高明編著『南島の古代文化』五一～八七　毎日新聞社
佐々木高明、一九七三b「沖縄本島における伝統的畑作農耕技術——その特色と原型の探求」『人類科学』二五、七九～一〇七、九学会連合
佐々木高明、一九七八『「李朝実録」所載の漂流記にみる沖縄の農耕技術と食事文化」藤岡謙二郎先生退官記念事業会編『歴史地理研究と都市研究（上）』大明堂
佐々木高明、一九八四「南島の伝統的稲作農耕技術」渡部・生田編著『南島の稲作文化——与那国島を中心に』二九～六六、法政大学出版局
佐々木高明、二〇〇三『南からの日本文化（上）（下）』日本放送出版協会
笹森儀助、一八九四『南島探験』（一九六八年に三一書房から再刊、一九八二年に平凡社から校注をつけて再刊）
里井洋一編、一九八七「八重山における村別人口動態表」『西表をほりおこす会週報』三号、ましけ文庫、西表島祖納
里井洋一、一九九〇「西表から見た近世」『新琉球史　近世編（下）』琉球新報社、那覇、二六一～二八四
佐藤敏也、一九七一『日本の古代米』雄山閣
佐藤洋一郎、二〇〇二『稲の日本史』角川書店
自然環境研究センター、一九九六『山に十日海十日に野に十日——屋久島エコツーリズム・ガイドブック』自然環境研究センター
四手井綱英、一九七三『森林の価値』共立出版
四手井綱英、一九七四『もりやはやし——日本森林誌』中央公論社
下野敏見、一九八〇「田芋の栽培と食法、儀礼——田芋列島の田芋民俗」『南西諸島の民俗Ⅰ』三八～六五　法政大

学出版局（一九七三年『民俗学評論』一〇、二三～四〇に初出）
末松保知編、一九五八「成宗大王実録」第二、一〇四・一〇五『李朝実録第一六冊』学習院東洋文化研究所
須藤利一、一九四〇a（一九七七年復刻）「翻刻慶来慶田城由来記」『南島』一、南島発行所、台北
須藤利一、一九四〇b（一九七七年復刻）「翻刻八重山嶋諸記帳」『南島』一、南島発行所、台北
須藤利一、一九七二「八重山の物々交換経済」『沖縄の数学』富士短期大学出版部、東京
住谷一彦、一九七七「柳田国男ノート」住谷・クライナー編著『南西諸島の神観念』未来社
陶山訥庵（山田龍雄訳）、一九八〇「老農類語」『日本農書全集』三二、一七四～一七七、農山漁村文化協会
瀬川清子、一九七一（一九四三初版）『販女――女性と商業』未来社
台湾総督府、一九一〇『台湾之米作統計』台湾総督府
高橋俊三、一九七五「沖縄県八重山郡与那国町の方言の生活語彙」藤原与一編『広島方言研究所紀要　方言研究叢書第四巻　方言生活語彙』三弥井書店
高原繁、一九七九『小浜語彙』著者発行
高嶺英言、一九五二『八重山群島植物誌』琉球林業試験場集報、一号
高宮広士、二〇〇五『島の先史学――パラダイスではなかった沖縄諸島の先史時代』ボーダーインク
高谷好一、一九八二「南島の稲作とその歴史・生態的背景」渡部忠世編『南西諸島農耕における南方的要素』文部省科学研究費一般研究Ｂ「日本農耕のオーストロネシア的要素」報告書、一八
高谷好一、一九八四「『南島』の農業基盤」渡部忠世・生田滋編著『南島の稲作文化――与那国島を中心に』二～二八、法政大学出版局
高良倉吉、一九八二「近世末期の八重山統治と人口問題――翁長親方仕置とその背景」『沖縄史料編集所紀要』七号
田代安定、一八八六a『八重山島管内石垣島大濱間切大川村巡検統計誌――復命第一書類第二冊』文部省史料館蔵、未刊行稿本
田代安定、一八八六b『八重山島管内西表嶋仲間村巡検統計誌――復命第一書類第廿八冊』文部省史料館蔵、未刊行稿本

田代安定、一八八六c『八重山島管内宮良間切鳩間島巡検統計誌——復命第一書類第卅五冊』文部省史料館蔵、未刊行稿本
田代安定、一八八六d「八重山群島物産繁殖ノ目途」『伝承文化』七（一九七一）に収録）
田中耕司、一九八七「稲作技術の類型と分布」渡部忠世・福井捷郎編著『稲のアジア史』一、二一三〜二七六、小学館
谷本忠芳、一九九〇「本邦および台湾における野生サトイモ（Colocasia esculenta Schott）の分布および形態的特性」『育種学雑誌』四〇、二三三〜二四三
多和田真淳、一九七五「沖縄先史原史時代の主食材料について」『南島考古』四、二五〜二八、沖縄考古学会
千葉徳爾、一九七二「八重山諸島におけるマラリアと住民」『地理学評論』四五（七）、四六一〜四七四
坪井洋文、一九七三「コメント（二）『田芋の栽培と儀礼』について」『民俗学評論』一〇、四三〜四五
坪井洋文、一九七九『イモと日本人——民俗文化論の課題』未来社
鄭光、二〇〇四「朝鮮王朝実録の昆虫とその象徴性——トンボとセミ、アリを中心に」上田哲行編『トンボと自然観』京都大学学術出版会、京都
程順則、一七〇八『指南広義』
当間嗣一、一九七六「八重山の遺跡とその文化」『八重山文化』第四号、東京・八重山研究会
戸苅義次、一九六一「アジアの稲作概観」『アジアの稲作』アジア経済研究所
特別栽培米研究グループ、一九八九『What's 特別栽培米?』大成出版社
永松土巳・新城長有、一九六〇a「沖縄在来稲の分類に関する研究　第一報　形態的・生態的特性による分類」『琉球大学農家政工学部学術報告』七、一四七〜一六一
永松土巳・新城長有、一九六〇b「沖縄在来稲の分類に関する研究　第二報　性的親和性による分類」『琉球大学農家政工学部学術報告』七、一七二〜一八〇
名越左源太、國分直一・恵良宏校注、一九八四『南島雑話——幕末奄美民族誌（一）（二）』平凡社
中尾佐助、一九七六『栽培植物の世界』中央公論社

中尾佐助、一九七七「半栽培という段階について」『季刊どるめん』一三号、六〜一四
仲松弥秀、一九七七『古層の村——沖縄民俗文化論』沖縄タイムス社
仲本賢貴、一九三一「稲作のコツに就て　付、本郡の本年度の米作状況（九月二〇日現在）」『産業の八重山』一、産業の八重山社
中本正智、一九七六『琉球方言音韻の研究』法政大学出版局
仲吉朝助、一八九五『八重山島農業論』大日本農会
日本の食生活全集編集委員会編、一九八七『聞き書・福岡の食事』農山漁村文化協会
日本の食生活全集編集委員会編、一九八八『聞き書・沖縄の食事』農山漁村文化協会
農業発達史調査会、一九五四a『日本農業発達史　二』中央公論社
農業発達史調査会、一九五四b『日本農業発達史　四』中央公論社
農業発達史調査会、一九五五『日本農業発達史　六』中央公論社
農業発達史調査会、一九五六『日本農業発達史　九』中央公論社
農林省九州農業試験場、一九七五『南西諸島病害虫調査報告書』農林省
農林省熱帯農業研究センター・国際協力事業団、一九七五『熱帯アジアの稲作』農林統計協会
野口武徳、一九七二『沖縄池間島民俗誌』未来社
野口武徳、一九七五「解説　民俗調査法」二八〇、野口武徳・宮田登・福田アジオ編『現代日本民俗学　Ⅱ』三一書房
野本寛一、一九八四『焼畑民俗文化論』雄山閣出版
荷見武敬・鈴木利徳、一九七七『有機農業への道』楽浪書房
初島住彦、一九六一「琉球産列島のヤマノイモ属数種について」『植物研究雑誌』三六（八）、二三六〜二三八
初島住彦、一九七五（初版一九七一）『琉球植物誌（追加・訂正版）』沖縄生物教育研究会、那覇
初島住彦・天野鉄夫、一九六七『改訂沖縄植物目録』沖縄生物教育研究会、那覇
花井正光、一九八三「リュウキュウイノシシの個体群の増減——西表島での調査から」『動物と自然』一三（一）

花井正光、一九八九「西表島のリュウキュウイノシシ――減らさずに食べることができるか」『地域と文化――沖縄をみなおすために』五三・五四合併号、三二～三六、ひるぎ社、那覇
東恩納寛惇、一九五〇『南島風土記』沖縄文化協会
藤原宏志・佐々木章・杉山真二、一九八八「古代のイネ科植生――プラントオパールからの検証」佐々木高明・松山利夫編著『畑作文化の誕生――縄文農耕論へのアプローチ』日本放送出版協会
外間守善、一九八三「鳩間島に架ける夢――漂泊の貴人たち」『鳩間島誌』沖縄在鳩間郷友会、那覇
星勲、一九八〇『西表島のむかし話』ひるぎ社、那覇
星勲、一九八一『西表島の民俗』友古堂書店、那覇
星勲、一九八二『西表島の村落と方言』友古堂書店、那覇
堀田満、一九六二「ハスイモ」『植物分類・地理』二〇、一五七
堀田満、一九八三「イモ型有用植物の起源と系統――東アジアを中心に」佐々木高明編『日本農耕文化の源流』一七～四二、日本放送出版協会
堀田満、一九八五「(安渓遊地論文への)コメント――南島地域のサトイモ類栽培」『農耕の技術』八、二六～二七農耕の技術研究会、京都
堀田満他編、一九八九『世界有用植物事典』平凡社
前大用安、二〇〇三『西表方言集』著者発行
牧野清、一九七二『新八重山歴史』著者発行
牧野清、一九八一(一九六八)『八重山の明和大津波』改定増補版、著者発行
松川二郎、一九二八「物々交換の行はれる地方」『旅と伝説』三、九二～九四
松山利夫、一九八四「与那国島における水田の分類と在来の稲作農具」渡部・生田編著『南島の稲作文化――与那国島を中心に』法政大学出版局
三木健、一九八三『西表炭坑概史』ひるぎ社、那覇
三木健、一九八五『西表炭坑史料集成』本邦書籍、東京

三島格、一九七一「南西諸島における古代稲作資料」『南島考古』二、一～一四
源武雄、一九五八「八重山古見地方における稲作とその信仰行事」『文化財要覧一九五八年版』琉球政府文化財保護委員会
宮城真治、一九八七『山原――その村と家と人と』(名護市叢書　三)名護市役所、名護
宮城信勇、二〇〇四『石垣方言辞典』沖縄タイムス社
宮城文、一九七二『八重山生活誌』著者発行(後に沖縄タイムス社から再刊)
宮里清松、一九五六「水稲『台中六五号』の生態的並びに形態的特性について」『琉球大学農家政工学部学術報告』三
宮崎安貞、一九三六(一六九七)『農業全書』岩波書店
宮地檀子、一九八四「『慶来慶田城由来記』再考」『南島地域史研究』第一輯、八五～一〇五、文献出版
宮本常一、一九七二「調査地被害――される側のさまざまな迷惑」『朝日講座・探検と冒険』七、朝日新聞社(一九七五『現代日本民俗学　Ⅱ』三一書房に再録)
宮良当壮、一九三〇(一九八〇)『八重山語彙　附八重山語総説』東洋文庫(甲編『宮良當壮全集』八として第一書房から再刊)
宮良当壮、一九八一「『いも』の語源に就いて」『宮良當壮全集』一三、五七～六九　第一書房(一九二八年『民族』三(四)に初出)
宮脇昭、一九六七『原色現代科学大辞典　三　植物』学習研究社
村山七郎、一九八〇「日本語のオーストロネシア要素を証明する方法」『國分直一博士古稀記念論集　日本民族文化とその周辺　歴史・民族篇』二五～四六、新日本図書、下関
目崎茂和、一九八〇「琉球列島における島の地形的分類とその帯状分布」『琉球列島の地質学的研究』五
森住明弘、一九九〇『汚れとつき合う――地球にやさしい生活とは』北斗出版
盛永俊太郎・向井康、一九六九「沖縄諸島の在来稲」『農業および園芸』第四四巻一号、一一～一六
守山弘、一九九七『むらの自然を生かす』岩波書店

八重山気象台、一九六八『石垣島の気候表』琉球政府
矢沢湊、一九七四「与那国島——その風土と生活」『日大三高研究年報』一七号
柳田国男、一九六一『海上の道』筑摩書房（『定本柳田國男集』第一巻に再録）
柳田国男・安藤広太郎・盛永俊太郎、一九六九（一九五五初版）『稲の日本史（上）』筑摩書房
ヤマネコ印西表安心米生産組合、一九九八『ヤマネコNEWS』ヤマネコ印西表安心米生産組合、西表島祖納
山田武男著、安渓遊地・安渓貴子編、一九八六『わが故郷《シマ》アントゥリ——西表・網取村の民俗と古謡』一～二六四、ひるぎ社、那覇（本書第4章に抜粋）
山田雪子述、安渓貴子・安渓遊地編、一九九二『西表島に生きる——おばあちゃんの自然生活誌』一～二三〇、ひるぎ社、那覇
吉成直樹・庄武憲子、二〇〇〇「南西諸島における基層根栽農耕文化の諸相」『沖縄文化研究』二六、二三五～三一〇
ラーチャトン（Rajadhon, P. A.、河部利夫訳注）、一九六七『タイ農民の生活』アジア・アフリカ言語文化研究所
琉球政府、一九六〇『西表島農業調査報告書』琉球政府
琉球政府文化財保護委員会、一九七〇「竹富町黒島」「西表島祖納部落」『沖縄の民俗資料第一集』大同印刷、那覇
琉球大学民俗研究クラブ、一九六九「租納部落調査報告」『沖縄民俗』一六
琉球大学南海の秘境・西表島部編、一九七三『南海の秘境・西表島』琉球大学ワンダーフォーゲル部
和田久徳・吹抜悠子・真喜志揺子・高瀬恭子、一九九四「李朝実録の琉球国史料（訳注）（六）」『南島史学』四四、七六～九九
和田正洲、一九七六「稲作技術の伝承」九学会連合沖縄調査委員会編『沖縄——自然・文化・社会』弘文堂
渡辺欣雄・植松明石編、一九八〇『与那国の文化——沖縄最西端与那国島における伝統文化と外来文化、周辺諸文化との比較研究』与那国研究会
渡部忠世、一九七八「（安渓遊地論文への）コメント」『季刊人類学』九巻三号、一〇二
渡部忠世（編）、一九八三『南西諸島農耕における南方的要素』文部省科学研究費一般研究B「日本農耕のオースト

ロネシア的要素」報告書

渡部忠世、一九八四a「八重山の稲の系譜——在来稲と蓬莱米」渡部忠世・生田滋編著『南島の稲作文化——与那国島を中心に』法政大学出版局

渡部忠世、一九八四b「東南アジアの『占城稲』」渡部忠世・桜井由躬雄編『中国江南の稲作文化——その学際的研究』日本放送出版協会

渡部忠世、一九八六「縄文の稲作と赤米」『朝日新聞（夕刊）』三月一五日号三版四面

渡部忠世、一九八七「アジアの視野からみた日本稲作——その黎明の時代」渡部忠世編著『アジアの中の日本稲作文化——受容と成熟』（稲のアジア史　三）五～三八、小学館

渡部忠世・生田滋編著、一九八四『南島の稲作文化——与那国島を中心に』法政大学出版局

ANKEI, Yuji, 2002 Community-based Conservation of Biocultural Diversity and the Role of Researchers: Examples from Iriomote and Yaku Islands, Japan and Kakamega Forest, West Kenya,『山口県立大学大学院論集』三、一三～一三三、山口県立大学

ANKEI Yuji & FUKUDA Hiroshi, 2003 Nuclear Power Plant, Assessment and Conservation: Towards a Wise Use of the Suo-nada Sea around Nagashima Island, Seto Inland Sea in Japan, *Global Environmental Research* 7 (1): 91–101

ANKEI Yuji, ANKEI Takako & John KAHEKWA, 2004 Pilgrimage to a Kenya Shrine forest Kaya: A Congo-Japan joint research on Ecotourism among the Digo people of the Coast Province,『山口県大大学院論集』六号、一～一九、山口県立大学

BURKILL, I. H., 1924 A list of Oriental Vernacular Names of the genus Dioscorea, *Gardens' Bulletin* III (4-6): 121–244

CHANG Ching-en（張慶恩）, 1984 The Araceae of Botel Tobago（蘭嶼の天南星科植物）,『植物地理・分類研究』32(2): 110–115

CHAPMAN, Anne, 1980 Barter as a Universal Mode of Exchange, *l'Homme* XX(3): 33–83

CHATURVEDI, Mahendra & B. N. TIWARI, 1970 *A Practical Hindi-English Dictionary*, Delhi: National Publishing House

DOUGLAS, Mary, 1967 Primitive Rationing: A Study in Controlled Exchange. In R. FIRTH (ed.), *Themes in Economic Anthropology*, London: Tavistock, pp. 119–148

DURKHEIM, Emile 1986 (1893) *De la division du travail social*, Paris: Presse Universitaire de France

EINZIG, Paul, 1966 (1949) *Primitive Money in its Ethnological, Historical and Economic Aspects*, Second Edition, Revised and Enlarged, Oxford: Pergamon Press

FOSTER, Brian L., 1978 Trade, Social Conflict and Social Integration: Rethinking Some Old Ideas on Exchange. In Karl L. HUTTERER (ed.), *Economic Exchange and Social Interaction in Southeast Asia: Perspectives from Prehistory, History, and Ethnography*, Ann ARBOR: Center for South and Southeast Asian Studies, The University of Michigan, pp. 3–22

HANKS, L. M., 1972 *Rice and Man: Agricultural Ecology in Southeast Asia*, Chicago: Aldine & Atherton

HERSKOVITS, Merville J., 1965 (1952) *Economic Anthropology: The Economic Life of Primitive Peoples*, New York: Norton

HOTTA Mitsuru, 1970 A system of the family Araceae in Japan and adjacent areas I, *Mem. Fac. Sci. Kyoto. Univ.* ser. Biology 4: 72–96

KAZADI, Ntole, 1981 Méprises et admires: l'ambivalence des relations entre les Bacwa (Pygmées) et les Bahemba (Bantu), *Africa* 51 (4): 836–847

MALINOWSKI, Bronislaw, 1922 *Argonauts of the Western Pacific*, London: George Routledge & Sons

MATTHEWS, P. J., TAKEI E., & KAWAHARA T. 1992 *Colocasia esculenta* var. *aquatilis* on Okinawa Island, southern Japan: the distribution and possible origins of a wild diploid taro, *Man and Culture in Oceania* 8: 19–34

MENGER, Carl, 1892 On the Origin of Money, *Economic Journal* 2 (6): 239–255

MIYAWAKI, A, 1960 Pflanzensoziologische Untersuchungen über Reisfeldvegetation auf den japanischen Inseln mit Vergleichender Betrachtung Mitteleuropas, *Vegetatio: Acta Geobotanica* 9 (6): 345–402

MORINAGA, T., 1968 Origin and Geographical Distribution of Japanese Rice, *Japan Agricultural Research Quarterly* Vol. III–2

POLANYI, Karl, 1957 The Economy as Instituted Process in POLANYI, K., C. M. ARENSBERG & H. W. PEARSON (eds.), *Trade and Market in the Early Empires*, Glencoe: The Free Press, pp. 243–270

PURSEGLOVE J. W., 1972 *Tropical Crops: Monocotyledons*, London: Longman

SAHLINS, M. D., 1965 On the Sociology of Primitive Exchange. In M. Banton (ed.), *The Relevance of Models for Social Anthropology, A.S.A. Monographs* 1, London: Tavistock Publications, pp. 139–236

SMITH, Wendy, 1983 La question des taux d'échange dans les systèmes kura et gimwali des îles Trobriand, *Journal de la Société des Océanistes* 39: 13–20

SUNDSTRÖM, Lars, 1974 (1965) *The Exchange Economy of Pre-Colonial Tropical Africa*, London: C. Hurst & Company

TANAKA Tyozaburo(NAKAO S. ed.), 1976 *Tanaka's Cyclopedia of Edible Plants of the World*, Tokyo: Keigaku Publ.

TERASHIMA, Hideaki, 1987 Why Efe Girls Marry Farmers?: Socio-ecological Backgrounds of Interethnic Marriage in the Ituri Forest of Central Africa, *African Study Monographs* Supplementary Issue 6: 65–83, Kyoto: The Center for African Area Studies, Kyoto University

VAN DER PAS, H. T., 1973 *Economic Anthropology 1940–1972: An Annotated Bibliography*, Oosterhout N.B. (The Netherlands): Anthropological Publications

WALKER, Egbert H., 1976 *Flora of Okinawa and the Southern Ryukyu Islands*, Washington D.C.: Smithsonian Institute Press

WALTER, H., E. HARNICKELL & D. MUELLER-DOMBOIS, 1975 *Climate-diagram Maps of the Individual Continents and the Ecological Climatic Regions of the Earth*, Berlin: Springer

YEN, D. E. & J. M. WHEELER, 1968 Introduction of taro into the Pacific: The Indications of the chromosome numbers, *Ethnology* 7: 259–267

事項・人名索引

ア　行

カ　行

サ　行

タ　行

ナ　行

ハ　行

マ　行

ヤ　行

ラ　行

ワ　行

《編著者紹介》

安渓 遊地（あんけい・ゆうじ）

1951年富山県射水郡生まれ。人類学専攻。アフリカの物々交換経済の研究で理学博士。沖縄大学法経学部講師，山口大学教養部助教授を経て，現在，公立大学法人山口県立大学国際文化学部教授。著書に『島からのことづて』（安渓貴子と共著，葦書房，2000年）など。URL：http://ankei.jp

《著者紹介》

川平 永美（かびら・えいび）

1903年，西表島大字崎山小字網取に生まれ，小字崎山で育つ。1945年網取へ移転。1957年石垣島に移転。1990年，ひるぎ社から『崎山節のふるさと』（おきなわ文庫）を出版。2000年逝去。

山田 武男（やまだ・たけお）

1919年，西表島大字崎山小字網取に生まれる。1967年に石垣島に転出。1973年民宿「山田荘」を開業。1986年逝去。没後ひるぎ社から『わが故郷アントゥリ』（おきなわ文庫）を出版。

安渓 貴子（あんけい・たかこ）

愛知県名古屋市生まれ。生態学・民族生物学専攻。微生物生理の研究で理学博士。現在，山口大学医学部等の非常勤講師。著書に Cookbook of the Songola (*African Study Monographs* 13, 1990) など。

（山口県立大学学術研究出版助成）

西表島の農耕文化——海上の道の発見

2007年3月30日　初版第1刷発行

編著者　安渓 遊地

発行所　財団法人法政大学出版局

〒102-0073 東京都千代田区九段北3-2-7

電話 03 (5214) 5540／振替 00160-6-95814

製版・印刷　平文社／製本　鈴木製本所

ISBN978-4-588-33489-4　　Printed in Japan